Beuth/Hanebuth/Kurz   Nachrichtentechnik

Elektronik 7

Klaus Beuth / Richard Hanebuth / Günter Kurz

NACHRICHTEN-TECHNIK

Vogel Buchverlag

Zur Fachbuchgruppe «Elektronik» gehören die Bände:

Klaus Beuth/Olaf Beuth: Elementare Elektronik

Heinz Meister: Elektrotechnische Grundlagen
(Elektronik 1)

Klaus Beuth: Bauelemente (Elektronik 2)

Klaus Beuth/Wolfgang Schmusch: Grundschaltungen
(Elektronik 3)

Klaus Beuth: Digitaltechnik (Elektronik 4)

Helmut Müller/Lothar Walz: Mikroprozessortechnik
(Elektronik 5)

Wolfgang Schmusch: Meßtechnik (Elektronik 6)

Klaus Beuth/Richard Hanebuth/Günther Kurz:
Nachrichtentechnik (Elektronik 7)

Wolf-Dieter Schmidt: Sensorschaltungstechnik
(Elektronik 8) (Herbst 1996)

Die Deutsche Bibliothek – CIP-Einheitsaufnahme

Elektronik. – Würzburg : Vogel.

7. Beuth, Klaus: Nachrichtentechnik. – 1. Aufl. – 1996

Beuth, Klaus:
Nachrichtentechnik / Klaus Beuth / Richard Hanebuth /
Günter Kurz. – 1. Aufl. – Würzburg : Vogel, 1996
   (Elektronik : 7)
   (Vogel-Fachbuch : Elektronik)
   ISBN 3-8023-1401-8
NE: Hanebuth, Richard:; Kurz, Günter:

ISBN 3-8023-1401-8
1. Auflage. 1996
Alle Rechte, auch der Übersetzung, vorbehalten.
Kein Teil des Werkes darf in irgendeiner Form
(Druck, Fotokopie, Mikrofilm oder einem anderen
Verfahren) ohne schriftliche Genehmigung
des Verlages reproduziert oder unter Verwendung
elektronischer Systeme verarbeitet, vervielfältigt
oder verbreitet werden. Hiervon sind die
in §§ 53, 54 UrhG ausdrücklich genannten
Ausnahmefälle nicht berührt.
Printed in Germany
Copyright 1996 by Vogel Verlag und Druck GmbH &
Co. KG, Würzburg
Satz: Hümmer, Waldbüttelbrunn
Druck und buchbinderische Verarbeitung:
Universitätsdruckerei H. Stürtz

Vorwort

Die Nachrichtentechnik gehört zu den Fachgebieten mit den größten Zuwachsraten. Das ist verständlich, wenn man bedenkt, daß mit zunehmender Arbeitsteilung und Spezialisierung der Nachrichtenaustausch an Bedeutung gewinnt. Die Optimierung des Nachrichtenaustausches und der damit befaßten Technik ist daher von großer Wichtigkeit. Sie setzt fundierte Kenntnisse voraus.
Die Nachrichtentechnik baut auf einer Vielzahl grundlegender Erkenntnisse auf, die oft sehr theoretisch und schwerverständlich dargestellt werden. Die Autoren haben es sich zur Aufgabe gemacht, die wesentlichen Grundlagen und einige wichtige Anwendungsgebiete klar und anschaulich vorzustellen und das Hilfsmittel der Mathematik nur dort einzusetzen, wo es unumgänglich ist und der tieferen Erkenntnis dient.
Neben den grundlegenden Theorien werden wichtige Anwendungsbereiche der Nachrichtentechnik praxisgerecht und leichtverständlich dargestellt und an Beispielen erläutert, die in unserer technisierten Umwelt von großer Bedeutung sind. Dies ist zum einen die Telekommunikation, das Telefonieren, Faxen und Datenübertragen – leitungsgebunden oder drahtlos – und der Aufbau der Netze sowie die Vermittlungsverfahren mit ihren vielfältigen Nutzungsmöglichkeiten. Weitere große Anwendungsbereiche sind Rundfunk und Fernsehen, die Nutzung elektromagnetischer Wellen, die Arbeitsweise von Antennen. Schwerpunkt ist die Übertragung von Bild und Ton über Bodenfunkstellen, Satelliten und Kabel.
Auf die Verfahren zur Speicherung von Bild- und Tonsignalen durch Videorecorder, Tonbandgeräte und CD-Spieler sowie auf die entsprechenden Wiedergabeverfahren wird intensiv eingegangen, so daß sich auch Nichttechniker einen guten Überblick erarbeiten können.
Das Buch ist sowohl als unterrichtsbegleitendes Lernmittel als auch zum Selbststudium geeignet. Lernziel-Tests mit Fragen und Aufgaben am Ende eines jeden Kapitels geben Auskunft über den Lernerfolg und den erreichten Grad des Verstehens. Die Lösungen der Testaufgaben sind im letzten Kapitel gesammelt.
Studierende elektrotechnischer und verwandter Fachrichtungen, in der Praxis stehende Ingenieure, Techniker und Meister sowie interessierte Nichttechniker können das Buch mit gutem Erfolg für einen praxisbezogenen Einstieg in die moderne Nachrichtentechnik nutzen.

Waldkirch/Freiburg/Dresden   Klaus Beuth
                                                         Richard Hanebuth
                                                             Günter Kurz

Inhaltsverzeichnis

Vorwort 5

1 Signale 15
  1.1 Einordnung der Nachrichtentechnik 15
  1.2 Signalfunktionen 17
  1.3 Signal- und Systemeigenschaften 22
  1.4 Zeitdiskrete Signale 28
  1.5 Modulation und Codierung 31
  1.6 Lernziel-Test 33

2 Netzwerke 35
  2.1 Netzwerke als Bestandteil von Nachrichtensystemen 35
  2.2 Zweipole 36
  2.3 Vierpole 39
      2.3.1 Vierpolersatzdarstellungen 39
      2.3.2 Betriebsparameter 41
      2.3.3 Übertragungsfunktionen 42
  2.4 Siebschaltungen und Filter 43
      2.4.1 Filterarten und -kenngrößen 44
      2.4.2 RC-Filter 47
      2.4.3 LC-Filter 48
      2.4.4 Mechanische Filter 51
      2.4.5 Oberflächenwellen-Filter 54
      2.4.6 Abtastfilter 55
  2.5 Mehrtore 58
  2.6 Lernziel-Test 59

3 Verstärkung und Schwingungserzeugung 61
  3.1 Operationsverstärker 62
      3.1.1 Anforderungen an einen universellen Verstärker 62
      3.1.2 Aufbau eines Operationsverstärkers 62
      3.1.3 Eigenschaften von Operationsverstärkern 64
      3.1.4 Beschaltung von Operationsverstärkern 67
  3.2 Leistungsverstärker 68
      3.2.1 Arbeitspunkt bei Leistungsverstärkern 68
      3.2.2 Eintaktschaltungen 69
      3.2.3 Gegentaktschaltungen 70
      3.2.4 Sendeverstärker 72
  3.3 Rückkopplung 72
      3.3.1 Prinzip 72

  3.3.2 Gegenkopplungsschaltungen 73
  3.3.3 Eigenschaften gegengekoppelter Schaltungen 76
 3.4 Spezielle Schaltungen der Nachrichtentechnik 78
 3.5 Schwingungserzeugung 82
  3.5.1 Grundlagen 82
  3.5.2 Oszillatorschaltungen 82
  3.5.3 Oszillatoreigenschaften 86
  3.5.4 Funktionsgeneratoren 87
 3.6 Lernziel-Test 90

4 Modulation 91
 4.1 Übersicht zu den Modulationsverfahren 91
 4.2 Amplitudenmodulation 93
  4.2.1 Prinzip 93
  4.2.2 Zweiseitenbandmodulation 95
  4.2.3 Einseitenbandmodulation 97
 4.3 Winkelmodulation 98
  4.3.1 Prinzip 98
  4.3.2 Frequenzmodulation 101
  4.3.3 Phasenmodulation 103
  4.3.4 Demodulation winkelmodulierter Signale 104
 4.4 Tastmodulation (Digitale Modulation) 107
 4.5 Pulsmodulation 108
  4.5.1 Pulsträger und Modulationsarten 108
  4.5.2 Pulsamplitudenmodulation 109
  4.5.3 Pulswinkelmodulation 110
  4.5.4 Pulsdauermodulation 111
 4.6 Pulscodemodulation 111
 4.7 Lernziel-Test 114

5 Leitungstheorie 115
 5.1 Definition einer Leitung 115
 5.2 Leitungseigenschaften 117
 5.3 Wellenausbreitung auf Leitungen 118
 5.4 Leitung als Transformator und Resonator 121
 5.5 Wellenleiter 123
 5.6 Lichtwellenleiter 124
  5.6.1 Übertragungskanal 125
  5.6.2 Aufbau 125
  5.6.3 Eigenschaften 127
 5.7 Lernziel-Test 129

6 Elektromagnetische Wellen 131
 6.1 Kenngrößen 131
  6.1.1 Ausbreitungsgeschwindigkeit 131
  6.1.2 Welleneigenschaften 132
  6.1.3 Anwendungsbereiche 132

6.2 Ausbreitung 134
   6.2.1 Erzeugung eines elektrischen und magnetischen Feldes 134
   6.2.2 Abstrahlung eines elektrischen Feldanteils 136
   6.2.3 Entstehung der elektromagnetischen Welle 138
6.3 Ausbreitungsarten 140
   6.3.1 Bodenwellenausbreitung 140
   6.3.2 Raumwellenausbreitung 141
   6.3.3 Quasioptische Funkwellenausbreitung 145
   6.3.4 Zusammenfassender Überblick 146
6.4 Antennen 147
   6.4.1 Dipolantennen 147
   6.4.2 Strahlungsgekoppelte Antennen mit Dipolen 153
   6.4.3 Stabantennen 160
   6.4.4 Parabolantennen 163
   6.4.5 Sonderformen 168
6.5 Lernziel-Test 170

7 Elektroakustik 171
7.1 Allgemeines 171
7.2 Meßgrößen des Schalls 172
7.3 Schallempfindung durch das Ohr 174
7.4 Raumakustik 179
   7.4.1 Reflexion und Absorption 179
   7.4.2 Anhall und Nachhall 180
7.5 Technik der Schallübertragung 181
   7.5.1 Anforderungen 181
   7.5.2 Übertragungssysteme 183
7.6 Elektroakustische Wandler 184
   7.6.1 Schallaufnehmer, Mikrofone 184
   7.6.2 Schallstrahler, Lautsprecher, Kopfhörer 190
   7.6.3 Schallführung 194
   7.6.4 Lautsprecherkombinationen 197
   7.6.5 Kopfhörer 197
7.7 Lernziel-Test 198

8 Schallaufzeichnung – Grundprinzipien und Nadelton 199
8.1 Allgemeines 199
8.2 Nadeltonverfahren 200
   8.2.1 Tonschriften 200
   8.2.2 Tonträger und Abtastnadeln 202
   8.2.3 Tonabnehmersysteme 203
   8.2.4 Schneidkennlinie 205
   8.2.5 Plattenabspielgeräte 205
   8.2.6 Probleme bei der Abtastung 206
8.3 Lernziel-Test 207

9 Compact-Disk-Technik ... 209
9.1 Digitale Audiosignale ... 209
9.1.1 Übertragungsprinzip ... 209
9.1.2 Fehlererkennung und Fehlerkorrektur ... 212
9.2 Compact-Disk-System ... 217
9.2.1 Aufbau der CD-Platte ... 217
9.2.2 Speicherverfahren und Codes ... 219
9.3 Compact-Disk-Wiedergabegeräte ... 222
9.3.1 Signalabtastung ... 222
9.3.2 Regelkreise ... 225
9.3.3 Signalverarbeitung ... 226
9.4 Lernziel-Test ... 230

10 Schallaufzeichnung, Magnetton ... 231
10.1 Grundbegriffe ... 231
10.2 Löschvorgang ... 232
10.3 Aufzeichnungsvorgang ... 232
10.4 Wiedergabevorgang ... 234
10.5 Tonköpfe ... 237
10.6 Tonbänder und Spurlagen ... 239
10.6.1 Bandwerkstoffe ... 240
10.6.2 Bandtypen ... 240
10.7 Bandflußnorm ... 242
10.8 Tonbandgeräte ... 243
10.9 Probleme bei Aufnahme und Wiedergabe ... 245
10.9.1 Gleichlauf ... 245
10.9.2 Dynamik und Störspannungsabstände ... 245
10.9.3 Übersprechdämpfung ... 246
10.9.4 Klirrfaktor ... 246
10.9.5 Aufsprechautomatik ... 246
10.9.6 HF-Vormagnetisierung ... 246
10.9.7 DNL-Schaltung ... 246
10.9.8 Dolby-Verfahren (B-System) ... 246
10.9.9 Justierung der Tonköpfe ... 247
10.9.10 Magnetische Einstreuungen ... 247
10.10 Lernziel-Test ... 247

11 Ton-Rundfunktechnik ... 249
11.1 Rundfunksender ... 249
11.2 Rundfunkempfänger ... 250
11.2.1 Geradeaus-Prinzip ... 251
11.2.2 Überlagerungsprinzip ... 252
11.3 Stereo-Rundfunk und Verkehrsfunk ... 257
11.3.1 Anforderungen an ein Stereo-Rundfunksystem ... 257
11.3.2 Stereo-Multiplex-Verfahren ... 257
11.4 Verkehrsfunk-System ... 261
11.5 Lernziel-Test ... 264

12 Fernsehtechnik ... 265
12.1 Fernsehtechnik SW – senderseitig ... 265
12.1.1 Bildübertragung ... 265
12.1.2 Fernsehnormen ... 267
12.1.3 BAS-Signal ... 272
12.1.4 Fernsehsender ... 276
12.2 Fernsehtechnik SW – empfängerseitig ... 276
12.2.1 Wiedergewinnung des BAS-Signals ... 276
12.2.2 Wiedergewinnung des Tonsignals ... 279
12.2.3 Intercarrier- und Parallelton-Verfahren ... 280
12.2.4 Wiedergewinnung des Synchronisiersignals ... 281
12.2.5 Zeilensynchronisation ... 282
12.2.6 Bildsynchronisation ... 283
12.3 Fernsehtechnik Farbe – senderseitig ... 284
12.3.1 Forderungen an Farbfernsehsysteme ... 284
12.3.2 Farbmischung ... 284
12.3.3 Leuchtdichte-Signal (Y-Signal) ... 286
12.3.4 Farbdifferenz-Signal ... 286
12.3.5 Farbhilfsträger-Verfahren ... 287
12.3.6 Farbfernseh-Systeme ... 289
NTSC-System ... 289
PAL-System ... 290
SECAM-System ... 290
12.3.7 FBAS-Signal ... 291
12.4 Fernsehtechnik Farbe – empfängerseitig ... 292
12.4.1 Wiedergewinnung des FBAS-Signals ... 292
12.4.2 Verarbeitung des BAS-Signals ... 292
12.4.3 Verarbeitung des F-Signals (PAL) ... 292
12.4.4 Demodulation der geträgerten Farbdifferenz-Signale (PAL) ... 295
12.4.5 PAL-Schalter und PAL-Kennung ... 296
12.4.6 Erzeugung des (G-Y)-Signals ... 297
12.4.7 Erzeugung der Signale R, G, B ... 298
12.5 Farbbildröhren ... 299
12.5.1 Inline-Farbbildröhre ... 299
12.5.2 Andere Farbbildröhrenarten ... 301
12.6 Lernziel-Test ... 302

13 Videorecorder-Technik ... 305
13.1 Prinzip der magnetischen Bildaufzeichnung ... 305
13.1.1 Grundlagen ... 305
13.1.2 Querspur- und Schrägspurverfahren ... 307
13.2 Videosysteme ... 309
13.2.1 Überblick ... 309
13.2.2 VHS (Video-Home-System) ... 310
Signalverarbeitung ... 310
Langspiel-Möglichkeit ... 311
HiFi-Tonverfahren ... 312

	Löschvorgang	314
	Standbild-Funktion	314
13.2.3	S-VHS (Super-Video-Home-System)	314
13.2.4	VHS-C und S-VHS-C	316
13.2.5	Video-8-System	317
	Signalverarbeitung	318
	Langspiel-Verfahren (LP)	320
	PCM-Ton	320
	Multi-PCM-Ton	321
	Löschverfahren	322
13.2.6	Hi8-System	323
13.2.7	Weitere Videosysteme	324
13.3 Antriebstechnik und Ablaufsteuerung		325
13.3.1	Antriebsmotoren	325
13.3.2	Regelung des Capstan-Motors	326
13.3.3	Regelung des Kopftrommel-Motors	327
13.3.4	Bandzug-Regelung	329
13.3.5	Ablaufsteuerung	329
13.4 Schaltungstechnik		331
13.4.1	Baugruppen für den Aufnahmevorgang	331
13.4.2	Baugruppen für den Wiedergabevorgang	333
13.5 Lernziel-Test		335

14 Grundlagen der Fernsprechtechnik ... 337

14.1 Entwicklung der Fernsprechtechnik		337
14.2 Fernsprechkanal		338
14.2.1	Grundsätzliches	338
14.2.2	Kenngrößen des analogen Fernsprechkanals	340
14.2.3	Kenngrößen des digitalen Fernsprechkanals	342
	Abtastfrequenz (f_A) und Abtastperiode (T_A)	343
	Quantisierung	343
	Codierung	346
	Bitrate oder Übertragungsgeschwindigkeit	350
14.3 Lernziel-Test		350

15 Übertragungstechnik im Bereich der Telekommunikation ... 351

15.1 Grundsätzliches		351
15.2 Kabel als Übertragungsmedium		351
15.2.1	Kabel mit symmetrischen Leitungen	352
15.2.2	Koaxialkabel	357
15.2.3	Glasfaserkabel	358
15.3 Übertragungsverfahren		362
15.3.1	Analoge Übertragungsverfahren	363
	Niederfrequente Übertragung	363
	Trägerfrequente Übertragung	365
15.3.2	Digitale Übertragungsverfahren	370
	Übertragungscodes	371

    Prinzip der Zeitmultiplex-Übertragung 376
    Übertragungssysteme auf der Basis des PCM30-Systems 376
  15.3.3 Übertragungsverfahren im ISDN 380
    Struktur des ISDN zwischen Teilnehmer und Netzknoten 380
    Übertragungsverfahren auf der S_0-Schnittstelle 380
    Übertragungsverfahren auf der U_{K0}-Schnittstelle 385
    Übertragungsverfahren bei Primärmultiplexanschlüssen 385
 15.4 Lernziel-Test 386

16 Vermittlungssysteme in Telekommunikationsnetzen 387
 16.1 Allgemeines 387
 16.2 Geografische Zuordnung der Teilnehmer zu einer Vermittlungseinheit 388
 16.3 Identifikation der Teilnehmer 388
 16.4 Prinzip der Konzentration, Richtungsauswahl und Expansion 394
 16.5 Prinzip der Steuerung des Verbindungsaufbaus 396
 16.6 Wahlverfahren 399
 16.7 Elektromechanische Vermittlungssysteme 400
 16.8 Digitale Vermittlungssysteme 401
  16.8.1 Grundprinzip digitaler Vermittlung 404
  16.8.2 Funktionsprinzip einer digitalen Raumstufe 405
  16.8.3 Funktionsprinzip einer digitalen Zeitstufe 407
  16.8.4 Funktionsprinzip einer digitalen Vermittlungseinheit 411
 16.9 Aufbaustruktur nationaler Vermittlungstechnik (Fernvermittlung;) 422
 16.10 Lernziel-Test 430

17 Lösungen von Aufgaben der Lernziel-Tests 431

Stichwortverzeichnis 441

1 Signale

1.1 Einordnung der Nachrichtentechnik

Eine Nachricht ist eine Mitteilung oder Botschaft im Kommunikationsprozeß von Menschen. Nachrichten können Reize, Befehle, Fragen, Antworten, Beobachtungen usw. sein. Sie werden vom Menschen durch Töne (z. B. Sprache) und Bilder erzeugt und über seine Sinnesorgane empfangen. Nachrichten sind somit an physische und geistige Fähigkeiten des Menschen gebunden.
Unter einer Information versteht man jede Art von Mitteilung, also Nachrichten, aber auch Meßwerte, Daten usw., die von Maschinen erzeugt werden.

> Die physikalische Repräsentation einer Nachricht (oder ganz allgemein einer Information) ist das Signal.

Eine Nachricht kann also als Schallsignal, als elektrische Schwingung, als bildhaftes Zeichen oder wie auch immer dargestellt werden. Heute werden Nachrichten vorwiegend auf elektrischem Wege übertragen und verarbeitet.
Die dafür eingesetzte Technik ist die elektrische Nachrichtentechnik, meist nur als Nachrichtentechnik bezeichnet. Ihre Aufgaben lassen sich allgemein mit den Begriffen Nachrichtenübertragung, Nachrichtenvermittlung und Nachrichtenverarbeitung charakterisieren.
Das Schema einer Nachrichtenübertragung ist in Bild 1.1 zu sehen. Die Begriffe Quelle und Senke sind nach DIN 40 146 Blatt 1 festgelegt.

Bild 1.1   Schema einer Nachrichtenübertragung

Beispiel
Zwei Menschen unterhalten sich miteinander. Dann ist der eine die Nachrichtenquelle; sein Mund wirkt als Sender. Als Übertragungskanal dient die umgebende Luft. Das Ohr des anderen ist der Empfänger der Nachrichtensenke. Beim Gespräch übernehmen die Partner sowohl die Rolle der Quelle als auch die der Senke.
Die Nachrichtenvermittlung dient der gezielten Nachrichtenübertragung zwischen bestimmten Teilnehmern (T). Nach Bild 1.2 muß dazu mittels Schalter (S) der Übertragungskanal (Ü) zwischen den Teilnehmern hergestellt werden, bevor ein Austausch von Nachrichten möglich ist. Nachrichtenübertragung und Nachrichtenvermittlung werden auch unter dem Oberbegriff Nachrichtenübermittlung zusammengefaßt.

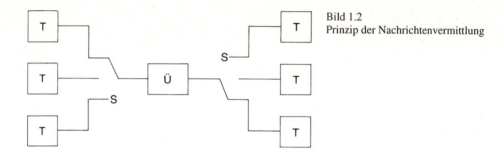
Bild 1.2
Prinzip der Nachrichtenvermittlung

Unter Nachrichtenverarbeitung versteht man alle Möglichkeiten der Verknüpfung, Auswertung, Umformung und Speicherung von Nachrichten. Dieses Gebiet der Nachrichtentechnik ist vor allem durch die Entwicklung von Mikroelektronik und Rechentechnik maßgeblich beeinflußt worden. Zusammen mit der Datenverarbeitung wird es durch den Begriff Informationsverarbeitung (oder einfach Informatik) charakterisiert.

Alle drei Gebiete der Nachrichtentechnik können nicht ausschließlich isoliert betrachtet werden, auch wenn man sie separat untersucht. Das vorliegende Lehrbuch befaßt sich mit Teilgebieten der Nachrichtentechnik aufgabenbezogen und nicht wie oben angegeben funktionsbezogen. Funktionsbezogene Untersuchungen sind vor allem für theoretische Betrachtungen sinnvoll. So befaßt sich die Systemtheorie mit der Beschreibung von Signalen und deren Beeinflussung durch den Übertragungskanal, die Nachrichtenverkehrstheorie mit den Problemen der Nachrichtenvermittlung usw. Daneben gibt es aber auch übergreifende theoretische Probleme, die beispielsweise in der Informationstheorie sogar über den Bereich der Nachrichtentechnik hinaus die gesamte Informationstechnik betreffen.

Gerade die Verallgemeinerungen der Informationstheorie erlauben es, Nachrichten und Daten unabhängig von ihrer physikalischen Repräsentation zu quantifizieren. Die Informationstheorie beschäftigt sich mit dem Informationsinhalt unabhängig davon, wie die Information zustande kommt (vom Menschen oder Computer erzeugt) und wie sie physisch dargestellt wird. Sie liefert wertvolle Erkenntnisse für die optimale Übertragung und Verarbeitung von Informationen und hat auch die Nachrichtentechnik in den vergangenen Jahrzehnten wesentlich belebt.

Zum Schluß dieses einführenden Abschnittes wird auf die dominierende Stellung des Signals in der Nachrichtentechnik verwiesen.

> Die physikalische Repräsentation der Nachricht (das Signal) ist in der elektrischen Nachrichtentechnik ein zeitabhängiger Strom- oder Spannungsverlauf.

Dabei enthält das Signal von der Nachricht abhängige Merkmale, die *Signalparameter*. Mit diesen Signalparametern muß man sich beschäftigen, wenn eine Nachrichtenübertragung optimiert werden soll. Neben dem Nutzsignal treten aber bei der Übertragung auch unvermeidliche Störsignale auf. Das sind elektrische Größen, die nicht Träger der ursprünglichen Nachricht sind. Ein praktisches Problem besteht deshalb in der Einhaltung eines notwendigen Störabstandes bei der Nachrichtenübertragung.

Signale werden aber nicht nur durch Störsignale beeinflußt. Auch der Übertragungskanal, Sender und Empfänger haben großen Anteil. Für die Gestaltung von Nachrichtensystemen sind deren Systemeigenschaften bezüglich der zu übertragenden Signale von großer

Bedeutung. Sie sind deshalb ebenfalls Gegenstand der weiteren Betrachtungen, wobei durch Abstraktion von konkreten Einrichtungen auf allgemeine Verhaltensweisen geschlossen werden kann.

1.2 Signalfunktionen

Bevor einige wichtige Signale der Nachrichtentechnik vorgestellt werden, sollen an einem einfachen Beispiel, dem Sinussignal, die Signalparameter näher definiert werden. Bild 1.3 zeigt den Verlauf der Sinusfunktion.

$$s(t) = \hat{s} \, \sin\left(\frac{2\pi t}{T} - \varphi_0\right) \tag{Gl. 1.1}$$

Dabei ist $\hat{s}$ die Amplitude (Strom oder Spannung), T die Periodendauer und φ_0 der Anfangsphasenwinkel (Nullphasenwinkel).

Bild 1.3
Sinusfunktion

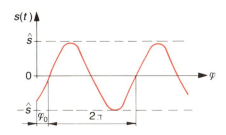

Die in Bild 1.3 gewählte Darstellung der Amplitude als Funktion der Phase wird in der Nachrichtentechnik meist nicht genutzt. Mit der Frequenz

$$f = \frac{1}{T} \tag{Gl. 1.2}$$

und der Kreisfrequenz

$$\omega = 2\pi f \tag{Gl. 1.3}$$

erhält man für Gl. 1.1 den zeitlichen Verlauf des Sinussignals zu

$$s(t) = \hat{s} \, \sin(\omega t - \varphi_0) \tag{Gl. 1.4}$$

Als Zeitfunktion kann man Gl. 1.4 bezeichnen, wenn man

$$\varphi_0 = \omega \, t_0$$

setzt (t_0 = Verzögerungszeit), und erhält

$$s(t) = \hat{s} \, \sin[\omega(t - t_0)] \tag{Gl. 1.5}$$

Für viele Untersuchungen ist der Anfangsphasenwinkel (bzw. die Verzögerungszeit) ohne praktische Bedeutung und wird daher als Null angesetzt. Da Sinus- und Kosinusfunktion sich nur im Anfangsphasenwinkel unterscheiden, gilt

$$\sin(x) = \cos\left(x - \frac{\pi}{2}\right)$$

Man spricht auch von harmonischen Signalen, wenn die Anfangsphase ohne Bedeutung ist. Zur Verdeutlichung sind in Bild 1.4 Sinus und Kosinus als Zeitfunktionen nochmals dargestellt. Neben der wohl meistgebrauchten Darstellung eines Signals als Zeitfunktion ist auch die Zeigerdarstellung möglich. Dabei wird Gl. 1.1 als mit der Phase $\varphi = \omega t$ rotierender Zeiger der Amplitude $\hat{s}$ gezeichnet. Bild 1.5a stellt den Zeiger zum Zeitpunkt $t = 0$ dar, d. h. in der Anfangsphasenlage. Der mit der Zeit rotierende Zeiger von Bild 1.5a erzeugt die bekannte Zeitfunktion in Bild 1.5b. Die Darstellung als Zeiger erlaubt einige Probleme der Signalverarbeitung besonders anschaulich zu erläutern.

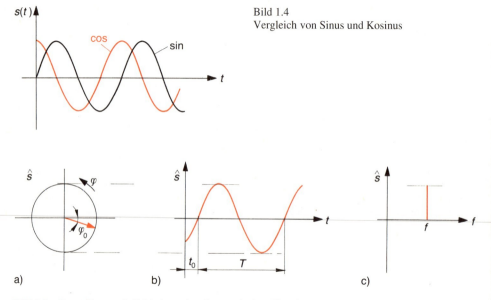

Bild 1.4
Vergleich von Sinus und Kosinus

Bild 1.5 Darstellungsmöglichkeiten eines harmonischen Signals
a) Zeiger b) Zeitfunktion c) Spektrum

Aus der Zeigerdarstellung läßt sich eine weitere Darstellungsform ableiten, die ebenfalls bei der Signalverarbeitung von großer Bedeutung ist, das Amplitudenspektrum (Bild 1.5 c). Es ist die Darstellung der Amplitude über der Frequenz. Im Amplitudenspektrum ist die Anfangsphase φ_0 nicht mehr enthalten, was in vielen Anwendungen ohne Bedeutung ist. Aus Bild 1.5c kann entnommen werden, daß ein harmonisches Signal nur eine Spektrallinie (nämlich bei der Frequenz f) hat. Es wird noch gezeigt, daß alle anderen Signalformen mehrere Spektrallinien enthalten.

Das Sinussignal entspricht bei einer Frequenz im Hörbereich des menschlichen Ohres (f = 50 Hz bis 16 kHz) einem Ton. Besteht ein Signal aus mehreren Tönen, so kann das Signal in zeitlicher Darstellung durch einfache Addition der Sinusschwingungen gebildet werden.

Beispiel
Zwei Töne mit $f_1 = 1$ kHz und $f_2 = 2$ kHz und gleicher Anfangsphase, aber unterschiedlichen Amplituden, bilden das Signal

$$s(t) = \hat{s}_1 \sin(2\pi f_1 t) + \hat{s}_2 \sin(2\pi f_2 t)$$

Bild 1.6a zeigt die beiden Sinusschwingungen und das Summensignal. Erst im Spektrum kann man die beiden Komponenten des Summensignals deutlich erkennen.
Man nennt das eine ungestörte Überlagerung oder *Superposition*.

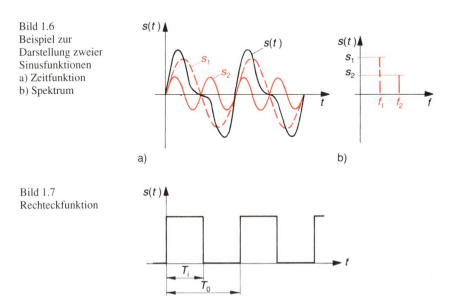

Bild 1.6
Beispiel zur
Darstellung zweier
Sinusfunktionen
a) Zeitfunktion
b) Spektrum

Bild 1.7
Rechteckfunktion

Ein in der Nachrichtentechnik häufig vorkommendes Signal ist die Rechteckschwingung. In Bild 1.7 ist der Zeitverlauf einer Rechteckschwingung dargestellt, die bei $t = 0$ beginnt und deren Impulsdauer $T_i = T_0/2$ ist. Der Verlauf läßt sich mathematisch beschreiben durch

$$s(t) = \begin{cases} \hat{s} & \text{für} \quad nT_0 \leq t \leq \left(n + \frac{1}{2}\right) T_0 \\ 0 & \text{für} \quad \left(n + \frac{1}{2}\right) T_0 \leq t \leq (n+1) T_0 \end{cases} \quad \text{(Gl. 1.6)}$$

Soll das Spektrum dieses Signals bestimmt werden, kann Gl. 1.6 nicht direkt herangezogen werden. Nach FOURIER läßt sich aber jedes periodische Signal in eine (theoretisch unendliche) Summe von Sinusschwingungen unterschiedlicher Amplituden zerlegen. Für Gl. 1.6 erhält man

$$s(t) = \frac{\hat{s}}{2} + \frac{2\hat{s}}{\pi} \left(\sin \omega_0 t + \frac{1}{3} \sin 3\omega_0 t + \frac{1}{5} \sin 5\omega_0 t + \ldots \right) \quad \text{(Gl. 1.7)}$$

In Bild 1.8 sind die ersten drei Glieder der Gl. 1.7 als Zeitfunktionen dargestellt. Das Summensignal $s(t)$ ergibt sich daraus wieder als ungestörte Überlagerung (Superposition).

Es wird deutlich, daß sich bei Beachtung höherer Glieder der Reihe (Gl. 1.7) die Genauigkeit der Rekonstruktion des Rechtecksignals erhöht.

Die Fourierdarstellung in Bild 1.8 ist Basis des *Spektrums*, das Bild 1.9 zeigt. Interessant ist in diesem Beispiel, daß das Spektrum auch einen Gleichsignalanteil (bei $f = 0$) enthält. Das liegt an der gegenüber der Amplitudennullinie unsymmetrischen Rechteckschwingung in Bild 1.7. Unterdrückt man diesen Anteil, entsteht die bezüglich der Nullinie symmetrische Schwingung.

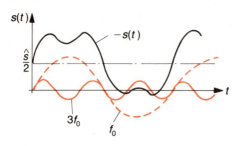

Bild 1.8
Fourierkomponenten der Rechteckfunktion

Bild 1.9
Spektrum einer Rechteckschwingung

Dazu ein Zahlenbeispiel: Ein unsymmetrischer Rechteckimpuls nach Bild 1.7 hat die Amplitude $\hat{s} = 3$ V und eine Periodendauer $T_0 = 1$ ms. Für die Frequenz ergibt sich nach Gl. 1.2 zu $f_0 = 1$ kHz bzw. die Kreisfrequenz aus Gl. 1.3 zu $\varphi_0 = 6280$ s^{-1}. Damit wird die Fourierdarstellung nach Gl. 1.7

$$s(t) = 1,5\text{ V} + 1,91\text{ V} \sin 6280\frac{t}{s} + 0,637\text{ V} \sin 18\,840\frac{t}{s}$$
$$+ 0,382\text{ V} \sin 31\,400\frac{t}{s} + \ldots$$

Eine bezüglich der Zeit $t = 0$ symmetrische Rechteckschwingung mit der Impulsdauer $T_i = T_0/2$ zeigt Bild 1.10 a. Gleichung 1.8 ist ihre Fourierdarstellung.

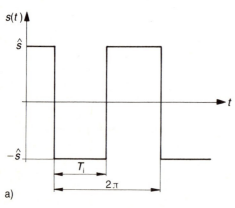
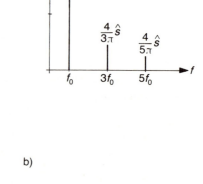

a) b)

Bild 1.10 Symmetrische Rechteckschwingung
a) Zeitfunktion   b) Spektrum

$$s(t) = \frac{4\,\hat{s}}{\pi} \left(\cos \omega_0 t - \frac{1}{3} \cos 3\,\omega_0 t + \frac{1}{5} \cos 5\,\omega_0 t - \ldots \right) \qquad \text{(Gl. 1.8)}$$

Bild 1.10 b stellt das Amplitudenspektrum dar (nur der Betrag der Amplituden ist dargestellt; das negative Vorzeichen der Spektralanteile entspricht einer Phasenverschiebung von 180°). Das Spektrum ist gleich dem des vorhergehenden Signals. Die Anfangsphasenverschiebung kommt in Gl. 1.8 durch die Kosinusfunktionen zum Ausdruck (siehe Bild 1.4). Zum Schluß der Betrachtungen zu Rechteckschwingungen soll noch der Einfluß des Tastverhältnisses

$$V_T = \frac{T_i}{T_0} \qquad \text{(Gl. 1.9)}$$

auf das Spektrum dargestellt werden. Für eine symmetrische Rechteckschwingung mit beliebigem Tastverhältnis V_T (ähnlich Bild 1.7, aber symmetrisch zu $t = 0$) gilt:

$$s(t) = \frac{2\,\hat{s}}{\pi} \left(\frac{\pi V_T}{2} + \sin \pi V_T \cos \omega_0 t + \frac{\sin 2\pi V_T}{2} \cos 2\,\omega_0 t \right.$$
$$\left. + \frac{\sin 3\pi V_T}{3} \cos 3\,\omega_0 t + \ldots \right) \qquad \text{(Gl. 1.10)}$$

Auf eine Darstellung des Spektrums wird hier verzichtet. Das gilt auch für weitere periodische Signale wie Dreieckschwingung, Sägezahnschwingung, Trapezschwingung usw.

Neben periodischen Signalen (*Schwingungen*) werden gelegentlich auch einmalige Signale (*Impulse*) benötigt. Ihr Nachrichteninhalt ist gering; sie eignen sich aber vor allem zur Untersuchung des Verhaltens von Übertragungskanälen. Ein typisches Merkmal eines Einzelimpulses ist sein kontinuierliches Spektrum. Es entsteht aus dem Linienspektrum des periodischen Signals, weil die Periodendauer $T_0 \to \infty$ geht. Mit Gl. 1.2 erhält man dafür $f_0 \to 0$, also unendlich viele unendlich dicht beieinanderliegende Spektrallinien. In Bild 1.11 sind ein symmetrischer Rechteckimpuls und sein Spektrum als Beispiel dargestellt.

In der Systemtheorie benutzt man auch einen Impuls, der nur theoretisch möglich ist, den Einheits- oder *Dirac-Impuls*. Ausgehend vom Rechteckimpuls in Bild 1.11 a wird ein Impuls der Flächengröße 1 definiert ($T_i \cdot \hat{s} = 1$), bei dem T_i bis gegen Null verkleinert wird, also $\hat{s}$ entsprechend anwächst. Der Dirac-Impuls hat damit die Impulshöhe ∞. Das Spektrum wird gegenüber Bild 1.11 b immer breiter und erstreckt sich beim Dirac-Impuls kontinuierlich über alle Frequenzen gleichmäßig mit der Amplitude 1. Praktisch kann ein Dirac-Impuls nur angenähert werden, was gelegentlich zu Testzwecken erfolgt.

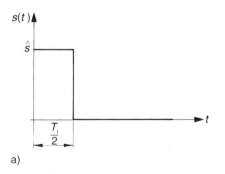

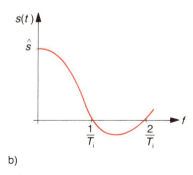

a)   b)

Bild 1.11 Rechteckimpuls a) Zeitfunktion b) Spektrum

Eine weitere Signalform soll an dieser Stelle noch vorgestellt werden – das *Rauschen*. Im Unterschied zu den bisher betrachteten Signalen ist es ein natürliches Signal, das in elektrischen Leitern, Halbleitern und auch im freien Raum durch thermische Ladungsträgerbewegungen entsteht. Hier soll lediglich die Signalbeschreibung vorgenommen werden. Ursachen und Größenordnung sind an anderer Stelle zu erläutern.

Da es sich beim Rauschen um einen Zufallsprozeß handelt, besteht das Signal aus einzelnen Impulsen mit statistischem Auftreten. Das Spektrum des Rauschens ist statistisch gesehen deshalb auch kontinuierlich, d.h., es besteht aus Amplituden, die über alle Frequenzen gleichmäßig verteilt sind. Man bezeichnet es als weißes Leistungsspektrum und das dazugehörende Rauschen als weißes Rauschen. Praktisch treten aber immer Bandbegrenzungen bei hohen Frequenzen auf (also Abfall der Amplituden bei hohen Frequenzen).

Neben dem durch ohmsche Widerstände verursachten weißen Rauschen gibt es auch frequenzabhängige Rauschkomponenten, z.B. das Funkelrauschen bei Transistoren. Das Rauschen muß praktisch bei jeder elektrischen Nachrichtenübertragung berücksichtigt werden. Es schränkt den für eine Übertragung nutzbaren Amplitudenbereich nach unten ein.

Viele Signale der Nachrichtentechnik lassen sich auf die vorstehend beschriebenen zurückführen. Es sollen deshalb keine weiteren Betrachtungen zu Signalen mehr folgen. Spezielle Signale werden bei den Anwendungen beschrieben.

1.3 Signal- und Systemeigenschaften

Die Übertragung, Vermittlung und Verarbeitung von Nachrichten wird durch technische Einrichtungen vorgenommen, die man als Systeme bezeichnet. Die Nachricht liegt als Signal am Eingang des Systems und wird vom System beeinflußt. Dieser Einfluß auf die Signalübertragung kann allgemein untersucht werden (Systemtheorie). Nachfolgend werden die wichtigsten Systemeigenschaften vorgestellt.

Übertragungsfunktion

Die Übertragungsfunktion als wichtigste Systemeigenschaft beschreibt das Signalübertragungsverhalten eines Systems (Bild 1.12) umfassend.

Bild 1.12
Definition eines Systems

> Nach DIN 40 148 Blatt 1 versteht man unter dem Übertragungsfaktor H das Verhältnis von Ausgangsgröße s_a zu Eingangsgröße s_e.

$$H = \frac{s_a}{s_e} \qquad \text{(Gl. 1.11)}$$

Der Übertragungsfaktor eines beliebigen Systems ist meist kein einfacher Zahlenfaktor (z.B. $H = 10$ bedeutet, daß jedes beliebige Eingangssignal s_e um den Faktor 10 verstärkt am Ausgang erscheint), sondern eine frequenzabhängige Funktion. Man spricht deshalb von der

Übertragungsfunktion $\underline{H}$ (wobei der Strich die Funktion als frequenzabhängige Größe kennzeichnet, wenn das besonders betont werden soll).

Die Übertragungsfunktion eines Systems gestattet wichtige Rückschlüsse auf seine Eigenschaften zu ziehen. Solche Systemeigenschaften sollen hier allgemein vorgestellt werden, bevor Übertragungsfunktionen konkreter Systeme ermittelt werden. Die Systemeigenschaften werden auch von der Art des Systems bestimmt.

So unterscheidet man passive und aktive Systeme. Ein passives System ist dadurch gekennzeichnet, daß die am Ausgang (a) abgegebene Energie nie größer als die am Eingang (e) aufgenommene ist. Daraus folgt, daß ein Verstärker nur dann als aktives System bezeichnet werden kann, wenn man die Anschlußpunkte zur Energieversorgung nicht betrachtet, also nur seinen Signalein- und -ausgang. In Kapitel 2 werden passive Systeme betrachtet, unter 3 folgen dann die komplizierteren aktiven.

Eine weitere wichtige Unterscheidung von Systemen betrifft ihre Linearitätseigenschaft. So wie man in der Mathematik zwischen linearen und nichtlinearen Funktionen (und damit auch Gleichungen) unterscheidet, werden Systeme anhand ihrer Übertragungsfunktion in lineare und nichtlineare unterteilt.

> Bei einem linearen System ist auch die Übertragungsfunktion linear und der Übertragungsfaktor nicht amplitudenabhängig.

So wird beispielsweise die Eingangssignalkombination

$$s_e = u_1(t) + u_2(t) \tag{Gl. 1.12}$$

von einem linearen System in das Ausgangssignal

$$s_a = a_1 u_1(t) + a_2 u_2(t) \tag{Gl. 1.13}$$

umgeformt, d.h., es findet eine ungestörte Überlagerung (Superposition) der Komponenten statt.

> Nichtlineare Systeme sind durch eine nichtlineare Übertragungsfunktion (bzw. einem amplitudenabhängigen Übertragungsfaktor) gekennzeichnet.

Ist beispielsweise H eine quadratische Funktion, so wird nach Gl. 1.11 das Ausgangssignal

$$s_a = a\, s_e^2 \tag{Gl. 1.14}$$

Ein- und Ausgangssignal sind dann nicht mehr proportional, denn mit

$$s_e = \hat{u} \sin \omega t$$

ergibt sich nach Gl. 1.14

$$s_a = a\, \hat{u}^2 \sin^2 \omega t = a\frac{\hat{u}^2}{2}(1 - \cos 2\omega t) \tag{Gl. 1.15}$$

Die Amplitude des Ausgangssignals $a\hat{u}^2/2$ ist nichtlinear von der Eingansamplitude $\hat{u}$ abhängig. Setzt man in Gl. 1.14 als Eingangssignal die Summe zweier Zeitfunktionen nach Gl. 1.12 ein, entstehen sogar neue Frequenzen. Eine ungestörte Überlagerung ist nicht mehr gegeben.

Neben der Unterscheidung in passive und aktive sowie lineare und nichtlineare Systeme werden in der Systemtheorie weitere Unterscheidungen vorgenommen. Diese sind aber hier nicht von Bedeutung, so daß auf eine Erklärung verzichtet werden kann.

Pegel
Die Übertragungsfunktion und der daraus bestimmbare Übertragungsfaktor stellen im einfachsten Fall das Verhältnis zweier elektrischer Größen dar. Für das Rechnen mit gleichartigen Größen (Leistung, Spannung oder Strom) wird in der Nachrichtentechnik häufig das logarithmische Verhältnis verwendet. Da nur reelle Zahlen logarithmiert werden können, muß dieses Verhältnis immer eine reelle Zahl sein. Nach DIN 5493 wird, falls das z. B. bei zwei ins Verhältnis gesetzten Spannungen nicht der Fall ist, mit den Beträgen dieser Größen gerechnet. Die im Nenner des Verhältnisses stehende Größe ist der Bezugswert.

Man nennt das logarithmische Verhältnis Pegel und bezeichnet es mit L.

Es wird von einem System nach Bild 1.13 ausgegangen. Mit der Ausgangsleistung $P_a = U_a I_a$ und der Eingangsleistung $P_e = U_e I_e$ als Bezugswert ergibt sich der relative Leistungspegel am Ausgang aus

$$L_P = \lg \frac{P_a}{P_e} \text{ B} \qquad (\text{Gl. 1.16})$$

Bild 1.13
Ein- und Ausgangsgrößen bei einem System

Da L_P dimensionslos ist, kennzeichnet man zur Vermeidung von Verwechslungen den Pegel durch das B (steht für Bel). Es wird heute fast ausschließlich das Dezibel (dB) verwendet. Mit

1 Bel = 10 dB

wird Gl. 1.16

$$L_P = 10 \lg \frac{P_a}{P_e} \text{ dB} \qquad (\text{Gl. 1.17})$$

Neben dem Zehnerlogarithmus kann auch der natürliche Logarithmus benutzt werden. Eine der Gl. 1.16 entsprechende Definition für das Spannungsverhältnis lautet dann

$$L_U = \ln \frac{U_a}{U_e} \text{ Np} \qquad (\text{Gl. 1.18})$$

wobei Np (Neper) zur Unterscheidung vom Bel verwendet wird. Die Definition des Neper basiert auf dem Spannungsverhältnis, was bei gelegentlichen Vergleichen beider Definitionen zu beachten ist. Das Neper und damit der natürliche Logarithmus für die Verwendung bei Pegeln ist heute aber kaum noch gebräuchlich und soll deshalb hier nicht weiter betrachtet werden.

Das der Definition des Pegels in dB zugrundeliegende Leistungsverhältnis ist oft einer direkten Messung nicht zugänglich. Man kann aber aus einem gemessenen Spannungsverhältnis auf das Leistungsverhältnis schließen, wenn die Widerstände an den Meßpunkten bekannt sind. Mit

$$P = \frac{U^2}{Z} \qquad \text{(Gl. 1.19)}$$

wird aus Gl. 1.17

$$L_P = 10 \lg \left[\left(\frac{U_a}{U_e} \right)^2 \frac{Z_e}{Z_a} \right] \text{ dB} \qquad \text{(Gl. 1.20)}$$

Nur wenn beide Widerstände gleich sind ($Z_e = Z_a$), ergibt sich der Pegel zu

$$L_P = 20 \lg \frac{U_a}{U_e} \text{ dB} \qquad \text{(Gl. 1.21)}$$

Pegel in dB sind immer Leistungsverhältnisse. Wird beispielsweise ein Pegel nach Gl. 1.21 auf der Basis einer Spannungsmessung bestimmt und die Widerstände sind nicht gleich, ist eine Korrektur wie folgt notwendig:

$$L_P = 20 \lg \frac{U_a}{U_e} \text{ dB} + 10 \lg \frac{Z_e}{Z_a} \text{ dB} \qquad \text{(Gl. 1.22)}$$

Man unterscheidet nun zwischen absoluten und relativen Pegeln. Der *absolute Pegel* bezieht sich auf ein technisch häufig auftretendes System mit einem Widerstand von $Z = 600\ \Omega$, bei dem der Bezugswert $P_e = 1$ mW ist. Nach Gl. 1.19 erhält man damit für die Bezugsspannung $U_e = 0{,}775$ V. Der absolute Leistungspegel ist dann

$$L_P = 10 \lg \frac{P_a}{1\text{ mW}} \text{ dBm} \qquad \text{(Gl. 1.23)}$$

Der Buchstabe m in der Pegelkennzeichnung weist auf den Bezugswert 1 mW des absoluten Pegels hin. Neben dem für 600-Ω-Systeme genormten Pegel ist in der Empfangstechnik ein Pegel mit dem Bezugswert 1 µV an 75 Ω (Antennenwiderstand) üblich: das dBµV. Nach Gl. 1.19 entspricht dieser Pegel einer Bezugsleistung von $1{,}3 \cdot 10^{-14}$ W. Ein Pegel dBpW hat offensichtlich als Bezugswert die Leistung 1 pW = 10^{-12} W. Alle übrigen Pegel sind relative Pegel, bei denen keine feste Vereinbarung des Bezugswertes vorliegt.

Es soll an dieser Stelle auch darauf hingewiesen werden, daß das dB als logarithmisches Verhältnis nicht nur für Leistungspegel verwendet wird. Häufig stehen Angaben in dB auch für andere Leistungsverhältnisse, wie den Störabstand (Verhältnis von Nutzleistung zu Störleistung an einer Stelle im System) oder auch für Spannungsverhältnisse bei Verstärkungsangaben. So wird die Verstärkung eines Operationsverstärkers in dB als Spannungsverstärkung ähnlich Gl. 1.21 angegeben, obgleich das Widerstandsverhältnis von Ein- und Ausgang nicht gleich 1 ist.

Als letzte vom Übertragungsfaktor eines Systems ableitbare Größe sei der *Dämpfungsfaktor* genannt. Er ist als Umkehr des Übertragungsfaktors definiert zu

$$D = \frac{1}{H} \qquad \text{(Gl. 1.24)}$$

Der Dämpfungsfaktor und die daraus ableitbaren Größen spielen in der Nachrichtentechnik eine große praktische Rolle. Sie werden an den entsprechenden Stellen näher erläutert.

Verzerrungen
Die bisherigen Betrachtungen zu Systemeigenschaften gingen davon aus, daß das Signal vom System in seiner Signalamplitude s beeinflußt, aber in seinem Zeitverlauf nicht verändert wird. Die Veränderungen des Signals infolge Dämpfung können aber durchaus zu Verzerrungen führen, wenn der Dämpfungsfaktor D frequenzabhängig ist.
Beispiel: Die beiden Schwingungen von Bild 1.6 werden von einem frequenzabhängigen System übertragen, bei dem die Multiplikationsfaktoren a_1 und a_2 nach Gl. 1.13 sich wie 2 : 1 verhalten. Damit wird am Ausgang des Systems s_2 gegenüber s_1 weiter abgesenkt. Das Summensignal $s(t)$ wird gegenüber Bild 1.6 a verändert. Man spricht von *linearen* oder *Dämpfungsverzerrungen*. Solche Verzerrungen können durch Systeme mit entgegengesetztem Frequenzverhalten ($a_1 : a_2 = 1 : 2$) leicht ausgeglichen werden.
Problematischer bezüglich des Ausgleiches sind *nichtlineare Verzerrungen*, die durch die Amplitudenabhängigkeit der Übertragungsfunktion entstehen. Solche nichtlinearen Übertragungsfunktionen sind meist nicht so einfach, wie in Gl. 1.14 angenommen. Sie spiegeln reale Bauelementeeigenschaften wider. So wird das Übertragungsverhalten einer Diode (Bild 1.14) bei Aussteuerung mit u_D nach TAYLOR durch die Reihe

$$i_D = I_0 + S u_D + \frac{T}{2} u_D^2 + \frac{W}{6} u_D^3 + \ldots \qquad \text{(Gl. 1.25)}$$

beschrieben. Darin gibt I_0 den Arbeitspunkt auf der Kennlinie an (vgl. Bild 1.14). Die übrigen Werte sind:
S – Steilheit der Kennlinie im Arbeitspunkt
T – Krümmung im Arbeitspunkt
W – Krümmungsänderung im Arbeitspunkt
Unabhängig von konkreten Werten dieser Faktoren kann Gl. 1.25 für allgemeine Aussagen herangezogen werden. Wenn die Diodenspannung ein harmonisches Signal

$$u_D = \hat{u} \cos \omega t$$

ist, erhält man

$$i_D = I_0 + S\hat{u} \cos \omega t + \frac{T}{2} \hat{u}^2 \cos^2 \omega t + \frac{W}{6} \hat{u}^3 \cos^3 \omega t$$

Mit Hilfe der aus der Mathematik bekannten Additionstheoreme

$$\cos^2 x = \frac{1}{2}(1 + \cos 2x)$$

$$\cos^3 x = \frac{1}{4}(\cos x + \cos 3x)$$

ergibt sich

$$i_D = I_0 + \frac{T}{4}\hat{u}^2 + \left(S\hat{u} + \frac{1}{8}\hat{u}^3\right)\cos \omega t \; \frac{T}{4}\hat{u}^2 \cos 2\omega t + \frac{W}{24}\hat{u}^3 \cos 3\omega t$$

Neben dem ursprünglichen harmonischen Signal der Frequenz ω treten Anteile mit 2ω, 3ω usw. auf. Man nennt diese Komponenten Harmonische oder Oberwellen. Ihre Frequenz ist immer ein ganzes Vielfaches der Grundwellenfrequenz ω. Der Begriff Oberwelle gilt nur für die Harmonischen mit doppelter oder mehrfacher Grundfrequenz. Ein Anteil mit 2ω ist damit die erste Oberwelle, entspricht aber der 2. Harmonischen der Schwingung. Das muß immer sorgfältig beachtet werden, um Verwechslungen zu vermeiden.

Die Oberwellen bewirken nun beispielsweise akustische Verzerrungen, die man auch als Klirren bezeichnet. Diese nichtlineare Eigenschaft eines Systems wird deshalb mit Hilfe des Klirrfaktors quantifiziert.

> Nach DIN 40 110 ist der Klirrfaktor der Effektivwert aller Oberwellen zum Effektivwert der Gesamtspannung am Ausgang eines nichtlinearen Systems, das von einer harmonischen Schwingung angesteuert wird.

Mit U_ω – dem Effektivwert der Grundwelle – und $U_{i\omega}$ – dem Effektivwert der i. Harmonischen – gilt:

$$k = \sqrt{\frac{U_{2\omega}^2 + U_{3\omega}^2 + U_{4\omega}^2 + \dots}{U_\omega^2 + U_{2\omega}^2 + U_{3\omega}^2 + U_{4\omega}^2 + \dots}} \qquad \text{(Gl. 1.27)}$$

Der Klirrfaktor wird in Prozent angegeben, d.h. der mit Gl. 1.27 ermittelte Wert ist noch mit 100 zu multiplizieren.

Da das nichtlineare Verhalten eines Systems mit mehreren aktiven Elementen (Transistoren) allgemein schwer berechnet werden kann, wird der Klirrfaktor durch Messung ermittelt.

Bild 1.14
Diodenkennlinie

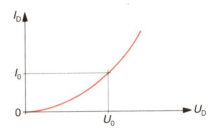

Hier soll trotzdem einmal aus Gl. 1.26 der Klirrfaktor vereinfacht berechnet werden, weil daraus eine prinzipielle Aussage über seine Größe möglich ist. Bei kleiner Aussteuerung ($\hat{u} \ll U_0$ in Bild 1.14) können die Anteile ab $\hat{u}^3$ vernachlässigt werden. Außerdem ist $U_{2\omega}^2 \ll U_\omega^2$, so daß

$$k = \sqrt{\frac{U_{2\omega}^2}{U_\omega^2}} = \frac{S\hat{u}}{\frac{T}{4}\hat{u}^2} = \frac{4S}{T}\hat{u} \qquad \text{(Gl. 1.28)}$$

wird. Der Klirrfaktor steigt mit der aussteuernden Amplitude $\hat{u}$. Im Interesse geringer Verzerrungen ist deshalb die Aussteuerung nichtlinearer Systeme klein zu halten.

Aus dieser Forderung und dem in Abschnitt 1.2 erwähnten Rauschen ergeben sich für die Signalamplitude zwei Grenzen. Die untere Grenze wird bestimmt durch das unvermeidliche Rauschen eines technischen Systems. Im Interesse der Erkennbarkeit eines Signals ist dessen Amplitude deutlich größer als der Effektivwert des Rauschens zu wählen.

> Das Signal-Rausch-Verhältnis ist definiert als Verhältnis der Nutzsignalleistung P_s zur Rauschleistung P_R.

$$SN = 10 \lg \frac{P_S}{P_R} \text{ dB} \qquad \text{(Gl. 1.29)}$$

Die zulässige Grenze für *SN* richtet sich nach den Anforderungen einer Nachrichtenübertragung, wobei neben Rauschen auch andere Störsignale zu berücksichtigen sind.

Die obere Grenze bezüglich der übertragbaren Signalamplituden bestimmt der zulässige Klirrfaktor. Die *Dynamik* ist der mögliche Amplitudenbereich zwischen diesen beiden Grenzen. Nicht immer kann ein System die Anforderungen an die Dynamik erfüllen (z. B. bei hochwertiger Musikübertragung). Es sind deshalb Verfahren zur Dynamikkompression entwickelt worden.

1.4 Zeitdiskrete Signale

Die in Abschnitt 1.2 vorgestellten Signale dienten vor allem der Erklärung von Signalparametern und den Darstellungsmöglichkeiten von Signalen. Jetzt soll eine Einteilung von Signalen vorgenommen werden. Dabei scheint diese Einteilung vorerst sehr formal zu sein, ist jedoch vom Standpunkt der zunehmenden digitalen Verarbeitung von Signalen auch in der Nachrichtentechnik von großer praktischer Bedeutung.

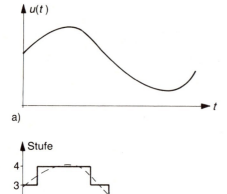
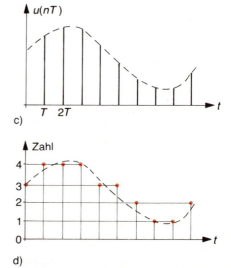

Bild 1.15 Signalverläufe
a) wert- und zeitkontinuierlich
b) wertdiskret und zeitkontinuierlich
c) wertkontinuierlich und zeitdiskret
d) wert- und zeitdiskret

Signale haben je nach Signalverlauf kontinuierliche und/oder diskrete (diskontinuierliche) Parameter. Nach DIN 40 146 unterscheidet man hinsichtlich des Amplitudenwertes und der zeitlichen Abhängigkeit

- wert- und zeitkontinuierliche Signale (a),
- wertdiskrete und zeitkontinuierliche Signale (b),
- wertkontinuierliche und zeitdiskrete Signale (c),
- wert- und zeitdiskrete Signale (d).

In Bild 1.15 sind als Beispiel ein wert- und zeitkontinuierliches Signal (a) und die entsprechenden anderen Signalformen (b bis d) dargestellt. Das wert- und zeitkontinuierliche Signal bildet einen Vorgang kontinuierlich (*analog*) ab. Man bezeichnet es deshalb als analoges Signal. In der Natur werden viele Nachrichten aus kontinuierlichen Vorgängen gewonnen, so daß diese als analoge Signale anfallen. Historisch gesehen stand deshalb die analoge Signalverarbeitung an erster Stelle.

Im Gegensatz dazu steht das wert- und zeitdiskrete Signal (Bild 1.15 d), das eigentlich nur noch eine physikalische Repräsentanz von Zahlen (oder Zeichen) ist. Dabei ist die Zahl (das Zeichen) ein Element aus einer vereinbarten endlichen Menge verschiedener Elemente, dem Zeichenvorrat. Im Bild wurden die Zahlen 0 bis 4 verwendet; der Zeichenvorrat muß also mindestens diese 5 Zeichen enthalten.

Man bezeichnet wert- und zeitdiskrete Signale auch als *digitale* Signale, weil der Wertevorrat im Unterschied zu analogen Signalen aus einer endlich abzählbaren Menge besteht – digital kommt von digitus (lat.: der Finger). Es sei noch vermerkt, daß die heute gebräuchliche Digitaltechnik nur einen Wertevorrat von 2 Zeichen hat; es handelt sich also um eine Binärtechnik. Wie das Dezimalsystem ist auch das auf der binären Signaldarstellung beruhende duale Zahlensystem ein Stellenwertsystem, bei dem die Genauigkeit durch die Zahl der Stellen bestimmt wird. Die Genauigkeit eines analogen Signals kann theoretisch nur mit einer unendlichen Stellenzahl des Dualsystems erreicht werden. Das ist aber nur eine theoretisch wichtige Aussage, denn die analoge Signalverarbeitung ist technisch nicht beliebig genau.

> Bei der technischen Signalverarbeitung gestattet ein Digitalsystem durch Wahl der Stellenzahl eine beliebige Genauigkeit einzustellen, was bei der Analogtechnik nicht erreicht wird.

Das wertdiskrete, aber zeitkontinuierliche Signal (Bild 1.15 b) entsteht, wenn der analoge Wertebereich in Stufen eingeteilt wird. Diesen Vorgang nennt man *Quantisieren*. Die Quantisierungsstufen können dabei noch beliebig gewählt werden. Im Bild wurden die Stufen in gleichen Schritten gewählt und eine Schwelle in der Mitte einer Stufe angenommen. Das wird durch das eingezeichnete analoge Signal (gestrichelt) verdeutlicht. Das Quantisieren ist bei der Umwandlung eines analogen in ein digitales Signal unverzichtbar.

Beim wertkontinuierlichen und zeitdiskreten Signal (Bild 1.15 c) werden quasi Proben des analogen (gestrichelten) Signals in bestimmten Zeitabständen genommen. Diesen Vorgang nennt man *Abtasten*. Abtasten ist für viele nachrichtentechnische Einrichtungen notwendig, z. B. beim Zeitmultiplexbetrieb, der Pulsamplitudenmodulation und der Analog-Digital-Umsetzung. Bevor der Vorgang des Abtastens näher dargestellt wird, sei darauf hingewiesen, daß die Amplitudenwerte des abgetasteten Signals in Bild 1.15 c Analogwerte sind, die beim Übergang zu Bild 1.15 d noch quantisiert werden müssen.

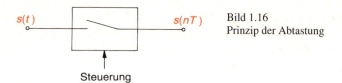

Bild 1.16
Prinzip der Abtastung

Bei der idealen Abtastung wird, wie aus Bild 1.15 c ersichtlich, der Analogwert zu bestimmten Zeiten (T, $2T$, ...) ermittelt. Das kann beispielsweise mit einem zeitlich gesteuerten Schalter nach Bild 1.16 erfolgen. Die Zeitschritte werden äquidistant (mit gleichem Abstand) gewählt. Da bei der Abtastung die Zeit quantisiert wird, ist wichtig zu wissen, bis zu welchem größten Abtastintervall T noch eine Abtastung ohne Informationsverlust möglich ist. Offensichtlich bestimmt die höchste im Signal vorkommende Frequenz f_o diesen Wert. Diese kann aus dem Spektrum des Signals gewonnen werden. Der zu f_o gehörende zeitliche Verlauf des Signals ist sinusförmig. Es liegt auf der Hand, daß zu seiner Rekonstruktion mindestens zwei Abtastwerte erforderlich sind. Daraus resultiert das von SHANNON formulierte Abtasttheorem

$$T < \frac{1}{2f_o} \qquad (Gl.\ 1.30)$$

Ein Gleichheitszeichen ist in Gl. 1.30 nicht zulässig. Man bedenke, daß beim Abtasten gerade im Nulldurchgang des Sinus keine Amplitudeninformation übergeben wird. Praktisch wählt man die Abtastfrequenz $f_A = 1/T$ größer, z. B. bei einer Fernsprechübertragung mit $f_o = 3,4$ kHz zu $f_A = 8$ kHz. Wenn in einem System Anteile mit Frequenzen größer als f_o enthalten sind und diese auch nicht interessieren (sonst müßte f_o erhöht werden), ist für eine Bandbegrenzung zu sorgen. Eine Abtastung würde eine unzulässige Störung (*Aliasing*) im zeitdiskretisierten Signal verursachen und dort auch nicht mehr zu unterscheiden sein. Deshalb enthalten Abtastschaltungen noch Tiefpaßfilter (*Antialiasing-Filter*), die zur Einhaltung des Abtasttheorems unerläßlich sind. Solche Filter haben endliche Filterflanken (siehe Kapitel 2), so daß ihre Grenzfrequenz nicht gleich der Abtastfrequenz sein kann, sondern je nach Aufwand für das Filter sich von f_A unterscheidet.

Für viele Anwendungen ist die Abtastung nach Bild 1.16 allein nicht geeignet. Da der Schalter mit endlicher Einschaltdauer arbeitet, ändert sich das Analogsignal in dieser Zeit. Die endliche Einschaltdauer ist auch im Interesse der weiteren Bearbeitung des abgetasteten Signals erforderlich (z. B. in einem Analog-Digital-Umsetzer). Man verbindet deshalb eine Abtastschaltung meist mit einem Halteglied. Das Halteglied speichert den Analogwert auch dann, wenn der Schalter wieder geöffnet wird. Da ein Analogwert zu speichern ist, muß ein dafür geeigneter Speicher verwendet werden. In Bild 1.17 ist das Schema einer Abtast- und Halteschaltung dargestellt. Als Speicher fungiert der Kondensator C. Bei kurzer Einschaltzeit des Schalters wird der Kondensator auf den momentanen Analogwert $s(nT)$ aufgeladen.

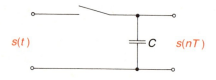

Bild 1.17
Abtast- und Halteschaltung

Nach dem Ausschalten steht dieser Wert entsprechend der Entladezeit des Kondensators zur Verfügung.
Mit der Möglichkeit, analoge in digitale Signale (und umgekehrt) umzusetzen, sind die Voraussetzungen für eine umfassende Anwendung gegeben. Technische Einrichtungen, die das ermöglichen, werden später dargestellt.

1.5 Modulation und Codierung

Eine wesentliche Aufgabe der Nachrichtentechnik ist die Übertragung. Vorerst soll die Nachricht als analoges Signal vorliegen. Beispielsweise werden in der Fernsprechtechnik Signale im Frequenzband von 0,3 bis 3,4 kHz übertragen. Für höhere Anforderungen an die Qualität der Tonsignale wäre der Frequenzbereich entsprechend größer zu wählen.

> Man nennt nun das ursprüngliche Frequenzband des Nachrichtensignals Basisband.

Eine Übertragung des Signals im Basisband kann beispielsweise über eine Leitung stattfinden. Das ist bei der Fernsprechtechnik im Teilnehmerbereich heute allgemein üblich. Denkbar ist aber auch eine drahtlose Übertragung durch Funk. Das ist im Basisband nicht möglich, wie die nachfolgende Betrachtung zeigt:

Ein elektrisches Signal der Frequenz 1 kHz (Mittelwert des Sprachbandes) hat bei Berücksichtigung der Lichtgeschwindigkeit von $c = 300\,000$ km/s eine Freiraumwellenlänge von

$$\lambda = \frac{c}{f} = \frac{300\,000 \text{ km/s}}{1 \text{ kHz}} = 300 \text{ km} \qquad \text{(Gl. 1.31)}$$

Da eine Antenne zur Abstrahlung einer solchen Welle etwa $\lambda/10$ lang sein muß, ist praktisch keine Abstrahlung möglich.

Gl. 1.31 zeigt aber auch den Lösungsweg. Erhöht man die Frequenz f wesentlich, werden vernünftige Abmessungen der Antenne möglich. Dazu muß aber das Nachrichtensignal aus dem Basisband in die höhere Frequenzlage erst transformiert werden. Diesen Vorgang nennt man *Modulation*. Möglichkeiten und Verfahren der Modulation werden in Kapitel 4 betrachtet.
Die Modulation ist noch aus einem zweiten Grund von allgemeiner Bedeutung. Durch Transformation eines Basisbandes in eine beliebige andere Frequenzlage ermöglicht man eine gleichzeitige Übertragung verschiedener Nachrichten in verschiedenen Frequenzbereichen.

> Die Mehrfachausnutzung eines Übertragungskanals durch Frequenzschachtelung verschiedener Nachrichten heißt Frequenzmultiplex.

Bild 1.18 veranschaulicht Modulation und Frequenzmultiplex. Durch Modulation wird das Basisband in eine geeignete höhere Frequenzlage transformiert (Bild 1.18 a). Das frequenzmäßige Schachteln verschiedener Nachrichten in Frequenzmultiplex deutet Bild 1.18 b an.

Unabhängig vom Übertragungsmedium (Leitung oder freier Raum) ist Frequenzmultiplex heute unerläßlich, um die Vielzahl erforderlicher Nachrichtenkanäle zu ermöglichen und vorhandene Übertragungssysteme besser auszunutzen.

Die im vorhergehenden Abschnitt beschriebene Abtastung von Signalen eröffnet eine weitere Möglichkeit zur besseren Ausnutzung eines Nachrichtenübertragungskanals. Für die Übertragung der im Nachrichtensignal enthaltenen Information genügen eigentlich die abgetasteten Werte. Die entsprechenden Impulse haben praktisch natürlich eine endliche Dauer, die aber wesentlich kleiner als die ganze Signaldauer ist. In die Lücken zwischen zwei Abtastimpulsen können weitere abgetastete Signale gelegt werden.

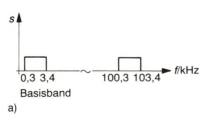
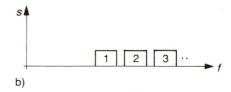

Bild 1.18
a) Modulation   b) Frequenzmultiplex

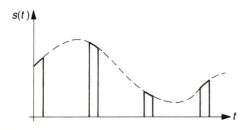

Bild 1.19
Abgetastete Zeitfunktion mit Lücken für Zeitmultiplex

Beim Zeitmultiplex werden die durch Abtastung gewonnenen Impulsfolgen verschiedener Nachrichten zeitlich ineinander verschachtelt.

Bild 1.19 soll das verdeutlichen. Das Nachrichtensignal (gestrichelt) ist durch Abtastung in eine Impulsfolge umgewandelt worden. Die entstandenen Lücken können nun durch zeitlich verschobene andere Impulsfolgen genutzt werden.

In der Nachrichtentechnik spielt eine weitere Form der Signalbearbeitung eine große Rolle: das *Codieren*. Schon bei der Umsetzung eines analogen in ein digitales Signal wird nach der Abtastung und dem Quantisieren noch codiert, um die Zahlenwerte (z. B. in Bild 1.15 d 0 bis 4) an das Dualsystem anzupassen. Dazu gibt es in der Digitaltechnik verschiedene Codes (binär, BCD, Gray-Code usw.). Für die beim Empfang notwendige Decodierung ist die Kenntnis des Codes unerläßlich.

Unter Codieren versteht man das verabredete Verändern der Form einer Nachricht.

Codieren dient aber nicht schlechthin der geeigneten Anpassung zeitdiskreter Signale an die verfügbare Digitaltechnik. Man kann schon in der Signalquelle durch entsprechende Quellencodierung (z. B. bei der digitalen Fernsehübertragung durch Redundanzminderung) einen Beitrag zur optimalen Nachrichtenübertragung liefern.

Die Kanalcodierung beschäftigt sich dagegen mit Methoden der optimalen Anpassung an den Übertragungskanal. So kann das Zufügen von Redundanz beispielsweise die Störanfälligkeit einer Nachrichtenverbindung verringern.

1.6 Lernziel-Test

1. Skizzieren Sie das Schema einer Nachrichtenverbindung. Was sind Quelle und Senke?
2. Wie wird eine Nachricht in der elektrischen Nachrichtentechnik physikalisch repräsentiert?
3. Welche Möglichkeiten der Darstellung einer Signalfunktion gibt es?
4. Was versteht man unter Übertragungsfunktion?
5. Wodurch ist die Übertragungsfunktion einer nichtlinearen Schaltung gekennzeichnet?
6. Was ist ein Pegel?
7. Wodurch unterscheiden sich absoluter und relativer Pegel?
8. Wie ist der Klirrfaktor definiert?
9. Was versteht man unter dem Signal-Rausch-Verhältnis?
10. Wie nennt man ein wert- und zeitdiskretes Signal noch?
11. Welchen Vorteil hat die digitale Signalverarbeitung gegenüber der analogen?
12. Begründen Sie das Abtasttheorem.
13. Welche Aufgabe hat die Modulation?
14. Wie unterscheiden sich Frequenz- und Zeitmultiplex?
15. Was versteht man unter Codieren?

2 Netzwerke

2.1 Netzwerke als Bestandteil von Nachrichtensystemen

Das Schema einer Nachrichtenübertragung wurde schon in Bild 1.1 vorgestellt. Es ist daraus ersichtlich, daß in der Regel ein solches Nachrichtensystem aus mehreren Komponenten besteht. Die Komponenten enthalten meist elektrische Schaltungen, die man auch als Netzwerke bezeichnet.

> Ein Netzwerk ist eine aus zweipoligen Schaltelementen aufgebaute elektrische Schaltung.

Im Interesse der Analyse ist die Unterteilung größerer Komponenten in Netzwerke unerläßlich. Das gilt auch für die Erklärung der Funktion. In diesem Kapitel werden in der Nachrichtentechnik wichtige Netzwerke und ihr Verhalten vorgestellt. Da Netzwerke Bestandteile eines Systems sein können, gelten die in Abschnitt 1.3 definierten Begriffe auch für Netzwerke. So unterscheidet man aktive und passive sowie lineare und nichtlineare Netzwerke. Hier werden passive lineare Netzwerke betrachtet. Solche Netzwerke werden in der Nachrichtentechnik vor allem wegen ihres frequenzabhängigen Verhaltens eingesetzt.

Man teilt Netzwerke unter anderem auch nach der Zahl ihrer Anschlüsse ein. Praktisch von Interesse sind Zweipole, Vierpole und Mehrtore (Bild 2.1). Ein Zweipol (Eintor) ist das einfachste Netzwerk überhaupt. Bei ihm liegen Ein- und Ausgang an den gleichen Klemmen (Bild 2.1 a).

Der Vierpol (Zweitor) ist das praktisch wichtigste Netzwerk. Ein- und Ausgang sind voneinander getrennt (Bild 2.1 b). Bei einem passiven Vierpol bedeutet das aber nicht, daß die getroffene Zuordnung dieser Anschlüsse schon eindeutig die Richtung der Signalübertragung festlegt. Das kann nur durch die äußere Beschaltung geschehen. Gelegentlich sind Zweitore keine «echten» Vierpole, sondern Dreipole, bei denen ein Pol gemeinsam für Ein- und Ausgang genutzt wird.

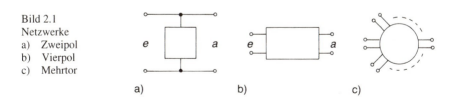

Bild 2.1
Netzwerke
a) Zweipol
b) Vierpol
c) Mehrtor

Unabhängig von ihrem inneren Aufbau sind Mehrtore dadurch gekennzeichnet, daß mehrere Ein- und Ausgangsklemmenpaare vorhanden sind (Bild 2.1 c). Solche Schaltungen spielen in der Nachrichtentechnik ebenfalls eine Rolle. Man denke nur daran, daß verschiedene Teilnehmer von einer Nachrichtenquelle gleichzeitig versorgt werden sollen.

Nach einer kurzen Beschreibung von Zweipolen in Abschnitt 2.2 werden vor allem allgemeine Vierpole und ihre Eigenschaften dargestellt. Daran schließen sich Betrachtungen über Siebschaltungen und ihre technischen Realisierungen an (Abschnitt 2.4). Das ist auch das Hauptanwendungsgebiet passiver linearer Vierpole in der Nachrichtentechnik. Einige praktisch wichtige Mehrtore werden zum Schluß des Kapitels vorgestellt.

2.2 Zweipole

Da Ein- und Ausgang bei einem Zweipol nach Bild 2.1a an den gleichen Klemmen liegen, kann eine Übertragungsfunktion H nach Gl. 1.11 nicht angegeben werden. Das Verhalten eines Zweipols läßt sich aber eindeutig durch seinen resultierenden Gesamtwiderstand $\underline{Z}$ (er kann frequenzabhängig sein, deshalb die Kennzeichnung durch den Strich) beschreiben. Man nennt diese frequenzabhängige Widerstandsfunktion auch Zweipolfunktion.

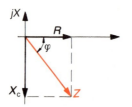

Bild 2.2
Zeigerdiagramm der Reihenschaltung von R und X_C

Am Beispiel der Reihenschaltung von Kondensator C und ohmschem Widerstand R soll gezeigt werden, wie man die Zweipolfunktion bestimmt. Aus dem Zeigerdiagramm der beiden in Reihe liegenden Widerstände R und X_C in Bild 2.2 ergibt sich für den Betrag des Gesamtwiderstandes

$$Z = \sqrt{R^2 + X_C^2} \qquad \text{(Gl. 2.1)}$$

und für den Phasenwinkel

$$\tan \varphi = -\frac{X_C}{R} \qquad \text{(Gl. 2.2)}$$

Der negative Wert von φ ist durch die übliche Zählweise von Winkeln entgegengesetzt dem Uhrzeigersinn erklärt.
Für den kapazitiven Widerstand gilt

$$X_C = \frac{1}{\omega C} \qquad \text{(Gl. 2.3)}$$

Daraus resultiert die in Bild 2.3 qualitativ dargestellte Abhängigkeit der Zweipolfunktion. Man beachte die asymptotischen Näherungen für die Extrema der Frequenz.

> Die Zweipolfunktion beschreibt also das frequenzabhängige Verhalten des Zweipols mit Hilfe seines komplexen Widerstands.

Bild 2.3
Frequenzabhängige
Zweipolfunktion
a) Betrag b) Phase

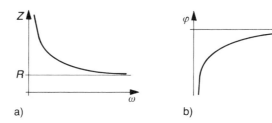

Da der Widerstand Z aber Quotient aus Spannung U und Strom I ist, wird auch gleichzeitig deren frequenzabhängiges Verhalten miterfaßt.

Bild 2.4
Resonanzkreise mit Verlusten
a) Reihenkreis
b) Parallelkreis

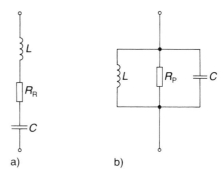

Eine für die Nachrichtentechnik wichtiger Zweipol ist der *Schwingkreis*. Er besteht aus der Reihen- oder Parallelschaltung von Spule und Kondensator. Da diese technischen Bauelemente verlustbehaftet sind, ist ein ohmscher Widerstand in der Ersatzdarstellung zu berücksichtigen (Bild 2.4). Für den Parallelresonanzkreis ergibt sich der Gesamtwiderstand zu

$$Z = \frac{R_P}{\sqrt{1 + Q^2 v^2}} \qquad \text{(Gl. 2.4)}$$

wobei die Güte

$$Q = R_P \, \varphi_0 C = \frac{R_P}{\omega_0 L} \qquad \text{(Gl. 2.5)}$$

und die Doppelverstimmung

$$v = \frac{2 \Delta \omega}{\omega_0} \qquad \text{(Gl. 2.6)}$$

ist. In Bild 2.5 sind Gesamtwiderstand Z und Phasenverlauf

$$\varphi = \tan(-Q \cdot v) \qquad \text{(Gl. 2.6a)}$$

auf $Q \cdot v$ normiert dargestellt. Es ist ersichtlich, daß die Zweipolfunktion des Parallelkreises bei Resonanz ein Widerstandsmaximum aufweist. Unterhalb der Resonanz zeigt sie induktives Verhalten (φ ist positiv), oberhalb ist sie kapazitiv.

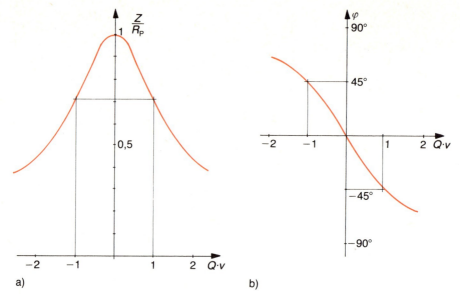

Bild 2.5
Zweipolfunktion des Parallelresonanzkreises
a) Betrag b) Phase

Der Parallelresonanzkreis hat große praktische Bedeutung in Siebschaltungen. In Abschnitt 2.4 werden deshalb weitere Eigenschaften diskutiert. Zusammenschaltungen von Blindwiderständen (Spulen und Kondensatoren ohne Verluste) nennt man Reaktanzzweipole. Neben den beiden vorgestellten Resonanzkreisen sind auch Kombinationen von mehreren Blindwiderständen üblich. Damit lassen sich Zweipolfunktionen mit speziellem Verhalten erzeugen. Die Verluste dürfen jedoch nicht unbeachtet bleiben, da sie letztlich das reale Verhalten mitbestimmen. Anwendung finden diese Schaltungen in Siebgliedern.

Auf eine weitere Gruppe von Zweipolen sei noch hingewiesen, die Ersatzzweipole für Quelle und Senke. Quelle und Senke einer Nachrichtenverbindung nach Bild 1.1 sind Zweipole (Eintore). Will man diese möglichst einfach darstellen, so muß die Quelle mindestens einen Generator und einen Innenwiderstand, die Senke mindestens den Lastwiderstand enthalten. Bild 2.6 zeigt mögliche Ersatzzweipole. Für die Analyse von Netzwerken sind solche Ersatzzweipole von großer praktischer Bedeutung. Wie die Elemente der Ersatzzweipole aus den tatsächlichen Quellen und Senken gewonnen werden, kann nur an den speziellen Anordnungen gezeigt werden.

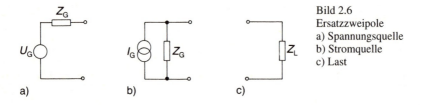

Bild 2.6
Ersatzzweipole
a) Spannungsquelle
b) Stromquelle
c) Last

2.3 Vierpole

Die wohl am häufigsten in der Nachrichtentechnik vorkommenden Systembestandteile sind Vierpole. Das können Leitungen, Siebschaltungen, Verstärker, Umsetzer, Wandler u. a. sein. Solche Vierpole bestehen aus den verschiedensten Schaltelementen, wie R L C, aber auch Transistoren und Dioden sowie Schaltern. In Kapitel 1 haben wir bereits die Einteilung in aktiv und passiv, linear und nichtlinear kennengelernt. Hier sollen vorerst passive lineare Vierpole aus konzentrierten Elementen betrachtet werden.

> Die Systemeigenschaften von Vierpolen werden durch die Übertragungsfunktion bestimmt.

Um die Übertragungsfunktion nach Abschnitt 1.3 angeben zu können, muß der Vierpol bezüglich seiner Ein- und Ausgangsgrößen näher beschrieben werden. In Bild 2.7 ist ein Vierpol nach Bild 2.1 b in einer Anwenderschaltung dargestellt. Dabei wurde die vor dem Vierpol befindliche Schaltung durch einen Spannungsquellen-Ersatzzweipol, die an den Vierpol anschließende Schaltung durch einen Ersatzlastzweipol symbolisiert. Der Eingang wir mit 1, der Ausgang mit 2 bezeichnet. Strom und Spannung ergeben sich entsprechend. Der Ausgangsstrom I_2 fließt definitionsgemäß in den Vierpol hinein. Gelegentlich findet man für ihn auch die umgekehrte Richtung. Das ist bei der Angabe der Vierpolfunktionen zu beachten.

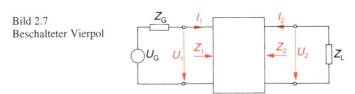

Bild 2.7 Beschalteter Vierpol

Neben Strom und Spannung sind auch die Widerstände Z_1 und Z_2 angegeben. Diese Widerstände sind aber keine Zweipolfunktionen, denn sie hängen auch von der Beschaltung des Vierpols ab. Eine der Zweipolfunktion adäquate Darstellung des Vierpols ist deshalb nicht möglich.

2.3.1 Vierpolersatzdarstellungen

Zur Beschreibung eines Vierpols benutzt man sogenannte *Vierpolparameter*, die aus vereinfachten Betrachtungen gewonnen werden. Bei den Widerstandsparametern bestimmt man die Ein- und Ausgangswiderstände aus speziellen Beschaltungen des Vierpols wie folgt:

Eingangswiderstand Z_{11} bei Leerlauf am Ausgang ($I_2 = 0$)
Rückwirkungswiderstand Z_{12} bei Leerlauf am Eingang ($I_1 = 0$)
Übertragungswiderstand Z_{21} bei Leerlauf am Ausgang ($I_2 = 0$)
Ausgangswiderstand Z_{22} bei Leerlauf am Eingang ($I_1 = 0$)

Der Vierpol wird damit durch die Gleichungen

$$U_1 = Z_{11} I_1 + Z_{12} I_2 \quad \text{(Gl. 2.7)}$$
$$U_2 = Z_{21} I_1 + Z_{22} I_2 \quad \text{(Gl. 2.8)}$$

beschrieben. In Bild 2.8 ist die Ersatzschaltung des so beschriebenen Vierpols zu sehen. Sie gilt unabhängig von der tatsächlichen Schaltung für lineare passive (und − wie in Kapitel 3 noch gezeigt wird − auch für aktive) Vierpole.

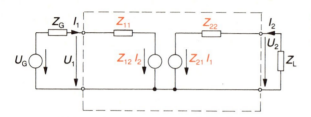

Bild 2.8
Vierpol in Widerstandsersatzdarstellung

Im passiven Vierpol sind bekanntlich keine Quellen enthalten. Die in der Ersatzschaltung vorhandenen Quellen $Z_{12} I_2$ und $Z_{21} I_1$ stellen lediglich den Zusammenhang mit der jeweiligen Beschaltung her. Sie quantifizieren Rückwirkung und Übertragungsverhalten des Vierpols und erlauben eine getrennte Berechnung an Ein- und Ausgang.
Wegen des systematischen Aufbaus der Gleichungen 2.7 und 2.8 benutzt man gelegentlich auch die Matrizenschreibweise:

$$\begin{pmatrix} U_1 \\ U_2 \end{pmatrix} = \begin{pmatrix} Z_{11} & Z_{12} \\ Z_{21} & Z_{22} \end{pmatrix} \begin{pmatrix} I_1 \\ I_2 \end{pmatrix} \quad \text{(Gl. 2.9)}$$

Dabei bezeichnet man die in Klammern angeordneten Widerstände als Widerstandsmatrix. Neben der Darstellung eines Vierpols durch Widerstandsparameter sind noch weitere Ersatzdarstellungen üblich, die hier nicht näher betrachtet werden.
Bei sehr hohen Frequenzen ist die Bestimmung der Parameter durch Leerlauf (oder Kurzschluß) meßtechnisch nicht mehr möglich. Man arbeitet dann mit definierten Belastungswiderständen, z.B. $Z_G = Z_L = 50 \, \Omega$. Es werden dafür neue Vierpolparameter definiert, die Streu- oder S-Parameter. Sie können durch Messung von hinlaufender und reflektierter Welle ermittelt werden.

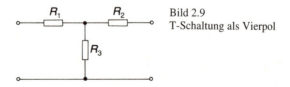

Bild 2.9
T-Schaltung als Vierpol

Am Beispiel einer T-Schaltung aus ohmschen Widerständen (Bild 2.9) soll nun die Berechnung der Ersatzparameter für die Widerstandsersatzschaltung gezeigt werden. Entsprechend den oben angegebenen Definitionen erhält man aus Gl. 2.7 bei $I_2 = 0$:

bei
$$Z_{11} = R_1 + R_3$$
$$I_1 = 0$$
$$Z_{12} = R_3$$

und aus Gl. 2.8 bei $I_2 = 0$

bei
$$Z_{21} = R_3$$
$$I_1 = 0$$
$$Z_{22} = R_2 + R_3$$

Die Vierpolparameter können auch durch Messung gewonnen werden. Dabei dienen die oben angegebenen Definitionen als Meßvorschrift.

Wie schon mehrfach erläutert, entstehen Nachrichtenverbindungen durch Zusammenschalten von Systemelementen, also auch von Vierpolen. Die wohl verbreitetste Zusammenschaltung ist die *Kettenschaltung*. Bild 2.10 zeigt die Kettenschaltung zweier Vierpole. Auf eine Berechnung wird aber verzichtet, da der mathematische Aufwand erheblich ist.

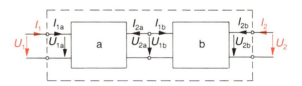

Bild 2.10
Kettenschaltung zweier Vierpole

2.3.2 Betriebsparameter

Um das Verhalten des Vierpols in der Schaltung zu beschreiben, bedient man sich der Betriebsparameter (auch Übertragungsfaktoren genannt). Sie ergeben sich aus der jeweiligen Beschaltung.

> Die Betriebsparameter beschreiben das Verhalten eines Vierpols in der Schaltung mit Hilfe der Vierpolparameter.

Ausgangspunkt der Berechnung sind die in Bild 2.7 rot eingezeichneten Größen. Da in der Regel der Wert für U_G nicht bekannt ist, begnügt man sich mit den Verhältniswerten von Strom und Spannung an Ein- und Ausgang:

Spannungsverstärkung	$V_U = \dfrac{U_2}{U_1}$		(Gl. 2.10)
Stromverstärkung	$V_I = \dfrac{I_2}{I_1}$		(Gl. 2.11)
Eingangswiderstand	$Z_1 = \dfrac{U_1}{I_1}$		(Gl. 2.12)
Ausgangswiderstand	$Z_2 = \dfrac{U_2}{I_2}$		(Gl. 2.13)

Statt Verstärkung wird bei passiven Vierpolen der Begriff des Übertragungsfaktors verwendet. Am Beispiel des Stromübertragungsfaktors soll dessen Herleitung für die Schaltung in Bild 2.8 gezeigt werden. Für den Vierpolausgang gilt:

$$U_2 = -U_2 Z_L \qquad \text{(Gl. 2.14)}$$

Das wird in Gl. 2.8 eingesetzt. Damit erhält man

$$-I_2 Z_L = Z_{21} I_1 + Z_{22} I_2$$

umgeformt wird

$$V_I = \frac{I_2}{I_1} = \frac{-Z_{21}}{Z_{11} + Z_L} \qquad \text{(Gl. 2.15)}$$

Ähnlich lassen sich die anderen Betriebsparameter berechnen.

2.3.3 Übertragungsfunktionen

In Abschnitt 1.3 wurde die Übertragungsfunktion als eine wichtige Systemeigenschaft vorgestellt. Mit den Gleichungen zur Berechnung der Betriebseigenschaften kann man nun die Übertragungsfunktion eines Vierpols bestimmen. Das soll an einem einfachen Beispiel demonstriert werden, da in der Regel die Berechnung aufwendig ist. In Bild 2.11 ist ein passiver Vierpol mit Beschaltung dargestellt. Es wird die Stromübertragungsfunktion $H_I = V_I$ bestimmt. Dazu berechnet man als erstes die Vierpolersatzparameter. Da der Vierpol ähnlich dem in Bild 2.9 dargestellten ist, verwendet man die dort ermittelten Ergebnisse. Mit

$$R_1 = X_C$$
$$R_2 = 0$$
$$R_3 = R$$

erhält man die Widerstandsparameter

$$Z_{11} = R + X_C$$
$$Z_{12} = R$$
$$Z_{21} = R$$
$$Z_{22} = R$$

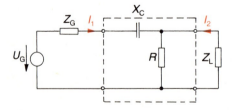

Bild 2.11
Beispiel einer Vierpolschaltung

Mit diesen Parametern kann nun die Stromübertragungsfunktion nach Gl. 2.15 wie folgt bestimmt werden:

$$H_\mathrm{I} = \frac{-R}{R + X_\mathrm{C} + R_\mathrm{L}} \qquad \text{(Gl. 2.16)}$$

Unter Beachtung der Frequenzabhängigkeit von X_C nach Gl. 2.3 ergibt sich für die Stromübertragungsfunktion

$$H_\mathrm{I} = -R \, \frac{1}{\sqrt{(Z_\mathrm{L} + R)^2 + \frac{1}{(\omega C)^2}}} \qquad \text{(Gl. 2.17)}$$

Diese Stromübertragungsfunktion ist in Bild 2.12 qualitativ dargestellt. Man beachte aber, daß in der Regel als Übertragungsfunktion schlechthin immer von der Spannungsübertragungsfunktion ausgegangen wird. H_I wurde hier nur der einfachen Rechnung halber gewählt.

Bild 2.12
Stromübertragungsfunktion zu Bild 2.11

Abschnitt 2.3 diente vor allem der Einführung in die Vierpolbetrachtungsweise. Da die innere Schaltung von Vierpolen sehr vielfältig sein kann, wurde bewußt auf das Vorstellen spezieller Vierpole verzichtet. Hier sei auf den nächsten Abschnitt verwiesen. Das gilt auch für die aus der Übertragungsfunktion ableitbaren Kenngrößen von Vierpolen, da diese natürlich von der Anwendung bestimmt werden.

2.4 Siebschaltungen und Filter

Betrachtet man die Übertragungsfunktion in Bild 2.12, so zeigt sich, daß die Schaltung eine frequenzabhängige Übertragung ermöglicht. Diese Wirkung nutzt man in Siebschaltungen und Filtern bewußt aus. Dabei bezeichnen beide Begriffe eigentlich das gleiche. Hier soll in Anlehnung an den internationalen Gebrauch der Begriff Filter verwendet werden.

> Ein Filter ist eine Schaltung, bei der die frequenzabhängige Übertragungsfunktion einen vorgegebenen Verlauf hat.

Aus Bild 2.12 sind auch die verschiedenen Bereiche der Übertragung ersichtlich. Im Beispiel liegt bei tiefen Frequenzen eine Sperrwirkung vor, man spricht vom Sperrbereich. Bei hohen Frequenzen wird das Signal durchgelassen (Durchlaßbereich). Ein ideales Filter ist dadurch gekennzeichnet, daß der Übergang zwischen Sperr- und Durchlaßbereich unmittelbar erfolgt. Das kann praktisch aber nur angenähert werden (in Bild 2.12 sogar sehr schlecht).

2.4.1 Filterarten und -kenngrößen

Man unterscheidet je nach Frequenzlage von Sperr- und Durchlaßbereich vier Filterarten (Bild 2.13):

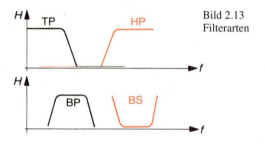

Bild 2.13
Filterarten

☐ Tiefpaß (TP),
☐ Hochpaß (HP),
☐ Bandpaß (BP),
☐ Bandsperre (BS).

Die Anwendung richtet sich nach der Aufgabenstellung. So dienen Bandpässe beispielsweise der Auswahl eines Nachrichtenkanals aus einer frequenzmultiplexen Übertragung. Das Verhalten eines Filters wird neben der Übertragungsfunktion auch durch Kenngrößen beschrieben. Am Beispiel eines Bandpasses werden diese eingeführt. In Bild 2.14 ist die Spannungsübertragungsfunktion (Durchlaßkurve) des realen Filters dargestellt.
Der Durchlaßbereich wird durch die Grenzfrequenzen f_{gu} und f_{go} (für untere und obere Grenzfrequenz) begrenzt. Kriterium für die Grenzfrequenz ist der Abfall gegenüber H_{max} auf $1/\sqrt{2} = 0{,}7$ dieses Wertes.

> Die Bandbreite ist die Differenz zwischen oberer und unterer Grenzfrequenz.

$$B = f_{go} - f_{gu} \qquad \text{(Gl. 2.18)}$$

Der Abfall auf $1/\sqrt{2}$ entspricht nach Gl. 1.21 einem Pegel von -3 dB. Nicht in jedem Fall ist ein Abfall von 3 dB als Grenze des Durchlaßbereiches zulässig. Hier spielt die Anwendung des Filters eine große Rolle.
Eine weitere Kenngröße ist die *Flankensteilheit* des Filters. Sie gibt an, um wieviel dB die Übertragungsfunktion innerhalb einer Oktave (also zwischen f_B und $2f_B$) ansteigt oder abfällt. Die Flankensteilheit wird gelegentlich auch in dB/Dekade (also zwischen f_B und $10f_B$) angegeben. Da die Filterflanken in ihrem Verlauf nichtlinear sind, ist allerdings die Angabe der Bezugsfrequenz f_B für eine genaue Beurteilung notwendig.
Statt der Flankensteilheit benutzt man zur Kennzeichnung des Filterverhaltens deshalb die *Selektivität*. Sie ist eine bezogene Größe zwischen Durchlaß- und Sperrbereich. Mit f_0 wird die Mittenfrequenz des Durchlaßbereiches bezeichnet, mit f_{St} eine Bezugs-(Stör-)frequenz im Sperrbereich, deren Spannung vom Filter möglichst gut unterdrückt werden soll.

Die Selektivität (Trennschärfe) S_T ist dann das Verhältnis der Spannung bei Mittenfrequenz f_0 zu der bei der Störfrequenz f_{St}.

In Bild 2.14 werden die Spannungen durch die Spannungsübertragungsfunktion charakterisiert, so daß

$$S_T = \frac{H_0}{H_{St}} \qquad \text{(Gl. 2.19)}$$

ist. Bei Rundfunkempfang ist beispielsweise ein Sender bei der Frequenz f_0 zu empfangen. Ein im benachbarten Kanal liegender Sender wirkt dann als Störsender mit der Frequenz f_{St}. Man nennt diese Selektivität die Nachbarkanalselektivität. Ist die Differenz $f_0 - f_{St}$ groß, spricht man von Weitabselektion.

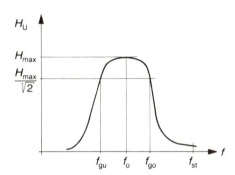

Bild 2.14
Spannungsübertragungsfunktion eines Bandpasses

Auch an den Verlauf der Übertragungsfunktion im Durchlaßbereich werden Forderungen gestellt. So treten Schwankungen innerhalb des Frequenzverlaufes auf, die als Welligkeit bezeichnet werden.

Unter Welligkeit w versteht man das Verhältnis von maximaler zu minimaler Spannung im Durchlaßbereich eines Filters.

Die zugelassene Welligkeit richtet sich nach der Anwendung und darf in der Regel nicht größer als 3 dB sein.
Eine umfassende Charakterisierung des Filterverhaltens erlaubt aber nur die Übertragungsfunktion. Da diese auch exemplarbedingt Abweichungen aufweisen kann, ist die Angabe eines Toleranzschemas für Filter üblich.

Das Toleranzschema eines Filters gibt den möglichen Bereich der Übertragungsfunktion an.

In Bild 2.15 ist ein Dämpfungstoleranzschema eines Filters angegeben (unzulässige Bereiche gestrichelt). Man beachte, daß die Dämpfung D nach Gl. 1.24 $1/H$ ist. Das erklärt den umgekehrten Verlauf der eingezeichneten Übertragungsfunktion. Eine weiter zu beachtende

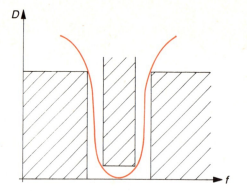

Bild 2.15
Dämpfungstoleranzschema und Durchlaßkurve (rot)

Größe ist die Dämpfung im Durchlaßbereich. Verursacht wird sie durch die Verluste des Filters und seiner Beschaltung.

> Die Betriebsdämpfung eines Filters ist als das Verhältnis von maximal verfügbarer Generatorleistung zur Ausgangsleistung definiert.

Nach Bild 2.7 ist die maximal verfügbare Leistung bei Anpassung

$$P_{G\,max} = \left(\frac{\frac{U_G}{2}}{Z_G}\right)^2 \qquad \text{(Gl. 2.20)}$$

Für die Betriebsdämpfung gilt dann

$$D_B = \frac{P_G}{P_L} = \left(\frac{U_G}{2\,U_2}\right)^2 \frac{Z_L}{Z_G} \qquad \text{(Gl. 2.21)}$$

Die Betriebsdämpfung wird meist in dB angegeben. Es gilt damit für das Dämpfungsmaß

$$a_B/\text{dB} = 20\lg\frac{U_G}{U_2} + 10\lg\frac{Z_L}{Z_G} \qquad \text{(Gl. 2.22)}$$

a_B steht genaugenommen für den Betrag der Betriebsdämpfung.

Zum Schluß sei deshalb noch auf das Phasenverhalten von Filtern verwiesen. Schon beim Resonanzkreis trat der frequenzabhängige Phasenverlauf auf (Bild 2.5 b). Wird solch ein Kreis als Selektionsmittel in einem Empfänger verwendet, stellt man Phasenunterschiede bei den verschiedenen Frequenzen fest. Solche Phasenunterschiede verursachen im Empfänger unterschiedliche Laufzeiten, die als Verzerrungen vom Ohr oder als Geisterbilder vom Auge wahrgenommen werden. Als Kenngröße der Phasenverschiebung eines Filters ist das Phasenmaß b definiert. Es ergibt sich ähnlich dem Dämpfungsmaß aus der Phasendifferenz von Generator- und Verbraucherspannung.

Die Phasenlaufzeit ist der Quotient von Phasenmaß und Frequenz:

$$t_p = \frac{b}{\omega} \tag{Gl. 2.23}$$

Sie gilt nur für eine Frequenz. Wichtiger ist der Verlauf im Übertragungsbereich. Er wird durch den Verlauf der Gruppenlaufzeit

$$t_g = \frac{db}{d\omega} \tag{Gl. 2.24}$$

charakterisiert. In Bild 2.16 sind Betriebsdämpfungsverlauf a_B, Phasenmaß b und Gruppenlaufzeit t_g eines Bandpasses schematisch angegeben. Ein linearer Phasenverlauf im Durchlaßbereich des Filters verursacht eine konstante Gruppenlaufzeit und ist deshalb anzustreben.

Bild 2.16
Frequenzabhängigkeit
der Kenngrößen von Filtern

a) Betriebsdämpfung

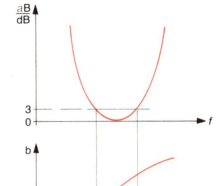

b) Phasenmaß

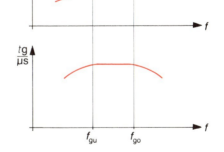

c) Gruppenlaufzeit

2.4.2 RC-Filter

Eine einfache technische Ausführung eines Filters ist mittels R und C möglich. So stellt die Schaltung in Bild 2.11 entsprechend ihrer in Bild 2.12 dargestellten Übertragungsfunktion einen Hochpaß dar. Für die Grenzfrequenz des unbelasteten RC-Hochpasses ($Z_L \gg R$) gilt:

$$f_g = \frac{1}{2\pi RC} \tag{Gl. 2.25}$$

Soll die Belastung berücksichtigt werden, ist der Widerstand durch die Parallelschaltung

$$R \| Z_L = \frac{R Z_L}{R + Z_L}$$

zu ersetzen.

Einen RC-Tiefpaß zeigt Bild 2.17. Seine Grenzfrequenz berechnet sich ebenfalls zu

$$f_g = \frac{1}{2\pi R C} \qquad (Gl.\ 2.26)$$

man beachte aber den Verlauf der Übertragungsfunktion nach Bild 2.13.

Es sind auch Kombinationen von mehr als einem Widerstand und einem Kondensator möglich. Damit kann man die Flankensteilheit gegenüber Bild 2.12 verbessern. Nachteilig an *RC*-Filtern ist deren Betriebsdämpfung, die bei einem einfachen RC-Hochpaß nach Gl. 2.17 im Durchlaßbereich ($f \ll f_g$) aus

$$H_I = -\frac{R}{R + Z_L}$$

abgeschätzt werden kann. *RC*-Filter werden deshalb meist nur in Verbindung mit Verstärkern als aktive Filter verwendet.

Wird anstelle von *C* eine Spule *L* benutzt, erhält man Filter mit dualem Verhalten; das kann man sich aus einem Zeigerdiagramm ähnlich Bild 2.2 erklären. Solche Filter haben aber keine praktische Bedeutung, da Spulen wesentlich teurer als Kondensatoren sind.

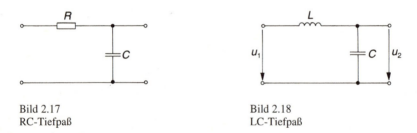

Bild 2.17
RC-Tiefpaß

Bild 2.18
LC-Tiefpaß

2.4.3 LC-Filter

Eine Verbesserung der Flankensteilheit läßt sich mit *LC*-Schaltungen erreichen. In Bild 2.18 ist ein LC-Tiefpaß dargestellt. Vernachlässigt man eine vorhandene Belastung Z_L, so gilt für die Spannungsübertragungsfunktion

$$H_U \approx \omega^2 L C \qquad (Gl.\ 2.27)$$

Da die Frequenz mit dem Quadrat einhergeht, wird eine wesentlich höhere Flankensteilheit erreicht. Der einfache LC-Tiefpaß nach Bild 2.18 hat heute aber kaum noch Bedeutung. Er wird eventuell noch als Siebschaltung in Stromversorgungen zur Unterdrückung der Restwelligkeit einer gleichgerichteten Wechselspannung verwendet.

Dagegen spielen LC-Schaltungen auf der Basis von Resonanzkreisen als Bandfilter noch eine große Rolle. Schon der Parallelresonanzkreis nach Bild 2.5 a hat ein gutes Bandpaßverhalten. Um diese Zweipolschaltung als Filter einsetzen zu können, ist eine entsprechende

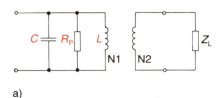

a)

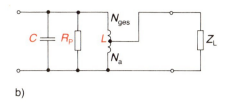

b)

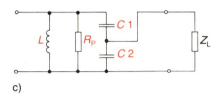

c)

Bild 2.19
Ankopplung der Last an einen
Parallelresonanzkreis
a) Trafokopplung
b) angezapfte Spule
c) Kondensatorkopplung

Ankopplung von Quelle und Last Z_L notwendig. In Bild 2.19 sind Möglichkeiten angegeben, wobei die Quelle als hochohmig nicht berücksichtigt wurde. Die Last Z_L wird über einen Trafo (a), eine angezapfte Spule (b) oder durch kapazitive Transformation (c) angekoppelt, um ihren Einfluß zu verringern. Der Lastwiderstand wird entsprechend der Übersetzung $ü$ auf

$$Z_L^* = ü^2 \, Z_L \qquad (Gl.\ 2.28)$$

transformiert. Er liegt damit parallel zu dem Verlustwiderstand R_p des Schwingkreises und bewirkt dessen stärkere Bedämpfung. Nach Gl. 2.5 wird die Betriebsgüte Q_B dadurch kleiner als die Eigengüte Q des Kreises. Das Übersetzungsverhältnis ergibt sich bei transformatorischer Ankopplung nach Bild 2.19a zu

$$ü = \frac{N_1}{N_2} \qquad (Gl.\ 2.29)$$

bei angezapfter Spule (Bild 2.19 b) zu

$$ü = \frac{N_{ges}}{N_a} \qquad (Gl.\ 2.30)$$

und bei kapazitiver Ankopplung nach Bild 2.19 c zu

$$ü = \frac{C_1 + C_2}{C_1} \qquad (Gl.\ 2.31)$$

Die Übertragungsfunktion kann nun unter Beachtung von

$$R_P^* = R_P \parallel Z_L = \frac{R_P \, Z_L}{R_P + Z_L} \qquad (Gl.\ 2.32)$$

zu

$$H_U = \frac{Z}{R_P^*} = \frac{1}{\sqrt{1 + Q_B^2 \, v^2}} \qquad (Gl.\ 2.33)$$

berechnet werden. Die normierte Darstellung erlaubt die Verwendung der Durchlaßkurve in Bild 2.5 a auch in dieser Filteranwendung. So erhält man für die Bandbreite mit $H_U = 0,7$ aus Gl. 2.33

$$Q_B v = \pm 1$$

und unter Beachtung von Gl. 2.6

$$B = \frac{f_0}{Q_B} \qquad \text{(Gl. 2.34)}$$

Auch die Selektivität läßt sich nach Gl. 2.19 leicht berechnen. Mit f_0 als Mittenfrequenz und f_{St} als Störfrequenz erhält man

$$S_T = \sqrt{1 + Q_B^2 v_{St}^2} = \sqrt{1 + 4Q_B^2 + Q_B^2 \left(\frac{\Delta f_{St}}{f_0}\right)^2} \qquad \text{(Gl. 2.35)}$$

Mit Hilfe der Güte Q_B können Bandbreite und Selektivität noch beeinflußt werden. Allerdings bewirkt eine Bandbreitenvergrößerung auch eine Selektivitätsverschlechterung. Deshalb kann ein einzelner Resonanzkreis nur bedingt als Filter eingesetzt werden.

Ein weitverbreiteter *LC*-Filter ist das Bandfilter, ein meist zweikreisiges Koppelfilter aus magnetisch gekoppelten Resonanzkreisen. Bild 2.20 zeigt Schaltung und Durchlaßkurven für verschiedene Kopplungen. Der Einfluß der Kopplung auf Bandbreite, Welligkeit und Selektivität ist ersichtlich. Praktisch werden die kritische und die überkritische Kopplung angewendet.

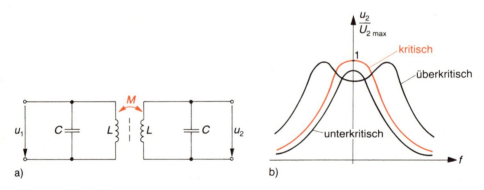

Bild 2.20   Bandfilter
a) Schaltung   b) Durchlaßkurve

Die guten Filtereigenschaften von *LC*-Schaltungen werden auch für größere Schaltungskomplexe ausgenutzt. Für den Entwurf solcher Reaktanzschaltungen gibt es eine umfassende Theorie, die je nach Anforderungen mittels Rechenprogramm oder Filterkatalog die Auswahl einer geeigneten Schaltung und ihre Dimensionierung ermöglicht. Zur Annäherung an das ideale Verhalten gibt es verschiedene Möglichkeiten (Standardapproximationen), die in Bild 2.21 am Beispiel des Tiefpasses dargestellt sind. Beim *Potenz-* oder *Butterworth-Filter* ist der Dämpfungsverlauf noch parabelförmig. Ist ein steiler Übergang vom Durchlaß- in den Sperrbereich notwendig, nutzt man das Toleranzschema besser aus (*Tschebyscheff-Filter*).

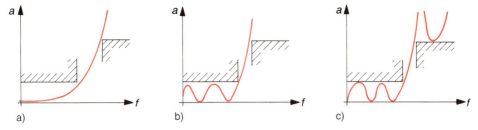

Bild 2.21 Approximation eines Tiefpasses
a) Butterworth-Filter b) Tschebyscheff-Filter c) Cauer-Filter

Die Welligkeit im Durchlaßbereich wirkt sich allerdings auch auf das Phasenverhalten aus. *Cauer-Filter* nutzen auch die endliche Sperrdämpfung aus und erlauben Filter mit geringem Bauelementeaufwand zu verwirklichen.

Der Filterentwurf ist auf der Basis der *LC*-Filter umfassend möglich. Deshalb wird diese Theorie auch zum Entwurf anderer Realisierungen verwendet. *LC*-Filter sind nur in bestimmten Grenzen nutzbar. Diese Grenzen werden durch die unvermeidlichen Verluste der Spulen festgelegt. Da die Güte eines Schwingkreises maßgeblich die Selektivität bestimmt, gilt sie auch als Einsatzkriterium. Typische Güten liegen bei 100; unterhalb von 10 kHz und oberhalb von 30 MHz sinkt allerdings die Güte schnell, so daß damit der Einsatzbereich von *LC*-Filtern gegeben ist. Vor allem bei Frequenzen über 100 MHz besteht die Spule nur noch aus 2 bis 3 Windungen, die einen beachtlichen Teil der Energie abstrahlen. Man verwendet deshalb oberhalb 300 MHz Leitungskreise — das sind elektrische Resonatoren, deren Wirkprinzip auf der Ausbildung stehender Wellen auf kurzgeschlossenen Leitungen beruht (siehe Kapitel 5).

2.4.4 Mechanische Filter

Das den elektrischen Resonatoren zugrundeliegende Prinzip, Aufrechterhaltung eines Schwingungszustandes bei geringer Leistungsaufnahme, wird auch durch mechanische Schwinger verwirklicht. Voraussetzung zur Nutzung mechanischer Resonatoren als elektrische Filter ist eine ein- und ausgangsseitige elektromechanische Energieumwandlung. Mechanische Filter entstehen aus der elektrischen oder mechanischen Verkopplung von mechanischen Resonatoren.

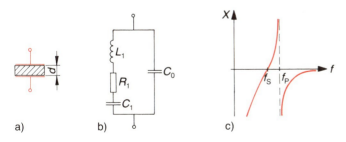

Bild 2.22 Quarz-Resonatoren
a) Aufbau b) Ersatzschaltung c) Blindwiderstandsverlauf

> Als mechanische Resonatoren werden vor allem Schwingquarze (nachfolgend nur Quarz genannt), Metallresonatoren und keramische Resonatoren eingesetzt.

Quarzfilter

Ein Quarz besteht aus einer Quarzscheibe der Dicke d, die zwischen zwei Metallelektroden angeordnet ist (Bild 2.22 a). Die Elektroden bilden im Zusammenwirken mit der Quarzscheibe einen piezoelektrischen Wandler. Die Quarzscheibe ist gleichzeitig der mechanische Resonator. Ein Quarz ist damit ein Zweipolresonator, dessen Ersatzschaltung Bild 2.22 b zeigt. C_0 ist die statische Kapazität des Quarzes; C_1, L_1 und R_1 sind dynamische Ersatzgrößen des mechanischen Resonators. Bild 2.22 c zeigt den Verlauf des Blindwiderstands, der die beiden für den Quarz typischen Resonanzfrequenzen

$$f_S = \frac{1}{2\pi \sqrt{L_1 C_1}} \qquad \text{(Gl. 2.36)}$$

(Serienresonanz) und die nur wenig kleinere Parallelresonanz

$$f_P = \frac{1}{2\pi \sqrt{L_1 \dfrac{C_1 C_0}{C_1 + C_0}}} \qquad \text{(Gl. 2.37)}$$

aufweist. Die Güte eines Quarzes ist sehr hoch, z.B. $Q = 10\,000$. Die Resonanzfrequenz eines Quarzes wird durch seine mechanische Dicke d bestimmt. Es gilt näherungsweise

$$f\,\text{kHz} = \frac{1670}{d/\text{mm}} \qquad \text{(Gl. 2.38)}$$

Bei 20 MHz wird $d < 0{,}1$ mm und damit die Grenze der mechanischen Festigkeit erreicht. Oberhalb dieser Frequenz nutzt man mechanische Oberwellen im Quarz aus.

Quarze sind nicht nur durch eine hohe Güte gekennzeichnet. Sie besitzen auch eine große Temperaturstabilität und altern nur wenig. Das wird zur Oszillatorstabilisierung ausgenutzt (siehe Kapitel 3).

Filter entstehen durch Reihenschaltung von Quarzen mit Kondensatoren in Form von Abzweigschaltungen (Bild 2.23). Die Bandbreite der Durchlaßkurve läßt sich mit Hilfe der Koppelkapazitäten einstellen, wobei die Welligkeit im Durchlaßbereich unter 1 dB gehalten werden kann.

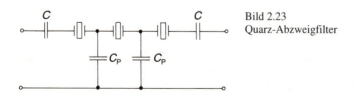

Bild 2.23
Quarz-Abzweigfilter

Eine mechanische Kopplung liegt bei *monolithischen Quarzfiltern* (MQF) vor. Sie arbeiten nach dem Prinzip der eingefangenen Energie (energy trapping). Monolithische Quarzfilter entstehen durch paarweise auf dem Quarzsubstrat aufgedampfte Elektroden (den Resonanzgebieten), die mechanisch durch Koppelstege verbunden sind (Bild 2.24). Es lassen sich steilflankige schmalbandige Filter realisieren, die vor allem in der kommerziellen Funktechnik eingesetzt werden.

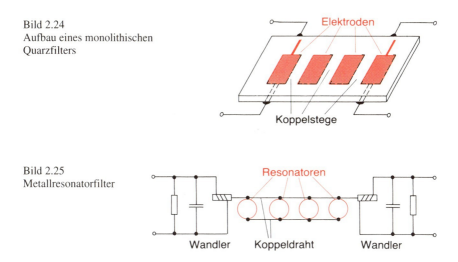

Bild 2.24
Aufbau eines monolithischen Quarzfilters

Bild 2.25
Metallresonatorfilter

Metallresonatorfilter
Resonatoren aus metallischen Speziallegierungen werden beim Metallresonatorfilter über metallische Drähte miteinander gekoppelt (Bild 2.25). Als Wandler werden magnetostriktive (wie im Bild) oder piezoelektrische Anordnungen verwendet. Die Güte der Resonatoren ist sehr groß (50 000). Für eine größere Bandbreite werden deshalb bis zu 10 Resonatoren miteinander verkoppelt. Sie müssen im Interesse geringer Welligkeit im Durchlaßbereich exakt an die Schaltung angepaßt werden ($Z_G = Z_1$, $Z_L = Z_2$). Metallresonatorfilter werden vor allem als ZF-Filter bei 200 bis 500 kHz eingesetzt.

Keramische Filter
Neben Quarz eignet sich auch piezoelektrische Keramik zum Aufbau mechanischer Resonatoren. Die Energie wird elektrisch zugeführt, die Resonatoren sind mechanisch miteinander gekoppelt. Bild 2.26 zeigt das sogenannte *H-Filter*. Es besteht aus zwei Resonatoren mit Wandlerelektroden und einem mechanischen Koppelsteg gleichen Materials. *Monolithische Keramikfilter* haben einen ähnlichen Aufbau wie MQF (siehe Bild 2.24), d. h., auf der Piezokeramik befinden sich metallische Elektroden; die Resonanzgebiete sind mechanisch miteinander verkoppelt. Keramische Filter sind kleiner und billiger als alle anderen mechanischen Filter. Nachteilig sind die große Temperaturabhängigkeit und die Alterung. Durch Voralterung (Lagerung über einen größeren Zeitraum) begegnet man dem letztgenannten Nachteil. Anwendung finden Keramikfilter vor allem in der Unterhaltungselektronik. Dabei sind ähnlich wie bei Metallresonatorfiltern die Hinweise zur Beschaltung zu berücksichtigen. Das betrifft gegebenenfalls auch zusätzliche *LC*-Resonanzkreise zur Verbesserung der Weitabselektion.

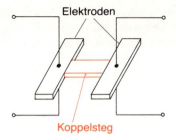

Bild 2.26
Keramisches H-Filter

2.4.5 Oberflächenwellen-Filter

Eine besondere Gruppe mechanischer Filter sind die Oberflächenwellen-Filter (surface acoustic waves filters). Im Unterschied zu den bisher betrachteten mechanischen Resonatoren, bei denen das gesamte Volumen des Resonators zum Schwingen angeregt wird, erzeugt man auf einem piezoelektrischen Substrat (z. B. Lithiumniobat) eine mechanische Oberflächenwelle (OFW). Das geschieht mit einer kammförmigen metallischen Struktur (dem Interdigitalwandler IDW) nach Bild 2.27. Jedes Fingerpaar des Kammes erzeugt einen Anteil an der Gesamtwelle, die sich quer zu den Fingern nach beiden Richtungen ausbreitet. Während die eine Welle von der am Substratrand angeordneten Dämpfungsmasse (D) absorbiert wird, gelangt die andere Welle zum zweiten Wandler. In Bild 2.27 ist der linke Wandler gespeist, also nur die nach rechts laufende Welle kommt zum zweiten IDW. Hier wird sie infolge des piezoelektrischen Effektes wieder in eine elektrische Spannung umgewandelt.

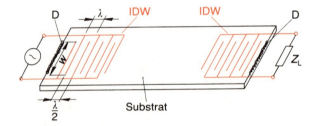

Bild 2.27
Aufbau eines Oberflächenwellenfilters

Ein Interdigitalwandler hat Resonanzcharakter. Bei einem Abstand der Fingerpaare gleich der Wellenlänge λ der OFW liegt die Resonanzfrequenz bei

$$f_0 = \frac{v_{\mathrm{OFW}}}{\lambda_{\mathrm{OFW}}} \tag{Gl. 2.39}$$

Da die Ausbreitungsgeschwindigkeit der Oberflächenwelle

$$v_{\mathrm{OFW}} \approx \frac{c}{10^5}$$

ist, ergibt sich bei 30 MHz eine Wellenlänge von 100 μm. Die Fingerbreite beträgt $\lambda/4$, so daß sich Interdigitalwandler als einlagige metallische Strukturen mit den Methoden der Mikroelektroniktechnologie herstellen lassen.

Die Überlappung *w* der Finger bestimmt den Anteil jedes Fingerpaares an der Gesamtwelle. Durch unterschiedliche Überlappung der verschiedenen Fingerpaare (Wichtung) sowie die Zahl der Fingerpaare (vier Fingerpaare ergeben eine kleine Bandbreite) lassen sich Filterkurven in weiten Grenzen variieren. Neben dem Verhalten der IDW wird das Gesamtverhalten der Anordnung nach Bild 2.27 auch durch den Abstand und die damit verbundene Laufzeit der Oberflächenwelle bestimmt. Im Unterschied zu *LC*- und mechanischen Filtern können Amplituden- und Phasenverhalten unabhängig voneinander eingestellt werden.

OFW-Filter, die den *Laufzeiteffekt* ausnutzen, sind durch eine relativ große Dämpfung charakterisiert. Das liegt einmal an der Aufteilung der Energie jedes IDW in zwei Anteile, von denen der an den Substratrand laufende unterdrückt werden muß. Ein weiterer Effekt ist das *Triple-Transit-Signal*: Ein am Empfangswandler mechanisch reflektiertes Signal gelangt zurück zum Eingangs-IDW und von dort ebenfalls durch Reflexion wieder zum Ausgang. Wegen der dreifachen Laufzeit wird es Triple-Transit-Signal (TTS) genannt. Um diesen störenden Anteil klein zu halten, muß der IDW elektrisch fehlangepaßt betrieben werden (Vorschrift zur Beschaltung beachten).

> Dämpfung und Fehlanpassung wegen TTS ergeben eine große Betriebsdämpfung (ca. 20 dB) von OFW-Filtern.

OFW-Filter werden vor allem als Fernseh-ZF-Filter eingesetzt. Die komplizierte Durchlaßkurve beim Fernsehempfang erforderte konventionelle *LC*-Filter mit etwa 7 Resonanzkreisen, die zudem noch bei jedem Exemplar individuell abgestimmt werden mußten. Ein OFW-Filter läßt sich datenhaltig produzieren und erfordert keinen Abgleich in der Schaltung.

Neben Anordnungen der in Bild 2.27 gezeigten Laufzeitstruktur werden auch *OFW-Resonatoren* verwendet. Sie bestehen in der Grundstruktur aus einem IDW, dessen Oberflächenwellen von geeigneten Reflektoren zurück auf den ursprünglichen Wandler reflektiert werden. Es entsteht bei entsprechenden Abmessungen ein Resonanzverhalten an den Klemmen des IDW, das ähnlich dem eines Quarzes ist. Im Unterschied zum Quarz lassen sich aber Resonatoren bei wesentlich höheren Frequenzen bauen (bis in den GHz-Bereich). Anwendung finden solche Resonatoren in der kommerziellen Funktechnik.

2.4.6 Abtastfilter

Alle bisher betrachteten Filter waren reine Analogfilter, d.h., sie dienen nicht nur der Übertragung analoger Signale, sondern sie verarbeiten diese auch analog. Neben der analogen (wert- und zeitkontinuierlichen) Signalverarbeitung hat auch die zeitdiskrete Filterung zunehmend praktische Bedeutung. Mit ihr lassen sich integrierte Filterschaltungen in Halbleitertechnologie billig verwirklichen.

> Abtastfilter sind Anordnungen, bei denen das analoge Signal diskretisiert und die Filtereigenschaften durch Verarbeiten des zeitdiskreten Signals verwirklicht werden.

Nach Abschnitt 1.4 gibt es zwei Arten zeitdiskreter Signale; entsprechend unterscheidet man zwei Gruppen von Abtastfiltern. Wertkontinuierliche Abtastfilter arbeiten mit abgetasteten Analogsignalen. Zu dieser Gruppe gehören die *Schalter-Kondensator-Filter*

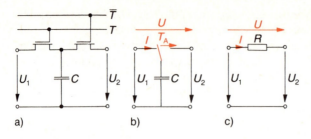

Bild 2.28
Schalter-Kondensator-Anordnung
a) Schaltung
b) Funktionsprinzip
c) Ersatzschaltung

(SC-Filter). In Bild 2.28 a ist eine Schalter-Kondensator-Anordnung dargestellt. Die beiden MOS-Schalter werden über die Taktleitungen T und $\overline{T}$ wechselseitig eingeschaltet. Bild 2.28 b zeigt die Ersatzschaltung der Anordnung. Mit T_A der Einschaltzeit des Eingangstransistors ergibt sich für den Strom durch die Anordnung

$$I = \frac{\Delta Q}{T_A} = \frac{C U_1 - C U_2}{T_A} = \frac{C U}{T_A} = \frac{U}{R}$$ (Gl. 2.40)

Die Anordnung wirkt also wie ein Widerstand (Bild 2.28 c) mit dem Wert

$$R = \frac{T_A}{C}$$ (Gl. 2.41)

Es lassen sich mit Schalter-Kondensator-Anordnungen also Widerstände ersetzen. Das ist für aktive *RC*-Filter wichtig, weil die für diese Filter notwendigen Widerstandswerte sehr groß sind und in integrierten Schaltungen viel Platz auf der Chipoberfläche beanspruchen. Schalter-Kondensator-Filter sind eigentlich aktive *RC*-Filter, bei denen aber praktisch nur MOS-Transistoren und Kondensatoren verwendet werden. Interessant ist, daß man durch Variation der Taktzeit T_A nicht nur den Wert R nach Gl. 12.41 verändert, sondern auch die Grenzfrequenz des Filters. Bei der Anwendung von Schalter-Kondensator-Filtern ist immer das Abtasttheorem (Gl. 1.30) zu berücksichtigen.

Ein weiterer Vertreter der wertkontinuierlichen Abtastfilter ist das *Ladungstransfer-Filter*. Ladungsgekoppelte Elemente (charge-coupled devices – CCD) sind Anordnungen, bei denen auf Kondensatoren analoge Signalwerte gespeichert sind. Ein dynamisches Verhalten entsteht, wenn sich die Ladungsverteilung zu bestimmten Taktzeitpunkten verändert. Mit Hilfe des Ladungstransportes wird diese Wirkung zum Ausgang transportiert. Damit haben Ladungstransfer-Filter Ähnlichkeit mit *SC*-Filtern. Da sie technisch schwerer zu realisieren sind, ist ihre praktische Bedeutung gering.

> Filter, die mit wert- und zeitdiskreten Signalen arbeiten, nennt man Digitalfilter.

Zur Verarbeitung analoger Signale ist an deren Eingang ein Analog-Digital-Umsetzer und am Ausgang ein Digital-Analog-Umsetzer notwendig. Bild 2.29 zeigt die Struktur eines Digitalfilters auf der Basis eines Signalprozessors.

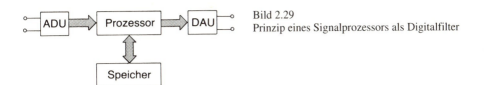

Bild 2.29
Prinzip eines Signalprozessors als Digitalfilter

> Die Filterfunktion des Digitalfilters basiert auf der Verarbeitung des je Taktperiode ermittelten Zahlenwertes nach einem vorgegebenen Algorithmus im Rechenwerk des Prozessors und Ausgabe des Ergebnisses über den DAU.

Der Algorithmus enthält die Filtereigenschaften und muß im Echtzeitbetrieb abgearbeitet werden, d. h., bis zu einer erneuten Abtastung muß die Verarbeitung abgeschlossen sein, damit der neue Wert ebenfalls bearbeitet werden kann. Auch bei diesem Abtastfilter muß natürlich das Abtasttheorem eingehalten werden. Es gibt verschiedene Algorithmen für Filterfunktionen, die bezüglich ihres Aufwands auszuwählen sind. Neben der in Bild 2.29 angedeuteten universellen Struktur eines Digitalfilters sind vor allem nach einer Simulation entwickelte spezielle Hardwarestrukturen für Digitalfilter üblich. Problematisch ist bei Digitalfiltern ihre endliche Amplitudenauflösung. Schon das Quantisieren bedingt ein diskontinuierliches Ausgangssignal, das Quantisierungsrauschen. Dazu kommen bei der Verarbeitung noch numerische Ungenauigkeiten (Überlauf, Wortverkürzung bei digitaler Multiplikation). Durch Einsatz von Umsetzern mit hoher Auflösung und schnellen Prozessoren gelingt es, immer bessere Digitalfilter herzustellen. Vor allem in Zusammenhang mit anderen digitalen Verarbeitungseinheiten (z. B. «digitaler» Fernsehempfänger) haben digitale Filter schon heute eine große Bedeutung.

Zum Schluß der Betrachtungen zu Filtern wird anhand der Übersicht in Bild 2.30 der Einsatz von Filtern deutlich. Es sind die von den verschiedenen Filterarten erreichbaren Werte der Güte Q über der Frequenz f dargestellt. Auswahlmöglichkeiten bestehen in den

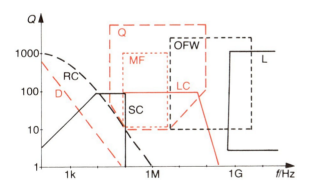

Bild 2.30 Filter-Anwendungsgebiete
L   Leitungsfilter
OFW   Oberflächenwellenfilter
Q   Quarzfilter
SC   Schalter-Kondensator-Filter
LC   Reaktanzfilter
RC   aktive RC-Filter
MF   mechanische Filter
D   Digitalfilter

Überschneidungsbereichen. Hier entscheiden solche Faktoren wie Preis, Größe, Nebenwirkungen (Rauschen, Übersteuerungsverhalten) usw. Der Entwurf und der Einsatz von Filtern erfordern viel Erfahrung vom Anwender.

2.5 Mehrtore

Obgleich Vierpole (Zweitore) in der Nachrichtentechnik eine dominierende Rolle spielen, sind auch Mehrtore von praktischer Bedeutung. Sie dienen vor allem der Trennung oder Zusammenführung von Nachrichtenverbindungen. Hier sollen entsprechende passive Netzwerke betrachtet werden, keine Schalterverbindungen.

Ein sehr einfaches Dreitor entsteht aus der eingangsseitigen Zusammenschaltung (Bild 2.31) von Hoch- (Bild 2.11) und Tiefpaß (Bild 2.17). Wählt man die Grenzfrequenzen beider Glieder gleich, so stellt das Dreitor eine *Frequenzweiche* dar. Die gegenseitige Beeinflussung der beiden Teilschaltungen ist gering, wenn der Eingang niederohmig beschaltet wird ($Z_G \ll R$). Dreitore dieser Art werden als Antennenweichen verwendet, wenn die zu trennenden Antennen für unterschiedliche Frequenzen ausgelegt sind. Auch die Aufteilung des *NF*-Kanals zur Ansteuerung von Tief- und Hochtonlautsprecher ist denkbar. Dafür eignen sich aber *RC*-Schaltungen wegen der Verluste in den Widerständen nicht.

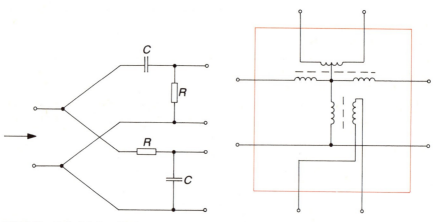

Bild 2.31 Beispiel eines Dreitors (Frequenzweiche)

Bild 2.32 Gabelschaltung

Ein in der Nachrichtentechnik sehr wichtiges Viertor ist die *Gabelschaltung* (häufig nur Gabel genannt). Bild 2.32 zeigt die Schaltung, bei der die Kopplung der Übertragungswege durch Übertrager verwirklicht ist. Die Windungszahlen stehen in einem bestimmten Verhältnis. Alle vier Tore der Gabel werden mit gleichem Abschlußwiderstand Z beschaltet. Das bewirkt, daß gegenüberliegende Tore entkoppelt sind. Damit wird die in einem Tor eingespeiste Leistung zu gleichen Teilen auf die beiden angrenzenden Tore aufgeteilt. Das gilt natürlich auch in umgekehrter Richtung, da das Netzwerk passiv ist. Anwendung findet die Gabelschaltung zur Trennung einer Zweidrahtverbindung in eine Vierdrahtübertragung und umgekehrt.

Eine weitere Gruppe von Mehrtoren sind die *Zirkulatoren*. Der Zirkulator ist ein Mehrtor, bei dem das an einem Tor eingespeiste Signal sich in dem Netzwerk zyklisch in einer Richtung ausbreitet und an den entsprechenden Toren abgenommen werden kann.

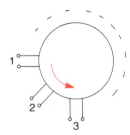

Bild 2.33
Schema des Zirkulators

Bild 2.33 zeigt das Schema. Der innere Aufbau kann mittels Gabelschaltungen und Verstärker realisiert werden. Bei höheren Frequenzen nutzt man magnetische Effekte aus, wodurch eine rein passive Anordnung möglich wird. In der Mikrowellentechnik spielen solche Zirkulatoren als Antennenweichen für Sende-Empfangsschaltungen eine große Rolle.

2.6 Lernziel-Test

1. Wie unterscheiden sich Zweipol, Vierpol und Mehrtor?
2. Skizzieren Sie die Zweipolfunktion der Reihenschaltung von $R = 100\ \Omega$ und $C = 10$ nF im Frequenzbereich bis 500 kHz.
3. Ein Parallelresonanzkreis besteht aus einer Spule mit $L = 63{,}5\ \mu H$, dem Kondensator $C = 400$ pF und dem Verlustwiderstand $R_P = 2\ k\Omega$. Bestimmen Sie die Resonanzfrequenz und die Güte des Kreises.
4. Was ist ein Filter, und welche Filterarten kennen Sie?
5. Wie groß ist die Grenzfrequenz eines Tiefpasses nach Bild 2.17 mit $R = 1\ k\Omega$ und $C = 100$ nF?
6. Ein Parallelresonanzkreis mit $L = 80\ \mu H$ und $C = 1{,}5$ nF hat die Güte $Q = 90$. Wie groß sind seine Bandbreite und seine Selektivität, bezogen auf $\Delta f = 10$ kHz?
7. Ein Parallelresonanzkreis mit $R_P = 50\ k\Omega$ wird als Bandpaßfilter verwendet. Der speisende Generator hat einen sehr großen Innenwiderstand, der Lastwiderstand ist $Z_L = 5\ k\Omega$. Durch die Beschaltung darf die Güte nur auf die Hälfte sinken. Wie groß muß das Übersetzungsverhältnis der Transformationsschaltung sein?
8. Für einen Quarz gelten $L_1 = 1{,}5$ H, $C_1 = 0{,}016$ pF; $R = 60\ \Omega$; $C_0 = 16$ pF. Bestimmen Sie die Differenz $f_P - f_S$.
9. Wodurch unterscheiden sich Quarz- und Oberflächenwellenfilter?
10. Der Interdigitalwandler eines Oberflächenwellenfilters nach Bild 2.27 besteht aus 100 Fingerpaaren. Wie lang ist er etwa, wenn das Filter eine Frequenz von 40 MHz haben soll?
11. Ein Tiefpaß-Abtastfilter habe eine Grenzfrequenz von 50 kHz. Wie groß muß die Taktfrequenz der Abtastung mindestens sein?

12. Mit einer Schalter-Kondensator-Anordnung soll ein *RC*-Tiefpaß aufgebaut werden. Das Filter hat die Grenzfrequenz f_g = 3 kHz. Es können nur Kondensatoren von 30 pF verwendet werden. Wie groß muß die Abtastzeit T_A sein?
13. Wodurch unterscheiden sich *SC*- und Digitalfilter?
14. Welche Filter eignen sich für den in Empfängern gebräuchlichen Bereich um 450 kHz?
15. Eine Antennenweiche soll die Empfangsantennen für f_1 = 30 MHz und f_2 = 40 MHz zusammenführen. Wählen Sie eine geeignete Schaltung aus, und geben Sie die erforderlichen Grenzfrequenzen an!

3 Verstärkung und Schwingungserzeugung

Die Nachrichtenübertragung ist naturgemäß unabhängig vom benutzten Übertragungsmedium mit einer Dämpfung der Signale verbunden. Da die empfangenen Signale meist nicht unmittelbar wahrgenommen werden können, ist eine Verstärkung unerläßlich. Für die Verstärkung werden nach Abschnitt 1.3 aktive Systeme verwendet. Solche aktiven Systeme sind heute integrierte Schaltungen.

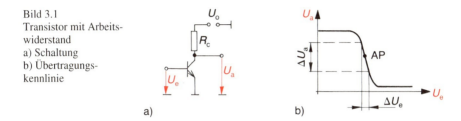

Bild 3.1
Transistor mit Arbeitswiderstand
a) Schaltung
b) Übertragungskennlinie

Zur Klärung einiger Begriffe wird von einer einfachen Schaltung, bestehend aus Transistor und Arbeitswiderstand (Bild 3.1 a), ausgegangen. Das Übertragungsverhalten der Schaltung kann anhand der in Bild 3.1 b dargestellten Übertragungskennlinie eingeschätzt werden. Auf der Kennlinie wurde ein Arbeitspunkt (AP) eingezeichnet, der für einen Verstärkerbetrieb geeignet ist. Eine kleine Spannungsänderung ΔU_e verursacht eine große Ausgangsspannungsänderung ΔU_a; die Schaltung arbeitet also als Verstärker.

> Man nennt den von ΔU_e überspannten Bereich den Aussteuerbereich.

Solange die Kennlinie wie im Bild gezeichnet nur im linearen Kennlinienteil ausgesteuert wird, spricht man von linearer Verstärkung (vgl. Abschnitt 1.3). Daneben ist aber auch eine Aussteuerung in den nichtlinearen Bereich denkbar und für bestimmte Anwendungen unerläßlich (z. B. bei der Schwingungserzeugung und Modulation).
Eine prinzipiell andere Betriebsweise entsteht, wenn man die Arbeitspunkte in die horizontalen Bereiche der Übertragungskennlinie legt (also zwei AP) und das Eingangssignal nur zwischen diesen Punkten wechselt. Die Schaltung arbeitet als binäre Anordnung und stellt somit das Grundelement einer Digitalschaltung dar.
In der Nachrichtentechnik werden vielfach analoge Schaltungen auf der Basis von Operationsverstärkern eingesetzt. Deshalb werden sie nachfolgend vorgestellt, wobei Grundkenntnisse über Transistorverstärker vorausgesetzt werden. Die digitale Schaltungstechnik wird hier nicht näher betrachtet. Es sei auf die entsprechende Literatur verwiesen.

3.1 Operationsverstärker

3.1.1 Anforderungen an einen universellen Verstärker

Soll ein Verstärker universell einsetzbar sein, muß er möglichst alle auftretenden Forderungen erfüllen. Diese sind kurz formuliert:

- Verstärkung möglichst groß, damit diesbezüglich alle Forderungen erfüllt werden;
- große Bandbreite, vor allem auch untere Grenzfrequenz $f_{gu} = 0$;
- großer Eingangswiderstand, damit die Quelle möglichst wenig vom Verstärker beeinflußt wird;
- kleiner Ausgangswiderstand, damit die Last den Verstärker wenig beeinflußt;
- große Arbeitspunktstabilität im Interesse großer Verstärkerstabilität.

Daneben sind natürlich weitere Forderungen zu erfüllen, wie z. B. geringer Preis, kleine Abmessungen usw.
Solche universellen Verstärker wurden, damals noch aus diskreten Elementen aufgebaut, zuerst in der analogen Rechentechnik eingesetzt. Da mit ihnen mathematische Operationen durchgeführt wurden, nannte man sie Operationsverstärker (OV).

3.1.2 Aufbau eines Operationsverstärkers

Ein Operationsverstärker ist eine Kombination mehrerer Verstärkerstufen, die den Anforderungen an einen universellen Verstärker möglichst nahekommt. Wegen der geforderten unteren Grenzfrequenz Null sind alle Stufen direkt (ohne Kondensatoren) gekoppelt. Die direkte Kopplung bedingt, daß sich auch die Arbeitspunkte aller beteiligten Transistoren gegenseitig beeinflussen, so daß deren Stabilität von großer Bedeutung ist.

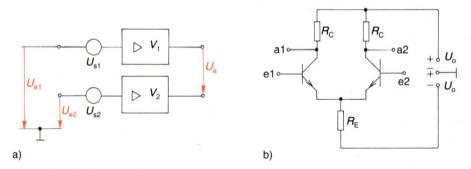

Bild 3.2   Differenzverstärker
a) Prinzip   b) Schaltung

Man erreicht eine gute Stabilität mit Hilfe des Differenzprinzips. Dabei sind zwei Verstärker so zusammengeschaltet, daß am Ausgang die Differenz der Ausgangsspannung U_a beider Stufen zur Verfügung steht. Bild 3.2a zeigt das Prinzip, Bild 3.2b gibt die praktische Schaltung wieder. In Bild 3.2a wurden noch die auf den Eingang des jeweiligen Verstärkers bezogenen Störspannungsquellen U_s berücksichtigt, die beispielsweise Ersatz der Arbeitspunktschwankungen der Verstärker sind.

Ein zu verstärkendes Nutzsignal werde als Differenzspannung

$$U_D = U_{e1} - U_{e2} \tag{Gl. 3.1}$$

zwischen die Eingänge beider Verstärker gelegt. Die Ausgangsspannung erhält man dann nach Bild 3.2 a zu

$$U_a = V_1(U_{e1} + U_{s1}) - V_2(U_{e2} + U_{s2}) \tag{Gl. 3.2}$$

Bei symmetrischem Aufbau des Differenzverstärkers (gleiche Schaltelemente, gleiche Temperatur und Versorgungsspannung) gilt in guter Näherung $V_1 = V_2 = V$ und $U_{s1} = U_{s2}$. Damit wird

$$U_a = V(U_{e1} - U_{e2}) = V U_D \tag{Gl. 3.3}$$

Arbeitspunktschwankungen, die etwa die gleichen Auswirkungen in jedem Verstärkerteil haben, heben sich also auf.
In der praktischen Schaltung des Differenzverstärkers (Bild 3.2 b) findet die Differenzbildung über R_E statt. Damit kann eine Ausgangsspannung nicht nur zwischen a_1 und a_2, sondern auch an einem Ausgang gegen Masse (Null) abgenommen werden.

> Ein Operationsverstärker besteht nun aus einer oder mehreren Differenzverstärkerstufen sowie weiteren Stufen einschließlich eines entsprechenden Ausgangsverstärkers.

Der innere Aufbau des OV ist aber für die Anwendung meist unwichtig. Er wird durch das in Bild 3.3 dargestellte Schaltzeichen symbolisiert, wobei das Symbol nach DIN 40 900 in der Literatur kaum Anwendung findet. Die beiden Eingänge + und − resultieren aus dem Eingangsdifferenzverstärker. Der nichtinvertierende Eingang (+) besagt, daß die Ausgangsspannung die gleiche Phasenlage wie die Eingangsspannung hat. Beim invertierenden Eingang (−) erscheint die Ausgangsspannung um 180° in der Phase gedreht (invertiert). Dabei sind alle Spannungen auf Masse (Null) bezogen, obgleich beim Differenzverstärker Bild 3.2 Masse nicht unmittelbar in der Schaltung erscheint. Neben den Signalanschlüssen sind am OV noch weiter Anschlüsse erforderlich, z. B. für die Stromversorgung (wie beim Differenzverstärker eine positive und eine negative Spannung), für einen Offsetabgleich und für eine eventuell erforderliche Frequenzgangkompensation.

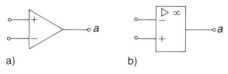

Bild 3.3 Schaltzeichen des OV
a) übliche Darstellung, b) nach DIN 40 900

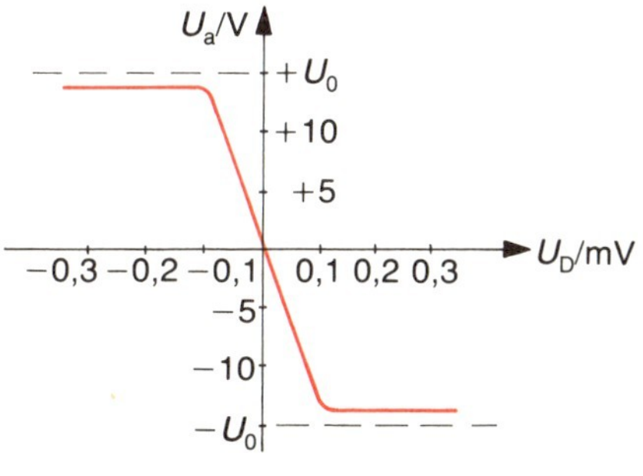

Bild 3.4 Übertragungskennlinie eines OV

3.1.3 Eigenschaften von Operationsverstärkern

Das statische (Gleichstrom-)Verhalten läßt sich anhand der Übertragungskennlinie (Bild 3.4) beschreiben, wobei wie üblich auf der Abzisse die Differenzspannung

$$U_D = U_- - U_+ \tag{Gl. 3.4}$$

aufgetragen wurde. Bei kleiner Aussteuerung arbeitet der OV linear, wobei offensichtlich die Verstärkung groß ist (man beachte die Maßstäbe an den Achsen von Bild 3.4). Die maximalen Werte der Ausgangsspannung werden mit etwa 1 V unterhalb der Betriebsspannungen erreicht. Der Verstärker arbeitet dann wegen Übersteuerung nichtlinear.

> Der maximale Aussteuerbereich ist also immer kleiner als der durch die Versorgungsspannungen gegebene Bereich.

Bei der statischen Dimensionierung einer OV-Schaltung ist zu beachten, daß oft nur ein Eingang als Signaleingang genutzt wird, beide Eingänge aber einen Gleichstromweg vorfinden müssen. Das ergibt sich aus der Differenzverstärkeranordnung, bei der die Basisanschlüsse nur über die äußere Schaltung ein Potential erhalten, die Basisströme entsprechen den Ruhegleichströmen I_+ und I_-. Sie sind etwa gleich, so daß in den Datenblättern ihr Mittelwert I_I sowie ihre Differenz als Eingangsoffsetstrom I_{I0} angegeben werden. Auswirkungen dieser Ströme werden in Abschnitt 3.1.4 dargestellt.

Aber nicht nur die Eingangsströme können eine Differenz aufweisen. Auch die Übertragungskennlinie (Bild 3.4) schneidet den Nullpunkt des Kennlinienfeldes nicht ideal. Es gibt exemplarbedingte Abweichungen, die man als Spannungsoffset bezeichnet. Geht man von der Ausgangsspannung $U_a = 0$ aus, so ist die dafür erforderliche Differenzeingangsspannung die Eingangsoffsetspannung U_{I0} des jeweiligen OV. Sie entsteht wie der Offsetstrom durch Unsymmetrien der Eingangsdifferenzstufe.

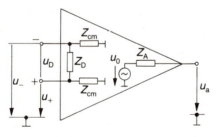

Bild 3.5
Kleinsignalersatzschaltung eines OV

Die wichtigsten dynamischen Eigenschaften gehen aus der Ersatzschaltung in Bild 3.5 hervor. Der Differenzeingangswiderstand Z_D zwischen den beiden Eingängen ist vor allem zu beachten. Er enthält auch einen mehr oder weniger großen kapazitiven Anteil und wird deshalb als Impedanz (Z) gekennzeichnet. Die Gleichtakteingangswiderstände Z_{cm} stellen die Widerstände des jeweiligen Eingangs nach Masse dar und sind wesentlich größer als Z_D. Der Ausgangswiderstand Z_A wird vom OV-Ausgang bestimmt und ist klein (ca. 100 Ω). Zusammen mit der Ausgangsspannungsquelle

$$u_0 = -V_0 u_D \tag{Gl. 3.5}$$

bildet er eine Ersatzspannungsquelle (V_0 = Leerlaufverstärkung des OV). Die kleinen Buchstaben für u sollen darauf hinweisen, daß es sich um das dynamische (Wechselspannungs-) Verhalten handelt.
Neben der Leerlaufverstärkung V_0 ist noch die Unterdrückung von Gleichtaktsignalen (engl.: common mode) wichtig. Unter einer Gleichtaktspannung versteht man eine an beiden Eingängen liegende gleich große Spannung. Diese soll möglichst nicht verstärkt werden (vgl. mit den Störspannungen beim Differenzverstärker). Nach Gl. 3.1 würde sie auch null ergeben. Infolge geringer Unsymmetrien und der im OV benutzten Differenzbildung (R_E muß möglichst groß sein) entsteht trotzdem ein kleines Ausgangssignal. Mit

$$u_{cm} = \frac{u_+ + u_-}{2} \qquad (Gl.\ 3.5)$$

dem Mittelwert der Gleichtaktspannung, erhält man für die Gleichtaktverstärkung

$$V_{cm} = \frac{u_a}{u_{cm}} \qquad (Gl.\ 3.6)$$

Die Güte eines OV wird durch das Verhältnis von V_0 zu V_{cm}, der Gleichtaktunterdrückung (engl.: common mode rejection ratio), bestimmt:

$$\text{CMRR} = \frac{V_0}{V_{cm}} \qquad (Gl.\ 3.7)$$

Das Verhältnis wird in dB angegeben.

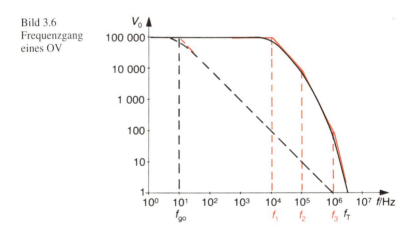

Bild 3.6 Frequenzgang eines OV

Eine weitere dynamische Eigenschaft ist das Frequenzverhalten. Infolge der direkten Kopplung der Verstärkerstufen zeigt das Übertragungsverhalten bei tiefen Frequenzen keine Abhängigkeit. Bei hohen Frequenzen dagegen macht sich der Einfluß der Transistoren bemerkbar, d. h., jede Transistorstufe wirkt wie ein Tiefpaß. Da ein OV aus mehreren in Kette geschalteten Stufen besteht, multiplizieren sich die Einflüsse, wobei in der Regel die einzelnen Stufen recht unterschiedliche obere Grenzfrequenzen besitzen. In Bild 3.6 ist die Frequenzabhängigkeit der Leerlaufverstärkung V_0 eines OV in doppelt logarithmischem Maßstab dargestellt. Die Kurve läßt sich durch Tangenten annähern (rote Linien), deren

Schnittpunkte die Grenzfrequenzen der einzelnen Stufen ergeben (f_1, f_2, f_3). Dieser Frequenzverlauf ist in den meisten Anwendungen unzulässig, so daß eine Kompensation des Frequenzganges erforderlich wird.

In Bild 3.6 ist gestrichelt ein allen Anwendungen genügender Verlauf eingezeichnet, wie er bei einigen OV bereits durch innere Kompensationskapazitäten verwirklicht wird. Die obere Grenzfrequenz f_{go} dieses OV ist allerdings wesentlich kleiner, was bei vielen Anwendungen ohne Bedeutung ist. Die zur Verstärkung $V_0 = 1$ gehörende Frequenz f_T nennt man wie beim Transistor Transitfrequenz. Die Transitfrequenz ist gleichzeitig das sogenannte Verstärkungs-Bandbreite-Produkt, da

$$f_T \cdot 1 = f_{go} V_{0\,(dc)} \tag{Gl. 3.8}$$

ist; $V_{0\,(dc)}$ = Verstärkung bei Gleichstrom oder niedrigen Frequenzen.

Neben dem Verstärkungs-Bandbreite-Produkt ist eine weitere vom Frequenzverhalten, aber auch von der Aussteuerung eines OV abhängige Kenngröße charakteristisch, die maximale Anstiegsgeschwindigkeit der Ausgangsspannung (engl.: slew rate). Die Slew rate gibt an, um wieviel Volt je Mikrosekunde die Ausgangsspannung maximal ansteigen kann:

$$S_e = \frac{\Delta u_a}{\Delta t} \left[\frac{V}{\mu s}\right] \tag{Gl. 3.9}$$

Dieser Wert kann auch bei Ansteuerung mit idealem Rechtecksignal nicht überschritten werden und ist charakteristisch für den jeweiligen OV-Typ.

Aus den vorstehenden Ausführungen ist ersichtlich, daß ein Operationsverstärker durch mehrere Kenngrößen beschrieben wird. Die Abhängigkeit dieser Kenngrößen vom inneren Aufbau bedingt Unterschiede der verschiedenen Typen. Solche sind erforderlich, da die in Abschnitt 3.1.1 aufgestellten Anforderungen nicht ideal erfüllt werden können. So werden einzelne Kennwerte zuungunsten anderer optimiert, was bei der Anwendung zu berücksichtigen ist. In Tabelle 3.1 sind Kennwerte typischer OV und deren Einsatzgebiete beispielhaft angegeben.

Tabelle 3.1 Kennwerte einiger Operationsverstärker

Typ	µA 709	µA 741	MAX 400	CA 5130	HA 2640	OP 177	OP 90	ICL 7650
V_0/dB	93	106	120	105	106	86	120	130
Z_D/Ω	400 k	2 M	60 M	10^{12}	250 M	45 M	30 M	10^{12}
Z_A/Ω	150	75	60		500			
CMRR/dB	90	90	126	87	100	140	110	130
I_I/A	200 n	80 n	0,7 n	2 p	10 µ	1,5 n	4 n	1,5 p
I_{I0}/A	50 n	20 n	0,3 µ	0,1 p	5 µ	0,3 µ	0,4 n	0,5 p
U_{I0}/V	1 m	1 m	10 µ	1,5 m	2 m	4 µ	50 µ	1 µ
S_e/V·µs^{-1}	0,25	0,5	0,3	30	5	0,3	0,012	2,5
Einsatzgebiet	universell	universell	geringer Offset	hohe Slew rate	hohe U (± 35 V)	hohe Präzis.	Mikropower	Chopperstabil.

3.1.4 Beschaltung von Operationsverstärkern

Ein universeller Verstärker wie der OV kann durch die äußere Beschaltung an die verschiedenen Anforderungen angepaßt werden. Neben anwendungsbedingter Beschaltung ist aber auch eine Grundbeschaltung notwendig, die nun vorgestellt wird.

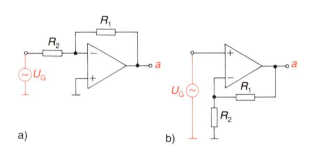

Bild 3.7
OV-Grundschaltungen
a) invertierender Verstärker
b) nichtinvertierender Verstärker

Die Grundbeschaltung besteht in der Regel aus einer Gegenkopplung (vgl. Abschnitt 3.3), d. h. einer Verbindung von Ausgang und invertierendem Eingang über R_1 und dem Widerstand R_2 nach Masse (beim invertierenden Verstärker über den Generator geschaltet) gemäß Bild 3.7. Die Größe dieser Elemente wird durch die erforderliche Gegenkopplung bestimmt und später ermittelt. Da die Eingangsströme I_I über die äußere Schaltung fließen, wird der nicht benötigte Eingang des OV an Masse gelegt. Außerdem muß die Quelle (U_G) einen Gleichstromweg haben. Bei Wechselspannungsquellen ist das gegebenenfalls durch einen zusätzlichen Widerstand zu sichern.

Sind die Widerstände R_1 und R_2 relativ groß, verursachen auch kleine Eingangsströme bereits einen Spannungsabfall und damit in der Schaltung nach Bild 3.7 eine Differenzeingangsspannung.

Beispiel: Gegeben sind $R_1 = R_2 = 100$ kΩ und $I_I = 1$ nA.
Wegen $Z_A \ll R_1, R_2$ fließt I_I über $R_1 \| R_2 = 50$ kΩ und verursacht eine Differenzspannung $U_D = I_I \_ . R_1 \| R_2 = 0{,}05$ mV. Diese Spannung ergibt eine ungewollte Ausgangsspannung je nach Verstärkung.

Man kann die Wirkung der Eingangsströme vermeiden, wenn in den Stromkreis des nichtinvertierenden Eingangs ein Widerstand

$$R_3 = R_1 \| R_2 \qquad \text{(Gl. 3.10)}$$

geschaltet wird. Mit dieser Beschaltung werden aber nicht alle am Eingang auftretenden Probleme gelöst. Insbesondere die exemplarbedingten Offsetgrößen führen bei $U_D = 0$ zu einer Ausgangsspannung, die bei bestimmten Anwendungen (hohe Verstärkung, Gleichspannungsmeßverstärker) unzulässig ist. Man könnte das durch Variation von R_3 ausgleichen, was aber praktisch nicht üblich ist. In solchen Fällen benutzt man eine Offsetkompensationsschaltung. Bild 3.8 zeigt die Schaltung am Beispiel des invertierenden Verstärkers. Aus den Betriebsspannungen des OV wird eine Hilfsspannung von ± 20 mV durch Spannungsteilung gewonnen und über einen Einstellregler und R_K als Kompensationsspannung an den nichtinvertierenden Eingang gelegt. Bei $U_e = 0$ kann nun mit Hilfe des Einstellreglers $U_a = 0$

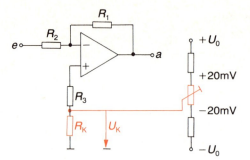

Bild 3.8
Schaltung zur Offsetkompensation

eingestellt werden. Die Kompensationsspannung U_K nimmt je nach Offset des entsprechenden OV positive oder negative Werte an. Bei einigen OV sind zur Offsetkompensation extra Anschlüsse vorgesehen, zwischen die lediglich ein Einstellwiderstand zu schalten ist.
Leider unterliegen die Offsetgrößen auch einer Drift, d. h. einer Änderung durch Temperaturabweichungen ($\Delta \vartheta$), Alterung (Zeit Δt) und Betriebsspannungsschwankungen (ΔU_0). Eine Kompensation der Drift ist kaum möglich. Hier hilft nur eine Stabilisierung der Einflußgrößen (z. B. Thermostat für kleine $\Delta \vartheta$) oder die Auswahl eines extrem driftarmen Verstärkers.
Eine weitere Grundbeschaltung des OV betrifft sein Frequenzverhalten. Der in Bild 3.6 gestrichelt gezeichnete Frequenzgang für universelle Anwendung wird bei einigen OV bereits durch ihren Aufbau erreicht. Bei anderen Verstärkern sind von außen geeignete Kapazitäten anzuschalten (man beachte die Herstellerangaben). Nicht kompensierte OV (ausgezogene Linie in Bild 3.6) erlauben noch eine Anpassung an die Anwendung und damit ein größeres Verstärkungs-Bandbreite-Produkt. Eine Frequenzgangkompensation ist auch bei größerer kapazitiver Last im Interesse der Stabilität der Schaltung erforderlich.

3.2 Leistungsverstärker

Die Ausgangsleistung von Operationsverstärkern ist für die Ansteuerung von Ausgabegeräten (Lautsprechern usw.) zu gering. Es sind deshalb Leistungsverstärker erforderlich. Sie sind gekennzeichnet durch eine große Aussteuerung des Kennlinienfeldes.

3.2.1 Arbeitspunkt bei Leistungsverstärkern

Bei großer Aussteuerung des Kennlinienfeldes unterscheidet man verschiedene Betriebsarten von Verstärkern. In Bild 3.9 ist die Eingangskennlinie eines Transistors dargestellt. Bei Kleinsignalbetrieb wird der Arbeitspunkt (A) in den geradlinigen Teil der Kennlinie gelegt und mit einer kleinen Spannung ausgesteuert. Dabei treten keine Verzerrungen auf, weil die Kennlinie als linear angenommen werden kann. Wird dagegen der Arbeitspunkt in den Fuß der Kennlinie gelegt (B), kann nur noch eine positive Spannung U_{BE} einen Stromfluß bewirken, eine negative Aussteuerung erzeugt kein Ausgangssignal. Will man den B-Betrieb zur Verstärkung von Wechselspannungen nutzen, muß die nichtverstärkte Halbwelle der Wechselspannung in geeigneter Form durch einen zweiten Verstärker übertragen werden. Bei C-Betrieb liegt der Arbeitspunkt so weit im negativen Kennlinienteil, daß von einer anliegenden Wechselspannung nur noch ein Teil einer Halbwelle verstärkt wird. Dieser Fall ist mit Hilfe der Zeitdiagramme in Bild 3.9 dargestellt.

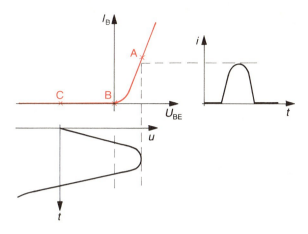

Bild 3.9
Eingangskennlinie eines Transistors und Aussteuerung bei C-Betrieb

3.2.2 Eintaktschaltungen

Maßgebend für die erreichbare Ausgangsleistung ist das Ausgangskennlinienfeld. In Bild 3.10 ist das Ausgangskennlinienfeld eines Transistors mit den Grenzen der Aussteuerbarkeit dargestellt. Für eine große Aussteuerung legt man den Arbeitspunkt (AP) an die durch die Verlustleistung $P_{V\,max}$ des Transistors bedingte Hyperbel. Die Arbeitsgerade entspricht dem Kollektorwiderstand R_C der Schaltung. In Bild 3.10 wurde der A-Betrieb dargestellt. Bei einer solchen Einstellung ergibt sich die Leistung aus

$$P_\sim = \frac{\hat{u}\,\hat{i}}{2} \qquad \text{(Gl. 3.11)}$$

mit

$$\hat{u} = \frac{U_0}{2} \qquad \text{und} \qquad \hat{i} = \frac{P_{V\,max}}{\frac{U_0}{2}}$$

zu

$$P_\sim = \frac{P_{V\,max}}{2} \qquad \text{(Gl. 3.12)}$$

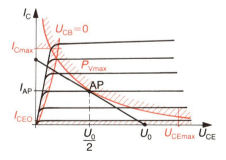

Bild 3.10
Ausgangskennlinienfeld mit Arbeitsgerade bei A-Betrieb

Die zugeführte Gleichstromleistung ergibt sich aus dem Arbeitspunkt mit

und
$$P_- = U_0 \, I_{AP} \tag{Gl. 3.13}$$
$$I_{AP} = \hat{i}$$

zu
$$P_- = 2\, P_{V\,max} \tag{Gl. 3.14}$$

Der Wirkungsgrad des Verstärkers ist dann

$$\eta = \frac{P_\sim}{P_-} = \frac{1}{4} = 25\% \tag{Gl. 3.15}$$

Neben dem schlechten Wirkungsgrad hat diese Art der Schaltung noch den großen Nachteil, daß der Verbraucher als ohmscher Arbeitswiderstand R_C direkt in den Kollektorkreis gelegt werden muß. Er wird also von Gleichstrom durchflossen. Das ist beispielsweise bei Lautsprechern nicht zulässig. Eine Ankopplung des Verbrauchers über einen Kondensator zur Vermeidung des Gleichstromes ist nicht sehr sinnvoll, da von der verstärkten Leistung dann nur noch ein Teil zum Verbraucher gelangt. Der Wirkungsgrad wird noch schlechter. Eintaktschaltungen werden heute nur noch für kleine Leistungen eingesetzt.

3.2.3 Gegentaktschaltungen

In Abschnitt 3.2.1 wurde der B-Betrieb als eine mögliche Form der Leistungsverstärkung dargestellt. Zur Verstärkung einer Wechselspannung ist aber ein zweiter Verstärker erforderlich, da nur eine Halbwelle übertragen wird. Dazu verwendet man Gegentaktschaltungen. In

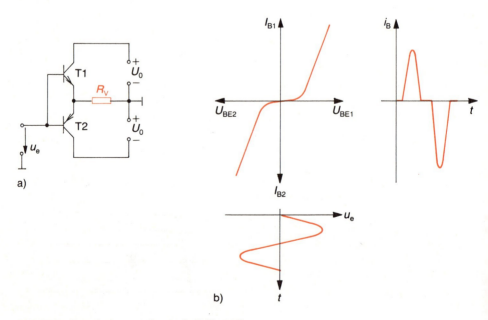

Bild 3.11 Komplementärer Gegentakt-B-Verstärker
a) Schaltung   b) Aussteuerung der Eingangskennlinien

Bild 3.11 a ist die Schaltung eines komplementären Gegentaktverstärkers zu sehen. Da zwei Transistoren unterschiedlicher Leitfähigkeit (komplementäre Transistoren) verwendet werden, verstärkt jeder Transistor eine Halbwelle des anliegenden Wechselstromes (Bild 3.11 b). Der Verbraucherwiderstand R_V liegt in der Brückendiagonale der Transistoren und Betriebsspannungsquellen. In ihm werden die Ausgangsströme in der richtigen Phasenlage zusammengesetzt. Im Interesse geringer Verzerrungen müssen die beiden Transistoren etwa gleiche Kennlinien haben.

Die gerade bei kleinen Spannungen durch die starke Krümmung der Kennlinien bedingten Verzerrungen (vgl. Bild 3.11 b) nennt man Übernahmeverzerrungen. Sie werden vermieden, indem der Arbeitspunkt vom Nullpunkt (B-Betrieb) etwas in den Durchlaßbereich verschoben wird (AB-Betrieb). In Bild 3.12 ist das Prinzip dargestellt. Außerdem wird der Verbraucher (Lautsprecher) über einen Kondensator angekoppelt, so daß nur noch eine Betriebsspannungsquelle U_0 notwendig ist.

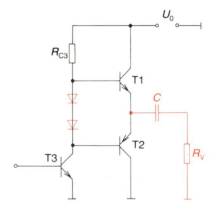

Bild 3.12
Leistungsverstärker für AB-Betrieb

Mit Gegentaktschaltungen kann bei Vollaussteuerung (das ist eine Aussteuerung bis an die durch U_0 bedingte Grenze) ein Wirkungsgrad $\eta_{max} = 78\%$ erreicht werden. Sie sind deshalb die Basis heute gebräuchlicher Leistungsverstärker. Als IC mit Vorverstärkerstufen kombiniert werden sie für Leistungen bis zu einigen 10 W angeboten. Anwendung finden solche Schaltkreise vor allem als NF-Verstärker in elektroakustischen Geräten. Bei der Anwendung der IC ist auf ausreichende Kühlung zu achten, da nach Gl. 3.12 die mögliche Verlustleistung die Ausgangsleistung $P_\sim$ begrenzt.

Bei Leistungsverstärkern sind zwei verschiedene Angaben der maximalen Leistungsabgabe üblich. Sie werden nach DIN 45 324 ermittelt. Man mißt die Ausgangsleistung mit einem Sinussignal von 1 kHz an einem Ersatzwiderstand (statt des Lautsprechers) für Vollaussteuerung. Kriterium für Vollaussteuerung ist ein Klirrfaktor am Ausgang von 10%.

Mit einer solchen Messung erhält man die *Sinusleistung*. Sie wird aber nicht nur vom Verstärker, sondern auch von der Stromversorgung bestimmt. Wegen des großen Strombedarfs wird U_0 bei Leistungsverstärkern nicht stabilisiert. Bei Vollaussteuerung sinkt dann aber U_0 ab. $P_\sim$ kann nicht den möglichen Maximalwert erreichen.

Die vorstehend beschriebene Leistungsmessung entspricht aber nicht der tatsächlichen Anwendung. Eine Aussteuerung mit Dauerton bei voller Lautstärke ist nicht typisch für elektroakustische Anwendungen. Solche Spitzenleistungen treten nur kurzzeitig auf. Dabei sinkt aber die Betriebsspannung U_0 kaum ab, so daß eine größere Leistung als Spitzenleistung erzielt wird. Man definiert deshalb die *Musikleistung*. Um sie messen zu können, wird U_0 durch eine geeignete Einrichtung auf dem Wert ohne Aussteuerung gehalten.

3.2.4 Sendeverstärker

Die vorstehend beschriebenen Leistungsverstärker sind Breitbandverstärker, d. h. Verstärker für große Frequenzbereiche. Für Sender benötigt man nur Leistungsverstärker mit kleiner relativer Bandbreite:

$$\frac{B_0}{f_0} \ll 1$$

Es ist deshalb üblich, als Arbeitswiderstand einen Bandpaß (Parallelresonanzkreis) zu verwenden. In Bild 3.13 ist die Grundschaltung dargestellt. Der Resonanzkreis wird auf die Sendefrequenz abgestimmt. Der Transistor arbeitet beim Sendeverstärker im C-Betrieb. Der Resonanzkreis siebt aus dem nach Bild 3.11 b entstehenden nichtharmonischen Ausgangssignal die Grundfrequenz wieder heraus.

C-Betrieb ist für Sendeverstärker deshalb wichtig, weil damit der größte Wirkungsgrad der Leistungsverstärkung erreicht wird. Der Verstärker arbeitet quasi als Schalter; er ist meist ausgeschaltet und wird nur kurzzeitig eingeschaltet. Diese Betriebsweise ist nur mit geringen Verlusten verbunden.

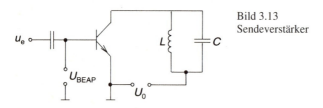

Bild 3.13
Sendeverstärker

3.3 Rückkopplung

3.3.1 Prinzip

Vorstehend wurde schon mehrfach der Begriff Gegenkopplung erwähnt. Dabei ist die Gegenkopplung eine spezielle Art der Rückkopplung von Verstärkern.

> Unter Rückkopplung eines Verstärkers versteht man das Zurückführen eines Teiles des Ausgangssignals an den Eingang.

In Bild 3.14 ist das Prinzip anhand der Zweitordarstellung (die Vierpole wurden im Interesse der Allgemeingültigkeit als Zweitore gezeichnet) wiedergegeben. s_1 und s_2 sind Ein- und Ausgangssignal des Verstärkers, k_1 und k_2 Ein- und Ausgangsgröße des Koppelvierpols (K), s_e ist das Eingangssignal der Gesamtschaltung. Die Größen s und k können Ströme oder Spannungen sein. Es gelten folgende Beziehungen:

$$V = \frac{s_2}{s_1} \quad \text{Verstärkung des Verstärkers} \qquad \text{(Gl. 3.16)}$$

$$K = \frac{k_2}{k_1} \quad \text{Rückkopplungsfaktor} \qquad \text{(Gl. 3.17)}$$

Wie aus Bild 3.14 ersichtlich, ist $s_2 = k_1$. Damit wird

$$k_2 = K\,s_2 \quad \text{und} \quad s_1 = s_e + K\,s_2$$

Die Verstärkung der rückgekoppelten Schaltung ergibt sich zu

$$V' = \frac{s_2}{s_e} = \frac{s_2}{s_1 - K\,s_2}$$

und mit Gl. 3.31 wird

$$V' = \frac{V}{1 - K\,V} \qquad \text{(Gl. 3.18)}$$

Man nennt

$$V_S = K\,V \qquad \text{(Gl. 3.19)}$$

die Schleifenverstärkung und $(1 - KV)$ den Rückkopplungsgrad. Je nach Art der Größen (Strom oder Spannung), des Koppelfaktors und der Zusammenschaltung kann es zu einer positiven oder negativen Schleifenverstärkung kommen. Eine positive Schleifenverstärkung ergibt nach Gl. 3.18 $V' > V$, das nennt man *Mitkopplung*. Bei $V_S = +1$ geht $V' \to \infty$, d. h., die Schaltung kann unter Umständen auch ohne Eingangssignal ein endliches Ausgangssignal erzeugen (Schwingungserzeugung, vgl. Abschnitt 3.5).
Bei negativer Schleifenverstärkung wird $V' < V$. Die Verstärkung der rückgekoppelten Schaltung V' ist kleiner als die des nichtrückgekoppelten Verstärkers. Dieser Fall tritt ein, wenn das rückgekoppelte Signal k_2 gegenphasig zum Eingangssignal s_e addiert wird. Man nennt diesen Fall *Gegenkopplung*; dabei ist unwichtig, ob die Phase im Verstärker- oder im Koppelvierpol gedreht wird. Wie schon erwähnt, bewirkt die Gegenkopplung eine Stabilisierung des Verstärkers. Sie soll deshalb als erste Art der Rückkopplung näher betrachtet werden.

3.3.2 Gegenkopplungsschaltungen

Die Eigenschaften eines gegengekoppelten Verstärkers sind auch von der Art der Schaltung abhängig. Deshalb werden zuerst die Grundschaltungen vorgestellt. Ausgehend vom Prinzip nach Bild 3.14 bieten sich an Ein- und Ausgang je zwei Möglichkeiten des Zusammenschaltens an, Reihen- und Parallelschaltung von Verstärker- und Koppelvierpol. Damit gibt es vier Arten der Gegenkopplungsschaltung (Bild 3.15):
- Parallel-Parallel-Gegenkopplung (a),
- Reihe-Parallel-Gegenkopplung (b),
- Parallel-Reihe-Gegenkopplung (c),
- Reihe-Reihe-Gegenkopplung (d).

In Bild 3.15 wurde als Beispiel der OV als Verstärker- und eine geeignete Widerstandsschaltung als Koppelvierpol gewählt. Prinzipiell ist die Gegenkopplung natürlich auch auf Verstärker aus diskreten Elementen anwendbar.

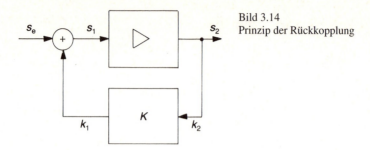

Bild 3.14
Prinzip der Rückkopplung

Es werden nun die wichtigsten Gegenkopplungsschaltungen des OV näher betrachtet. Der invertierende Verstärker von Bild 3.7a beruht auf der Parallel-Parallel-Gegenkopplung in Bild 3.15a. Zur Berechnung der Schaltung geht man davon aus, daß nach Gl. 3.5 bei endlicher Spannung u_0 am Ausgang und sehr hoher Leerlaufverstärkung V_0

$$u_D = -\frac{u_0}{V_0} \approx 0 \qquad \text{(Gl. 3.20)}$$

ist. Das bedeutet, daß der invertierende Eingang des OV etwa Massepotential annimmt (virtueller Nullpunkt). Damit ergibt sich aus der Schaltung in Bild 3.7a am Eingang

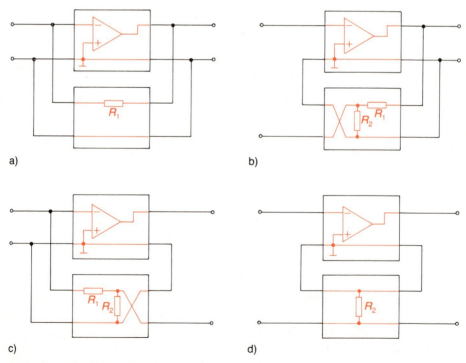

Bild 3.15 Arten der Gegenkopplungsschaltungen
a) Parallel-Parallel-Gegenkopplung   c) Parallel-Reihe-Gegenkopplung
b) Reihe-Parallel-Gegenkopplung   d) Reihe-Reihe-Gegenkopplung

$$u_\text{G} = i_{\text{R}2} R_2 \qquad \text{(Gl. 3.21)}$$

und am Ausgang

$$u_\text{a} = i_{\text{R}1} R_1 \qquad \text{(Gl. 3.22)}$$

wenn die Stromflußrichtung zum invertierenden Eingang hin angenommen wird. Da der Differenzeingangswiderstand Z_D des OV groß ist, u_D aber etwa null sein soll, ist auch der Differenzeingangsstrom am invertierenden Eingang

$$i_\text{D} = \frac{u_\text{D}}{Z_\text{D}} \approx 0 \qquad \text{(Gl. 3.23)}$$

Daraus folgt für die Ströme am invertierenden Eingang

$$i_{\text{R}1} + i_{\text{R}2} = 0 \qquad \text{(Gl. 3.24)}$$

Aus den Gleichungen 3.21, 3.22 und 3.24 ergibt sich

$$\frac{u_\text{G}}{R_2} + \frac{u_\text{a}}{R_1} = 0$$

und damit die Verstärkung des invertierenden Verstärkers zu

$$V_\text{U} = \frac{u_\text{a}}{u_\text{G}} = -\frac{R_1}{R_2} \qquad \text{(Gl. 3.25)}$$

Das Minuszeichen in Gl. 3.25 ergibt auch rechnerisch die erwartete Phasendrehung um 180°, die der Schaltung ihren Namen gab. Der Widerstand R_2 ist zwar nicht unmittelbar in der Gegenkopplungsschaltung enthalten, beinflußt aber das Gesamtverhalten nach Gl. 3.25 erheblich. Aus Bild 3.7a geht auch hervor, daß ein Generatorwiderstand $R_\text{G} = 0$ vorausgesetzt wird. Ist R_G endlich, so ist er in der Wirkung mit R_2 zu addieren.
Die Reihe-Parallel-Gegenkopplung nach Bild 3.15b ist in der dort gezeichneten Art nicht gebräuchlich, weil der Generator so nicht massegebunden angeschlossen werden kann. Für die Anwendung legt man deshalb den nichtinvertierenden Eingang nicht an Masse, sondern verbindet ihn mit dem Generator, wie es in Bild 3.7b schon dargestellt wurde. Die eigentliche Gegenkopplung in Bild 3.15b bleibt davon unberührt.
Bei der Berechnung des nichtinvertierenden Verstärkers gelten die Gleichungen 3.20 und 3.23 ebenfalls. u_a liegt über dem Spannungsteiler aus R_1 und R_2. Wenn $i_{\text{R}1}$ und $i_{\text{R}2}$ in Richtung des Summenpunktes (invertierender Eingang) fließen, gilt:

$$i_{\text{R}1} = \frac{u_\text{a} - u_\text{G}}{R_1}$$

und

$$i_{\text{R}2} = \frac{u_\text{G}}{R_2}$$

In Gl. 3.24 eingesetzt, erhält man

$$\frac{u_\text{a} - u_\text{G}}{R_1} + \frac{-u_\text{G}}{R_2} = 0$$

also
$$V_U = \frac{u_a}{u_G} = 1 + \frac{R_1}{R_2}$$

Bei der nichtinvertierenden Schaltung befinden sich Ein- und Ausgang in gleicher Phasenlage; die Verstärkung ist also positiv. Die Grundschaltungen des OV unterscheiden sich aber nicht nur in der Phasendrehung, sondern auch im Verstärkungsfaktor.

Die beiden anderen Gegenkopplungsschaltungen in den Bildern 3.15c und d werden für Operationsverstärker nicht verwendeet. Das liegt daran, daß vor allem die Last nicht massegebunden angeschaltet werden kann.

3.3.3 Eigenschaften gegengekoppelter Schaltungen

Ein gegengekoppelter Verstärker hat ein anders Verhalten als der ursprüngliche Verstärker. So ist die Verstärkung immer kleiner. Aber auch die Ein- und Ausgangswiderstände werden durch Gegenkopplung verändert.

> Die eingangsseitige Parallelgegenkopplung erniedrigt den Eingangswiderstand.

Das wird am Beispiel der invertierenden Schaltung des OV deutlich, denn nach Bild 3.15a liegt der OV-Eingang direkt am Generator. Nach Gl. 3.20 ist hier aber virtuell Masse. Beim invertierenden Verstärker rechnet man – wie in Bild 3.7a gezeichnet – R_2 zur Schaltung, so daß
$$r_e = R_2$$
entspricht.

> Eingangsseitige Reihenschaltung erhöht bei Gegenkopplung den Eingangswiderstand.

Das geht aus Bild 3.15b hervor, wenn man beachtet, daß nach Gl. 3.23 der Eingangsstrom nahezu Null ist, hier aber nicht nur über den Eingang des OV, sondern auch noch über die Gegenkopplungsschaltung fließt. Praktisch ist der Eingangswiderstand des nichtinvertierenden Verstärkers wegen Gl. 3.23 unendlich groß. Es wirkt aber noch der Gleichtakteingangswiderstand, so daß
$$r_e \approx R_{cm}$$
ist. Ähnliches ist auch für den Ausgangswiderstand gültig, d.h., bei Parallelschaltung wird r_a sehr klein, bei Reihenschaltung groß. Da bei OV aber Z_A sehr klein ist, soll das nicht weiter betrachtet werden.

Neben den speziellen Eigenschaften der verschiedenen Schaltungen gibt es noch einige recht positive Eigenschaften, die allen Schaltungen gemeinsam sind. Dazu gehört in erster Linie die Verbesserung der Verstärkungsstabilität. Geht man aus von Gl. 3.18
$$V' = \frac{V}{1 - KV}$$

und beachtet, daß KV bei Gegenkopplung immer negativ und sehr viel größer als 1 ist, so gilt:

$$V' \approx \frac{1}{K} \qquad (\text{Gl. 3.27})$$

Die Verstärkung des gegengekoppelten Verstärkers ist fast unabhängig von der des Verstärkers selbst. Sie wird nur noch vom Gegenkopplungsfaktor K der äußeren Beschaltung bestimmt. Da K aber von ohmschen Widerständen abhängt, ist die Verstärkungsstabilität wesentlich besser als ohne Gegenkopplung.

Eine weitere positive Eigenschaft ist die linearisierende Wirkung der Gegenkopplung. Die bei der Aussteuerung der nichtlinearen Kennlinie auftretenden Oberwellen (vgl. Abschnitt 1.3) werden bei der Gegenkopplung ebenfalls gegenphasig zurückgeführt und wirken der Verzerrung entgegen. Der Klirrfaktor einer gegengekoppelten Schaltung ergibt sich zu

$$k' \approx \frac{k}{V_S} \qquad (\text{Gl. 3.28})$$

Als dritte allen Gegenkopplungsschaltungen gemeinsame Eigenschaft sei noch die Vergrößerung der Bandbreite erläutert. Dazu wird von dem Frequenzgang eines kompensierten OV nach Bild 3.6 (gestrichelte Kurve) ausgegangen. Durch Gegenkopplung verringert sich die Verstärkung nach Gl. 3.18 auf den Wert V'. In Bild 3.16 ist der Verlauf der Verstärkung des gegengekoppelten OV rot eingezeichnet. Die obere Grenzfrequenz erhöht sich auf f'_{go}. Nach Gl. 3.8 bleibt das Verstärkungs-Bandbreite-Produkt konstant, so daß

$$f_T = f_{\text{go}} V_{0\,(\text{dc})} = f'_{\text{go}} V'$$

wird. Damit ergibt sich die obere Grenzfrequenz der gegengekoppelten Schaltung zu

$$f'_{\text{go}} = \frac{f_{\text{go}} V_{0\,(\text{dc})}}{V'} = \frac{f_{\text{go}}}{1 - KV_0} \approx \frac{f_{\text{go}}}{V_S} \qquad (\text{Gl. 3.29})$$

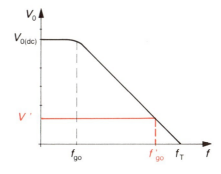

Bild 3.16
Frequenzgang einer gegengekoppelten OV-Schaltung

Den positiven Eigenschaften steht aber auch eine negative Eigenschaft gegenüber, die bei der Anwendung zu beachten ist. Sie betrifft die Stabilität gegengekoppelter Verstärker gegen Selbsterregung. In Abschnitt 3.3.1 wurde auf die Selbsterregung bei $V_S = +1$ hingewiesen. Dieser Fall kann auch bei einer Gegenkopplungsschaltung auftreten, wenn ungewollte Phasendrehungen in der rückgekoppelten Schleife entstehen. Man wird dabei solche

Phasendrehungen in der Rückkoppelschaltung leicht vermeiden können, aber im Verstärker ist damit vor allem bei hohen Frequenzen zu rechnen. Dazu zeigt Bild 3.17 den Frequenzgang eines unkompensierten OV nach Betrag (a) und Phase (b). Während bei niedrigen Frequenzen die Phasenverschiebung 180° beträgt (reine Gegenkopplung), wird bei f_2 schon eine Phasenverschiebung von 360° = 0° erreicht. Bei einer Rückkopplung ohne zusätzliche Phasendrehung (typische OV-Anwendung) liegt damit für tiefe Frequenzen zwar Gegenkopplung vor, für Frequenzen um f_2 und höher aber Mitkopplung. Wenn nun V_S dem Betrag nach noch größer oder gleich 1 ist, wird der Verstärker instabil, und es kann Schwingen der Schaltung eintreten.

Man kann das vermeiden, wenn die Phasendrehung bei hohen Frequenzen nicht 360° erreicht. Praktisch muß deshalb ein Frequenzgang wie in Bild 3.16 bzw. Bild 3.6 (gestrichelt) vorliegen, weil hierbei bis zu einer Verstärkung von 1 herab mit Sicherheit die Phasendrehung diesen Wert nicht erreicht. Damit ist auch die bisher postulierte Frequenzkompensation begründet. Möglichkeiten zur Frequenzkompensation werden hier nicht dargestellt.

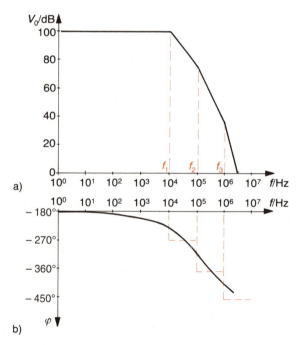

Bild 3.17
Frequenzgang eines unkompensierten OV
a) Betrag b) Phase

3.4 Spezielle Schaltungen der Nachrichtentechnik

Verstärker werden in der Nachrichtentechnik in der Regel auf der Basis von Operationsverstärkern verwirklicht. Dabei sind zum Teil die notwendigen Gegenkopplungselemente mit in der integrierten Schaltung enthalten. Für große Ausgangsleistungen werden die Ausgangsstufen des OV intern mit Leistungsverstärkern gekoppelt (vgl. Abschnitt 3.2). Selektivverstärker werden als Kombination von breitbandigen Verstärkern mit Filter aufgebaut. Dabei haben die Verstärker einen inneren Aufbau ähnlich einem OV, sind jedoch dem jeweiligen Frequenzbereich durch Dimensionierung der inneren Elemente angepaßt.

Eine bei Selektivverstärkern erforderliche *Verstärkungsregelung* kann extern über die Gegenkopplung erfolgen, wird aber meist mit in die Schaltung integriert. In Bild 3.18 ist die Schaltung eines Differenzverstärkers mit Regelung dargestellt. Die beiden im Emitterzweig der Transistoren liegenden Dioden stellen für den Differenzverstärker eine Gegenkopplung dar, die über die Regelspannung U_R verändert werden kann. Das ist möglich, weil sich der dynamische (Wechselspannungs-)Widerstand einer Diode infolge der Nichtlinearität mit Verlagerung des Arbeitspunktes ändert (vgl. dazu mit der Diodenkennlinie in Bild 1.14). Eine elektronische Änderung der Gegenkopplung und damit der Verstärkung ist leicht möglich.

Bild 3.18
Regelbarer Differenzverstärker

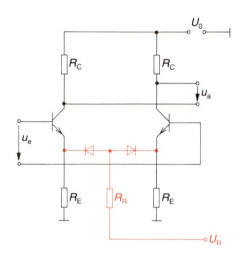

Die Funktion des *Begrenzers* (siehe dazu Abschnitt 4.3) ist ebenfalls mit OV-Schaltungen leicht zu verwirklichen. Schon die Übertragungskennlinie eines OV in Bild 3.4 macht deutlich, daß die Ausgangsspannung ab Sättigung trotz steigender Differenzeingangsspannung nicht mehr wächst. In Begrenzerschaltungen wählt man lediglich die Betriebsspannungen wesentlich kleiner. Die auftretenden Verzerrungen müssen von der nachfolgenden passiven Schaltung beseitigt werden.

Auch analoge Signalverarbeitungsfunktionen lassen sich mit OV verwirklichen. Als Beispiel diene das *aktive Filter*. In Bild 3.19 wurde der Rückkopplungswiderstand des OV durch eine Parallelschaltung aus R_1 und C_1 ersetzt. Nach Gl. 3.25 ergibt sich die Übertragungs-(Verstärkungs-)funktion zu

$$V_U = \frac{R_1 \| X_{C1}}{R_2} \tag{Gl. 3.30}$$

Eine nähere Untersuchung zeigt, daß es sich um einen Tiefpaß handelt. Es lassen sich auf diese Art recht gut Filter mit geringer Dämpfung aufbauen, die entsprechenden passiven Strukturen überlegen sind (vgl. Abschnitt 2.4.2). Nachteilig an den aktiven Filter auf der Basis gegengekoppelter OV ist das Eigenfrequenzverhalten der Operationsverstärker. Es begrenzt die Anwendung auf Frequenzen unter 1 MHz.

Mit OV-Schaltungen können aber auch nichtlineare Signalverarbeitungen aufgebaut werden.

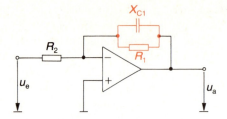
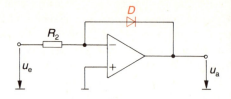

Bild 3.19   Aktives Filter   Bild 3.20   Logarithmierer

Wird anstelle des Rückkoppelwiderstandes eine Diode geschaltet (Bild 3.20), so wirkt die Schaltung als *Logarithmierer*. Bekanntlich läßt sich die Kennlinie einer Diode durch die Gleichung

$$I_D = I_S(e^{u_D/U_T} - 1) \approx I_S\, e^{u_D/U_T}$$

beschreiben (I_S = Sättigungsstrom, U_T = Temperaturspannung). Nach dem schon mehrfach praktizierten Verfahren erhält man damit

$$u_a = -U_T \ln \frac{u_e}{R_2 I_s} \qquad \text{(Gl. 3.31)}$$

also den Logarithmus des Eingangssignals als Ausgangsspannung. Weitere Möglichkeiten sollen hier nicht mehr betrachtet werden.

Nichtlineare analoge Verarbeitungsfunktionen werden in der Nachrichtentechnik allerdings selten durch Beschalten von OV verwirklicht. Man nutzt vielmehr nichtlineare Effekte von Bauelementen oder Grundschaltungen direkt aus. Das einfachste Element mit nichtlinearem Verhalten ist die Diode. Mit Gl. 1.25 wurde die Beschreibung der Kennlinie schon vorgestellt. Man nutzt die Nichtlinearität zur Frequenzmischung aus. Die Grundschaltung zeigt Bild 3.21. Die beiden Signale s_1 und s_2 mit unterschiedlicher Frequenz werden durch Übertrager in den Diodenkreis gekoppelt. Mit U_V wird ein Arbeitspunkt auf der Diodenkennlinie eingestellt. Über den ausgangsseitigen Übertrager wird das Signal s_a mit einer Mischfrequenz ausgekoppelt. Nimmt man an, daß von Gl. 1.25 nur der quadratische Teil wirkt, so gilt:

$$i_D \sim u_D^2$$

Mit

$$u_1 = \hat{u}_1 \cos \omega_1 t$$

und

$$u_2 = \hat{u}_2 \cos \omega_2 t$$

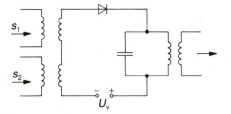

Bild 3.21
Grundschaltung zur Frequenzmischung

erhält man unter Beachtung der aus der Mathematik bekannten Beziehungen

$$(a+b)^2 = a^2 + 2ab + b^2$$

und

$$\cos\alpha \, \cos\beta = \frac{1}{2}[\cos(\alpha+\beta) + \cos(\alpha-\beta)]$$

die Beziehung

$$\begin{aligned}i_D \sim\ & \hat{u}_1^2 \cos^2\omega_1 t + \hat{u}_1^2 \cos^2\omega_2 t \\ & + \hat{u}_1 \hat{u}_2 \frac{1}{2}[\cos(\omega_1+\omega_2)t + \cos(\omega_1-\omega_2)t]\end{aligned}$$ (Gl. 3.32)

Die ersten beiden Summanden der Gleichung interessieren hier nicht (in Abschnitt 1.3 wurde gezeigt, daß sie Oberwellen darstellen). Das letzte Glied zeigt, daß zwei Signale mit der Summen- und Differenzfrequenz entstehen. Diesen Vorgang nennt man Frequenzmischung. Je nach Wahl der Resonanzfrequenz des Ausgangsresonanzkreises in Bild 3.21 kann nun das Signal mit der Summen- oder Differenzfrequenz ausgekoppelt werden
Die Anwendung von Dioden zur Frequenzmischung hat auch Nachteile, die in der nicht exakt quadratischen Kennlinie begründet sind. Die Kennlinie aus Gl. 1.25 enthält auch Glieder höherer Ordnung, die zu weiteren, nicht erwünschten «Mischprodukten» führen.
Das Entstehen von Oberwellen und Mischprodukten an einer nichtlinearen Kennlinie ist aber nicht immer vorteilhaft (siehe Abschnitt 1.3). Da auch bei elektroakustischen Verstärkern meist Signale mit einer Vielzahl verschiedener Frequenzen übertragen werden, sind Mischprodukte der vorstehend dargestellten Art unvermeidbar. Man spricht von *Intermodulation*. Sie wird in der Elektroakustik nach DIN 45 403 Blatt 4 quantitativ bestimmt. Aber nicht nur bei der NF-Verstärkung treten unerwünschte Mischprodukte auf. In der Trägerfrequenztechnik (eine Form des Frequenzmultiplex) können die verschiedenen Träger ebenfalls unerwünschte Signale bilden. Die Intermodulation wird dann nach DIN 45 148 Blatt 3 bestimmt.
Zurück zur Frequenzmischung. Die in Bild 3.21 dargestellte Schaltung wird als *additive Frequenzmischung* bezeichnet, weil die beiden zu mischenden Signale vor dem Passieren der nichtlinearen Kennlinie addiert werden. In integrierten Schaltungen verwendet man zur Frequenzmischung Differenzverstärkerschaltungen. Bei einem Differenzverstärker nach Bild 3.2b ist die Ausgangsspannung nicht nur von u_D, sondern auch von I_{RE} abhängig. Den Strom durch den gemeinsamen Emitterwiderstand steuert man ebenfalls durch eine spannungsgesteuerte Differenzstufe. Die Ausgangsspannung eines solchen Multiplizierers ist je nach Konfiguration der Schaltung dem Produkt der beiden Eingangsspannungen gleich:

$$u_a = u_1 u_2$$ (Gl. 3.33)

Bei der Anwendung integrierter Multiplizierer kann natürlich auf eine Siebschaltung am Ausgang (um eine der beiden Frequenzen auszusieben) nicht verzichtet werden. Wegen der Produktbildung in der nichtlinearen Schaltung spricht man von *multiplikativer Mischung*. Sie läßt sich auch mit Hilfe eines doppelt steuerbaren Elements (Dual-Gate-MOS) verwirklichen. Wegen der getrennten Zuführung der beiden zu mischenden Signale hat die multiplikative Mischung gewisse Vorteile.

3.5 Schwingungserzeugung

Die Schwingungserzeugung spielt in der Nachrichtentechnik eine große Rolle. Neben den Signalen, die die eigentliche Nachricht darstellen, werden zur Anpassung an den Übertragungskanal oder zur Verarbeitung weitere benötigt, die erst bereitgestellt werden müssen. Schaltungen zur Schwingungserzeugung werden Oszillatoren genannt, wenn die erzeugte Frequenz einer harmonischen Schwingung im Vordergrund steht. Von Generatoren spricht man, wenn die Amplitude nach Größe (Leistung) und/oder Form (Funktionsgenerator) wichtig ist. Zunächst werden erstere betrachtet.

3.5.1 Grundlagen

In Abschnitt 3.3.1 wurde das Prinzip der Mitkopplung vorgestellt. Danach ist bei einer Schleifenverstärkung von

$$V_S > +1 \qquad \text{(Gl. 3.34)}$$

mit Selbstschwingen des rückgekoppelten Verstärkers zu rechnen, d.h., auch ohne Eingangssignal erscheint eine Ausgangsspannung. Der Vorgang des Selbstschwingens setzt die Selbsterregung voraus. Da auch ohne Eingangssignal am Verstärkereingang immer ein sehr kleines Rauschsignal vorhanden ist, wird dieses verstärkt und bei Mitkopplung phasengleich dem Eingang zugeführt. Bei einer Schleifenverstärkung $V_S > 1$ ist das zurückgeführte Signal größer als das ursprüngliche Signal.

> Damit kann sich das Signal nach mehrfachem Durchlaufen der Schleife langsam vergrößern. Diesen Vorgang nennt man *Selbsterregung*, da er praktisch ohne äußeren Anstoß in Gang kommt.

Um ein definiertes Signal zu erhalten, ist in die Schleife ein frequenzbestimmendes Glied einzufügen. Bild 3.22 zeigt die Prinzipschaltung eines Oszillators. Der Koppelvierpol K (hier in Zweitordarstellung) enthält neben dem frequenzbestimmenden Glied F noch die Rückkoppelschaltung R, die die Erfüllung von Gl. 3.34 sichert. Da aber $V_S > 1$ ist, würde das Ausgangssignal über alle Maßen anwachsen. Das ist durch die nichtlineare Begrenzung im Verstärker nicht möglich. Das Ausgangssignal eines selbsterregten Oszillators hat deshalb den in Bild 3.23 gezeigten Verlauf.

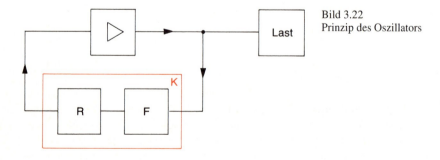

Bild 3.22
Prinzip des Oszillators

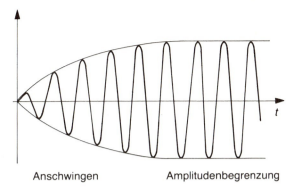

Bild 3.23
Oszillator-Ausgangssignal

Anschwingen   Amplitudenbegrenzung

Aus Gl. 3.34 kann die Schwingbedingung abgeleitet werden: Es muß sowohl der Betrag

$$|V_S| = |VK| > 1 \qquad \text{(Gl. 3.35)}$$

als auch die Phase

$$\varphi_S = 0,\ 2\pi,\ 4\pi\ ... \qquad \text{(Gl. 3.36)}$$

den Bedingungen genügen. Wenn der Betrag V_S nur wenig größer als 1 ist, wird die Phasenbedingung durch das frequenzbestimmende Glied nur für eine Frequenz optimal erfüllt sein, so daß sich eine harmonische Schwingung erregt. Bei sehr großer Schleifenverstärkung entstehen Kippschwingungen (vgl. Abschnitt 3.5.4).
Im eingeschwungenen Zustand erzeugt ein Oszillator Schwingungen mit konstanter Amplitude. In diesem Bereich ist

$$V_S = 1 \qquad \text{(Gl. 3.37)}$$

d. h., infolge der Begrenzung im Verstärker wird dessen Verstärkung V kleiner, so daß Gl. 3.37 erfüllt ist.

3.5.2 Oszillatorschaltungen

Als Verstärker genügen in Oszillatoren Einzelstufen, so daß Operationsverstärker nur speziellen Schaltungen vorbehalten sind. Frequenzbestimmendes Glied ist meist ein Resonanzkreis, dessen Resonanzfrequenz auch gleichzeitig die Frequenz der erzeugten Schwingung ist. Der Koppelvierpol muß einmal die Phasenbedingung aus Gl. 3.36 erfüllen, sichert aber

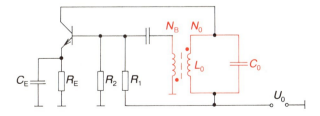

Bild 3.24
Meißner-Oszillator

auch die Amplitudenbedingung nach Gl. 3.35. In Bild 3.24 ist die älteste Schaltung, der Meißner-Oszillator (auch transformatorische Rückkopplung genannt), dargestellt. Der Verstärker hat als Arbeitswiderstand einen Parallelresonanzkreis, die Phasendrehung des Verstärkers wird durch die gegenpolige Schaltung der Wicklungen des Übertragers ausgeglichen. Das Windungszahlverhältnis N_B/N_0 sichert die Amplitudenbedingung. Die Oszillatorfrequenz ergibt sich zu

$$f_{Osz} = \frac{1}{2\pi\sqrt{L_0 C_0}} \tag{Gl. 3.38}$$

Eine weitere Gruppe von Oszillatorgrundschaltungen sind die *Dreipunktschaltungen*, deren Prinzip in Bild 3.25 zu sehen ist.

Die allgemeinen Reaktanzen in Bild 3.25 a müssen folgende Bedingungen erfüllen:

☐ X_1 und X_2 müssen gleiches Vorzeichen (induktiv oder kapazitiv) haben;
☐ X_0 muß gegenüber X_1 und X_2 entgegengesetztes Vorzeichen aufweisen.

Daraus ergeben sich die induktive Dreipunktschaltung (Hartley-Oszillator, Bild 3.25 b) und die kapazitive Dreipunktschaltung (Colpitts-Oszillator, Bild 3.25 c). Die Schwingfrequenzen erhält man aus Gl. 3.38, wenn beachtet wird, daß die Reihenschaltungen

$$L_0 = L_1 + L_2 \tag{Gl. 3.39}$$

und

$$C_0 = \frac{C_1 C_2}{C_1 + C_2} \tag{Gl. 3.40}$$

sind. Die Phasenbedingung wird durch das Vertauschen der Anschlüsse an Basis und Emitter gesichert. Anstelle der einfachen Reaktanzen L und C können auch kompliziertere Schaltungen mit induktivem oder kapazitivem Charakter treten. Eine Frequenzvariation ist bei allen LC-Schaltungen durch einstellbare Kondensatoren leicht möglich.

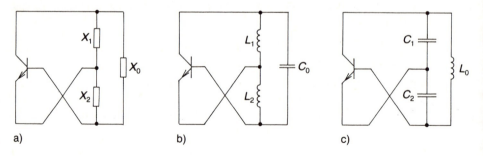

Bild 3.25   Dreipunktschaltungen   a) allgemein   b) induktiv   c) kapazitiv

Eine weitere Gruppe von Oszillatoren benutzt *RC*-Schaltungen im Rückkoppelzweig. Das ist vor allem bei tiefen Frequenzen üblich, weil Resonanzkreise dafür nicht aufgebaut werden können. Ausgangspunkt ist die Phasenverschiebung eines *RC*-Gliedes, wie sie aus Bild 2.2 ersichtlich ist. Da diese nicht 90° erreichen kann (warum?), muß man mindestens drei Glieder hintereinanderschalten, um eine Phasenverschiebung von 180° zu bekommen. In Bild 3.26 ist ein *Phasenschieber-Oszillator* mit OV als Verstärker dargestellt. Da die

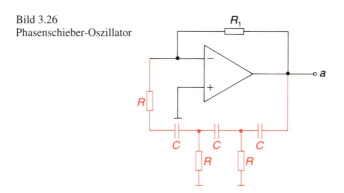

Bild 3.26
Phasenschieber-Oszillator

Phasenverschiebung in der *RC*-Kette mit einem Amplitudenverlust verbunden ist, muß die Verstärkung des invertierenden Verstärkers

$$V_\mathrm{U} = \frac{u_1}{u_2} = \frac{R_1}{R} > 29 \qquad \text{(Gl. 3.41)}$$

sein. Die Schwingfrequenz ergibt sich zu

$$f_\mathrm{Osz} = \frac{1}{2\pi\sqrt{6}\,R\,C} \qquad \text{(Gl. 3.42)}$$

Neben dem Phasenschieber-Oszillator gibt es noch bezüglich ihrer Eigenschaften wesentlich bessere *RC*-Oszillatoren, wie den Wien-Robinson-Brücken-Oszillator und Schaltungen mit *T*-Gliedern.
Anstelle von Reaktanzen in den Dreipunktschaltungen sind auch Resonatoren üblich. Am verbreitetsten ist der Quarz (vgl. Abschnitt 2.4.4). Gerade der Quarz mit seiner hohen Güte und Stabilität eignet sich hervorragend für Oszillatoren mit fester Frequenz. Der Quarz ersetzt eine der Reaktanzen in Bild 3.25a (er wirkt dann mit seinem induktiven Anteil, vgl. Bild 2.22c) oder wird als Sperrglied in den Rückkoppelzweig der Oszillatorschaltung geschaltet. Bild 3.27 zeigt letztere Variante am Beispiel des Meißner-Oszillators.
Eine weitere Gruppe von Oszillatoren nutzt die Phasenverschiebung eines Signals auf einer Verzögerungsleitung aus. Am Beispiel des OFW-Filters in Bild 2.27 wurde schon auf die mit der Ausbreitung der Oberflächenwelle verbundene Laufzeit (und damit Phasenverschiebung) hingewiesen. Das verwendet man zur Einstellung der Phasenbedingung nach Gl. 3.36. Neben OFW-Filtern werden auch elektrische Leitungen eingesetzt, wobei allerdings deren Phasenverschiebung nur bei sehr hohen Frequenzen ausgenutzt werden kann.

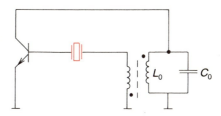

Bild 3.27
Meißner-Oszillator mit
Quarz im Rückkoppelzweig

Auch bezüglich der Verstärker gibt es neben Einzeltransistoren (bipolar oder unipolar) und OV noch weitere Elemente, die in Oszillatoren zum Einsatz kommen. Für sehr hohe Frequenzen (GHz-Bereich) benutzt man auch Bauteile mit negativem Kennlinienteil (Tunneldioden, Gunnelemente) und Höchstfrequenzröhren (Klystron, Laufzeitröhren).

3.5.3 Oszillatoreigenschaften

Die von Oszillatoren erzeugten Signale haben Eigenschaften, die von der gewählten Schaltung, den Schaltelementen und der Umgebung beeinflußt werden. Frequenz, Amplitude und Kurvenform kennzeichnen die erzeugten Schwingungen. Vor allem die Anforderungen an die Frequenzkonstanz sind in der Nachrichtentechnik erheblich. Sie soll deshalb zuerst betrachtet werden.

Frequenzkonstanz
Sie wird durch die Frequenzstabilität $\Delta f/f_0$ charakterisiert. Man unterscheidet in Langzeit- (bezogen auf Tage oder Monate), Mittelzeit- (im Bereich von Minuten) und Kurzzeitstabilität (unter einer Sekunde). Ursache von Frequenzschwankungen sind die Umwelteinflüsse

- Temperaturänderungen $\Delta \vartheta$,
- Betriebsspannungsschwankungen ΔU_0,
- Belastungsänderungen ΔZ_L.

Sie wirken sich je nach Güte des Oszillators mehr oder weniger auf die Phassenbedingungen nach Gl. 3.36 aus. Die Frequenzänderungen sind proportional den Phasenänderungen

$$\frac{\Delta \varphi}{\varphi} \sim \frac{\Delta f}{f_0}$$

und damit ist auch die Frequenz eines Oszillators

$$f_0 \sim \frac{\Delta f}{\Delta \varphi} \varphi \qquad \text{(Gl. 3.43)}$$

von dessen Phase φ und der Phasenempfindlichkeit $\Delta \varphi / \Delta f$ abhängig. Nach Gl. 3.43 ist eine große Phasenempfindlichkeit erforderlich. Sie wird deshalb nachfolgend bestimmt. Bei einem Oszillator mit Resonanzkreis ist die Phase nach Gl. 2.14

$$\varphi = \arctan(-Q \cdot v) \quad \text{bzw.} \quad \tan \varphi = -Q \cdot v$$

Unter Beachtung von Gl. 2.11 für die Verstimmung erhält man

$$\tan \varphi = -\frac{2 \Delta f}{f_0} Q$$

und mit $\tan \varphi \approx \varphi$ für kleine Werte von φ wird

$$\frac{\Delta \varphi}{\Delta f} = \frac{2 Q}{f_0} \qquad \text{(Gl. 3.44)}$$

Die Phasenempfindlichkeit des Resonanzkreises ist also der Güte Q proportional.

> Eine hohe Güte des Resonanzkreises ergibt eine große Phasenempfindlichkeit und damit eine hohe Frequenzstabilität des Oszillators.

Mit *LC*-Resonanzkreisen erreicht man eine Frequenzstabilität von

$$\frac{\Delta f}{f_0} = 10^{-3} \text{ bis } 10^{-4}$$

Im vorhergehenden Abschnitt wurde bereits auf die Anwendung von Quarz-Resonatoren zur Frequenzstabilisierung hingewiesen. Da die Güte wesentlich größer als bei *LC*-Kreisen ist, wird nach Gl. 3.44 eine Frequenzstabilität von

$$\frac{\Delta f}{f_0} \geq 10^{-5}$$

erreicht. Umweltbedingten Frequenzänderungen begegnet man mit entsprechend kleinen Einflußfaktoren. So muß bei *LC*-Schaltungen mit möglichst temperaturunabhängigen Bauelementen gearbeitet werden. Es ist üblich, die Temperaturabhängigkeit eines Kondensators durch Parallelschalten eines entsprechenden anderen mit umgekehrtem Temperaturgang auszugleichen. Ein weiterer Weg ist, die Umweltfaktoren in ihrer Wirkung zu vermindern. Bezüglich der Temperatur bedeutet das, den Oszillator in einen Thermostaten unterzubringen. Spannungsschwankungen begegnet man am besten durch eine Spannungsstabilisierung, Lastschwankungen können durch Trennverstärker abgefangen werden.
Eine letzte Möglichkeit, Frequenzänderungen zu verringern, besteht in einem Frequenzregelkreis. Dazu ist eine elektronische Frequenzsteuerung des Oszillators notwendig, die durch eine Kapazitätsdiode parallel zum frequenzbestimmenden Resonanzkreis realisiert wird.

Amplitudenkonstanz
Die Amplitude eines Oszillators wird durch die Art der Amplitudenbegrenzung bestimmt. Da es sich um einen nichtlinearen Effekt handelt, entstehen dabei Verzerrungen (Oberwellen). Die Oberwellen sind unerwünscht und müssen möglichst schon im Oszillator klein gehalten werden. Es wird deshalb von der Begrenzung durch Vollaussteuerung des Kennlinienfeldes (vgl. Abschnitt 3.4) kaum Gebrauch gemacht. Dagegen nutzt man die bei größerer Aussteuerung an der Basis durch Gleichrichtung auftretende Arbeitspunktverschiebung zu kleinerer Stromverstärkung aus. In Bild 3.24 bilden R_E, C_E und die Basis-Emitter-Strecke des Transistors eine Gleichrichterschaltung, die die erforderliche AP-Verschiebung bewirkt.
Ähnlich der Frequenz unterliegt auch die Amplitude vielen Einflüssen. Meist sind jedoch die Anforderungen an die Amplitudenstabilität wesentlich geringer als an die Frequenz. Außerdem kann im Unterschied zur Frequenz durch nachfolgende Schaltungen (Begrenzer, Regler) noch Einfluß auf die Amplitude genommen werden.
Das gilt auch für die Kurvenform, die bei harmonischen Oszillatoren wegen der nichtlinearen Amplitudenbegrenzung nie ideal sinusförmig ist. Durch geeignete Filter können hinter dem Oszillator die Oberwellen ausgesiebt werden.

3.5.4 Funktionsgeneratoren

In Abschnitt 1.2 wurden wichtige Signalfunktionen vorgestellt. Ihre Erzeugung wird jetzt betrachtet. Da die Kurvenform dabei das wichtigste ist, nennt man diese Oszillatoren Funktionsgeneratoren. Zum Erzeugen harmonischer Funktionen benutzt man die schon bekannten *RC*-Generatoren. Rechtecksignale werden mittels Multivibratoren generiert.

Ein Multivibrator besteht aus zwei Schaltstufen (digitalen Grundschaltungen), die mittels Kondensatoren fest miteinander gekoppelt sind.

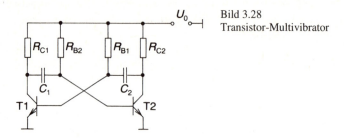

Bild 3.28
Transistor-Multivibrator

Eine diskrete Schaltung ist in Bild 3.28 dargestellt. Ihre Wirkungsweise sei kurz erklärt: Beim Einschalten der Betriebsspannung wachsen trotz symmetrischen Aufbaus die Ströme in den Transistoren nicht absolut gleich schnell an. Dadurch befindet sich T1 im Sperrzustand, während T2 leitend wird. Am Kollektor von T2 entsteht dabei ein negativer Spannungssprung von U_0 nach nahe null. Er wird von dem Kondensator C_2 an die Basis des Transistors T1 übertragen und sperrt diesen weiter. Die an C_2 entstandene Ladung wird über R_{B1} abgebaut. Dabei wird U_{BE1} positiv und T1 leitend. Nun tritt am Kollektor von T1 ein negativer Spannungssprung auf, und über C_1 wird T2 gesperrt. Der Entladevorgang über C_1 und R_{B2} macht den Vorgang periodisch. In Bild 3.29 sind die Zeitverläufe ausgewählter Punkte der Schaltung dargestellt. Man nennt Multivibratoren auch astabile Kippschaltungen, weil im Unterschied zu anderen Kippstufen keiner der Endzustände zeitlich stabil ist. Bei symmetrischem Aufbau der Schaltung entsteht eine symmetrische Rechteckschwingung der Periodendauer

$$T = 2 R_B \ln 2 \qquad \text{(Gl. 3.45)}$$

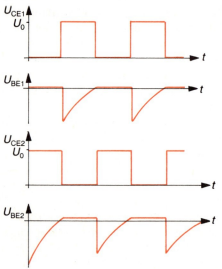

Bild 3.29
Zeitverläufe des Multivibrators

Eine andere Möglichkeit zum Erzeugen einer Rechteckschwingung besteht in der *Funktionswandlung*. Eine sinusförmige Schwingung steuert einen *Schmitt-Trigger* (das ist eine Schaltung, die beim Über- oder Unterschreiten einer Schwellspannung in einen ihrer beiden stabilen Zustände kippt) an. Auch damit entsteht ein symmetrisches Rechtecksignal.

Ein selbstschwingender *Dreieckgenerator* entsteht beim Zusammenschalten eines Integrierers und eines Schmitt-Triggers nach Bild 3.30. Die konstante Ausgangsspannung des Triggers wird vom Integrierer zu einer Rampe aufintegriert und bewirkt nach Erreichen der Schwelle dessen Umschalten. Die damit verbundene Spannungsumkehr am Eingang des Integrierers führt zur Abwärtsintegration. Damit ist das Ausgangssignal des Integrierers die gewünschte Dreiecksfunktion, am Ausgang des Schmitt-Triggers steht ein Rechtecksignal zur Verfügung.

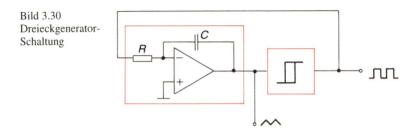

Bild 3.30 Dreieckgenerator-Schaltung

Andere Signalfunktionen werden durch Funktionswandler erzeugt. So kann die vielfach nötige Sägezahnschwingung durch Unterdrücken einer Dreiecksflanke oder durch Taktsteuerung eines Aufladevorgangs mit schneller Entladung erzeugt werden. In Verbindung mit dem in Bild 3.30 vorgestellten Dreieck-Rechteck-Generator benutzt man auch noch einen Dreieck-Sinus-Wandler, um universelle Funktionsgeneratoren zu bauen.

Ein prinzipiell anderes Konzept liegt den *digitalen Funktionsgeneratoren* zugrunde. Hier wird der Amplitudenverlauf zahlenmäßig beschrieben und von einer geeigneten Schaltung als analoges Signal ausgegeben. Von einem digitalen Taktgeber (Multivibrator) wird ein Zähler angesteuert, der die Adressen für die in einem Festwertspeicher abgelegten Amplitudenwerte liefert. Diese werden nacheinander ausgelesen und mit einem Digital-Analog-Umsetzer in die analoge Funktion umgesetzt. Es lassen sich beliebige Funktionen durch ihre Zahlenwerte erzeugen. Die Frequenz bestimmt der Taktgenerator. Anstelle des Festwertspeichers ist auch der Einsatz eines Mikroprozessors möglich, mit dem die erforderlichen Funktionswerte berechnet werden. Damit ist der Funktionsgenerator universell programmierbar. Solche Generatoren werden allerdings vorwiegend in der Meßtechnik eingesetzt.

3.6 Lernziel-Test

1. Vergleichen Sie die von Operationsverstärkern (Tabelle 3.1) erreichten Kennwerte mit den Anforderungen an einen universellen Verstärker.
2. Ein Operationsverstärker hat eine Gleichtaktunterdrückung CMRR = 80 dB. Er wird mit u_D = 50 mV und u_{cm} = 5 V angesteuert. Wie macht sich das Gleichtaktsignal am Ausgang bemerkbar?
3. Bei einem invertierenden Verstärker ist R_1 = 10 kΩ gegeben. Es soll eine Verstärkung von V_U = 10 eingestellt werden. Zeichnen Sie die Schaltung, und berechnen Sie die erforderlichen Elemente.
4. Die Leerlaufverstärkung eines OV ist $V_{0(dc)}$ = 80 dB, f_T = 1 MHz. Wie groß ist die obere Grenzfrequenz f_{go} des invertierenden Verstärkers bei V_U = 10?
5. Die maximal zulässige Verlustleistung eines Transistors betrage 10 W. In einem Eintakt-Leistungsverstärker ist der Verbraucher (R_V = 10 Ω) so eingeschaltet, daß sich der Arbeitspunkt bei $U_B/2$ = 6 V einstellt. Wie groß sind $P_{\sim max}$ und $P_{-- max}$?
6. Wie unterscheiden sich elektroakustische und Sende-Leistungsverstärker?
7. Nennen Sie mindestens drei Vorteile bei Gegenkopplung!
8. In einer Schaltung nach Bild 3.21 werden zwei Signale mit den Frequenzen f_1 = 10 kHz und f_2 = 50 kHz gemischt. Welche Ausgangsfrequenzen können auftreten?
9. Ein Colpitts-Oszillator hat folgende Werte:
   L_0 = 1 mH $\qquad C_1$ = 300 pF $\qquad C_2$ = 1 nF
   Welche Oszillatorfrequenz erregt sich?
10. Welche Frequenz hat das Ausgangssignal eines Multivibrators nach Bild 3.36, wenn R_B = 50 kΩ und C = 100 nF ist?

4 Modulation

Die Modulation wurde bereits in Abschnitt 1.4 als eine wichtige Art der Transformation einer Nachricht in einen anderen Frequenzbereich begründet. Diese Transformation ist nicht nur wegen der dort erwähnten drahtlosen Übertragung notwendig. Sie dient ganz allgemein der besseren Anpassung einer Nachrichtenübertragung an den Nachrichtenkanal.
Für die Beurteilung der Eignung eines Modulationsverfahrens benötigt man Kenntnisse seiner Eigenschaften. Dabei spielt neben dem technischen Aufwand auf Sende- und Empfangsseite die Zahl der beteiligten Sender (Funknetze) und Empfänger (z. B. Rundfunk) eine Rolle. Auch das zu übertragende Signal (Bandbreite) und die Anforderungen an die Übertragungsgüte (Verzerrungen) sind zu beachten.

4.1 Übersicht zu den Modulationsverfahren

Zur Modulation gibt es eine Reihe bewährter Verfahren, die nachfolgend vorgestellt werden.

> Grundsätzlich wird bei allen Verfahren einem Trägersignal die zu übertragende Nachricht aufgeprägt.

Dabei unterscheidet man nach dem Träger zwischen Sinus- und Pulsmodulationsverfahren. Aber auch die Form des Nachrichtensignals (analog oder digital, quantisiert und codiert) ist bei der Modulation zu beachten.
Als erstes werden Verfahren mit sinusförmigem Träger betrachtet. Sie sind noch am verbreitetsten. Die Trägerspannung ist durch die Beziehung

$$u_T(t) = \hat{u}_T \cos(\omega_T t + \varphi_T) \qquad \text{(Gl. 4.1)}$$

gegeben. Je nachdem, welcher der charakteristischen Größen der Schwingung das Nachrichtensignal aufgeprägt wird, erhält man die Amplituden-, Frequenz- oder Phasenmodulation. Dabei werden Frequenz- und Phasenmodulation auch als Winkelmodulationen bezeichnet, weil sie das Argument der Kosinusfunktion in Gl. 4.1 betreffen und damit naturgemäß Ähnlichkeiten aufweisen.
Wird dagegen eine Rechteckschwingung (allgemein als Puls bezeichnet) als Träger verwendet, ergibt sich eine der Pulsmodulationsarten. Da auch beim Puls Amplitude, Frequenz und Phase beeinflußt werden können, gibt es entsprechende Modulationsarten. Daneben ist aber ein Puls auch durch sein Tastverhältnis gekennzeichnet. Eine Variation dessen bedeutet eine Pulsdaueränderung, die als Pulsdauer- oder Pulslängenmodulation bezeichnet wird.

> Ist das zu modulierende Nachrichtensignal digital, so spricht man bei sinusförmigem Träger von Tastung, weil sich die jeweilig zu beeinflussende Größe nur sprungartig zwischen zwei Werten ändert.

Die einfachste Form einer Tastung ist die Amplitudentastung mit den Werten 0 und $\hat{u}_T$. Sind beide Werte endlich, spricht man auch von Umtastung; z. B. Frequenzumtastung zwischen zwei benachbarten Trägerfrequenzen f_{T1} und f_{T2} in Abhängigkeit von der digital verschlüsselten Nachricht. Wird vor der Modulation codiert, erhält man Codemodulation. Sie wird in Verbindung mit Pulsträgern verwendet.

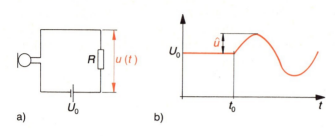

Bild 4.1
Mikrofonkreis mit Gleichspannungsquelle
a) Schaltung
b) Ausgangssignal

Bevor nun die verschiedenen Modulationsarten im einzelnen vorgestellt werden, sollen an einem einfachen Mikrofonkreis (Bild 4.1 a) einige Grundbegriffe erläutert werden. Ein Kohlekörnermikrofon (M), die Batterie (U_0) und ein Arbeitswiderstand R liegen in Reihe. Der Innenwiderstand des Mikrofons sei wesentlich kleiner als R. Bei Auftreffen einer harmonischen Schallwelle verändert er sich, und es entsteht über R das in Bild 4.1 b gezeigte Signal. Legt man den Anfang der Betrachtungen auf t_0, so wird es durch

$$u(t) = U_0 + \hat{u}\cos\omega t$$

beschrieben. Durch Umformen erhält man

$$u(t) = U_0(1 + m\cos\omega t) \qquad \text{(Gl. 4.2)}$$

mit

$$m = \frac{\hat{u}}{U_0} \qquad \text{(Gl. 4.3)}$$

der relativen Spannungsänderung oder dem *Modulationsgrad*.

> Unabhängig vom Träger (hier die Gleichspannung U_0) ist aus Bild 4.1 b ersichtlich, daß der Modulationsgrad nie größer als 1 werden darf, da sonst das Signal verzerrt wird.

Der Klammerausdruck von Gl. 4.2

$$1 + m\cos\omega t \qquad \text{(Gl. 4.4)}$$

wird als *Modulationsfaktor* bezeichnet. Er enthält neben dem Modulationsgrad (und damit der Amplitude des Signals) auch noch dessen Frequenz. Nachfolgend werden die zum Nachrichtensignal gehörenden Werte mit dem Index M (wie «Modulationssignal») versehen, um eine bessere Unterscheidung vom Träger zu ermöglichen.

Als Modulationssignal kommt natürlich nicht nur eine einzelne harmonische Schwingung in Frage. In der Regel besteht die Nachricht aus mehreren Schwingungen in einem Frequenzbereich, dem schon benannten Basisband. Bei den mathematischen Betrachtungen zu den Modulationsverfahren wird aber von einer einzelnen Schwingung ausgehend vorgegangen. Eine Nachricht kann bekanntlich als Superposition verschiedener Schwingungen angesehen werden.

4.2 Amplitudenmodulation

4.2.1 Prinzip

Eine Amplitudenmodulation (AM) kommt zustande, wenn die Amplitude des Trägers durch die Nachricht beeinflußt, d. h. mit dem Modulationsfaktor multipliziert wird. Aus den Gleichungen 4.1 und 4.4 erhält man unter Vernachlässigung der Anfangsphase

$$u_{AM}(t) = \hat{u}_T (1 + m \cos \omega_M t) \cos \omega_T t$$

Mit Hilfe des Additionstheorems

$$\cos \alpha \cos \beta = \frac{1}{2} [\cos(\alpha + \beta) + \cos(\alpha - \beta)]$$

wird

$$u_{AM}(t) = \hat{u}_T \cos \omega_T t + \hat{u}_T \frac{m}{2} [\cos(\omega_T + \omega_M)t + \cos(\omega_T - \omega_M)t] \qquad \text{(Gl. 4.5)}$$

Neben der ursprünglichen Trägerfrequenz f_T enthält das Signal nun noch zwei Seitenfrequenzen, deren Amplituden vom Modulationsgrad abhängig sind.

> Die Amplitudenmodulation ist also nur eine spezielle Form der Frequenzmischung.

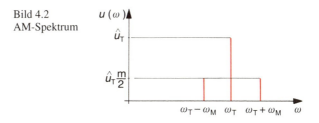

Bild 4.2 AM-Spektrum

In Bild 4.2 ist das Spektrum dargestellt. Das Modulationssignal tritt bei Amplitudenmodulation in Form der zum Träger benachbarten Seitenfrequenzen auf, deren Amplituden vom Modulationsgrad abhängig sind. Man kann die Gl. 4.5 auch als Zeiger darstellen (Bild 4.3 a). Der Träger $\hat{u}_T$ rotiert mit der Frequenz f_T. An seiner Spitze befinden sich die beiden Seitenanteile, die um die Spitze mit $+f_M$ oder $-f_M$ rotieren und deren Länge vom Modulationsgrad abhängt. Wegen der Symmetrie der beiden Seitenzeiger ergibt sich als Summensignal ein mit f_T rotierender Zeiger variabler Länge und damit die über der Zeit in Bild 4.3 b dargestellte Funktion. In der Zeitfunktion erkennt man, wie das Trägersignal in seiner Amplitude verändert wird. Dabei bildet die Amplitudenhüllkurve des Trägers das Modulationssignal vollständig ab. Aus Bild 4.3 b kann auch der Modulationsgrad zu

$$m = \frac{\hat{u}_M}{\hat{u}_T} \qquad \text{(Gl. 4.6)}$$

bestimmt werden. Besteht die Nachricht aus einem Frequenzband von $f_{M\,min}$ bis $f_{M\,max}$, so entsteht bei AM das in Bild 4.4 dargestellte Spektrum.

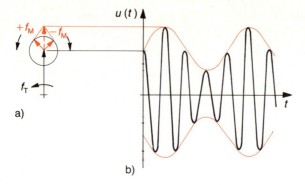

Bild 4.3
Amplitudenmodulation
a) Zeigerdarstellung
b) Zeitfunktion

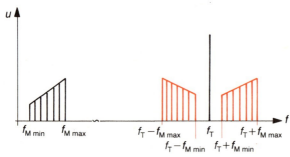

Bild 4.4
AM-Spektrum bei
Modulation mit
endlichem Basisband

> Man nennt die Frequenzbereiche neben dem Träger das untere und obere Seitenband.

Da im unteren Seitenband die hohen Modulationsfrequenzen tiefer als die niedrigen liegen, spricht man von *Kehrlage*. Das obere Seitenband befindet sich in *Regellage*.
Zur Übertragung eines amplitudenmodulierten Signals muß der gesamte Bereich von

$$f_T - f_{M\,max} \quad \text{bis} \quad f_T + f_{M\,max}$$

übertragen werden. Damit ergibt sich die Bandbreite einer amplitudenmodulierten Nachricht zu

$$B_{AM} = 2 f_{M\,max} \tag{Gl. 4.7}$$

Eine weitere für die Übertragung wichtige Größe ist die Leistung. Sie setzt sich zusammen aus der Trägerleistung und den Seitenfrequenzleistungen. Nach Bild 4.2 ist also

$$P_{ges} = P_T + 2 P_S \tag{Gl. 4.8}$$

Wegen $P \sim U^2$ erhält man mit Gl. 4.5 die Gesamtleistung zu

$$P_{ges} = P_T \left(1 + \frac{m^2}{2} \right)$$

Die Leistung der Seitenbänder kann bei Modulationsgrad m = 1 höchstens 50% der Trägerleistung annehmen. Der Modulationsgrad ist aber bei einer Sprach- oder gar Musikübertragung im Mittel bedeutend kleiner, weil sonst Signalspitzenwerte zu m > 1 und damit zu Verzerrungen führen würden. Daraus ergibt sich, daß bei einer AM der vorstehend

beschriebenen Art nur ein geringer Teil der Leistung den eigentlichen Nachrichteninhalt trägt. Hauptanteil hat der Träger, der deshalb auch bei bestimmten Anwendungen unterdrückt wird.
Die Bandbreite nach Gl. 4.7 ist größer als die ursprüngliche Signalbandbreite. Bei AM enthält aber jedes Seitenband die vollständige Information. Durch Weglassen eines Seitenbandes würde nach Bild 4.4 der Nachrichteninhalt nicht verstümmelt. Es ist deshalb auch Einseitenbandübertragung bei AM möglich.

> Die Amplitudenmodulation hat auch einen schwerwiegenden Nachteil: Sie ist anfällig gegen Amplitudenstörungen.

So bewirkt jede Störung im durch Bild 4.4 gegebenen Frequenzbereich ein zusätzliches Signal, das vom Nutzsignal nicht mehr getrennt werden kann. Auch durch bei Übertragung verursachte Schwankungen des Signals wirken, wenn sie im Frequenzbereich des Modulationssignals liegen, wie eine zusätzliche Modulation. Man bezeichnet Schwankungen durch den Übertragungskanal als *Schwund*; wenn sie nur schmalbandig wirken, als Selektivschwund.
Trotzdem ist die AM eine häufig benutzte Modulationsart. Nachfolgend werden nun verschiedene technische Verfahren der Amplitudenmodulation und der dazugehörenden Demodulation vorgestellt.

4.2.2 Zweiseitenbandmodulation

Die vorstehend beschriebene Amplitudenmodulation ist, wie schon angedeutet, eine Form der Frequenzmischung. Deshalb eignen sich Schaltungen zur Frequenzmischung auch zur Modulation. Statt Dioden verwendet man aber Transistoren, um die damit mögliche Verstärkung ausnutzen zu können. In Bild 4.5 ist die Schaltung eines Basismodulators dargestellt. Niederfrequente Nachricht und hochfrequente Träger steuern die Basis-Emitter-Strecke aus. Mit R_1 wird der Arbeitspunkt im quadratischen Kennlinienteil eingestellt. Da beide Signale bezüglich der Aussteuerung addiert werden, spricht man wie bei der Frequenzmischung von *additiver Modulation*. Der Kollektorresonanzkreis wirkt als Bandfilter für das Modulationsprodukt. Bei großer Aussteuerung wird aber der quadratische Teil der Kennlinie verlassen, so daß Verzerrungen entstehen.

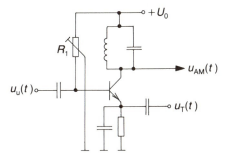
Bild 4.5 Basismodulator

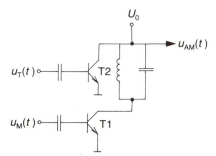
Bild 4.6 Kollektormodulator

Bei der Kollektormodulation in Bild 4.6 wird die Kollektorbetriebsspannung von der Modulationsspannung (verstärkt über T1) gebildet. Da T2 von der Trägerschwingung gesteuert wird, entsteht als Ausgangsspannung ebenfalls das Produkt beider. Man nennt diese Art der AM in Anlehnung an die multiplikative Frequenzmischung *multiplikative Modulation*.

Neben Transistoren werden aber auch Elektronenröhren zur AM eingesetzt. Das ist vor allem für große Leistungen (kW-Bereich) notwendig, da hierfür keine Transistoren zur Verfügung stehen und die Modulation bei AM im Interesse kleiner Verzerrungen in der Endstufe eines Senders stattfindet.

Die *Demodulation* von zweiseitenbandmodulierten Signalen ist relativ einfach, wenn man Bild 4.3 b betrachtet. So stellt doch die Hüllkurve des hochfrequenten Signals die Modulationsspannung dar. Durch Gleichrichtung und Unterdrückung der hochfrequenten Anteile gewinnt man die Nachricht zurück. Bild 4.7 zeigt die Schaltung eines *Diodendemodulators*. Der Tiefpaß am Diodenausgang aus R_a und C unterdrückt die hochfrequenten Anteile. Über C_K wird die niederfrequente Nachricht abgenommen. Damit der Demodulator richtig arbeitet, muß die Grenzfrequenz des Tiefpasses zwischen den beteiligten Frequenzen liegen:

$$f_{M\,max} < f_g = \frac{1}{2R_aC} < f_T \tag{Gl 4.10}$$

Der Diodendemodulator wird auch Hüllkurvendemodulator genannt. Nachteilig an dieser Art der Demodulation sind die bei großem Modulationsgrad auftretenden Verzerrungen infolge der nicht streng quadratischen Kennlinie der Diode.

Beim *Synchrondemodulator* (Bild 4.8) wird aus dem Modulationsgemisch der Träger herausgesiebt und verstärkt. Er wird dann einem Produktdetektor (multiplikative Mischstufe nach Abschnitt 3.4) ebenso zugeführt wie das Empfangssignal. Durch Produktbildung entsteht auch die ursprüngliche Niederfrequenz wieder. Vorteilhaft ist, daß über die Verstärkung des Trägers eine Beeinflussung der Demodulation im Interesse niedriger Verzerrungen möglich ist. Wichtig für diese Demodulation ist die phasenrichtige Zuführung des verstärkten Trägers. Daraus resultiert der Name Synchrondemodulator (auch Kohärentdetektor genannt). Der Aufbau als integrierte Schaltung verringert den Aufwand.

Zweiseitenbandmodulation mit unterdrücktem Träger

Der Träger stellt bei der Zweiseitenbandmodulation den Hauptanteil der zu übertragenden Leistung dar, enthält aber keine Information. Es liegt daher nahe, ihn zu unterdrücken. Dabei muß man beachten, daß zur Demodulation der Träger wieder erzeugt werden muß, weil nach Bild 4.3 b der Abstand von Seitenfrequenz und Trägerfrequenz gleich der Modulationsfrequenz ist.

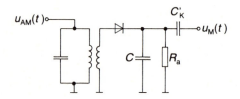

Bild 4.7 Diodenmodulator

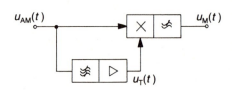

Bild 4.8 Synchrondemodulator

Ein nachträgliches Heraussieben des Trägers aus dem Frequenzgemisch einer Zweiseitenbandmodulation ist wegen der dafür erforderlichen Flankensteilheit des Filters problematisch. Man benutzt deshalb Modulatoren, die den Träger selbst möglichst unterdrücken. Beim *Gegentaktmodulator* in Bild 4.9 wird das dadurch erreicht, daß die Trägerspannung in den Brückenzweig der Modulatoranordnung eingespeist wird. So heben sich im Ausgangsübertrager die Anteile mit der Trägerfrequenz auf, und es erscheinen nur die Seitenbänder und die Modulationsfrequenz. Letztere ist leichter als der Träger durch Filter zu entfernen.

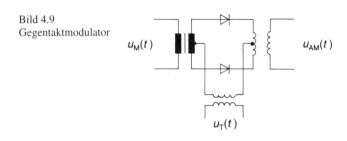

Bild 4.9
Gegentaktmodulator

Mit einem Doppelgegentaktmodulator *(Ringmodulator)* kann man auch die Modulationsfrequenz unterdrücken, so daß nur noch die beiden Seitenbänder entstehen. Durch unvermeidliche Unsymmetrien der Gegentaktanordnungen bleiben unbedeutende Reste der zu unterdrückende Signale erhalten.

Die Demodulation zweiseitenbandmodulierter Signale mit Trägerunterdrückung ist nicht mehr durch einfache Gleichrichtung möglich. Der Träger muß wieder frequenz- und phasentreu zugesetzt werden. Das ist nur möglich, wenn eine Synchronisation zwischen Sender und Empfänger besteht. Erreicht wird das, wenn ein Trägerrest (weniger als 1% der ursprünglichen Trägerleistung) mit übertragen wird und zur Synchronisation eines Oszillators im Empfänger dient. Als Demodulator eignet sich der schon beschriebene Synchrondemodulator. Anwendung findet die Zweiseitenbandmodulation mit unterdrücktem Träger beispielsweise beim Stereorundfunk (vgl. Kapitel 11).

4.2.3 Einseitenbandmodulation

Während die vorstehend betrachtete AM vor allem der Leistungseinsparung diente, soll jetzt der Bandbreitebedarf gesenkt werden. Da in einem Seitenband eigentlich alle Informationen des Modulationssignals enthalten sind, genügt dessen Übertragung. Dabei ist es unerheblich, ob das obere oder das untere Seitenband übertragen wird.

Um aus dem bei der Modulation entstehenden Frequenzgemisch ein Seitenband auszusieben, bedarf es sehr steilflankiger Filter. Der Vorteil – nur unbedingt notwendige Signale werden übertragen – rechtfertigt den Aufwand. Bei frequenzmultiplexer Nachrichtenübertragung auf Kabeln oder in Richtfunkverbindungen benutzt man deshalb die Einseitenbandmodulation. Ausgangspunkt ist ein Gegentakt- oder Ringmodulator und ein steilflankiges (meist mechanisches) Filter. Zur Demodulation ist ein Trägerrest mit zu übertragen – wie bei Zweiseitenbandmodulation mit unterdrücktem Träger.

> Eine ebenfalls auf Filterung beruhende AM ist die Restseitenbandmodulation, wie sie bei der Fernsehübertragung üblich ist.

Im Unterschied zu den vorgenannten Modulationsarten wird von einer Zweiseitenband-AM ausgegangen. Ein Filter mit endlicher Flankensteilheit dient zur Unterdrückung eines Seitenbandes. Da das andere Seitenband und der Träger nicht beeinflußt werden sollen, wird ein Teil des unterdrückten Seitenbandes mit übertragen. Bei der Demodulation muß das berücksichtigt werden. Anwendung findet das Restseitenbandverfahren beim Fernsehrundfunk (vgl. Kapitel 12), weil die zu übertragende Nachricht Modulationsfrequenzen bis nahe null enthalten kann und damit eine Trennung der Seitenbänder nicht mehr möglich ist.

4.3 Winkelmodulation

4.3.1 Prinzip

Wird die Frequenz oder Phase der Trägerschwingung aus Gl. 4.1 mit dem Modulationsfaktor von Gl. 4.4 multipliziert, erhält man eine Winkelmodulation. Vor der mathematischen Betrachtung soll der Unterschied zwischen Frequenz- (FM) und Phasenmodulation (PhM) anschaulich erläutert werden. Da sich bei den Winkelmodulationen das Argument der Kosinusfunktion ändert, ist ein allmählicher Übergang von Frequenz oder Phase schlecht darstellbar. Es wird deshalb als Modulationssignal die in Bild 4.10 a gezeigte Rechteckschwingung verwendet. Bild 4.10 b zeigt die Frequenzmodulation, Bild 4.10 c die Phasenmodulation.

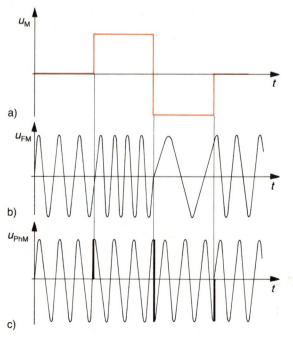

Bild 4.10
Unterschied zwischen FM und PhM
a) Modulationssignal
b) Frequenzmodulation
c) Phasenmodulation

> Es fällt auf, daß sich bei FM die Trägerfrequenz ändert, während bei PhM nur die Phasenlage durch das Modulationssignal wechselt.

Bei harmonischem Modulationssignal ist das kaum zu unterscheiden. Nun sollen die Modulationsverfahren genauer untersucht werden. Beide Verfahren werden gemeinsam behandelt, weil sie das Argument der Kosinusfunktion betreffen. Es gilt:

$$\omega = \frac{d\varphi}{dt} \tag{Gl. 4.11}$$

Daraus lassen sich weitere Beziehungen herleiten. Bei Frequenzmodulation (FM) ergibt sich für die Frequenz durch Multiplikation mit dem Modulationsfaktor (nur eine Signalfrequenz vorausgesetzt)

$$\omega_T(t) = \omega_T(1 + m\cos\omega_M t) \tag{Gl. 4.12}$$

bzw.
$$\omega_T(t) = \omega_T + \Delta\omega_T \cos\omega_M t \tag{Gl. 4.13}$$

wobei $\Delta\omega_T = m\omega_T$

der *Frequenzhub* ist.

> Bei FM schwankt also die Trägerfrequenz in Abhängigkeit vom Modulationssignal, und zwar sowohl von dessen Amplitude ($m\omega_T$) als auch von seiner Frequenz (ω_M).

Da sich die Phase aber auch aus der Frequenz berechnen läßt, erhält man

$$\varphi_T(t) = \omega_T t + \frac{\Delta\omega_T}{\omega_M} \sin\omega_M t \tag{Gl. 4.14}$$

Das entspricht jedoch einer Phasenmodulation, denn bei Multiplikation der Trägerphase mit dem Modulationsfaktor erhält man

$$\varphi_T(t) = \varphi_T(1 + m\cos\omega_M t)$$

Führt man hier den Begriff des *Phasenhubes* ein, so ist mit

$$\Delta\varphi_T = m\omega_T \tag{Gl. 4.15}$$

durch Vergleich

$$\Delta\varphi_T = \frac{\Delta\omega_T}{\omega_M} = \frac{\Delta f_T}{f_M} \tag{Gl. 4.16}$$

wobei die Phasendrehung zwischen sin und cos als Konstante ohne Bedeutung ist. Man nennt den Phasenhub in Verbindung mit der FM auch *Modulationsindex* (η).
Eine winkelmodulierte Schwingung wird nun unter Beachtung der Gleichungen 4.14 und 4.16 durch

$$u(t) = \hat{u}_T \cos\left(\omega_T t + \frac{\Delta f_T}{f_M} \sin\omega_M t\right) \tag{Gl. 4.17}$$

beschrieben. Die Auflösung dieser Funktion in einzelne spektrale Anteile führt zu der Reihe

$$u(t) = \hat{u}_T \sum_{n=0}^{\infty} J_n(\eta) \sin(\omega_T + n\omega_M t) \qquad \text{(Gl. 4.18)}$$

wobei die relativen Spannungsamplituden $J_n(\eta)$ Besselfunktionen darstellen. Die Besselfunktionen sind vom Modulationsindex abhängig. Bild 4.11 zeigt den Verlauf der ersten Besselfunktionen.

> Bei Winkelmodulation entsteht ein Frequenzspektrum, das aus der Trägerfrequenz mit der Amplitude $\hat{u}_T J_n(\eta)$ und symmetrisch benachbarten Seitenfrequenzen im Abstand $\pm n\omega_M$ besteht.

In Bild 4.12 ist als Beispiel ein solches Spektrum für $\eta = 2$ gezeichnet.

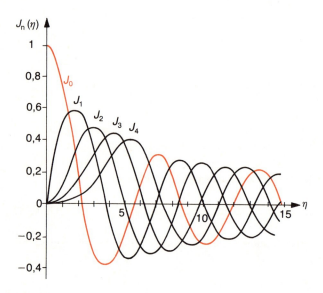

Bild 4.11
Besselfunktionen für
$n = 0$ bis 4

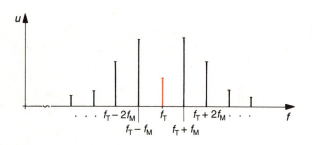

Bild 4.12
FM-Spektrum für $\eta = 2$

Folgende wesentliche Unterschiede zu AM sind ersichtlich:

☐ Das Spektrum kann nicht mehr durch Verschieben aus dem Basisband in den Übertragungsbereich gewonnen werden.
☐ Die Amplituden von Träger und Seitenfrequenzen sind nicht mehr direkt proportional der Modulationsamplitude. Nach Bild 4.11 können sogar Anteile im Spektrum null werden (z. B. bei $\eta = 2{,}4$ wird der Träger null).
☐ Die Seitenschwingungen sind nicht mehr selbständige Träger von Informationen. Das Spektrum ist nach Gl. 4.18 unendlich breit. Aus praktischen Gründen überträgt man aber nur Amplituden $> 10\%$ des unmodulierten Trägers. Das ergibt eine Übertragungsbandbreite von

$$B = 2f_\text{M}(\eta + 1) = 2(\Delta f_\text{T} + f_\text{M}) \qquad \text{(Gl. 4.19)}$$

Es soll an dieser Stelle auch auf den Zusammenhang von Übertragungsbandbreite und dadurch bedingte Verzerrungen verwiesen werden. Wird bei einem Empfänger im Interesse der guten Nachbarkanaltrennung die Bandbreite gegenüber dem durch Gl. 4.19 gegebenen Wert weiter verringert, so ist mit größeren Verzerrungen zu rechnen. Eine Bandbreiteerhöhung verschlechtert dagegen die Nachbarkanalselektivität (vgl. Abschnitt 2.4.1). Man hat deshalb bei hochwertigen Empfängern die Möglichkeit der individuellen Anpassung durch *Bandbreiteumschaltung* vorgesehen. Nahempfang (große Bandbreite) dient dem verzerrungsarmen Empfang stark einfallender Sender. Bei Fernempfang (geringere Bandbreite) wird eine bessere Trennung gegenüber unerwünschten Sendern erreicht.

Eine anschauliche Darstellung der Winkelmodulation eines ganzen Frequenzbandes von $f_\text{M\,min}$ bis $f_\text{M\,max}$ wie bei AM ist nicht mehr möglich. Die Bandbreite eines modulierten Signals wird nach Gl. 4.19 bestimmt durch den maximalen Frequenzhub $\Delta f_\text{T\,max}$ und bei maximaler Modulationsfrequenz $f_\text{M\,max}$. Bei kleinem Modulationsindex ($\eta < 1$) können nach Bild 4.11 die Besselfunktionen für $n > 1$ vernachlässigt werden, so daß die Bandbreite der bei AM entspricht. Man spricht von Schmalbandmodulation. Bei Breitbandmodulation ($\eta > 1$) wird allerdings eine geringere Störempfindlichkeit erzielt. Das liegt an dem hohen Anteil der in den Seitenfrequenzen enthaltenen Gesamtleistung.

4.3.2 Frequenzmodulation

Frequenzmodulation wird durch Variieren der Frequenz eines Oszillators erreicht. Dazu muß im frequenzbestimmenden Netzwerk des Oszillators eine der Reaktanzen durch das Modulationssignal gesteuert werden.

Als elektronisch steuerbare Reaktanz kommt eine Kapazitätsdiode in Frage. Bild 4.13 zeigt die Modulationsschaltung. Mit U_V wird der Arbeitspunkt der Diode eingestellt. Die

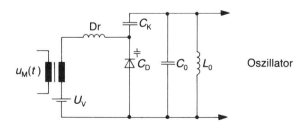

Bild 4.13
Frequenzmodulator mit Kapazitätsdiode

Ruhekapazität der Diode im Arbeitspunkt sei C_D. Das Modulationssignal $u_M(t)$ bewirkt eine proportionale Kapazitätsänderung $\Delta C_D(t)$, die den frequenzbestimmenden Resonanzkreis des nicht dargestellten Oszillators entsprechend verstimmt. Der Koppelkondensator C_K trennt den Dioden- und Oszillatorkreis gleichstrommäßig, die Drossel Dr den Signalkreis vom Oszillator. Die erreichbare Frequenzvariation hängt von den Kapazitätsverhältnissen ab, denn als Gesamtkapazität des Resonanzkreises ergibt sich

$$C_{ges} = C_0 + \frac{C_K(C_D + \Delta C_D(t))}{C_K + (C_D + \Delta C_D(t))} \tag{Gl. 4.20}$$

Außerdem wählt man im Interesse der Linearität die Aussteuerung der Kapazitätsdiode nicht zu groß.

Neben Kapazitätsdioden werden sogenannte Reaktanzschaltungen zur Frequenzmodulation verwendet. Das sind Schaltungen, bei denen zwischen Basis und Kollektor ein Blindwiderstand geschaltet ist, der eine entsprechende Phasenverschiebung der Spannungen an diesen Elektroden ($< 90°$) bewirkt. Wird nun der Transistor durch das Modulationssignal ausgesteuert, ändert sich die Phasenverschiebung entsprechend, was einer Reaktanzänderung über der Kollektor-Emitter-Strecke entspricht. Die Reaktanzschaltung wird parallel an den frequenzbestimmenden Resonanzkreis des Oszillators geschaltet.

Breitbandmodulation erfordert einen großen Modulationsindex und damit einen großen Frequenzhub. Die bei den vorstehend genannten Modulatoren auftretenden Verzerrungen begrenzen aber den maximal möglichen Frequenzhub.

> Man benutzt deshalb die Frequenzvervielfachung zur Hubvergrößerung.

Wird die Frequenz des modulierten Trägers um den Faktor n vervielfacht, so ergibt sich nach Gl. 4.12:

$$n\omega_T(t) = n\omega_T + n\Delta\omega_T \cos\omega_M t \tag{Gl. 4.21}$$

Der Frequenzhub wird also ebenfalls um den Faktor n vervielfacht, die Modulationsfrequenz ω_M bleibt davon unberührt. Technische Möglichkeiten zur Vervielfachung ergeben sich nach Abschnitt 1.3 durch Ausnutzung der Nichtlinearität einer Verstärkerkennlinie.

Ein ebenfalls mit der Anwendung der FM verknüpftes Problem ist die Frequenzkonstanz des Trägers. Bei AM-Sendern bereitet die Frequenzstabilisierung des Trägers keine Probleme, weil der frequenzbestimmende Oszillator beispielsweise durch Quarz stabilisiert werden kann. Bei FM ist das nicht möglich, denn die Modulation findet im frequenzbestimmenden Oszillator durch Frequenzvariation statt, was bei Quarzstabilisierung nicht machbar ist. In solchen Fällen sind aufwendige Regelschaltungen zur Stabilisierung erforderlich. Man kann das umgehen, wenn als primäre Modulation die Phasenmodulation eines quarzstabilisierten Trägers benutzt wird, dessen Modulationssignal aber wegen Gl. 4.1 vor der Modulation integriert wird. Diese indirekte Frequenzmodulation liefert jedoch nur einen geringen Hub.

Ein letztes Problem der FM ist der bei hohen Modulationsfrequenzen kleine Modulationsindex. Nach Gl. 4.16 ist η bei konstantem Hub Δf_T für $f_{M\max}$ am kleinsten. Da aber bei großem Modulationsindex die Störsicherheit besser ist, strebt man einen großen Modulationsindex an (Begründung für die Breitbandmodulation). Man hebt deshalb vor der Modulation die hohen Modulationsfrequenzen in ihrer Amplitude an (*Akzentuierung* oder Pre-Emphasis), so daß sich ein größerer Hub und damit Modulationsindex ergibt. Praktisch wird das mit einem

Hochpaß erreicht. Bei der Demodulation muß aber diese Frequenzgangveränderung wieder rückgängig gemacht werden. Ein Tiefpaß nach dem Demodulator mit entgegengesetzter Charakteristik (*Deakzentuierung* oder De-Emphasis) sorgt für eine unverzerrte Übertragung über die Modulationskette.

4.3.3 Phasenmodulation

Bei der Phasenmodulation wird nur die Phase der Trägerschwingung durch das Modulationssignal verändert. Damit bleibt die Trägerfrequenz konstant, so daß stabilisierte Oszillatoren zu ihrer Erzeugung eingesetzt werden können. Der Modulator ist vom Oszillator getrennt. Zur Modulation ist eine elektronisch steuerbare Phasenschieberschaltung notwendig. Im einfachsten Fall ist das ein Resonanzkreis (siehe Bild 2.5), dessen Resonanzfrequenz durch eine Kapazitätsdiode vom Modulationssignal verändert wird. Das in der Frequenz stabile Trägersignal findet nach Bild 2.5 b entsprechend unterschiedliche Phasen vor und wird deshalb in der Phase moduliert. Nachteilig ist, daß auch die Amplitude nach Bild 2.5 a mit moduliert wird. Diese zusätzliche Amplitudenmodulation kann aber durch Begrenzung (vgl. Abschnitt 3.4) beseitigt werden, weil sie für die Übertragung unwichtig ist.

Ein weiterer Phasenmodulator ist der nach ARMSTRON-CROSBY (Bild 4.14). Das quarzstabile Trägersignal wird einmal direkt und einmal über einen Phasenschieber mit einer Verschiebung von $\varphi = 90°$ je einem Amplitudenmodulator zugeführt (Bild 4.14 a). Die beiden Spannungen sind

$$u_1(t) = \hat{u}_T \cos\left(\omega_T t + \frac{\pi}{2}\right) \quad \text{und} \quad u_2(t) = \hat{u}_T \cos(\omega_T t)$$

Die Trägerschwingungen werden durch das Modulationssignal im Gegentakt amplitudenmoduliert. Damit wird

$$u_{1\,AM}(t) = \hat{u}_T (1 + m \cos \omega_M t) \cos\left(\omega_T t + \frac{\pi}{2}\right)$$

und

$$u_{2\,AM}(t) = \hat{u}_T (1 - m \cos \omega_M t) \cos \omega_T t$$

Bei der anschließenden Summenbildung (Bild 4.14 b) ergibt sich eine in Abhängigkeit vom Modulationssignal stehende Phasen- und Amplitudenmodulation. Letztere muß wieder durch Begrenzung beseitigt werden. Bei kleinen Modulationsgraden m erhält man einen nahezu linearen Zusammenhang zwischen m und dem Phasenhub. Solche Schaltungen lassen sich als integrierte Schaltungen ökonomisch aufbauen.

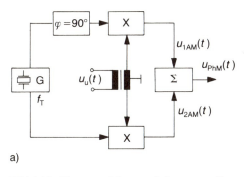
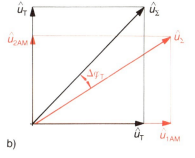

Bild 4.14 Phasenmodulator nach ARMSTRON-CROSBY

Auch bei PhM kann die Modulation, ähnlich wie bei FM, über die andere Winkelmodulationsart unter Beachtung von Gl. 4.11 erzeugt werden (indirekte Modulation). Das Modulationssignal muß also differenziert und dann einem Frequenzmodulator zugeführt werden. Es läßt sich damit zwar ein großer Hub erreichen, aber wie bei FM prinzipiell nicht anders möglich, kann der Oszillator nicht mehr quarzstabilisiert werden.

4.3.4 Demodulation winkelmodulierter Signale

Am Beispiel der Frequenzmodulation wird die Demodulation winkelmodulierter Signale beschrieben; Besonderheiten bei PhM ergeben sich aus der unterschiedlichen Abhängigkeit des Hubes vom Modulationssignal. Für die Demodulation frequenzmodulierter Signale gibt es zwei verschiedene Prinzipien: die Umwandlung in eine AM und die direkte Demodulation.

> Das älteste Prinzip zur Demodulation frequenzmodulierter Signale beruht auf der Umwandlung in ein zusätzlich amplitudenmoduliertes Signal und dessen Amplitudendemodulation.

Voraussetzung für die Anwendung dieses Verfahrens ist eine konstante Amplitude des FM-Signals. Die bei der Übertragung entstehenden Amplitudenstörungen müssen beseitigt werden, da sie sonst mit demoduliert werden. Dazu ist der Einsatz eines Begrenzers im Empfänger notwendig. Möglichkeiten der Begrenzung wurden schon vorgestellt.

Zur Umwandlung der FM in eine zusätzliche AM ist im einfachsten Fall die Flanke eines Resonanzkreises geeignet. Der Resonanzkreis wird so abgestimmt, daß die unmodulierte Trägerfrequenz auf einer Flanke des Amplitudenverlaufes (Bild 2.6 a) liegt. Bei diesem *Flankendemodulator* bewirken die Frequenzänderungen infolge der FM zusätzliche proportionale Amplitudenänderungen, die durch Gleichrichtung demoduliert werden. Nachteilig ist, daß die Flanke des Resonanzkreises keine lineare Umwandlung ermöglicht. Es ist deshalb nur eine kleine Aussteuerung zulässig.

Eine größere Linearität wird mit dem *Differenzdiskriminator* erreicht (Bild 4.15). Zwei Resonanzkreise werden vom zu demodulierenden Signal gespeist (Bild 4.15 a). Sie sind unterhalb und oberhalb der Trägerfrequenz abgestimmt, so daß sie in ihrer Wirkung die nahezu lineare Demodulatorkennlinie von Bild 4.15 b ergeben. Die Differenzbildung wird auf der Ausgangsseite des Demodulators erreicht. Nachteilig am Differenzdiskriminator ist die

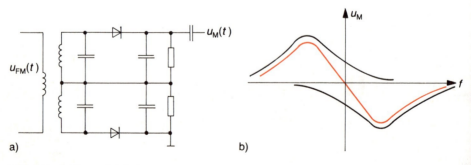

Bild 4.15 Differenzdiskriminator
a) Schaltung b) Diskriminatorkennlinie

Abstimmung der Resonanzkreise; schon eine geringe Verstimmung kann die Symmetrie stören und damit Verzerrungen verursachen.

Diesen Nachteil vermeidet der *Phasendiskriminator* (Bild 4.16). Bei einem lose gekoppelten zweikreisigen Bandfilter (Riegger-*Kreis*) ist für Resonanz die Phasenverschiebung zwischen Primär- und Sekundärkreis 90°. Bei Abweichungen von der Resonanzfrequenz ergeben sich zur Frequenzabweichung proportionale Phasenverschiebungen. Die Primärspannung u_1 wird in die Mitte des Sekundärkreises eingekoppelt (Bild 4.16a). Mit den dort vorhandenen Teilspannungen der Sekundärseite addiert, erhält man die in Bild 4.16b dargestellten Diodenspannungen u_{D1} und u_{D2}. Ausgangsspannung ist die Differenz der gleichgerichteten Diodenspannungen. Sie ist den Frequenzabweichungen proportional.

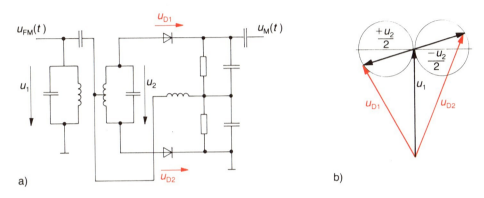

Bild 4.16 Riegger-Kreis (Phasendiskriminator)
a) Schlatung b) Zeigerdiagramm

Der *Verhältnisdiskriminator* (Ratiodetektor) unterscheidet sich vom Phasendiskriminator dadurch, daß die beiden Dioden antiparallel geschaltet sind (Bild 4.17). Das demodulierte Signal wird am Widerstand R abgenommen. Auch hier werden die Teilspannungen nach Bild 4.16b gleichgerichtet. Das Summensignal wird durch Differenzbildung der gleichgerichteten Ströme in R erzeugt. Vorteilhaft ist die auftretende Selbstbegrenzung. Spannungsspitzen bewirken ein Aufladen des Kondensators C, der für die Diskriminatorwirkung selbst nicht notwendig ist. Der beim Aufladen von C erforderliche größere Diodenstrom bedämpft das Bandfilter, so daß die Spannungsspitze gedämpft wird. Damit diese Wirkung auf langsame Amplitudenschwankungen beschränkt bleibt, sollte die Zeitkonstante von C und den Diodenarbeitswiderständen etwa 0,1 bis 0,2 s betragen. Die zusätzliche Begrenzerwirkung des Verhältnisdiskriminators hat zu seiner weiten Verbreitung beigetragen.

Bild 4.17
Ratiodetektor
(Verhältnisdiskriminator)

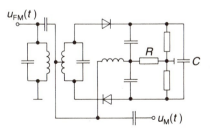

> Eine direkte Frequenzdemodulation ermöglicht der *Koinzidenzdemodulator* (Quadraturdemodulator).

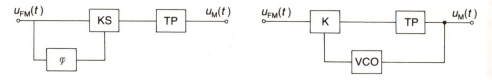

Bild 4.18 Koinzidenzdemodulator   Bild 4.19 PLL-Diskriminator

Bei ihm nutzt man die Tatsache, daß nur bei gleichzeitigem Anliegen eines Signals an den beiden Eingängen eine Ausgangsspannung erzeugt wird. Die beiden Eingänge der Koinzidenzschaltung (KS) werden vom gleichen Signal, der eine jedoch über einen Phasenschieber (φ) angesteuert (Bild 4.18). Der Phasenschieber hat bei unmoduliertem Träger eine Phasenverschiebung von 90°, so daß das Ausgangssignal der Koinzidenzschaltung in diesem Fall Null ist. Infolge der Frequenzmodulation entsteht eine von 90° abweichende Phasenverschiebung (der Modulationsindex ist ja auch gleich dem Phasenhub) und damit ein dieser Phasenverschiebung proportionales Ausgangssignal. Der Koinzidenzdemodulator läßt sich aufwandsarm als integrierte Schaltung verwirklichen. Dabei nutzt man die bei der Begrenzung entstehende Rechteckschwingung direkt zur Steuerung der Koinzidenzschaltung aus. Das phasenverschobene Signal wird daraus über einen Schwingkreis gewonnen und dem anderen Eingang der Schaltung zugeführt. Das Ausgangssignal ist eine Impulsfolge, deren Impulsbreite entsprechend der Modulation schwankt (analog einer Impulsdauermodulation). Durch Integration (im Tiefpaß TP) kann daraus der Mittelwert gebildet werden, der mit dem Modulationssignal übereinstimmt. Als Koinzidenzschaltung verwendet man sogenannte Vierquadrantmultiplizierer. Man spricht deshalb auch vom Quadraturdemodulator.

> Eine ebenfalls nicht die Umwandlung über die AM nutzende Demodulatorschaltung ist der *phasenverkettete Demodulator* (PLL-Diskriminator, PLL = phase-locked loop).

In einer Phasenvergleichsschaltung (Komparator K) wird das FM-Signal mit einem vom spannungsgesteuerten Oszillator (VCO = voltage controlled oscillator) erzeugten Signal verglichen (Bild 4.19). Dabei entsteht eine von der Phasenverschiebung abhängige Spannung u_K. Diese wird über einen Tiefpaß (TP) zum Unterdrücken der Trägerschwingung als Steuerspannung des VCO verwendet, so daß dessen Phase der der Eingangsspannung angeglichen wird. Damit folgt der VCO in seiner Phase der des modulierten Eingangssignals (Prinzip des Phasenregelkreises). Die Steuerspannung des VCO entspricht aber damit auch der Modulation des Eingangssignals. PLL-Diskriminatoren lassen sich gut als integrierte Schaltungen verwirklichen. Neben den oben vorgestellten Demodulatoren sind noch weitere bekannt, die jedoch weniger praktische Bedeutung haben. Dazu gehören der Synchrodemodulator und der Zähldiskriminator. Zur Phasendemodulation eignen sich alle vorgenannten Frequenzdemodulatoren. Auf den Zusammenhang zum Signal wurde bereits bei der PhM eingegangen.

4.4 Tastmodulation (Digitale Modulation)

Schon in der Übersicht wurde auf die Besonderheit des digitalen Modulationssignals hingewiesen. Da in der Nachrichtentechnik zunehmend digitale Signale zu übertragen sind, spielt die Tastmodulation eine dementsprechende Rolle. Sie gehört aber auch zu den ältesten Modulationsverfahren, wenn man bedenkt, daß schon die Gleichstromtastung (das Ein- und Ausschalten eines Gleichstromweges) in der Telegrafie als Übertragungsverfahren verwendet wurde.
Mathematisch läßt sich die Tastmodulation ähnlich wie die bisher beschriebenen Modulationsarten darstellen. Das Modulationssignal ist eine Rechteckschwingung nach Gl. 1.6, wenn nur ein- bzw. ausgeschaltet wird *(Einfachstrombetrieb)*. Bei *Doppelstrombetrieb* (Umschalten zwischen positivem und negativem Wert) ergibt sich entsprechend

$$s(t) = \begin{cases} \hat{s} & \text{für} \quad n T_0 \leq t \leq \left(n + \frac{1}{2}\right) T_0 \\ -\hat{s} & \text{für} \quad \left(n + \frac{1}{2}\right) T_0 \leq t \leq (n+1) T_0 \end{cases} \quad \text{(Gl. 4.22)}$$

Neben symmetrischen Rechteckschwingungen der oben dargestellten Art sind vor allem durch unterschiedliche Tastverhältnisse gekennzeichnete Signale zu modulieren. Typisch ist in jedem Fall der infolge des breiten Spektrums erforderliche Bandbreitebedarf. Auch das Zustandekommen solcher Signale soll hier nicht erläutert werden. Es sei auf die Codierung verwiesen (vgl. Abschnitt 1.5).

> Als Träger benutzt man bei Tastung Sinussignale.

Man unterscheidet deshalb wie bei der Sinusmodulation zwischen Amplituden-, Frequenz- und Phasentastung. Bei einem Modulationssignal nach Gl. 4.22 handelt es sich immer um *Umtastung*, weil für die beiden digitalen Werte unterschiedliche Trägerwerte vorzusehen sind. Das Prinzip von Frequenz- und Phasenumtastung ist schon in Bild 4.10 dargestellt worden, weil das dort benutzte Modulationssignal eine Rechteckschwingung ist. Amplitudenumtastung ist durch unterschiedliche Trägeramplituden gekennzeichnet. Eine mathematische Behandlung der Tastung wird hier nicht durchgeführt.
Die Bandbreite der jeweiligen Modulation ergibt sich aus der Bandbreite des Modulationssignals wie bei den Sinusmodulationsarten. Da das Modulationssignal theoretisch eine unendliche Bandbreite besitzt (vgl. Abschnitt 1.2), muß es für die Modulation in seinem Frequenzband begrenzt werden. Mit T_0 der Periodendauer eines Rechtecksignals ergibt sich die Pulsfrequenz des Modulationssignals zu

$$f_P = \frac{1}{T_0} \quad \text{(Gl. 4.23)}$$

Als Erfahrungswert erhält man für die notwendige Bandbreite des Modulationssignals

$$B = 1,6 f_P \quad \text{(Gl. 4.24)}$$

Es ist nun üblich, das Modulationssignal vor der Tastung in seiner Bandbreite nach Gl. 4.24 mittels Tiefpaß zu begrenzen. Die Rechteckschwingungen werden dabei zu Trapezschwingungen verformt. Die anschließende Tastung bezeichnet man als *Weichtastung*.

Zur Tastung selbst eignen sich bei *Harttastung* Schalter, die die Amplitude des Trägers, seine Frequenz oder seine Phase umschalten. Bei der üblichen Weichtastung sind Modulatoren ähnlich denen bei sinusförmigem Modulationssignal notwendig. Das gilt auch für die Demodulatoren. Die Anforderungen an die Linearität sind natürlich geringer.

> Von den Tastverfahren hat vor allem die *Phasenumtastung* (PSK = phase shift keying) zunehmend praktische Bedeutung, weil sie das gegen Störspannungen unempfindlichste Verfahren ist.

Wie schon in Bild 4.10 zu sehen, ist die Phasenumtastung mit einer Phasenverschiebung von 180° verbunden. Praktisch verwirklichen kann man sie durch Verwendung eines Ringmodulators, dessen Dioden vom Modulationssignal geschaltet werden und die erforderliche Phasendrehung der Trägerschwingung bewirken. Bei der Demodulation ist eine Zuordnung der Bezugsphase notwendig, weil der Anfangszustand (welche Phase zum Signal $+\hat{s}$ gehört) nicht erkennbar ist. Dazu muß der unmodulierte Träger mit übertragen oder in anderer Form phasenrichtig erzeugt werden. Diesen Nachteil beseitigt die *Differenzphasentastung*, bei der die Information in der Phasendifferenz zweier aufeinanderfolgender Zustände steckt. Dazu muß nach der Demodulation ein Vergleich des vorhergehend empfangenen Bits mit dem folgenden vorgenommen werden. Ein vom Sender zu synchronisierender Takt sichert den zeitlich richtigen Ablauf beim Vergleich. Die Information steckt in der Phasenänderung und kann demzufolge entschlüsselt werden.

Die Differenzphasenumtastung kann auch mit mehrwertigen digitalen Signalen vorgenommen werden. So sind die Informationen beispielsweise der Vierphasenumtastung in den vier möglichen um je 90° versetzten Phasenlagen des Trägers enthalten. Der Vorteil einer solchen Übertragung liegt in der je Schritt größeren Informationsmenge, die übertragen werden kann.

4.5 Pulsmodulation

4.5.1 Pulsträger und Modulationsarten

Bei der Pulsmodulation dient als Träger eine periodische Impulsfolge (Puls). Das analoge Modulationssignal wird damit aber nur im Takt der Trägerimpulsfolge erfaßt, wobei das Abtasttheorem nach Gl. 1.30 zu beachten ist. Ein Vorteil der Pulsmodulation ist nach Abschnitt 1.5 die mögliche Zeitschachtelung (Zeitmultiplex) bei der Übertragung.

> Im Unterschied zum harmonischen Träger besteht bei Pulsmodulation der Pulsträger schon selbst aus mehreren Spektralfrequenzen.

In Abschnitt 1.2 wurde das Spektrum von üblicherweise als Pulsträger verwendeten Rechteckschwingungen vorgestellt. Es ist vor allem bei kleinem Tastverhältnis V_T groß. Ein kleines Tastverhältnis ist aber für Zeitmultiplex anzustreben, damit möglichst viele Kanäle gleichzeitig übertragen werden können. In Bild 4.20 ist als Beispiel das Spektrum eines Rechteckpulses mit dem Tastverhältnis $V_T = 10$ dargestellt. Zur Übertragung sind Anteile bis zum ersten Nulldurchgang der Hüllkurve bei $f/f_T = 10$ zu berücksichtigen.

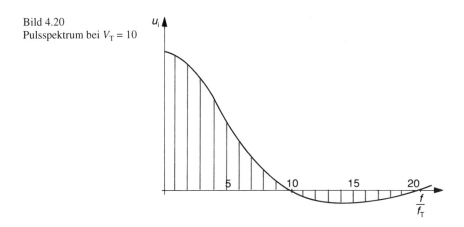

Bild 4.20
Pulsspektrum bei $V_T = 10$

Wenn statt Rechteckschwingungen Pulse mit $\cos^2$-förmigen Flanken verwendet werden, ergibt sich eine kleinere Bandbreite des Trägerspektrums. Im Interesse der Anschaulichkeit soll nachfolgend nur mit rechteckförmigem Träger gearbeitet werden.
Die Modulationsverfahren ergeben sich ähnlich wie bei sinusförmigem Träger. Neben Amplitude, Frequenz und Phase kann bei einem Pulsträger aber auch das Tastverhältnis beeinflußt werden. Die daraus sich ergebenden Modulationsarten werden kurz vorgestellt.

4.5.2 Pulsamplitudenmodulation

Ähnlich wie in Abschnitt 4.2.1 ergibt sich die Pulsamplitudenmodulation (PAM) aus der Multiplikation der Pulsamplitude mit dem Modulationsfaktor nach Gl. 4.4. Im Ergebnis erhält man ein Spektrum, das zuzüglich zum Pulsspektrum (Bild 4.20) bei jeder Spektralfrequenz Seitenfrequenzen (oder Seitenfrequenzbänder) wie bei der AM nach Bild 4.2 (oder Bild 4.4) enthält. Die Bandbreite des PAM-Signals ist damit nicht wesentlich größer als die des unmodulierten Pulses.

Bild 4.21
Pulsamplitudenmodulation
a) unipolar b) bipolar

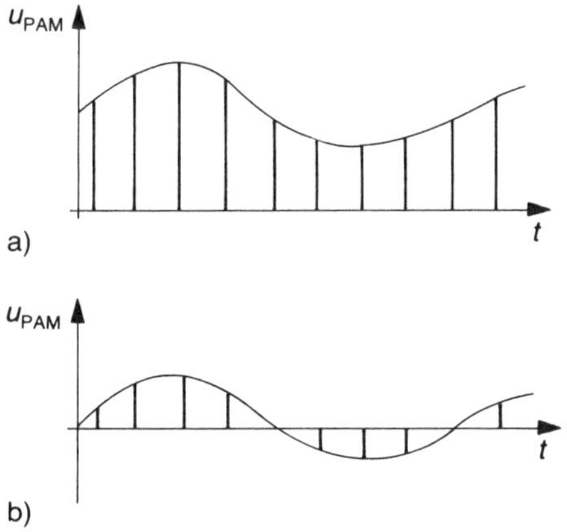

109

Bei Zeitmultiplexbetrieb muß die Impulsbreite (und damit das Tastverhältnis) des Trägers so beschaffen sein, daß die ineinander zu schachtelnden PAM-Impulse sich nicht gegenseitig überschneiden.

PAM kann mit jeder Abtastschaltung durchgeführt werden. Dabei ergibt sich eine unipolare PAM (Bild 4.21 a). Benutzt man einen Gegentaktmodulator nach Bild 4.9 und steuert ihn statt mit sinusförmigem Träger mit dem Puls, so erhält man eine bipolare PAM (Bild 4.21 b). Zur Demodulation genügt bei PAM-Signalen schon ein Tiefpaß, dessen Grenzfrequenz mindestens der höchsten Modulationsfrequenz entsprechen und wesentlich kleiner als die Impulswiederholfrequenz f_T sein muß. Günstiger ist der Einsatz einer Abtast- und Halteschaltung, bei der synchron zum Sender das PAM-Signal abgetastet wird. Damit können Störungen in den Modulationspausen besser unterdrückt werden.

Die PAM ist wie die AM stark anfällig gegen Amplitudenstörungen. Sie wird deshalb auch kaum zur Nachrichtenübertragung eingesetzt, sondern dient nur als Zwischenstufe für andere Pulsmodulationsarten.

4.5.3 Pulswinkelmodulation

Auch bei den Winkelmodulationen sind die Unterschiede durch den Pulsträger bedingt. Die Bandbreite wird auch hier im wesentlichen durch den Pulsträger bestimmt. Vorteilhaft ist die Unempfindlichkeit gegen Amplitudenstörungen.

Eine Pulswinkelmodulationsschaltung entsteht, wenn ein spannungsgesteuerter Oszillator (wie bei FM üblich) von der Modulationsspannung (bei PFM) oder der integrierten Modulationsspannung bei (PPhM) beeinflußt wird. Das entstehende Signal wird dann in einem Rechteckimpulsformer zur gewünschten Pulsmodulation geformt. Es ist aber auch eine PPhM über die noch zu besprechende PDM möglich.

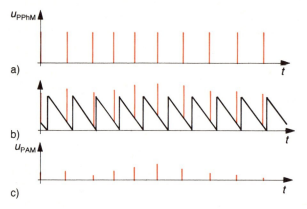

Bild 4.22
Prinzip der Pulsphasenmodulation
a) PPhM-Signal
b) Sägezahn und PPhM
c) PAM-Signal

Zur Demodulation werden die aus der Sinusträgerdemodulation bekannten Schaltungen verwendet. Eine weitere Möglichkeit bietet die Abtastung mit einer Sägezahnimpulsfolge. Das Verfahren sei anhand von Bild 4.22 erklärt. Das PPhM-Signal Bild 4.22 a wird mit einer zum unmodulierten Puls synchronen Sägezahnschwingung addiert (Bild 4.22 b). Das entstehende Signal weist eine proportionale PAM auf. Mit einer Schwellwertschaltung werden die Impulsspitzen abgeschnitten (Bild 4.22 c). Das Restsignal entspricht einer PAM. Aus ihm kann beispielsweise durch Tiefpaß das Modulationssignal wiedergewonnen werden.

4.5.4 Pulsdauermodulation

Bei modulationssignalabhängiger Impulsdauer spricht man von Pulslängen- oder Pulsdauermodulation (PDM). Im Unterschied zur PAM steckt aber die Information nicht in der Amplitude, sondern nur in der Impulslänge, so daß die Störempfindlichkeit bezüglich der Amplitude geringer ist. Die Bandbreite wird wieder durch den Impulsträger bestimmt.

Die Modulation ergibt sich durch Vergleich des Modulationssignals mit einer Sägezahn- oder Dreieckimpulsfolge. In einem Komparator (Bild 4.23 a) werden trägersynchroner Sägezahn und Modulationssignal verglichen (Bild 4.23 b). Dabei entstehen modulationssignalabhängig unterschiedlich lange Impulse, deren Amplituden durch die nur möglichen zwei Ausgangssignale des Komparators konstant sind (Bild 4.23 c).

Die Demodulation von PDM kann einmal durch einen Tiefpaß erfolgen, weil ähnlich wie bei PAM das Modulationssignal der Fläche des Impulses proportional ist und ein Tiefpaß als Integrierer wirkt. Eine andere Möglichkeit bietet die Abtastung mit einem Sägezahnpuls ähnlich wie bei PPhM.

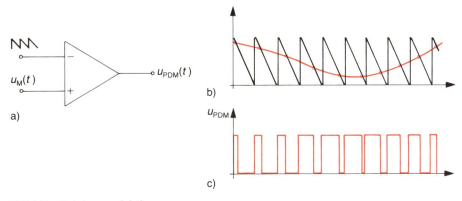

Bild 4.23   Pulsdauermodulation
a) Schaltung   b) Signalvergleich   c) PDM-Signal

4.6 Pulscodemodulation

Bei der Suche nach möglichst störsicheren Modulationsverfahren sind die mit digitalisierter Nachricht denen mit analoger Signalübertragung überlegen. Es ist deshalb auch das Modulationssignal zu digitalisieren. Das normalerweise analoge Modulationssignal wird in ein wert- und zeitdiskretes Signal umgewandelt (nach Abschnitt 1.4 durch Abtasten und Quantisieren). Dieses muß noch codiert werden, wobei in der Regel binäre Signale zugrunde gelegt werden.

> Die Übertragung einer digitalisierten und codierten Nachricht mit Pulsträger nennt man Pulscodemodulationen (PCM).

Es ist einleuchtend, daß ein solches Signal von Störungen kaum noch beeinträchtigt werden kann. Der für Pulscodemodulation erforderliche Aufwand ist allerdings erheblich.

Nachfolgend werden die einzelnen Schritte des Verfahrens vom Standpunkt des Aufwandes näher betrachtet. Beim Abtasten ist das Abtasttheorem gemäß Gl. 1.30 zu beachten. Bei der Übertragung eines Telefoniekanals (300 bis 3400 Hz) wählt man als Abtastfrequenz $f_A = 8$ kHz. Das Quantisieren entscheidet über die erforderliche Schrittzahl je Zeiteinheit. Die in Bild 1.15 b dargestellte Quantisierung mit 4 Intervallen ist noch sehr ungenau, denn das ursprüngliche Sinussignal läßt sich damit schlecht rekonstruieren. Die Differenz zwischen Istwert und nächster Quantisierungsstufe nennt man Quantisierungsrauschen. Eine Erhöhung der Zahl der Quantisierungsintervalle Z_i verringert das Quantisierungsrauschen und erhöht damit den Störabstand (Signal-Rausch-Verhältnis SN). Bei einem sinusförmigen Signal wird aber auch der Klirrfaktor mit Erhöhen von Z_i verringert. In Tabelle 4.1 sind einige Werte zusammengefaßt. In der Fernsprechtechnik genügt eine Codewortlänge von $r = 8$ Bit. Damit ergibt sich die *Bitrate R* als Nachrichtenmenge je Zeiteinheit im Beispiel zu

$$R = rf_A = 64 \text{ kBit/s} \qquad \text{(Gl. 4.25)}$$

Tabelle 4.1 Signal-Rausch-Verhältnis und Klirrfaktor in Abhängigkeit von der Quantisierung

Z_i	4	8	16	32	64	128	256	512	1024
r/bit	2	3	4	5	6	7	8	9	10
SN/dB	14	20	26	32	38	44	50	56	62
k/%	20	10	5	2,6	1,3	0,6	0,3	0,15	0,08

Es ist einleuchtend, daß bei hochwertiger Musikübertragung größere Codewortlänge und höhere Abtastfrequenz erforderlich sind. Das schlägt sich in einer wesentlich größeren Bitrate nieder. Die geringe Bitrate einer Fernsprechübertragung nach Gl. 4.25 rechtfertigt den Aufwand einer Pulscodemodulation nicht. Erst in Verbindung mit Zeitmultiplexbetrieb ist eine gute Ausnutzung eines Nachrichtenkanals möglich.

> Zur Verbesserung des Geräuschabstands wird das Kompandieren verwendet, eine Art der Dynamikkompression.

Auf die Dynamikkompression wurde schon in Abschnitt 1.3 hingewiesen. Zum Kompandieren wird auf der Sendeseite das Signal komprimiert, indem große Amplitudenwerte weniger verstärkt werden als kleine. Auf der Empfangsseite wird das durch Expandieren rückgängig

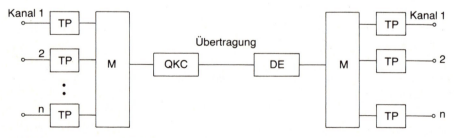

Bild 4.24   Aufbau eines PCM-Systems

gemacht. Bei PCM wird das Kompandieren durch eine nichtlineare Quantisierung erreicht, d. h., die Quantisierungsintervalle sind ungleich, so daß große Signale in groben Stufen, kleine in feineren Stufen quantisiert werden. Beim Expandieren muß natürlich die inverse Stufung der Intervalle vorgenommen werden.

Der Aufbau eines PCM-Systems ergibt sich damit wie in Bild 4.24 dargestellt. Die einzelnen Kanäle mit den analogen Nachrichten werden bandbegrenzt (TP) und mit Hilfe eines analogen Multiplexers (M) abgetastet. Daran schließt sich die Stufe der Quantisierung, Komprimierung und Codierung (QKC) an. Da diese verschiedenen Vorgänge meist mit einer Anordnung ausgeführt werden, sind sie hier als ein Block dargestellt. Die anschließende Übertragung kann im Basisband oder durch Transformation in einen anderen Frequenzbereich erfolgen. Bei Basisbandübertragung schließt sich auf der Empfängerseite die Decodierung und Expandierung (DE) an. Der Multiplexer (M) verteilt die Informationen synchron zum Sender auf die Kanäle, wo sie mit Hilfe von Tiefpässen (TP) wieder in analoge Nachrichten zurückgewandelt werden.

Die technischen Einrichtungen einer PCM sollen hier nicht weiter beschrieben werden. Für die Übertragung sei nur vermerkt, daß im Basisband auf der Empfängerseite eine *Regenerierung* der Signale möglich ist. Dazu wird synchron zum Sender eine zeitliche Abtastung des Empfangssignals in der Zeit seiner maximalen Amplitude unter Beachtung einer Schwellspannung (für die beiden Signalgrößen des digitalen Signals) vorgenommen. Auf diese Art kann eine Vielzahl möglicher Störungen ausgeblendet werden.

Zum Schluß soll noch darauf hingewiesen werden, daß auch PCM im Interesse der optimalen Nachrichtenübertragung weiter modifiziert werden kann. Bei der *Deltamodulation* wird nicht der Augenblickswert eines Signals (wie bei klassischer PCM), sondern nur dessen Änderung gegenüber dem vorhergehenden Zeitschritt übertragen. Bei einem harmonischen Signal ändert sich mit hoher Abtastrate ohnehin der Amplitudenwert nur wenig, so daß auch die Amplitudenstufe von Schritt zu Schritt nur um wenige Bits wechselt. Wird nur die Änderung übertragen, so ist die erforderliche Bitrate geringer. Es müssen allerdings zwei Bedingungen eingehalten werden:

□ Der Empfänger benötigt eine Anfangsinformation bei der Nachrichtenübertragung, um den richtigen Aufbau des Empfangssignals zu gewährleisten.

□ Die Abtastung muß so vorgenommen werden, daß auch hochfrequente Signale gut aus der Differenzinformation rekonstruiert werden können (höhere Abtastfrequenz als bei PCM).

Auch zur Deltamodulation gibt es bereits Modifikationen, die beispielsweise die Störfestigkeit erhöhen.

4.7 Lernziel-Test

1. Welche Modulationsarten unterscheidet man bezüglich des Trägers?
2. Geben Sie die Möglichkeiten zur Modulation eines Sinusträgers an!
3. Was versteht man unter Modulationsgrad?
4. Wie groß ist die Bandbreite eines amplitudenmodulierten Telefoniekanals (300 bis 3400 Hz)?
5. Stellen Sie die Gesamtleistung einer AM als Funktion des Modulationsgrades von $m = 0$ bis 1 dar!
6. Was versteht man unter Einseitenbandmodulation und welche Vorteile hat sie?
7. Zeichnen Sie das Spektrum einer FM für $\eta = 3$!
8. Wie groß ist die Bandbreite eines UKW-Rundfunksenders mit $f_{M\,max} = 15$ kHz und $\Delta f_{T\,max} = 75$ kHz? Wie groß ist für diesen Fall der Modulationsindex?
9. In einem Frequenzmodulator nach Bild 4.13 sind $L_0 = 100$ µH, $C_0 = 100$ pF, $C_K = 1$ nF und die Diodenkapazität ändert sich bei Modulation von 10 auf 12 pF. Wie groß ist der Frequenzhub?
10. Nennen Sie Vorteile der Tastmodulation!
11. Pulsmodulation ermöglicht Zeitmultiplex; wie viele verschiedene Nachrichten können bei einem Tastverhältnis des Pulses von 10 höchstens übertragen werden?
12. Wie groß ist die Bitrate einer Videoübertragung mindestens, wenn die Bandbreite des Videosignals 5 MHz beträgt und zur Amplitudenauflösung mit 8 Bit gearbeitet wird?

5 Leitungstheorie

Nachfolgend wird die Übertragung elektrischer Signale näher untersucht, ist sie doch Hauptanliegen der Nachrichtentechnik. Grundlage der Übertragung ist die Theorie der Ausbreitung elektrischer Schwingungen, wie sie von MAXWELL begründet wurde. Es ergeben sich aber je nach Übertragungsmedium Vereinfachungen bei den theoretischen Betrachtungen, die heute allgemein eingeführt sind. In diesem Kapitel werden die Ausbreitung auf Leitungen und daraus resultierende Konsequenzen dargestellt. Das nachfolgende Kapitel beschäftigt sich mit der drahtlosen Übertragung.

5.1 Definition einer Leitung

Im einfachsten Fall genügt eine Verbindung aus leitfähigem Material für die Kopplung von Sender und Empfänger (Bild 5.1).

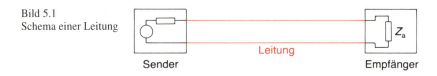

Bild 5.1
Schema einer Leitung

Man bezeichnet eine solche aus elektrischen Leitern in gestreckter Form bestehende Verbindung als Leitung.

Es sind zwei Drähte (je einer zur Hin- und Rückleitung des Stromes) für eine einfache Verbindung notwendig. Die Leiter werden zweckmäßigerweise isoliert, um Fehlströme bei der Übertragung zu vermeiden. Isolierte flexible Leitungen nennt man auch *Kabel*.
Der Stromfluß in den Leitern verursacht ein magnetisches Feld, das seinerseits mit einem elektrischen Feld verknüpft ist. Für die Ausbreitung der Felder ist die Frequenz der übertragenen Signale (besser deren Wellenlänge) bezogen auf die Leitungslänge wichtig. Solange die Wellenlänge λ der Signale wesentlich größer als die Leitungslänge l ist, wird die örtliche Verteilung von Strom und Spannung längs der Leitung etwa konstant sein. Man nennt eine solche Leitung eine kurze Leitung.

Beispiel
Es wird eine Nachricht im Sprachband von 300 bis 3400 Hz über eine Leitung von $l = 1$ km übertragen. Da nach Gl. 1.31

$$\lambda = \frac{c}{f}$$

ist und für die Ausbreitungsgeschwindigkeit auf der Leitung vorerst die Lichtgeschwindigkeit c angenommen wird, erhält man im ungünstigsten Fall ($f = 3400$ Hz) $\lambda = 88,2$ km. Die

Leitung ist als elektrisch kurz einzustufen. Wird die gleiche Leitung zur Übertragung einer modulierten Nachricht bei 100 MHz ($\lambda = 3$ m) verwendet, gilt sie als lang.

Die Unterscheidung in elektrisch kurze und lange Leitung ist für die mögliche Verteilung von Strom und Spannung längs der Leitung wichtig. Sie sagt nichts über die Eigenschaften aus. So wird natürlich der ohmsche Widerstand einer Leitung von deren Länge l und nicht vom Verhältnis l/λ bestimmt.

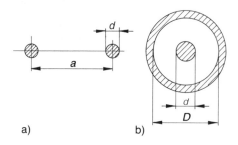
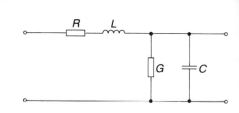

Bild 5.2 Querschnitt von Leitungen
a) Zweidrahtleitung   b) Koaxialleitung

Bild 5.3 Ersatzschaltung einer Leitung

Nachfolgend soll von einer *homogenen* Leitung ausgegangen werden. Darunter versteht man eine Leitung, die auf ihrer gesamten Länge konstante Größen (Querschnitt, konstanter Abstand der Leiter, gleiches Leitermaterial und gleiche Isolation) besitzt. Ihr Aufbau, ob beispielsweise als Paralleldrahtleitung oder Koaxialkabel (Bild 5.2), ist ohne Bedeutung. Bei einer homogenen Leitung kann man annehmen, daß an jeder Stelle ein kurzes Leitungsstück der Länge x («differentielles Leitungsstück») die gleichen Eigenschaften besitzt. Neben ohmschem Widerstand R und Induktivität L der Leiter treten Ableitung durch mangelnde Isolation (als Leitwert G) und Kapazität C der beiden Leiter untereinander auf. Bild 5.3 zeigt die sich daraus ergebende Ersatzschaltung eines Leitungsstücks der Länge x, wobei unerheblich ist, daß die dort angegebenen Werte R, L, G und C eigentlich längs der Leitung verteilt auftreten. Die Größen in Bild 5.3 werden leicht durch Messung bestimmt. Um eine Leitung eindeutig beschreiben zu können, muß man die auftretenden Größen auf die gewählte Länge beziehen und erhält damit

$R' = R/x$ den Widerstandsbelag,
$L' = L/x$ den Induktivitätsbelag,
$G' = G/x$ den Leitwertsbelag und
$C' = C/x$ den Kapazitätsbelag

einer Leitung. Typische Werte für eine Zweidrahtleitung aus Kupferdrähten ($d = 3$ mm) im Abstand $a = 25$ cm mit Luft als Dielektrikum (z. B. Freidrahtleitung auf Isolatoren) sind:

$R' = 5\ \Omega$/km $L' = 2$ mH/km
$G' = 1\ \mu$S/km $C' = 6$ nF/km

Durch Multiplikation mit der Länge l der Leitung werden die Ersatzgrößen der Gesamtleitung bestimmt.

5.2 Leitungseigenschaften

Bei einer elektrisch kurzen Leitung spielt die örtliche Verteilung von Strom und Spannung noch keine Rolle, so daß auch die Gesamtleitung etwa durch Bild 5.3 ($x = l$) beschrieben wird. Das Verhalten einer kurzen Leitung kann also wie bei einem Vierpol durch seine Ersatzschaltung beschrieben werden. Aus dieser Ersatzschaltung folgt, daß eine Leitung immer ein Tiefpaß ist. Das muß bei der Anwendung beachtet werden.

Berücksichtigt man aber die örtliche Verteilung von Strom und Spannung (wie das bei einer langen Leitung geschehen muß), so ergeben sich Differentialgleichungen zur Beschreibung des örtlichen und zeitlichen Verlaufes. Sie werden als *Leitungsgleichungen* bezeichnet und sollen nur interpretiert werden, weil eine unkomplizierte Beziehung für das Übertragungsverhalten nicht existiert. Nachfolgend wird von einer sinusförmigen Erregung ausgegangen, weil dafür einfachere Betrachtungen möglich sind.

Eine erste wichtige Leitungsgröße ist der *Wellenwiderstand*. Darunter versteht man die Quotienten von Spannung und Strom. Er ist an jeder Stelle einer Leitung konstant und beträgt

$$Z_0 = \sqrt{\frac{R' + j\omega L'}{G' + j\omega C'}} \qquad \text{(Gl. 5.1)}$$

Die in Gl. 5.1 angegebene Größe j benötigt man für eine besondere mathematische Rechenart, die komplexe Rechnung. Da Gl. 5.1 hier nicht weiter ausgewertet wird, soll auf nähere Erläuterungen verzichtet werden.

Der Widerstand Z_0 ist nur bei einer unendlich langen Leitung mit dem Eingangswiderstand identisch. Er ist nach Gl. 5.1 komplex und frequenzabhängig. In der Regel sind aber die Verluste einer Leitung klein (R' und $G' \ll j\omega L'$ und $j\omega C'$).

> Der Wellenwiderstand der verlustlosen bzw. verlustarmen Leitung ist deshalb:

$$Z_0 = \sqrt{\frac{L'}{C'}} \qquad \text{(Gl. 5.2)}$$

Er ist frequenzunabhängig und rein ohmsch (der komplexe Charakter geht mit dem Verschwinden von j verloren). Z_0 wird vom Aufbau der Leitung bestimmt. Für die oben angegebene Zweidrahtleitung ergibt sich ein Wellenwiderstand von $Z_0 = 577\,\Omega$. Bei einem Koaxialkabel ist neben der Geometrie der Anordnung (dem Durchmesserverhältnis D/d nach Bild 5.2 b) auch die relative Dielektrizitätskonstante ε_r des Isoliermaterials für den Wellenwiderstand wichtig. Es gilt:

$$Z_0 = \frac{60}{\sqrt{\varepsilon_r}} \ln \frac{D}{d}\,\Omega \qquad \text{(Gl. 5.3)}$$

Der Wellenwiderstand ist für das Verhalten einer Leitung bei Beschalten mit Quelle und Last von großer Bedeutung, wie noch gezeigt wird.

Das Übertragungsverhalten einer Leitung wird nun durch von Vierpolen her bekannte weitere Kenngrößen beschrieben. Die wichtigste ist die *Fortpflanzungskonstante* (nach DIN 1344 besser Ausbreitungskoeffizient). Bei sinusförmiger Erregung gilt:

$$\gamma = \sqrt{(R' + j\omega L')(G' + j\omega C')} = \alpha + j\beta \qquad \text{(Gl. 5.4)}$$

Die Fortpflanzungskonstante ist wie der Wellenwiderstand nach Gl. 5.1 eine komplexe Größe. Auch hier dient j nur der exakten Darstellung. Es werden nun die beiden Komponenten α (Dämpfungskonstante) und β (Phasenkonstante) separat betrachtet.

> Die Dämpfungskonstante α ist die Dämpfung eines Signals pro Längeneinheit.

Durch Multiplikation mit der Leitungslänge ergibt sich das vom Vierpol her bekannte Dämpfungsmaß einer Leitung zu

$$a = \alpha\, l \qquad (Gl.\ 5.5)$$

Bei einer verlustlosen Leitung ($R' = 0$, $G' = 0$) erhält man $\alpha = 0$. Für eine verlustarme Leitung (praktisch angestrebter Fall) gilt:

$$\alpha \approx \frac{R'}{2 Z_0} \qquad (Gl.\ 5.6)$$

Im Beispiel Zweidrahtleitung wird $\alpha = 4{,}3 \cdot 10^{-3}\ \mathrm{km}^{-1}$. Die Dämpfung wird auch bei Leitungen im logarithmischen Verhältnis angegeben (vgl. Abschnitt 1.3). Sie ist frequenzabhängig, obgleich das aus Gl. 5.6 nicht direkt hervorgeht. Ursache ist unter anderem der Skineffekt, der einen sich mit der Frequenz erhöhenden Widerstandsbelag R' verursacht.

> Die Phasenkonstante β einer Leitung ist die Phasenverschiebung eines Signals pro Längeneinheit.

Das Phasenmaß ergibt sich ebenfalls durch Multiplikation mit der Leitungslänge zu

$$b = \beta\, l \qquad (Gl.\ 5.7)$$

Für eine verlustlose Leitung erhält man aus Gl. 5.3 die Phasenkonstante zu

$$\beta = \omega \sqrt{L'\, C'} \qquad (Gl.\ 5.8)$$

Die Phasenverschiebung ist längs einer Leitung frequenzabhängig. Gl. 5.8 gilt auch näherungsweise für verlustarme Leitungen. Phasenlaufzeit und Gruppenlaufzeit können wie bei Vierpolen mit den Gleichungen 2.23 und 2.24 aus dem Phasenmaß berechnet werden.

5.3 Wellenausbreitung auf Leitungen

Schon die bisherigen Betrachtungen führen auf den Mechanismus der Ausbreitung des Signals längs einer Leitung. Bei sinusförmiger Eingangsspannung wird sich eine Welle längs der Leitung in Bild 5.4a im allgemeinen wie in Bild 5.4b ausbreiten. Die dort gezeigte örtliche Spannungsverteilung gilt zu einem bestimmten Zeitpunkt und verdeutlicht die Phasenverschiebung längs der Leitung nochmals. Zeitlich wird das Erreichen der gleichen Phasenverteilung längs einer Leitung durch die Phasenlaufzeit bestimmt, die sich nach Gl. 2.23 aus den Gleichungen 5.7 und 5.8 zu

$$t_p = \frac{b}{\omega} = \frac{1}{\sqrt{L'\, C'}} \qquad (Gl.\ 5.9)$$

ergibt. Mit Hilfe der Phasenlaufzeit kann auch die Phasengeschwindigkeit (d. h. die Ausbreitungsgeschwindigkeit einer Welle auf der Leitung) berechnet werden. Mit

$$v_p = \frac{l}{t_p}$$

erhält man

$$v_p = \frac{l\omega}{b} = \frac{\omega}{\beta} = \sqrt{L'C'} \qquad \text{(Gl. 5.10)}$$

Die Phasengeschwindigkeit wird also vom Aufbau der Leitung bestimmt.

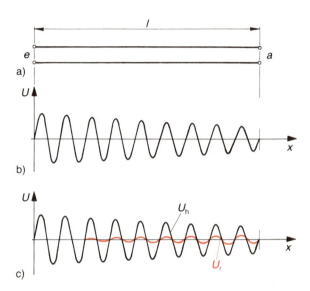

Bild 5.4
Wellenausbreitung auf einer Leitung
a) geometrische Struktur der Leitung
b) Spannungsverteilung bei Anpassung ($Z_a = Z_0$)
c) hin- und rücklaufende Welle bei Fehlanpassung ($Z_a \neq Z_0$)

In Bild 5.4 b ist auch gleichzeitig eine Dämpfung angenommen worden. Zeitlich kann man sich eine von links nach rechts mit der Geschwindigkeit v_p laufende Welle vorstellen, die vom Sender erzeugt wird und im Abschlußwiderstand Z_a verschwindet. Letzteres setzt voraus, daß der Abschlußwiderstand $Z_a = Z_0$ ist.

Wenn der Abschlußwiderstand nicht gleich dem Wellenwiderstand ist, wird der Übergang der Welle gestört. Ein Teil der einlaufenden Welle wird reflektiert und läuft zum Sender (nach links) zurück (Bild 5.4 c).

> Ein Maß für den rücklaufenden Anteil stellt der Reflexionsfaktor dar, der das Verhältnis der Spannungen von rücklaufender (Index r) und hinlaufender (Index h) Welle ist:

$$r = \frac{U_r}{U_h} \qquad \text{(Gl. 5.11)}$$

Der Reflexionsfaktor läßt sich aus der Beschaltung zu

$$r = \frac{Z_a - Z_0}{Z_a + Z_0} \qquad \text{(Gl. 5.12)}$$

berechnen. Da der Abschlußwiderstand Z_a komplex sein kann, ist auch der Reflexionsfaktor eine komplexe Größe. Das wird aber vorerst nicht weiter beachtet. Für $Z_a = Z_0$ wird $r = 0$, d. h., es findet keine Reflexion statt (Bild 5.4 b). Bei $Z_a \neq Z_0$ (man nennt diesen Fall Fehlanpassung) überlagern sich hin- und rücklaufende Welle nach Bild 5.4 c zu einer stehenden Welle, weil bei konstantem Reflexionsfaktor die reflektierte in einem festen Verhältnis zur hinlaufenden Welle steht und damit die Zeitabhängigkeit für beide Wellen gleich ist. Bild 5.5 zeigt einen Ausschnitt aus der stehenden Welle einer dämpfungsfreien Leitung mit dem Reflexionsfaktor $r = 0{,}5$. Maxima und Minima der stehenden Welle ergeben sich aus hin- und rücklaufender Welle zu

$$U_{\min} = \hat{U}_h - \hat{U}_r \quad \text{und} \quad U_{\max} = \hat{U}_h + U_r$$

> Das Verhältnis
>
> $$m = \frac{U_{\min}}{U_{\max}} \qquad \text{(Gl. 5.13)}$$
>
> bezeichnet man als *Anpassungsfaktor*.

Für den Betrag des Reflexionsfaktors folgt aus den Gleichungen 5.11 und 5.12

$$r = \frac{1 - m}{1 + m} \qquad \text{(Gl. 5.14)}$$

und durch Vergleich mit Gl. 5.12 wird der Anpassungsfaktor

$$m = \frac{Z_0}{Z_a} \qquad \text{(Gl. 5.15)}$$

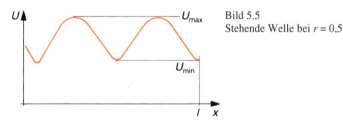

Bild 5.5
Stehende Welle bei $r = 0{,}5$

Aus der stehenden Welle kann also die Fehlanpassung am Leitungsende ermittelt werden. Das nutzt man bei der Meßleitung auch praktisch aus.
Fehlanpassung und Reflexion sind unerwünscht. Die Fehlanpassung führt zu Verlusten bei der Übertragung zum Empfänger. Deshalb wird die Empfangseinrichtung (und ebenso die Quelle) an die Leitung angepaßt (Z_a gleich Z_0 gemacht). Reflexionen infolge von Fehlanpassung stören nur dann, wenn auch der Sender nicht an die Leitung angepaßt ist. In diesem Fall wird das vom Leitungsende reflektierte Signal am Leitungsanfang nochmals reflektiert und

gelangt verzögert um die doppelte Laufzeit der Leitung erneut zum Empfänger. Da ein Teil an den Empfänger abgegeben wird, entsteht eine unerwünschte Überlagerung mit dem ursprünglichen Signal.

Die stehende Welle bei Fehlanpassung erlaubt aber noch eine weitere Aussage: Die Lage der Maxima und Minima ist abhängig von der Wellenlänge des Signals. Die räumliche Länge einer Sinusschwingung in Bild 5.4b ergibt sich aus der Frequenz zu

$$\lambda = \frac{v_p}{F} \qquad \text{(Gl. 5.16)}$$

wobei bisher die Ausbreitungsgeschwindigkeit v_p gleich c angenommen wurde. Das gilt aber nicht nur für die zeitlich fortschreitende Welle (Bild 5.4b), sondern natürlich auch für die stehende Welle als der Überlagerung zweier Wellen. Der Abstand benachbarter Minima oder Maxima in Bild 5.5 beträgt deshalb $\lambda/2$. Man kann also mit Hilfe der Meßleitung auch die Wellenlänge bestimmen. Dabei zeigt sich, daß $\lambda < \lambda_{Luft}$ ist. Die Ursache ist die geringe Ausbreitungsgeschwindigkeit v_p der Welle auf der Leitung, verursacht durch das Dielektrikum. Man nennt

$$k = \frac{\lambda}{\lambda_{Luft}} = \frac{v_p}{c} = \frac{1}{\sqrt{\varepsilon_r}} \qquad \text{(Gl. 5.17)}$$

den Verkürzungsfaktor der jeweiligen Leitung.

5.4 Leitung als Transformator und Resonator

Eine fehlangepaßte Leitung verursacht nicht nur eine stehende Welle der Spannungsbelegung, sondern auch des Stromes. Das ergibt je nach Fehlanpassung m und Länge l der Leitung an ihrem Eingang unterschiedliche Strom- und Spannungswerte, die einem entsprechenden Eingangswiderstand Z_e gleich sind. Dieser Eingangswiderstand ist natürlich auch vom Wellenwiderstand und der Wellenlänge (Frequenz) abhängig. Bei vorgegebenen λ und Z_0 läßt sich mit l und m jeder beliebige Eingangswiderstand einstellen. So gilt für eine $\lambda/4$ lange Leitung:

$$Z_e = \frac{Z_0^2}{Z_a} \qquad \text{(Gl. 5.18)}$$

Das nutzt man zur Transformation bei hohen Frequenzen aus. So kann eine Quelle mit dem Innenwiderstand Z_e an einen Verbraucher mit dem Widerstand Z_a mit Hilfe einer $\lambda/4$-Leitung des Wellenwiderstandes

$$Z_0 = \sqrt{Z_e Z_a}$$

angepaßt werden. Nachteilig an einem solchen Leitungstransformator ist seine Frequenzabhängigkeit. So bewirkt eine $\lambda/2$ lange Leitung keine Transformation (vgl. auch die stehenden Wellen in Bild 5.5).

Spezialfälle der Belastung einer Leitung sind Kurzschluß ($Z_a = 0$) und Leerlauf ($Z_a = \infty$). Kurzschluß am Leitungsende bewirkt die in Bild 5.6 gezeigte Verteilung von Strom (Maximalwert) und Spannung (= 0). Theoretisch würde sich nach Gl. 5.18 in einer Entfernung $\lambda/4$

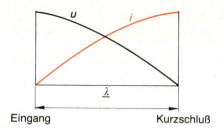

Bild 5.6
Strom- und Spannungsverteilung einer kurzgeschlossenen λ/4 langen Leitung

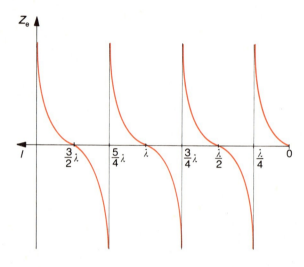

Bild 5.7
Blindwiderstand einer kurzgeschlossenen Leitung als Funktion ihrer Länge

vom Ende der Widerstand ∞ einstellen. Der Betrag des Eingangswiderstandes ergibt sich in Abhängigkeit von der Länge zu

$$Z_e = Z_0 \tan\left(2\pi \frac{l}{\lambda}\right) \qquad \text{(Gl. 5.19)}$$

Es ist ein reiner Blindwiderstand (verlustlose Leitung vorausgesetzt), der je nach Leitungslänge induktiven oder kapazitiven Charakter annimmt (Bild 5.7). Bei $l = \lambda/4$ verhält sich die kurzgeschlossene Leitung wie ein Parallelresonanzkreis, bei $l = \lambda/2$ wie ein Reihenresonanzkreis. Die praktisch immer vorhandenen Verluste der Leitung verhindern, daß $Z_e = \infty$ oder 0 wird, d. h., diese Kreise haben wie traditionelle LC-Kreise eine endliche Güte. Bei einer leerlaufenden Leitung ergeben sich um $\lambda/4$ versetzte Verhältnisse (bezogen auf Bild 5.6 und Bild 5.7).

> Praktisch nutzt man das Resonanzverhalten von kurzgeschlossenen Leitungen (Leerlauf ist schlechter zu verwirklichen) für Resonatoren bei hohen Frequenzen aus.

(Vgl. dazu das Leitungsfilter in Bild 2.30.) Damit die Verläufe von Strom und Spannung eines solchen Resonators möglichst wenig gestört werden, verwendet man Koaxialleitungen in der in Bild 5.8 dargestellten Form als Topfkreise. Die Energie wird über eine Koppelschleife K ein- und ausgekoppelt. Mit Hilfe der Kapazität C am Leitungsanfang kann der

Resonator noch abgestimmt werden. Mit Topfkreisen werden hohe Güten erreicht (vgl. Bild 2.30). Ihre Anwendung ist ähnlich wie beim Leitungstransformator wegen der Abmessungen auf hohe Frequenzen beschränkt.

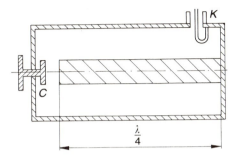

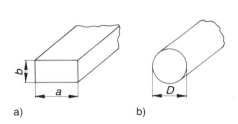

Bild 5.8 Aufbau eines Topfkreises

Bild 5.9 Schemata von Hohlleitern
a) Rechteckhohlleiter
b) Hohlleiter mit kreisförmigem Querschnitt

5.5 Wellenleiter

Die bisher betrachteten Leitungen bestehen aus Hin- und Rückleitung, egal ob in Form der Zweidrahtleitung oder des Koaxialkabels. Die Signalübertragung auf diesen Leitungen ist immer an den Strom in Hin- und Rückleiter gebunden. Da der Strom aber ein magnetisches Feld verursacht und dieses über die anliegende Spannung auch mit einem elektrischen Feld verknüpft ist, findet die Energieübertragung zwischen Sender und Empfänger eigentlich durch die Ausbreitung einer elektromagnetischen Welle zwischen den Leitern statt. Beim Koaxialkabel ist dieses Feld auf den Raum zwischen Innenseite des Außenleiters und Außenseite des Innenleiters beschränkt, so daß unerwünschte Kopplungen mit anderen Feldern vermieden werden.

Bei sehr hohen Frequenzen (GHz) sind die durch die Ströme auf den Leitern verursachten Verluste sehr groß. Außerdem kann der Abstand der Leiter nicht mehr wesentlich kleiner als $\lambda/4$ gemacht werden. Man verwendet deshalb Wellenleiter zur Signalübertragung.

> Ein Wellenleiter ist eine Einrichtung, die geeignet ist, eine elektromagnetische Welle in axialer Richtung zu führen.

Meist werden Hohlleitungen als Wellenleiter verwendet. Eine *Hohlleitung* ist ein metallischer Hohlkörper (Bild 5.9), in dessen Innenraum sich eine elektromagnetische Welle ausbreiten kann. Dazu muß der Querschnitt des Hohlleiters Mindestabmessungen bezogen auf die zu übertragene Wellenlänge besitzen. Für den Rechteckhohlleiter in Bild 5.9a mit Luft als Dielektrikum gilt für die Grenzwellenlänge:

$$\lambda_g < 2a \qquad (Gl.\ 5.19)$$

Beim Hohlleiter mit kreisförmigem Querschnitt in Bild 5.9b wird

$$\lambda_g < 0{,}82\,D \qquad (Gl.\ 5.20)$$

Hohlleiter zeigen Hochpaßverhalten, d. h., oberhalb der Grenzwellenlänge nimmt die Dämpfung mit steigender Frequenz ab. Das setzt aber eine hohe Leitfähigkeit und Oberflächenhomogenität der Innenseite des Hohlleiters voraus. Mit steigender Frequenz können sich auch verschiedene Wellentypen im Hohlleiter anregen lassen, die natürlich auch unterschiedliches Übertragungsverhalten ergeben. Hohlleiter werden wegen des hohen Materialaufwandes nur auf kurzen Strecken (zwischen Sender bzw. Empfänger und Antenne) zur Nachrichtenübertragung eingesetzt.

Neben Hohlleitern sind auch offene Wellenleiter bekannt. So kann ein einzelner Leiter, der von einer Schicht Dielektrikum umgeben ist (*Goubou-Leitung*), ebenfalls zur Wellenleitung bei hohen Frequenzen benutzt werden. Allerdings ist diese Übertragung nicht mehr gegen äußere Störungen geschützt. Praktisch größere Bedeutung haben Streifenleiter.

> Eine *Streifenleitung* ist eine Anordnung aus leitfähigen Schichten auf dielektrischem Trägermaterial.

Bild 5.10 zeigt den Querschnitt von offener (Mikrostrip-) und geschirmter (Triplate-)Streifenleitung. Obgleich der Mechanismus der Signalübertragung der einer Wellenleitung entspricht, kann das Verhalten von Streifenleitern nicht mit dem von Hohlleitern verglichen werden. Es ist ähnlich dem von Koaxialleitern, d. h., es gibt auch keine untere Grenzfrequenz der Übertragung. Streifenleitungen werden vor allem auf Leiterkarten in Geräten eingesetzt, wobei das Leiterkartenmaterial als Träger dient. Bei der Nachrichtenübertragung spielen sie keine Rolle.

Bild 5.10
Querschnitte von Streifenleitungen
a) Mikrostrip-Leitung
b) Triplate-Leitung

5.6 Lichtwellenleiter

Der steigende Bedarf an Nachrichtenübertragungskanälen führte zur Verwendung von immer höheren Frequenzen. Vor allem die drahtlose Übertragung nutzt heute elektromagnetische Wellen bis zu einigen zehn GHz. Es liegt deshalb die Verwendung von Licht ($\lambda \approx 10^{-7}$ m) als Träger einer Nachricht nahe.

> Im Unterschied zur drahtlosen elektromagnetischen Übertragung eignet sich Licht aber besser zur Wellenleiterübertragung.

Die Beeinflussung von außen entfällt, und Lichtwellenleiter für größere Entfernungen lassen sich wirtschaftlich herstellen. Bevor der Wellenleiter näher betrachtet wird, soll kurz auf das Lichtleiterübertragungssystem eingegangen werden.

Bild 5.11
Schema einer Lichtleiterübertragung

5.6.1 Übertragungskanal

Der Übertragungskanal auf der Basis eines Lichtwellenleiters (LWL) ist in Bild 5.11 dargestellt. Das Signal wird einer Lichtquelle (Lumineszenzdiode oder Laserdiode) aufmoduliert und über den Wellenleiter zum Empfänger geführt. Im Empfänger benutzt man zur Demodulation Fotoelemente, Fotodioden oder Fototransistoren. Neben einer geringen Übertragungsdämpfung im LWL ist vor allem die mögliche Sendeleistung und der Modulationswirkungsgrad sowie die Empfindlichkeit des Empfängers für den Übertragungskanal wichtig.

Die Lumineszenzdiode erzeugt ein breites Spektrum im sichtbaren bzw. infraroten Bereich des Lichtes. Damit ist eine Modulation wie in Kapitel 4 beschrieben nicht mehr möglich. Das würde einen Träger mit einer Frequenz (monochromatisches Licht) voraussetzen. Lumineszenzdioden werden deshalb in ihrer Intensität moduliert. Laserdioden erzeugen eine oder mehrere Spektralfrequenzen und erlauben eine höhere Ausgangsleistung. Monochrome Modulation ist aber auch hier kaum üblich.

> In der Regel werden PCM-Signale durch *Intensitätsmodulation* übertragen. Die dabei auftretenden breiten Frequenzbänder sind bei der sehr hohen Trägerfrequenz unbedeutend.

Fotodioden für Licht-Demodulation sind vor allem durch einen hohen Wirkungsgrad der Lichtumwandlung in elektrische Leistung (Quantenwirkungsgrad) und ihre spektrale Empfindlichkeit gekennzeichnet. Es kommen PIN- und Avalanche-Dioden als optoelektronische Wander zur Anwendung.

Neben direkten Punkt-zu-Punkt-Verbindungen nach Bild 5.11 ist man bestrebt, auch die Nachrichtenvermittlung optisch zu verwirklichen. Dazu erforderliche optische Bauelemente (z. B. Multiplexer und Demultiplexer) sind bereits verfügbar.

5.6.2 Aufbau

Nach dieser kurzen Einführung in die Lichtleiterübertragung wird nun der Lichtleiter selbst näher betrachtet.

> Ein Lichtwellenleiter ist, wie der Name schon sagt, ein Wellenleiter für elektromagnetische Wellen im sichtbaren oder infraroten Bereich.

Die Abmessungen des LWL sind wesentlich größer als die Wellenlänge des zu übertragenden Lichtes. Die Ausbreitung des Lichtes im LWL kann deshalb mit den bekannten Gesetzen der Optik (Reflexionsgesetz, Brechungsgesetz) beschrieben werden. Maßgebend für die Ausbreitung des Lichtes ist der Aufbau des LWL, speziell der Verlauf der *Brechzahl n* quer zur Ausbreitungsrichtung zwischen Kern und Mantel. Lichtwellenleiter werden aus

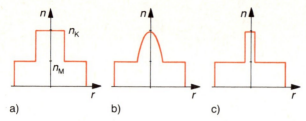

Bild 5.12
Brechzahlverlauf von LWL
a) Stufenprofil-Multimodefaser
b) Gradientenprofil-Multimodefaser
c) Monomodefaser

Glasfasern (z. B. Quarzglas) hergestellt. Je nach Dotierung (Zusatz von Silikaten) werden unterschiedliche Brechzahlen erzielt. In Bild 5.12 sind Verläufe der Brechzahl wichtiger Lichtwellenleiter in Abhängigkeit vom Radius des rund angenommenen Querschnitts dargestellt.

Am Beispiel des LWL mit Stufenprofil (Bild 5.12 a) wird die Lichtwellenausbreitung näher betrachtet. Ein unter dem Winkel α_0 einfallender Lichtstrahl wird im Faserkern entsprechend der Brechzahl n_K gegenüber der Brechzahl in Luft $n_0 = 1$ in das optisch dichtere Medium gemäß

$$\frac{\sin \alpha_0}{\sin \alpha_K} = \frac{n_K}{n_0} = n_K \qquad \text{(Gl. 5.21)}$$

gebrochen. Das gleiche gilt sinngemäß zwischen Kern und Mantel:

$$\frac{\sin \alpha_K}{\sin \alpha_M} = \frac{n_M}{n_K} \qquad \text{(Gl. 5.22)}$$

Bild 5.13 zeigt eine mögliche Strahlenführung in einem Lichtleiter mit Stufenprofil, wobei die Brechzahlen sich wie folgt verhalten:

$$n_0 > n_K > n_M$$

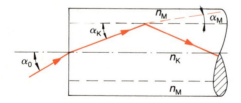

Bild 5.13
Lichtstrahlenverlauf in einem Stufenprofil-LWL

Wird der Einfallwinkel α_0 des Lichtes zu groß gewählt, kommt die erforderliche Totalreflexion am Mantel des LWL nicht mehr zustande, so daß eine Übertragung nicht möglich ist. LWL mit Stufenprofil werden für eine Lichtwellenlänge von $\lambda_0 \approx 0{,}85$ µm mit einem Kerndurchmesser $d_K = 50$ µm und dem Manteldurchmesser $d_M = 125$ µm gefertigt. Da die Lichtwellenlänge ein Vielfaches des Kerndurchmessers beträgt, können sich unterschiedliche Moden (Wellentypen) im LWL ausbilden. Dabei spielt der Einstrahlwinkel α_0 am Eingang eine große Rolle, weil unterschiedliche Brechzahlen auch unterschiedliche Ausbreitungsgeschwindigkeiten im LWL hervorrufen. Das führt in der beschriebenen Multimode-Faser zur sogenannten Modendispersion.

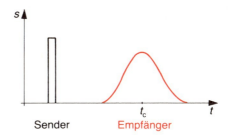

Bild 5.14
Impulsverbreiterung durch Modendispersion

> Unter *Modendispersion* versteht man die unterschiedliche Laufzeit verschiedener Lichtanteile im LWL und die damit verbundene Schwierigkeit, am Empfangsort die zu einem Signal gehörenden Lichtanteile zeitlich zuzuordnen.

Ein Rechteckimpuls verschleift nach Bild 5.14 zu einem breiten Empfangssignal. Das Problem der Modendispersion kann mit der Monomode-Faser (Bild 5.12 c) umgangen werden. Bei einem Kerndurchmesser $d_K \approx 3$ μm und einer Lichtwellenlänge $\lambda_0 = 1{,}3$ μm bildet sich nur noch ein Mode aus, so daß eine Modendispersion nicht mehr zu befürchten ist. Die technologischen Schwierigkeiten bei der Herstellung und Verarbeitung einer Monomode-Faser bezüglich ihrer Abmessungen liegen aber auf der Hand.

Einen Kompromiß stellt der LWL mit Gradientenprofil (Bild 5.12 b) dar. Lichtstrahlen, die in den äußeren Bereich des Kernes geraten, haben wegen der geringeren Brechzahl eine höhere Ausbreitungsgeschwindigkeit, so daß sich bei geeignetem Brechzahlprofil für alle Lichtanteile etwa die gleiche Laufzeit ergibt. Bei gleichen Abmessungen wie beim Stufenprofil-LWL wird eine um mindestens zwei Zehnerpotenzen geringere Dispersion und damit größere Reichweite und Bandbreite der Übertragung erzielt.

5.6.3 Eigenschaften

> Dämpfung und Dispersion sind die maßgebenden Systemparameter einer Lichtwellenleiterverbindung.

Bild 5.15 zeigt die Dämpfung eines typischen LWL (Quarzglas) als Funktion der Lichtwellenlänge. Die enthaltenen lokalen Dämpfungsmaxima werden durch Verunreinigungen verursacht. Zur Anwendung kommen heute die in Bild 5.15 eingezeichneten Bereiche I bis III

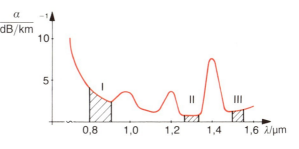

Bild 5.15
Dämpfungsverlauf als Funktion der Wellenlänge

(«Fenster»). Die Dämpfung im derzeit noch bevorzugt genutzten Bereich I liegt danach bei $\alpha \approx 2$ dB/km. Mit geringerer Dotierung werden auch schon Werte unter 1 dB/km erreicht. Der Trend zur Nutzung größerer Wellenlängen (Bereiche II und III) ist naheliegend.

Auf die Dispersion (auch als Laufzeitstreuung bezeichnet) wurde bereits hingewiesen. Sie ist eine statistische Größe und wird als Maß der Impulsverbreiterung durch die Standardabweichung σ der Impulsantwort von ihrem Schwerpunkt t_c definiert (vgl. Bild 5.14) und in ns/km gemessen. Die Dispersion bestimmt den minimal möglichen Abstand zweier Impulse, die am Empfangsort noch voneinander getrennt werden können. Aus σ kann die mögliche Bandbreite B_{LWL} und damit die Bitrate R_{LWL} je km berechnet werden:

$$R_{LWL} = \frac{1{,}25}{B_{LWL}} = \frac{0{,}25}{\sigma} \qquad (\text{Gl. 5.23})$$

Wie in Abschnitt 4.6 dargestellt, ist die Bitrate ein Maß für die je Zeiteinheit übertragbare Nachrichtenmenge. Für ein LWL-System ist das Produkt $R_{LWL} \cdot l$ bestimmend. Der Einfluß der Entfernung ist ersichtlich. Moderne Übertragungssysteme gestatten in Verbindung mit geeigneten Lichtwellenleitern heute Übertragungsweiten bis 50 km. Durch Einbau von Repeatern (elektronische Impulsverstärker und -former zur Wiederherstellung des Sendeimpulses) sind wesentliche größere Reichweiten möglich.

Die Lichtleitertechnik weist einige wesentliche Vorteile auf, die ihrer weiteren Verbreitung in der Nachrichtentechnik förderlich sind:

☐ LWL haben geringes Volumen und Gewicht;
☐ Störungen durch andere Kanäle oder elektromagnetische Felder sind ausgeschlossen;
☐ Sender und Empfänger besitzen keine elektrische Verbindung und sind deshalb galvanisch optimal getrennt;
☐ LWL werden kaum von der Temperatur beeinflußt;
☐ die relative Bandbreite einer LWL-Übertragung ist wegen der hohen Trägerfrequenz auch bei breitbandigen Signalen gering, so daß keine Verzerrungen auftreten.

Lichtwellenleiter bieten für die Zukunft ausreichende Kapazitäten bei der Nachrichtenübertragung.

5.7 Lernziel-Test

1. Wie unterscheiden sich elektrisch kurze und lange Leitung?
2. Wie groß ist der Wellenwiderstand eines Koaxialkabels mit dem Durchmesserverhältnis $D/d = 3$ und Polystyrol-Isolation ($\varepsilon_r = 1{,}2$)?
3. Eine Leitung von $l = 20$ km hat eine Dämpfungskonstante $\alpha = 1{,}2$ km^{-1}; wie groß ist das Dämpfungsmaß dieser Leitung in dB?
4. An das Ende einer Leitung mit $Z_0 = 200$ Ω wird ein Widerstand von 1 kΩ geschaltet; wie groß sind Anpassungsfaktor und Reflexionsfaktor? Was besagen diese Größen?
5. Wieviel Maxima der stehenden Welle bilden sich auf einer fehlangepaßten Leitung von $l = 20$ m mit dem Verkürzungsfaktor $k = 0{,}6$ bei 100 MHz aus?
6. Es soll der Eingangswiderstand von $Z_e = 300$ Ω an den Abschlußwiderstand $Z_a = 50$ Ω mit Hilfe einer Leitung bei 300 MHz angepaßt werden; wie groß müssen Wellenwiderstand und Länge sein?
7. Ein Rechteckhohlleiter mit $a = 2$ cm und $b = 5$ cm dient der Übertragung von Höchstfrequenzwellen; welcher Frequenzbereich kann übertragen werden?
8. Ein Stufenprofil-Lichtwellenleiter hat eine Dispersion $\delta = 40$ ns/km; wie weit kann ein Signal mit der Bitrate 100 kBit/s übertragen werden?
9. Nenn Sie wesentliche Vorteile des LWL!

6 Elektromagnetische Wellen

6.1 Kenngrößen

Mit elektromagnetischer Welle bezeichnet man die Form der Energieübertragung durch wandernde elektrische und magnetische Felder. In besonderen Fällen spricht man auch von Strahlung. Beim gezielten Einsatz elektromagnetischer Wellen für die Nachrichtentechnik liegt der Schwerpunkt auf der Übertragung von Signalen, nicht in der Übertragung von Energie.

6.1.1 Ausbreitungsgeschwindigkeit

In einem Medium breiten sich elektromagnetische Wellen mit endlicher Ausbreitungsgeschwindigkeit aus, deren Größe überwiegend von den dielektrischen Eigenschaften des Ausbreitungsmediums bestimmt wird.
Mit ausreichender Genauigkeit kann die Ausbreitungsgeschwindigkeit durch Gl. 6.1 bestimmt werden.

$$v = \frac{1}{\sqrt{\varepsilon_r}} \cdot c \qquad \text{(Gl. 6.1)}$$

v Ausbreitungsgeschwindigkeit der Welle
ε_r Dielektrizitätskonstante des Ausbreitungsmediums
c Lichtgeschwindigkeit (300 000 km $\cdot$ s^{-1})

Ist das Ausbreitungsmedium der freie Raum (vereinfachend betrachtet auch der uns umgebende Luftraum), so vereinfacht sich diese Beziehung, wegen ε_r gleich 1 für Luft, zu

$$v = c \qquad \text{(Gl. 6.2)}$$

Über die Ausbreitungsgeschwindigkeit und die Frequenz der elektromagnetischen Wellen kann durch nachfolgende, einfache Beziehung die Wellenlänge λ im jeweiligen Ausbreitungsmedium bestimmt werden.

$$\lambda = \frac{v}{f} \qquad \text{(Gl. 6.3)}$$

6.1.2 Welleneigenschaften

Elektromagnetische Wellen zeigen Eigenschaften, die aus den physikalischen Gesetzen der Optik bekannt sind.

Geradlinige Ausbreitung
Ausgehend von einer punktförmigen Strahlungsquelle breiten sich die elektromagnetischen Wellen kugelförmig nach allen Seiten aus.

Reflexion
Elektromagnetische Wellen werden an elektrisch leitfähigen Flächen (vergleichbar einem Spiegel) reflektiert.
Es gilt: Einfallswinkel = Ausfallswinkel.

Brechung
Elektromagnetische Wellen ändern ihre Ausbreitungsrichtung beim Wechsel von einem Ausbreitungsmedium in ein anderes mit abweichenden elektrischen Eigenschaften (z. B. warme Luft ↔ kalte Luft).
Die Änderung der Ausbreitungsrichtung erfolgt in Abhängigkeit von der Dielektrizitätskonstante (Leitfähigkeit) des Mediums:
Übergang von höherer zu geringerer Dielektrizitätskonstante → vom Lot weg;
Übergang von geringerer zu höherer Dielektrizitätskonstante → zum Lot hin.

Absorption
Elektromagnetischen Wellen wird in Schichten mit geringerer Leitfähigkeit Energie entzogen und in Wärme umgesetzt.

Abschattung
Elektromagnetische Wellen werden in der geradlinigen Ausbreitung behindert, z. B. durch Absorption oder Reflexion an Hindernissen (Berge, Gebäude usw.). Es entstehen Schattenzonen, in denen die elektromagnetische Welle nicht existent ist.

Beugung
Ablenkung der geradlinigen Ausbreitung einer elektromagnetischen Welle an Kanten, Hindernissen oder entlang elektrischer Leiter (z. B. entlang von Hochspannungsleitungen, entlang der gekrümmten Erd- oder Meeresoberfläche usw.).

6.1.3 Anwendungsbereiche

Elektromagnetische Wellen werden in vielfältiger Weise zum Zwecke der Nachrichtenübertragung eingesetzt. Die Anwendungsbereiche erstrecken sich dabei von den Längstwellen (VLF = very low frequency) bis hin zum sichtbaren Licht (VIS = visible). Einen Überblick gibt Bild 6.1.

Frequenz	Wellenlänge	Bezeichnung		
3 000 000 GHz	100 nm	ultraviolette Strahung (UV-Licht)		
300 000 GHz	1 μm	sichtbare Strahlung (Licht)	VIS	visible
30 000 GHz	10 μm	infrarote Strahlung (Wärmestrahlung)		
3 000 GHz	100 μm			
300 GHz	1 mm			
30 GHz	1 cm	Ultrakurzwellen 30 MHz ... 300 GHz 10 m ... 1mm	Millimeterwellen 30 GHz ... 300GHz 1 cm ... 1 mm	EHF extremely high frequency
3 GHz	10 cm		Zentimeterwellen 3 GHz ... 30 GHz 10 cm ... 1 cm	SHF super high frequency
300 MHz	1 m		Dezimeterwellen 300 MHz ... 3 GHz 1m ... 10 cm	UHF ultra high frequency
30 MHz	10 m		Meterwellen 30 MHz ... 300 MHz 10 m ... 1m	VHF very high frequency
3 MHz	100 m	Kurzwellen 3 MHz ... 30 MHz 100 m ... 10 m	Dekameterwellen	HF high frequency
		Grenzwellen 1,5 MHz ... 3 MHz	Hektometerwellen 300 kHz ... 3 MHz 1000 m ... 100 m	MF medium frequency
		Mittelwellen 500 ... 1500 kHz		
300 kHz	1 km	Langwellen 150 kHz ... 500 kHz 2000m ... 600 m	Kilometerwellen 30 kHz ... 300 kHz 10 km ... 1 km	LF low frequency
30 kHz	10 km	Längstwellen 10 kHz ... 150 kHz 30 km ... 2 km	Myriameterwellen < 30 kHz; > 10 km	VLF very low frequency
3 kHz	100 km			

Bild 6.1 Übersicht über den Einsatzbereich elektromagnetischer Wellen in der Nachrichtenübertragung

6.2 Ausbreitung

6.2.1 Erzeugung eines elektrischen und magnetischen Feldes

Beim Laden eines Kondensators nimmt das elektrische Feld zwischen den Platten zu, bis es ein Maximum erreicht (Bild 6.2). Solange das elektrische Feld zunimmt, fließt ein Strom, der sich mit einem Magnetfeld umgibt. Auch das elektrische Feld wird sich, solange es zunimmt, mit einem Magnetfeld umgeben. Ist das Maximum der Ladung erreicht, fließt kein Strom mehr, folglich existiert auch kein Magnetfeld mehr. Bleibt der Kondensator geladen, so bleibt auch das elektrische Feld zwischen den Kondensatorplatten konstant, das magnetische Feld ist verschwunden.

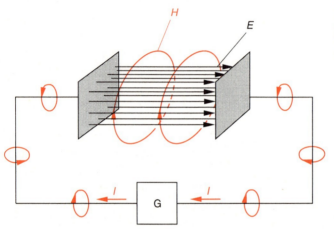

Bild 6.2
Elektrisches und magnetisches Feld beim Laden eines Kondensators

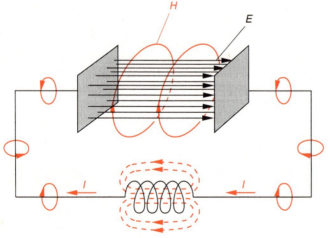

Bild 6.3
Schwingkreis aus Spule und Kondensator

> Ursache für das magnetische Feld ist ein sich ändernder Strom bzw. ein sich änderndes elektrisches Feld.

Beim Entladen stellt sich nun wieder eine Stromänderung bzw. eine Änderung des elektrischen Feldes ein. Folglich wird das elektrische Feld zwischen den Kondensatorplatten wiederum von einem, sich ebenfalls ändernden, magnetischen Feld umschlossen.
Ersetzt man in der Schaltung nach Bild 6.2 den Generator durch eine Spule, so erhält man einen Schwingkreis (Bild 6.3). Unter der Annahme idealer Verhältnisse (keine Verluste an Bauteilen und Leitungen) wird die einmalig aufgebrachte Ladungsenergie des Kondensators wechselweise zwischen Kondensator und Spule hin und her pendeln. Es kommt ein periodischer Lade- und Entladevorgang zustande, bei dem die Energie abwechselnd im elektrischen Feld des Kondensators und im magnetischen Feld der Spule zwischengespeichert wird.
Zwischen den Platten des Kondensators wird also periodisch ein sich änderndes elektrisches Feld auftreten, das sich mit einem, sich ebenfalls ändernden, magnetischen Feld umgibt.
In der Praxis gibt es natürlich keine verlustfreien Bauteile. Die Energieverluste kann man dadurch ausgleichen, daß über die Induktivität von außen Hochfrequenzenergie eingekoppelt wird.
Verändert man den Aufbau des Schwingkreises nach Bild 6.3 derart, daß man die Platten des Kondensators «aufbiegt», so erhält man eine Anordnung nach Bild 6.4. Diese modellhafte Darstellung läßt im nachfolgenden erkennen, wie ein elektrisches und ein magnetisches Feld erzeugt werden können, die zur Aussendung einer elektromagnetischen Welle geeignet sind.

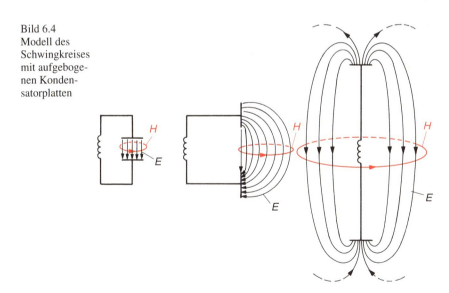

Bild 6.4
Modell des Schwingkreises mit aufgebogenen Kondensatorplatten

6.2.2 Abstrahlung eines elektrischen Feldanteils

Ausgehend vom Modell des aufgebogenen Parallelschwingkreises kann man sich das felderzeugende Gebilde als eine Spule mit entgegengesetzt abstehenden, gerade Leiterenden vorstellen. Die Kondensatorplatten sind auf die Querschnittsflächen der Leiterenden reduziert. Auf die induktive Energieeinkopplung in die Spule wird aus Übersichtlichkeitsgründen in der Darstellung in Bild 6.5 verzichtet.

Bei dieser Betrachtung ist die Ursache des magnetischen Feldes der Stromfluß im Leiter, die Ursache des elektrischen Feldes die Ladungsverschiebung an den Leiterstabenden.

Zwischen elektrischem und magnetischem Feld besteht eine zeitliche Phasenverschiebung von einer Viertel-Periode (90°). Daher stellt diese Energie des gemeinsamen Feldes eine reine Blindenergie dar.

Die Ausbreitungsgeschwindigkeit, mit der sich beide Felder in den Raum ausbreiten, beträgt ungefähr Lichtgeschwindigkeit. Aber selbst bei Lichtgeschwindigkeit wird eine gewisse Zeit zur Zurücklegung einer Entfernung benötigt. Das ist auch der Grund, warum es zur Abschnürung eines Teils des elektrischen Feldes kommt.

Die elektrischen Feldlinien, an den Leiterenden beginnend und endend, breiten sich beim Zunehmen des elektrischen Feldes mit Lichtgeschwindigkeit in den Raum aus. Beim Abnehmen des elektrischen Feldes sollen diese Feldlinien, ebenfalls mit Lichtgeschwindigkeit wieder zurückgeholt werden. Während diese Reaktion in der Nähe der Leiterenden unverzüglich umgesetzt wird, können die bereits weit entfernten Feldlinienbereiche aufgrund der endlichen Ausbreitungsgeschwindigkeit nur mit «Verzögerung» folgen.

Der dabei eintretende Abschnürungseffekt wird zusätzlich noch dadurch verstärkt, daß im Abschnürungsbereich, durch die Verbiegung der Feldlinien, diese sich teilweise entgegengesetzt gegenüberstehen und somit zu einer Abstoßung der weiter entfernten Feldlinien führen. Es wird also ein Teil des elektrischen Feldes, und damit natürlich auch ein Teil der abgestrahlten Energie, nicht mehr zur Energiequelle zurückkehren, sondern sich weiter mit annähernd Lichtgeschwindigkeit in den Raum ausbreiten.

Die Abschnürung des elektrischen Feldes findet in einem ganz bestimmten Abstand von der abstrahlenden Energiequelle statt.

Man nennt ihn den *kritischen Radius*, der sich rechnerisch in Abhängigkeit von der Wellenlänge (Frequenz) ermitteln läßt.

$$r_k = \frac{\lambda}{2\pi}$$ (Gl. 6.4)

Der Bereich innerhalb des kritischen Radius wird auch das *Nahfeld* genannt. Das im Nahfeld auftretende elektrische und magnetische Feld ist zeitlich um eine Viertelperiode phasenverschoben. Der Energieinhalt dieses Feldes stellt reine Blindenergie dar.

Der abgeschnürte elektrische Feldanteil breitet sich mit annähernd Lichtgeschwindigkeit in den Raum aus. Er stellt einen Teil der in der abstrahlenden Quelle ursprünglich vorhandenen Energie dar. Die abstrahlende Quelle (Sender) gibt somit Energie in den Raum ab. Soll diese Energieabstrahlung aufrechterhalten bleiben, so muß dem Sender laufend neue Energie zugeführt werden.

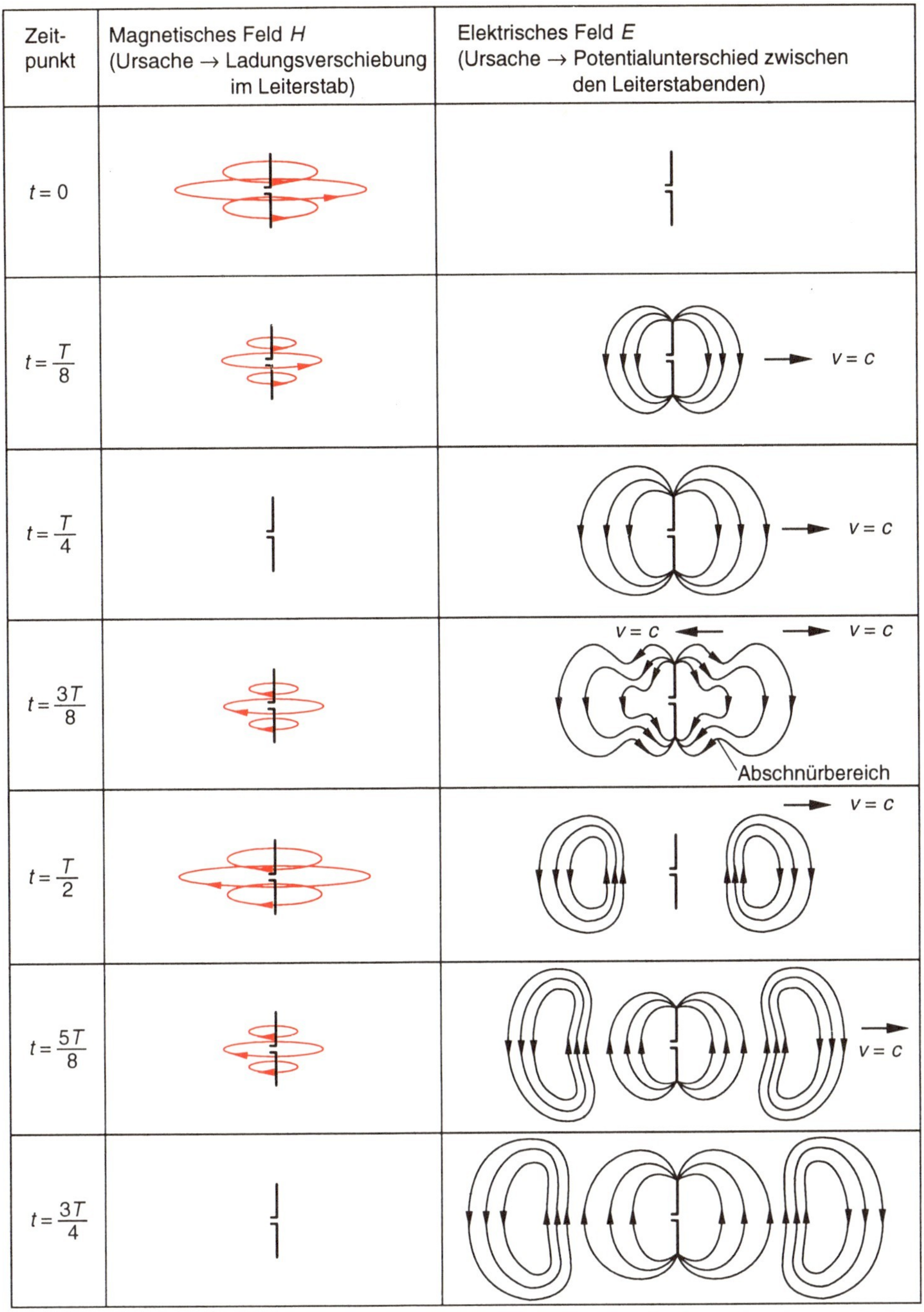

Zeit-punkt	Magnetisches Feld H (Ursache → Ladungsverschiebung im Leiterstab)	Elektrisches Feld E (Ursache → Potentialunterschied zwischen den Leiterstabenden)
$t = 0$		
$t = \dfrac{T}{8}$		$v = c$
$t = \dfrac{T}{4}$		$v = c$
$t = \dfrac{3T}{8}$		$v = c \leftarrow \quad \rightarrow v = c$ Abschnürbereich
$t = \dfrac{T}{2}$		$v = c$
$t = \dfrac{5T}{8}$		$v = c$
$t = \dfrac{3T}{4}$		

Bild 6.5 Abstrahlung des elektrischen Feldanteils

6.2.3 Entstehung der elektromagnetischen Welle

Im voranstehenden Abschnitt wurde modellhaft erklärt, wie es zur Abstrahlung eines elektrischen Feldes kommt. Nun besteht aber, wie aus den Grundlagen der Elektrotechnik bekannt, bei sich ändernden Feldgrößen eine unabdingbare Wechselbeziehung zwischen elektrischen und magnetischen Feldern.

> Jedes sich ändernde elektrische Feld erzeugt ein die elektrischen Feldlinien umschließendes Magnetfeld. Die magnetischen Feldlinien sind in sich geschlossen.

> Jedes sich ändernde magnetische Feld erzeugt ein die magnetischen Feldlinien umschließendes elektrisches Feld. Ein Leiter, aus dem die elektrischen Feldlinien austreten und in den sie einmünden, braucht dabei nicht vorhanden zu sein.

Der von der abstrahlenden Energiequelle abgeschnürte und sich in den Raum ausbreitende elektrische Feldanteil wird sich, den vorstehend genannten Grundsätzen unterliegend, nun seinerseits mit einem magnetischen Feld umgeben.

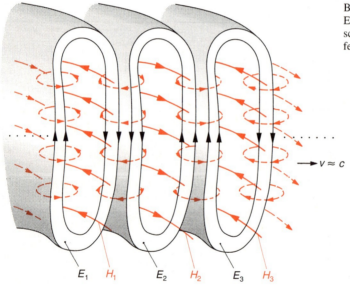

Bild 6.6
Elektrischer und magnetischer Feldanteil im Fernfeld

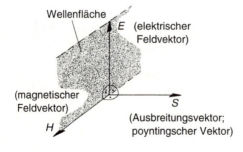

Bild 6.7
Charakterisierung einer elektromagnetischen Welle durch die Feldvektoren

In Bild 6.6 ist dieser Zusammenhang stark vereinfacht dargestellt. Entscheidend hierbei ist jedoch nun, daß zwar eine örtliche, aber keine zeitliche Phasenverschiebung mehr zwischen elektrischem und magnetischem Feld besteht. Durch diese Gleichphasigkeit des elektrischen und magnetischen Feldanteils ist die in den Feldern enthaltene Energie als Wirkenergie nutzbar, man spricht von der elektromagnetischen Welle im *Fernfeld* des abstrahlenden Senders.

Praktisch betrachtet beginnt das Fernfeld erst ab einem Abstand von ca. 3 bis 4 Wellenlängen vom Senderstandort.

Im Fernfeld wird die räumliche Ausdehnung so groß, daß die Feldlinien des elektrischen und magnetischen Feldes sowohl senkrecht zueinander als auch senkrecht zur Ausbreitungsrichtung stehen.

Bild 6.7 zeigt eine Darstellung der drei wichtigen Komponenten als sogenannte *Feldvektoren*. Bei der überwiegenden Anzahl der Empfangsantennenarten ist der in der elektromagnetischen Welle enthaltene elektrische Feldanteil ausschlaggebend. Er bewirkt im Antennenstab (einem Leiter) eine Ladungsverschiebung, die über den angepaßten Eingangswiderstand des Empfängers als elektrische Spannung abgegriffen werden kann.

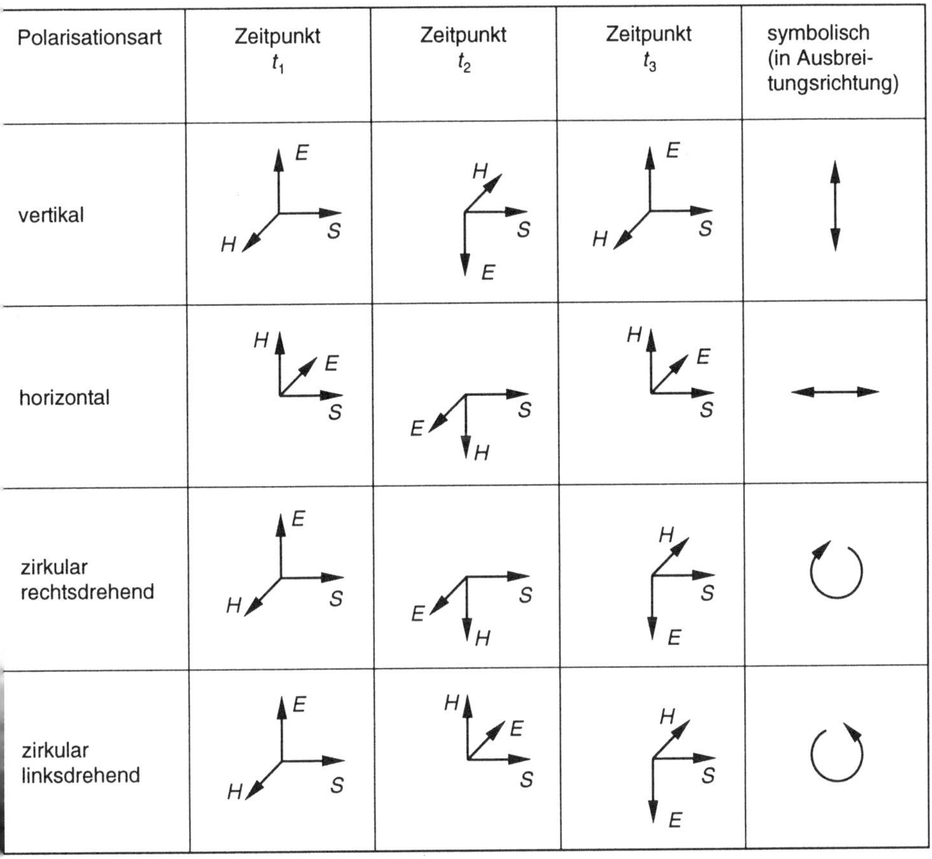

Polarisationsart	Zeitpunkt t_1	Zeitpunkt t_2	Zeitpunkt t_3	symbolisch (in Ausbreitungsrichtung)
vertikal				
horizontal				
zirkular rechtsdrehend				
zirkular linksdrehend				

Bild 6.8   Polarisationsarten elektromagnetischer Wellen

> Die räumliche Lage des elektrischen Feldvektors, bezogen auf die Ausbreitungsrichtung, wird als Polarisation der elektromagnetischen Welle bezeichnet.

Die Polarisationsarten elektromagnetischer Wellen sind in Bild 6.8 dargestellt.
Beim Empfang von Signalen ist daher, z. B. zur optimalen Ausrichtung der Empfangsantenne die Polarisation der zu empfangenden elektromagnetischen Welle unbedingt zu beachten.

6.3 Ausbreitungsarten

6.3.1 Bodenwellenausbreitung

Die felderzeugende, abstrahlende Quelle kann man sich wie den in Abschnitt 6.2.2 beschriebenen Parallelschwingkreis vorstellen, der modellhaft für die Beschreibung der Bodenwellenausbreitung wie folgt modifiziert wird (Bild 6.9):
Die Spule wird einseitig geerdet und der verbleibende, einseitig von der Spule abgehende Leiterstab steht dabei senkrecht über der elektrisch sehr gut leitfähigen, waagrechten Oberfläche, die ebenfalls geerdet ist. Auf die induktive Energieeinkopplung in die Spule wird in der Darstellung in Bild 6.9 aus Übersichtlichkeitsgründen verzichtet.

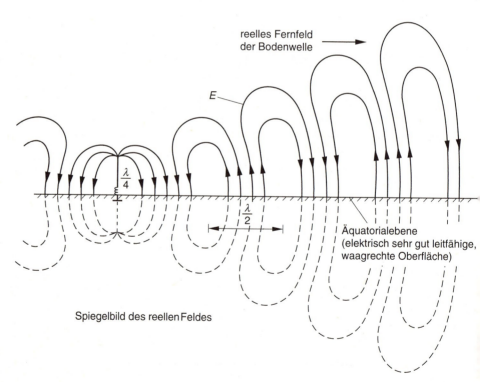

Bild 6.9   Modellvorstellung der Bodenwellenausbreitung elektromagnetischer Wellen

Unter der Annahme einer unendlich guten Leitfähigkeit der Erdoberfläche wirkt diese wie ein Spiegel. Das Aussehen des reellen Feldes einschließlich seines Spiegelbildes gleicht der Modelldarstellung nach Abschnitt 6.2. Die extrem gute Spiegelung bedeutet eine praktisch verlustlose Feldausbreitung. Durch den Erdboden wird dem Feld keine Energie entzogen.
In der Praxis ist dies jedoch nicht der Fall. Die Eindringtiefe der elektrischen Feldlinien in die Erdoberfläche ist einerseits von der Leitfähigkeit des Erdbodens und andererseits von der Wellenlänge abhängig. Dabei gilt:

> Gute Leitfähigkeit bewirkt geringe Eindringtiefe;
> schlechte Leitfähigkeit bewirkt große Eindringtiefe.

> Große Wellenlängen (kleine Frequenzen) bewirken große Eindringtiefe;
> kurze Wellenlängen (hohe Frequenzen) bewirken geringe Eindringtiefe.

Mit Reichweite einer Bodenwelle bezeichnet man die Entfernung vom Senderstandort, bis zu der mit vertretbarem Antennenaufwand noch ein Empfang des abgestrahlten Signals möglich ist. Eine sich ausbreitende Bodenwelle wird an der Erdoberfläche gebeugt, da elektrische Feldlinien immer senkrecht in einen Leiter eintreten oder aus ihm austreten. Die Reichweite einer abgestrahlten Bodenwelle hängt von mehreren Einflußfaktoren ab:

☐ von der abgestrahlten Energie (Sendeleistung) –
   je größer die Sendeleistung, desto größer die Reichweite;
☐ von der Bodenleitfähigkeit –
   je größer die Leitfähigkeit, desto geringer die Dämpfung
   (Absorption), daher größere Reichweite.

Die Leitfähigkeit von Meerwasser (Salzwasser) beträgt z. B. ca. 4 $(\Omega m)^{-1}$, die des Erdbodens schwankt zwischen 10^{-4} $(\Omega m)^{-1}$ und 10^{-1} $(\Omega m)^{-1}$;

☐ von der Wellenlänge des abgestrahlten Signals –
   je größer die Wellenlänge, desto weniger Beugungsvorgänge
   treten auf (jeder Beugungsvorgang bringt Verluste), daher
   größere Reichweite.

Reine Bodenwellenausbreitung wird deshalb überwiegend bei Längst- und Langwellen ($\lambda > 100$ m) angewandt. Die Senderstandorte werden möglichst nahe an der Meeresküste (Küstenfunkstellen), am Ufer großer Seen oder in großen Flußtälern (gute Bodenleitfähigkeit) installiert. Elektromagnetische Wellen, die sich als Bodenwellen ausbreiten sollen, werden grundsätzlich vertikal polarisiert abgestrahlt.

6.3.2 Raumwellenausbreitung

Der Anteil der von einem Sender abgestrahlten elektromagnetischen Welle, der sich von der Erdoberfläche weg nach oben in den Raum ausbreitet, wird Raumwelle genannt.

Unter bestimmten Voraussetzungen wird die Raumwelle – oder Teile davon – von bestimmten Schichten der die Erde umgebenden Lufthülle reflektiert. Diese Schichten befinden sich in der sogenannten *Ionosphäre*, in einer Höhe zwischen ca. 80 bis 800 km über der Erdoberfläche.

Die Moleküle in den nach oben immer dünner werdenden Luftschichten werden durch die einfallende Strahlungsenergie der Sonne und des Weltraumes ionisiert. Es bilden sich positive Molekül-Ionen und freie Elektronen.

Während eines Tages bilden sich folgende, ionisierte Schichten:

☐ in etwa 50 km Höhe die D-Schicht, überwiegend aus ionisiertem Stickstoffmonoxid (NO-Ionen),
☐ in etwa 100 km Höhe die E-Schicht, überwiegend aus ionisiertem Sauerstoff (O_2-Ionen),
☐ in etwa 180 km Höhe die F_1-Schicht, überwiegend aus ionisiertem Stickstoff (N_2-Ionen),
☐ in etwa 250 bis 300 km Höhe die F_2-Schicht, überwiegend aus ionisiertem Sauerstoff, Wasserstoff und Helium (O-, H- und He-Ionen).

Einen Überblick über die Ionenkonzentration der Ionosphäre in Abhängigkeit von der Höhe zeigt Bild 6.10.

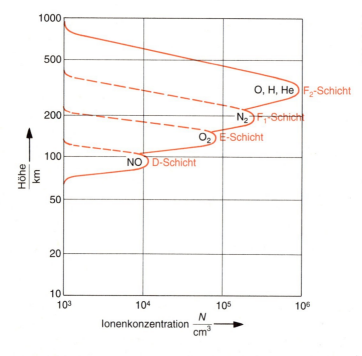

Bild 6.10
Ionenkonzentration der Ionosphäre in Abhängigkeit von der Höhe

Abhängig von der Tageszeit bzw. der Sonneneinstrahlung lösen sich diese Schichten, von unten nach oben beginnend, auf. Die F_2-Schicht bleibt jedoch auch während der ganzen Nacht erhalten, obwohl sie gegen Morgen erheblich an Dichte abnimmt.

Diese Schichten der Ionosphäre wirken auf die auf sie auftreffenden elektromagnetischen Wellen (Funkwellen), je nach Wellenlänge und Tageszeit, wie ein Spiegel.

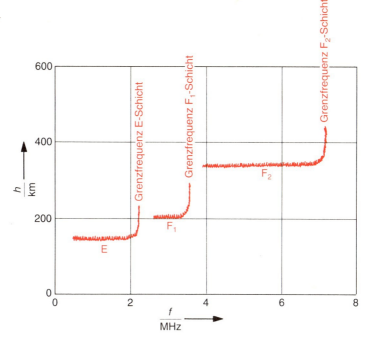

Bild 6.11
Darstellungsform für ein Ionogramm

Zwischen der höchsten Frequenz (*Plasmafrequenz*) einer Funkwelle, die bei senkrechtem Auftreffen auf eine Schicht gerade noch reflektiert wird, und der Ionendichte in der spiegelnden Schicht besteht ein mathematischer Zusammenhang.

$$N = k \cdot f_0^2$$

(Gl. 6.5)

N Ionendichte in cm^{-3}
k Konstante $1{,}25 \cdot 10^{-8}$ s^{2}cm^{-3}
f_0 Plasmafrequenz in Hz

Die Ionosphäre kann meßtechnisch vermessen werden. Dazu werden Hochfrequenzimpulse, deren Frequenzen stetig erhöht werden, nach dem Radarprinzip senkrecht nach oben ausgesendet, ihre Echos (Reflexion) empfangen und in Form eines *Ionogramms* (Bild 6.11) aufgezeichnet.
Eine verlustarme Reflexion der Funkwellen tritt überwiegend dann ein, wenn die freien Elektronen in der Ionosphärenschicht im Rhythmus des elektrischen Feldanteils der Funkwelle ungestört mitschwingen können.
Kommt es in den dichteren Luftschichten (z. B. der D-Schicht) häufig zu Zusammenstößen der Elektronen mit anderen Teilchen, so wird die Funkwelle stark gedämpft, die in ihr enthaltene Energie in Wärme umgewandelt.
Haben sich nachts die D- und E-Schicht aufgelöst, so können besonders Kurz- und Mittelwellen bis zu den F-Schichten fast ungehindert durchdringen und an diesen nahezu verlustlos reflektiert werden.

Da die ionisierten Schichten in ihrer Höhe bestimmten Schwankungen unterliegen, kommt es teilweise zu Überlagerungen (*Interferenz*) von Bodenwellen- und Raumwellenanteilen oder zwischen unterschiedlich reflektierten Raumwellenanteilen. Dies kann zu erheblichen Empfangsstörungen führen (*Schwund* oder *Fading*).

Die Elektronen- bzw. Ionenkonzentration einer Schicht nimmt bis zu einem Maximum zu und dann wieder ab (siehe auch Bild 6.10). Je nach Auftreffwinkel der Funkwellen kommt es an und in den Schichten zu Reflexion und Brechung (Bild 6.12).

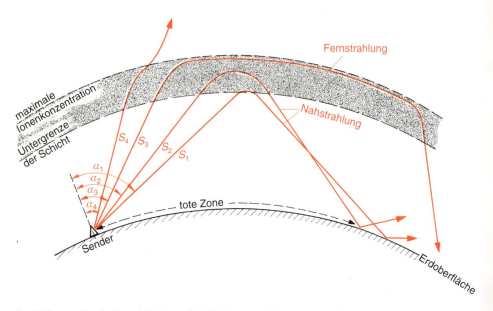

S_1: Wellenanteil mit Abstrahlrichtung S_1 (Winkel α_1) wird am unteren Teil der Ionosphärenschicht reflektiert.

S_2: Wellenanteil mit Abstrahlrichtung S_2 (Winkel α_2) wird noch vor dem Ionisierungsmaximum gebrochen und zur Erdoberfläche zurückreflektiert.

S_3: Wellenanteil mit Abstrahlrichtung S_3 (Winkel α_3) wird bis zum Ionisierungsmaximum gebrochen und wandert längs dieses Maximums.

S_4: Wellenanteil mit Abstrahlrichtung S_4 (Winkel α_2) durchdringt die Ionosphärenschicht.

Bild 6.12   Schematische Darstellung der Ausbreitung von Raumwellen über die Ionosphäre

Bei Kurzwellenübertragung über große Entfernungen wird die Funkwelle in Abhängigkeit von der Tageszeit und der gewünschten Empfangsregion mit veränderbarem Abstrahlwinkel abgestrahlt (z. B. durch sogenannte Rhombus-Antennen). Die höchstmögliche Arbeitsfrequenz bei Kurzwelle (MUF = maximal usuable frequency) beträgt:

$$f_{max} = \frac{f_0}{\cos \alpha}$$

Soll eine Kurzwellenverbindung mittels Raumwellenausbreitung, z. B. nach Übersee, tags und nachts aufrechterhalten werden, so muß sowohl der Abstrahlwinkel als auch die Betriebsfrequenz mehrmals am Tag dem jeweiligen Ionosphärenzustand angepaßt (geändert) werden. Elektromagnetische Wellen, die sich als Raumwellen ausbreiten sollen, können beim Empfang, beeinflußt durch mehrfache Reflexionen, von ihrer ursprünglich abgestrahlten Polarisationslage abweichen. Dies ist bei der optimalen Ausrichtung der Empfangsantennen zu berücksichtigen.

6.3.3 Quasioptische Funkwellenausbreitung

Funkwellen mit einer Wellenlänge von ca. 10 m und weniger (Frequenz größer als 30 MHz) durchdringen die Ionosphäre nahezu unbeeinflußt. Diese Wellen werden jedoch von einer anderen Luftschicht, der Troposphäre (bis etwa 30 km Höhe) beeinflußt.
Elektromagnetische Wellen mit Wellenlängen kleiner als 10 m sind in ihrer Anwendung zur Nachrichtenübertragung besonders den Gesetzen der Optik (geradlinige Ausbreitung) unterworfen. Besonders im erdoberflächennahen Bereich, man spricht hier auch von *troposphärischer Wellenausbreitung*, treten Reflexionen, Absorption, Beugung und Streuung am Erdboden und Brechung in Troposphärenschichten (Bild 6.13) auf.

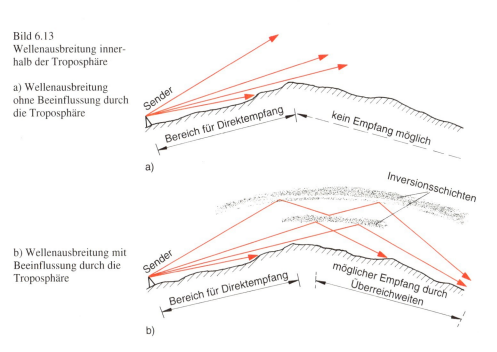

Bild 6.13
Wellenausbreitung innerhalb der Troposphäre

a) Wellenausbreitung ohne Beeinflussung durch die Troposphäre

b) Wellenausbreitung mit Beeinflussung durch die Troposphäre

Im Gegensatz zum sichtbaren Licht ($\lambda < 1$ μm) werden diese Funkwellen durch Hindernisse, wie Hügel, Berge, Wälder, hohe Gebäude usw., nicht völlig abgeschattet. Wegen ihrer gegenüber sichtbarem Licht wesentlich größeren Wellenlänge gelangt ein Teil der elektromagnetischen Welle infolge Beugung und Streuung in die Schattenzonen hinter den Hindernissen. Man bezeichnet die Ausbreitung elektromagnetischer Wellen dieser Wellenlänge deshalb als «*quasioptisch*».

Die Funkverbindungen, die den optischen Gesetzen weitgehendst folgen, sind die terrestrischen Richtfunkverbindungen und die Satellitenverbindungen.

6.3.4 Zusammenfassender Überblick

Bild 6.14 zeigt in schematischer und vereinfachter Weise einen Überblick über die gebräuchlichsten Ausbreitungs- und Anwendungsarten elektromagnetischer Wellen in der Nachrichtentechnik.

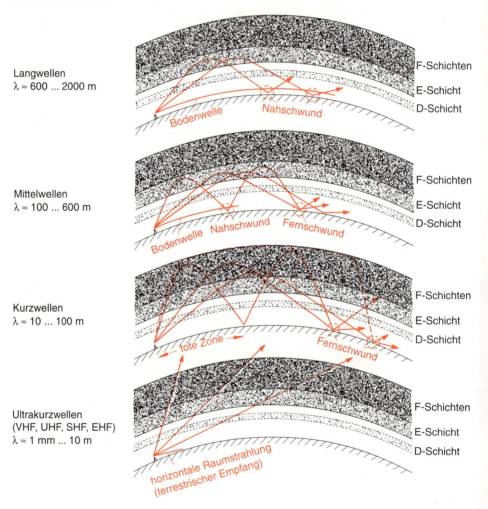

Bild 6.14 Schematischer Überblick über die terrestrische Ausbreitung elektromagnetischer Wellen

6.4 Antennen

6.4.1 Dipolantennen

Das in Abschnitt 6.2.2 vorgestellte Modell zur Abstrahlung elektromagnetischer Wellen stellt im Prinzip eine Antenne dar, die für den Fall, daß die beiden Leiterstäbe je ein Viertel der Wellenlänge (bezogen auf die Sende- bzw. Empfangsfrequenz) betragen, einem Dipol mit der Gesamtlänge der $\lambda/2$ entspricht.

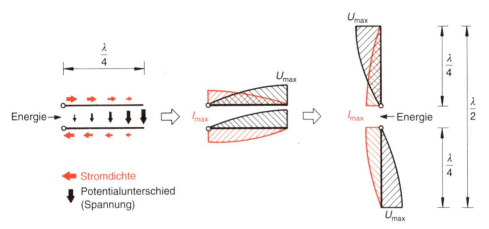

Bild 6.15 Örtliche Verteilung des Stromes und der Spannung auf den Dipolstäben

Für die örtliche Strom- und Spannungsverteilung auf den Dipolstäben ist die in Bild 6.15 gezeigte Modelldarstellung der aufgebogenen, offenen $\lambda/4$-Leitung hilfreich.
Wird am Eingang dieser Leitung mit einer HF-Energie eingespeist, deren Frequenz so abgestimmt ist, daß die Leitungslänge genau einer Viertelwellenlänge entspricht, so sind folgende Effekte beobachtbar:

- In beiden Leiterstäben erfolgt eine Ladungsträgerverschiebung derart, daß in einem Leiterstab die Ladungen zum Leiterende hin und im anderen Leiterstab vom Leiterende weg verschoben werden. Die durch die Ladungsträgerströmung auftretende Stromdichte (Stromstärke) ist dabei grundsätzlich am Leiteranfang am größten und nimmt gegen das Leiterende hin auf null ab.
- Der Potentialunterschied (Spannung) zwischen beiden Leiterstäben ist am Leitungsanfang praktisch Null und nimmt bis zu den Leiterenden hin einen Maximalwert an.

Wellenwiderstand und Schlankheitsgrad

Der Wellenwiderstand Z_D des Dipols gibt das Verhältnis zwischen den maximalen, örtlich verteilten Effektivwerten von Spannung und Strom an.

$$Z_D = \frac{U_{max}}{I_{max}}$$ (Gl. 6.7)

Die Größe dieses Verhältnisses wird von den geometrischen Abmessungen des Dipols bestimmt und kann über nachfolgende Näherungsformel berechnet werden:

$$Z_D = 120 \cdot \ln\left(0{,}575 \cdot \frac{l}{d}\right) \ [\Omega]$$ (Gl. 6.8)

    l   Gesamtlänge des Dipols
    d Stabdicke des Dipolstabes
    (*l* und *d* sind in gleichen Einheiten einzusetzen)

Den Quotienten *l/d* nennt man den *Schlankheitsgrad* des Dipols (Bild 6.16).

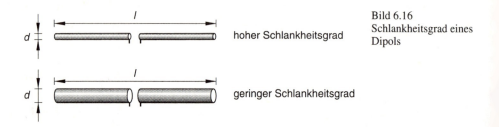

Bild 6.16 Schlankheitsgrad eines Dipols

> Dipole mit hohem Schlankheitsgrad sind schmalbandig.

> Dipole mit geringem Schlankheitsgrad sind breitbandig.

Beispiele für den Einfluß des Schlankheitsgrades auf den Wellenwiderstand eines Halbwellendipols:

    für $\frac{l}{d} = 20 \rightarrow Z_D \approx 293 \ \Omega$

    für $\frac{l}{d} = 50 \rightarrow Z_D \approx 403 \ \Omega$

    für $\frac{l}{d} = 100 \rightarrow Z_D \approx 486 \ \Omega$

    für $\frac{l}{d} = 200 \rightarrow Z_D \approx 569 \ \Omega$

Elektrisch wirksame Länge
Um die Strahlungsleistung und den Strahlungswiderstand eines Dipols vereinfachend bestimmen zu können, unterstellt man eine gleichmäßige Stromdichteverteilung entlang einer kürzeren, elektrisch äquivalenten Stablänge, der sogenannten *elektrisch wirksamen Länge*, l_w (Bild 6.17).

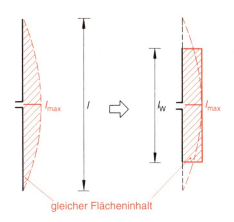

Bild 6.17
Vereinfachende Annahme einer gleichmäßigen Stromdichteverteilung

l geometrische Länge
l_w elektrisch wirksame Länge

Für den abgestimmten Dipol gilt dabei annähernd:

$$l_w = \frac{2}{\pi} \cdot l \qquad \text{(Gl. 6.9)}$$

Da beim Halbwellen-Dipol die Länge *l* gleich $\frac{\lambda}{2}$ ist, folgt:

$$l_w = \frac{\lambda}{\pi} \qquad \text{(Gl. 6.10)}$$

Strahlungswiderstand
Der Strahlungswiderstand eines Dipols entspricht dem Wirkwiderstand. Über den Wirkwiderstand einer Antenne wird dem Sender Energie entzogen. Vernachlässigt man geringfügige ohmsche Verluste, so repräsentiert der Strahlungswiderstand den Verbraucher des Anteils an Energie, der über die Antenne an das Fernfeld abgegeben wird.
Vereinfachend kann der Strahlungswiderstand über folgende Näherungsformel bestimmt werden:

$$R_s \approx 790 \cdot \left(\frac{l_w}{\lambda}\right)^2 \ [\Omega] \qquad \text{(Gl. 6.11)}$$

Die exakte mathematische Berechnung liefert für den Halbwellen-Dipol einen Wert von 73,2 Ω. In der Praxis wird generell mit einem Wert von 75 Ω gerechnet. Dies gilt allerdings nur dann mit ausreichender Genauigkeit, wenn der Schlankheitsgrad der Antenne groß ist (l/d >100). Bei kleinerem Schlankheitsgrad sinkt auch der Strahlungswiderstand.

Strahlungsleistung
Die Strahlungsleistung einer Antenne gibt an, wieviel Wirkenergie die Antenne je Sekunde über den Strahlungswiderstand an das Fernfeld abstrahlt.

$$P_s = R_s \cdot I^2$$ (Gl. 6.12)

Wellenwiderstand des freien Raumes
Der Wellenwiderstand des freien Raumes ist ein Maß dafür, welches Verhältnis von elektrischer Feldstärke E zu magnetischer Feldstärke H sich bei der Ausbreitung einstellt. Er wird bestimmt durch seine Dielektrizitäts- und Permeabilitätskonstante.

$$Z_0 = \sqrt{\frac{\mu_0}{\varepsilon_0}}$$ (Gl. 6.13)

Mit den eingesetzten Zahlenwerten für $\mu_0 = 4 \cdot \pi \, 10^{-7}$ Hm^{-1} und für $\varepsilon_0 = 0{,}8854 \cdot 10^{-11}$ Fm^{-1} ergibt sich der konstante Wert von

$$Z_0 = 377 \, \Omega$$ (Gl. 6.14)

Strahlungsdichte der elektromagnetischen Welle im Fernfeld
Im Fernfeld stehen elektrisches und magnetisches Feld senkrecht zueinander und sind phasengleich. Mit Strahlungsdichte bezeichnet man dabei die je Sekunde durch eine Flächeneinheit transportierte Strahlungsenergie.

$$S = E_{\text{eff}} \cdot H_{\text{eff}}$$ (Gl. 6.15)

Da bei vielen Empfangsantennen überwiegend der elektrische Feldanteil bestimmend für die Empfangsqualität ist, wird die Berechnungsformel für die in einer elektromagnetischen Welle enthaltene Strahlungsdichte häufig in der folgenden Form angewendet:

$$S = \frac{1}{Z_0} \cdot E_{\text{eff}}^2$$ (Gl. 6.16)

Wirksame Antennenfläche einer Empfangsantenne
Eine Empfangsantenne kann aus der gesamten auf sie auftreffenden Wellenfront nur einen ganz bestimmten Anteil der in der Welle enthaltenen Strahlungsenergie aufnehmen. Der Anteil an Strahlungsenergie, der durch die Antenne absorbiert und in Wirkenergie umgesetzt wird, durchdringt eine die Antenne unmittelbar umgebende Fläche, die sogenannte «wirksame Antennenfläche» oder *Absorptionsfläche*.

$$A = \frac{Z_0}{4 \cdot R_s} \cdot 1_w^2$$ (Gl. 6.17)

Bild 6.18
Absorptionsfläche eines Halbwellendipols

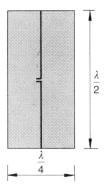

Beispiel für den Halbwellen-Dipol (Bild 6.18):

$$A = \frac{377\,\Omega}{4 \cdot 75\,\Omega} \cdot \frac{\lambda^2}{\pi^2} \approx 0{,}127 \cdot \lambda^2 \approx \frac{\lambda^2}{8}$$

$$\frac{\lambda^2}{8} = \frac{\lambda}{2} \cdot \frac{\lambda}{4}$$

Empfangsleistung eines Dipols
Die Empfangsleistung eines Dipols gibt die pro Sekunde maximal aufnehmbare Energie eines abgestimmten und an die Empfangsanlage angepaßten Dipols an. Sie ist das Produkt der wirksamen Antennenfläche mit der sie durchdringenden Strahlungsdichte.

$$\boxed{P_E = S \cdot A} \qquad\qquad\qquad\qquad\qquad\qquad (Gl.\ 6.18)$$

Resonanzverkürzung bei Dipolen
Dipole werden üblicherweise «abgestimmt» betrieben, d. h., ihre Länge soll so beschaffen sein, daß die Spannungs- und Stromverteilung auf den Dipolstäben einer halben Wellenlänge (oder einem Vielfachen davon) entspricht.
Dabei wird der Dipol vergleichbar einem Schwingkreis bei Resonanz betrieben. Die Resonanzfrequenz wird durch die Induktivität und die Kapazität der Antennenstäbe bestimmt.
Während sich die Induktivität eines Stabes in Abhängigkeit von der Stabdicke kaum verändert, ändert sich jedoch die Kapazität des Antennenstabes sehr wohl. Bei zunehmender Stabdicke wird die Oberfläche größer, die Kapazität nimmt zu.
Bei zunehmender Kapazität sinkt die Resonanzfrequenz, die Resonanzwellenlänge nimmt zu. Das bedeutet, der Dipol ist auf eine Resonanzwellenlänge abgestimmt, die nicht mehr seiner mechanischen Länge entspricht, sondern länger ist.
Um auf der ursprünglich beabsichtigten Resonanzfrequenz arbeiten zu können, muß deshalb die mechanische Länge der dickeren Stäbe gegenüber dem $\lambda/2$-Wert gekürzt werden.
Üblicherweise wird der Verkürzungsfaktor K in Diagramm- oder Tabellenform angegeben in Abhängigkeit vom Schlankheitsgrad (Bild 6.19).

Dipolformen
Die Bilder 6.20 bis 6.22 zeigen die grundlegenden Unterschiede der am häufigsten verwendeten Dipolformen. Gemeinsamkeit herrscht jedoch bei allen Dipolantennen darin, daß an den Dipolenden der Effektivwert des Stromes zu Null wird und der Effektivwert der Spannung sein Maximum erreicht. Unter Verwendung der üblichen Koaxialkabel mit 75 Ω Wellenwiderstand zur Energieeinspeisung bzw. -ableitung müssen beim Ganzwellendipol und beim Faltdipol *Anpassungsübertrager* (Widerstandsanpassung, Symmetrierglied) zum Anschluß an die Antenne eingesetzt werden.

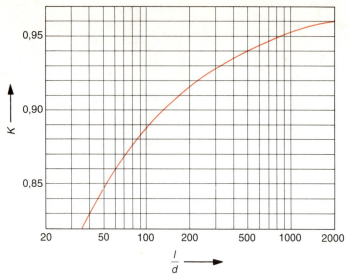

Bild 6.19
Verkürzungsfaktor des Halbwellendipols in Abhängigkeit vom Schlankheitsgrad

Der Halbwellendipol und der Ganzwellendipol werden in der Praxis häufig dann eingesetzt, wenn die Abstrahlung oder der Empfang einer ganz bestimmten Frequenz (z. B. einzelner Kanal) beabsichtigt ist. Der Faltdipol ist in der Praxis eine typische Sende- bzw. Empfangsantenne für ein breites Frequenzband (z. B. für ganze Kanalgruppen, für ganze Bänder usw.).

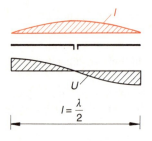

$$l_W = \frac{\lambda}{\pi}$$

$$R_S \approx 75 \ \Omega$$

Stromeinspeisung in Stabmitte

Bild 6.20   Halbwellendipol

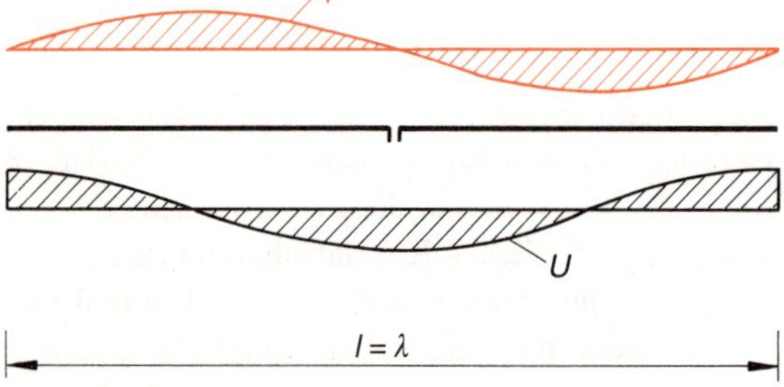

$$l_W = \frac{2}{\pi} \cdot \lambda$$

$$R_S \approx 300 \ \Omega$$

Spannungseinspeisung in Stabmitte

Bild 6.21   Ganzwellendipol

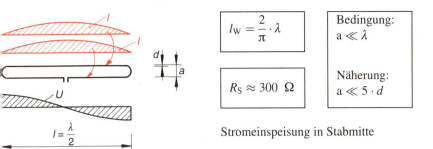

Stromeinspeisung in Stabmitte

Bild 6.22   Halbwellen-Faltdipol

Charakteristische Richtwirkung eines Dipols

Am Beispiel des Dipols als Empfangsantenne soll die charakteristische Richtwirkung von Dipolen erläutert werden.

Entscheidend für die Höhe der Empfangsleistung, die ein Dipol aus der zu empfangenden elektromagnetischen Welle aufnehmen kann, ist seine räumliche Position, bezogen auf die Ausbreitungsrichtung und die Polarisation der auftreffenden Welle.

Die maximale Empfangsleistung und damit auch die maximale Empfangsspannung werden erzielt, wenn die Richtung des elektrischen Feldvektors parallel und die Ausbreitungsrichtung der Welle senkrecht zur Dipolachse ist (Bild 6.23).

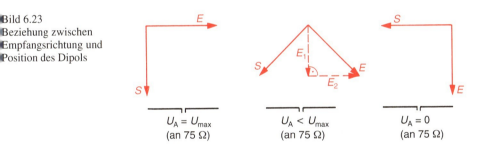

Bild 6.23
Beziehung zwischen Empfangsrichtung und Position des Dipols

Ist die Ausbreitungsrichtung parallel und die Richtung des elektrischen Feldvektors senkrecht zur Dipolachse, so wird die Empfangsleistung praktisch null.

Trifft der elektrische Feldvektor unter einem bestimmten Winkel auf den Dipol, so kann nur die parallel zur Dipolachse wirksame Feldkomponente eine Antennenspannung erzeugen.

Die grafische Darstellung der Empfangsspannung eines Dipols, bezogen auf die maximal mögliche Spannung, in Abhängigkeit von der Einfallsrichtung und der Polarisation des elektrischen Feldes, nennt man *Richtdiagramm* (Bild 6.24).

6.4.2   Strahlungsgekoppelte Antennen mit Dipolen

Ein in ausreichender Höhe senkrecht angebrachter Dipol strahlt kreisförmig nach allen Seiten ab. Installiert man im Abstand von $\lambda/4$ bezogen auf die Sendefrequenz, einen zweiten, gleichgearteten Dipol, der mit dem gleichen, aber um eine Viertelperiode versetzten Signal gespeist wird, so werden sich die von beiden Dipolen abgestrahlten Felder überlagern (Bild 6.25).

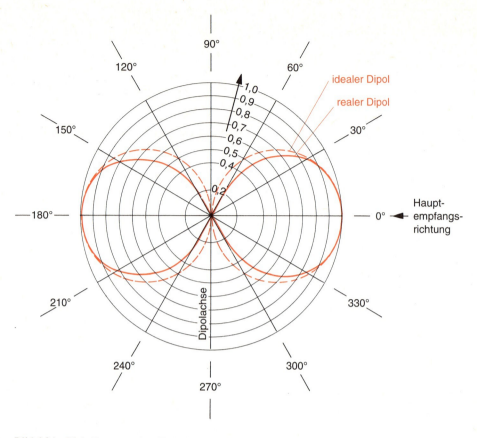

Bild 6.24   Richtdiagramm (vertikal) eines senkrechten Dipols

Einen annähernd gleichen Effekt erhält man, wenn man anstelle des zweiten, mit einer Viertelperiode verzögernd gespeisten, Dipols einen kurzgeschlossenen Dipol verwendet. Das vom Dipol 1 abgestrahlte Feld regt den kurzgeschlossenen Dipol 2 in seiner Eigenfrequenz (Resonanz) zum Mitschwingen und somit zur phasenverschobenen Abstrahlung an. Die Gesamtenergie des überlagerten Feldes wird hier jedoch nur vom strahlenden Dipol 1 geliefert. Eine derartige Anordnung aus einem strahlenden und einem reflektierenden Dipolstab nennt man *Reflektorantenne*.

Der Effekt der Bevorzugung einer Abstrahlrichtung kann durch einen weiteren, kurzgeschlossenen Dipolstab verstärkt werden, wenn dieser auf der dem *Reflektor* gegenüberliegenden Seite des eigentlichen Dipols angebracht wird (Bild 6.26). Dieses in Ausbreitungsrichtung angebrachte Element nennt man *Direktor*.

Eine Antenne, die aus einem Dipol und aus mindestens einem Reflektorelement und einem Direktorelement besteht, nennt man *Yagi-Antenne*.

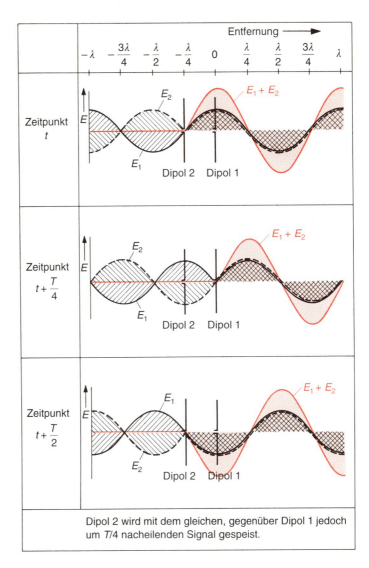

Bild 6.25
Schematische Darstellung der Feldüberlagerung bei zwei Dipolen im Abstand von $\lambda/4$

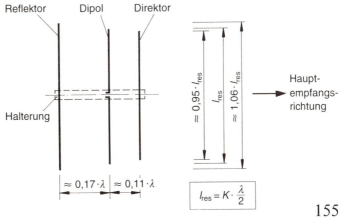

Bild 6.26
Strahlungsgekoppelte Antenne, Beispiel Yagi-Antenne

Je nach Anwendungszweck und örtlichen Erfordernissen werden in der Praxis Antennen eingesetzt, die sowohl mehrere Reflektoren als auch eine Vielzahl von Direktoren in einer Antenne vereinen. Dabei können die Reflektoren Einzelstäbe in einer oder mehreren Ebenen sein oder als Reflektorwände (Gitter) eine oder mehrere, abgewinkelte Flächen bilden. Die Direktoren können in einer oder in mehreren Ebenen, mit variierenden Abständen und Stabformen ausgebildet sein. Einige gebräuchliche Antennenformen für TV-Empfangsantennen zeigt Bild 6.27.

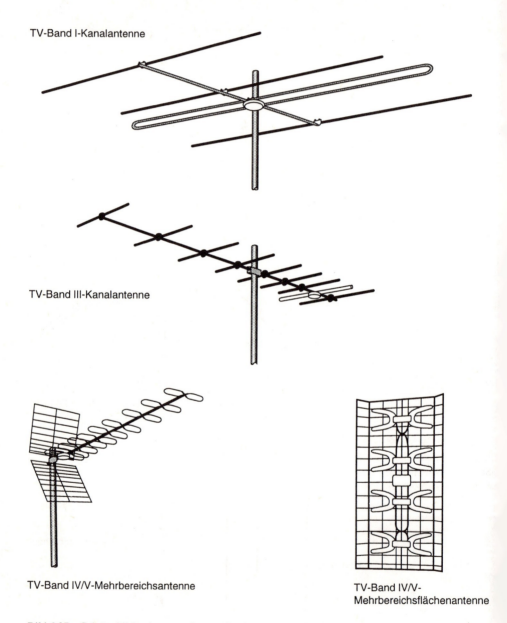

Bild 6.27 Gebräuchliche Antennenformen für den terrestrischen TV-Empfang

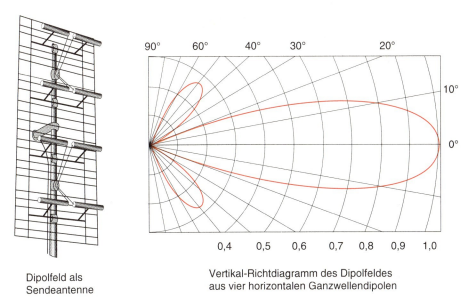

Dipolfeld als Sendeantenne

Vertikal-Richtdiagramm des Dipolfeldes aus vier horizontalen Ganzwellendipolen

Bild 6.28 Beispiel eines Dipolfeldes

Besonders bei Sendeantennen werden häufig mehrere strahlende Dipole zu sogenannten Dipolfeldern zusammengeschaltet (Bild 6.28). Dies dient sowohl der Erhöhung der möglichen Abstrahlleistung als auch der Optimierung der gewünschten Abstrahlrichtung (Richtwirkung, Bündelung).

Richtdiagramm

Das Richtdiagramm einer Antenne ist eine grafische Darstellung, die sowohl in *Polarkoordinaten* als auch in *kartesischen Koordinaten* ausgeführt sein kann und für Sende- oder Empfangsantennen gleichermaßen gilt. Dabei wird das in dB ausgedrückte Verhältnis der Antennenleistung in Abhängigkeit von der Ausbreitungsrichtung der elektromagnetischen Welle dargestellt. Bezugsgröße ist die maximale Antennenleistung in der Hauptempfangs- bzw. Hauptabstrahlrichtung. Durch die Darstellung im logarithmischen Verhältnis, ausgedrückt in dB, ist das Richtdiagramm sowohl für die Leistung als auch für die Spannung anwendbar. Beispiele für unterschiedliche, meßtechnisch ermittelte Richtdiagramme zeigen die Bilder 6.29 und 6.30.

Antennengewinn

Der Gewinn einer Empfangsantenne ist das in dB ausgedrückte logarithmische Verhältnis der Empfangsleistung in der Hauptempfangsrichtung, bezogen auf die Empfangsleistung eines Halbwellendipols am gleichen Montageort.

Die Gewinnangabe bei Sendeantennen gilt analog. Sie bezieht sich dabei auf die in einem beliebigen Abstand in der Hauptabstrahlrichtung vorhandene Strahlungsdichte, bezogen auf die Strahlungsdichte, die an dieser Stelle durch einen am gleichen Sendestandort strahlenden Dipol erzeugt würde.

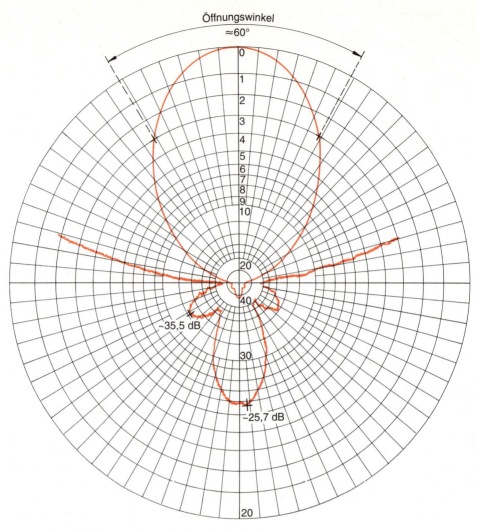

Horizontal-Richtdiagramm einer UKW-Rundfunkantenne
Meßfrequenz: 87,5 MHz
Meßbereiche: äußerer Rand 0 dB für Hauptkeule
äußerer Rand 20 dB für rückwärtigen Sektor
Öffnungswinkel: ca. 60°
VRV: ca. 30,6 dB

Bild 6.29 Richtdiagramm in Polarkoordinaten

Öffnungswinkel *(Halbwertsbreite)*
Der Öffnungswinkel einer Antenne ist der Winkel zwischen den Punkten der Hauptkeule im Richtdiagramm, bei denen die Antennenleistung auf die Hälfte der maximal möglichen Leistung abgesunken ist (halbe Leistung entspricht -3 dB). Die Antennenspannung beträgt dann noch 70,7% des maximal möglichen Wertes.

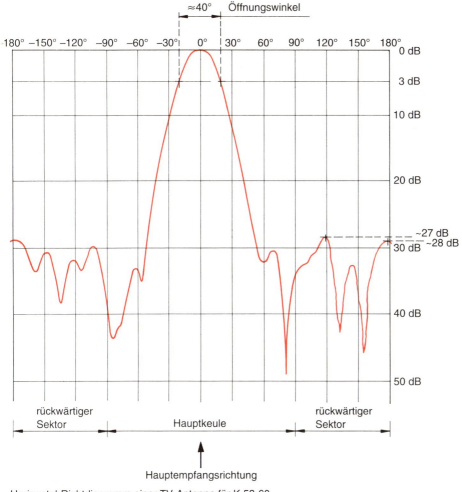

Bild 6.30   Richtdiagramm in kartesischen Koordinaten

Vorwärts-Rückwärts-Verhältnis (VRV)
Das Vorwärts-Rückwärts-Verhältnis einer Empfangsantenne ist das in dB ausgedrückte logarithmische Verhältnis der maximalen Empfangsspannung aus der Hauptempfangsrichtung, bezogen auf einen Mittelwert der Empfangsspannung aus der rückwärtigen, der Hauptempfangsrichtung entgegengesetzten Richtung. Dieser Mittelwert ist zu bestimmen aus dem Wert für die 180°-Richtung und dem Wert der größten Nebenkeule des rückwärtigen Raumes (Beispiele in den Bildern 6.29 und 6.30).

6.4.3 Stabantennen

Das in Abschnitt 6.3.1 vorgestellte Antennenmodell zur Bodenwellenausbreitung stellt eine Stabantenne dar. Für den Fall, daß die Höhe der Antenne genau einer Viertelwellenlänge (bezogen auf die Sendefrequenz) entspricht, bezeichnet man diese Antenne als $\lambda/4$-Stabantenne oder auch als *Marconi-Antenne*.
Die örtliche Strom- und Spannungsverteilung auf dem Antennenstab entspricht derjenigen, wie sie auf einer Stabhälfte des Halbwellendipols auftritt (Bild 6.31).

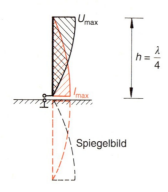

Bild 6.31
Örtliche Spannungs- und Stromverteilung auf einer Marconi-Antenne

Wellenwiderstand und Schlankheitsgrad

Die Definition des Wellenwiderstandes der Stabantenne entspricht der des Dipols (Gleichung 6.7) Die Größe des Wellenwiderstandes wird ebenfalls von den geometrischen Abmessungen des Antennenstabes bestimmt und kann über folgende Näherungsformel berechnet werden:

$$Z_A = 60 \cdot \ln\left(1{,}15 \cdot \frac{h}{d}\right) \quad [\Omega] \tag{Gl. 6.19}$$

h Höhe des Stabes (vergleichbar der Länge beim Dipol)
d Stabdicke
(h und d sind in gleichen Einheiten einzusetzen)

Den Quotienten h/d nennt man den *Schlankheitsgrad* der Stabantenne.
Beispiele für den Einfluß des Schlankheitsgrades auf den Wellenwiderstand der Stabantenne:

für $\frac{h}{d} = 10 \rightarrow Z_A \approx 147\ \Omega$

für $\frac{h}{d} = 20 \rightarrow Z_A \approx 188\ \Omega$

für $\frac{h}{d} = 50 \rightarrow Z_A \approx 243\ \Omega$

für $\frac{h}{d} = 100 \rightarrow Z_A \approx 285\ \Omega$

Elektrisch wirksame Höhe

Um die Strahlungsleistung und den Strahlungswiderstand vereinfachend bestimmen zu können, unterstellt man eine gleichmäßige Stromverteilung entlang einer kürzeren, elektrisch äquivalenten Stabhöhe, der sogenannten *elektrisch wirksamen Höhe* h_w (Bild 6.32).

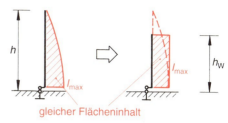

Bild 6.32
Vereinfachende Annahme einer gleichmäßigen Stromdichteverteilung

gleicher Flächeninhalt

h geometrische Höhe
h_W elektrisch wirksame Höhe

Für die abgestimmte Stabantenne gilt dabei annähernd:

$$h_w = \frac{2}{\pi} \cdot h \qquad \text{(Gl. 6.20)}$$

Für die Marconi-Antenne mit ihrer Höhe von $\lambda/4$ ergibt sich somit:

$$h_w = \frac{\lambda}{2 \cdot \pi} \qquad \text{(Gl. 6.21)}$$

Strahlungswiderstand

Der Strahlungswiderstand, der bei Stabantennen auch oft als Fußpunktwiderstand bezeichnet wird, kann vereinfachend über folgende Näherungsformel berechnet werden:

$$R_s \approx 1580 \cdot \left(\frac{h_w}{\lambda}\right)^2 \; [\Omega] \qquad \text{(Gl. 6.22)}$$

Die exakte mathematische Berechnung liefert für die Marconi-Antenne den Wert von 36,6 Ω. In der Praxis kann jedoch generell mit einem Wert von 40 Ω gerechnet werden – vorausgesetzt, der Schlankheitsgrad ist ausreichend groß (> 100).

Wirksame Antennenfläche einer Empfangsantenne

Analog zur Dipolantenne gilt für die Stabantenne:

$$A = \frac{Z_0}{4 \cdot R_s} \cdot h_w^2 \qquad \text{(Gl. 6.23)}$$

Beispiel für die Marconi-Antenne (Bild 6.33):

$$A = \frac{377\ \Omega}{4 \cdot 40\ \Omega} \cdot \frac{\lambda^2}{\pi^2} \approx 0{,}06 \cdot \lambda^2 \approx \frac{\lambda^2}{16}$$

$$\frac{\lambda^2}{16} = \frac{\lambda}{4} \cdot \frac{\lambda}{4}$$

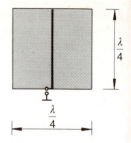

Bild 6.33 Wirksame Antennenfläche einer Marconi-Antenne

Einfluß der Anwendungsart auf die Baugröße
Bei der Verwendung von Stabantennen als Sendeantennen erzielt man die beste Rundstrahlcharakteristik. Sendeantennen müssen jedoch grundsätzlich auf die Sendefrequenz abgestimmt sein. Der Strahlungswiderstand ist im Resonanzfall ein Wirkwiderstand und erlaubt somit optimale Leistungsanpassung und Abstrahlung.

In den niederfrequenten Wellenbereichen, wie z.B. Mittel- und Kurzwelle, erfordert das sehr hohe Antennengebilde, die je nach Ausführung über hundert Meter hoch sein können.

Bei der Anwendung von Stabantennen als Empfangsantennen, insbesondere für die Wellenbereiche der Lang-, Mittel- und Kurzwellen, werden Antennenstäbe mit wesentlich geringeren Abmessungen (ca. 2 bis 4 Meter) verwendet. Es handelt sich hierbei nicht mehr um abgestimmte Antennen, denn sie werden absichtlich außerhalb ihrer Eigenfrequenz betrieben. Empfangsantennen, die für einen Betrieb weit außerhalb ihrer Eigenfrequenz vorgesehen sind, nennt man *aperiodische Antennen*.

Der Wirkungsgrad aperiodischer Stabantennen, bezogen auf das empfangbare Nutzsignal, ist gering. Durch hohe Empfindlichkeit der Empfangsgeräte kann dies jedoch – wegen des in diesen Wellenbereichen vorherrschenden großen Störabstandes – kompensiert werden.

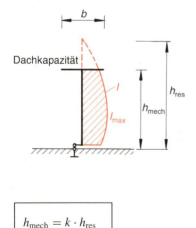

Praktische k-Werte

Antennenform		k-Wert
schmale T-Antenne ($b < h$)		ca. 0,8 … 0,9
breite T-Antenne ($b > 2 \cdot h$)		ca. 0,4 … 0,5
Schirmantenne		ca. 0,5 … 0,7
Schirmantenne mit hoher Schirmdrahtzahl		ca. 04, … 0,5
L-Antenne		ca. 0,7

$h_{mech} = k \cdot h_{res}$

Bild 6.34 Verkürzung des Antennenstabes durch Dachkapazitäten

In den hochfrequenten Wellenbereichen, z. B. für den Mobilfunk, werden die erforderlichen Antennenstäbe nur noch einige Zentimeter lang. Sie werden dabei gleichzeitig als Sende- und Empfangsantenne betrieben.

Abstimmung von Stabantennen
Die Vorgehensweise bei der Abstimmung von Stabantennen basiert auf der Wirkungsweise der Antenne als Reihenschwingkreis. Die für die Eigenfrequenz maßgebliche Induktivität konzentriert sich auf die Nähe des Fußpunktes, wo der größte Strom auftritt, und die maßgebliche Kapazität konzentriert sich auf die Stabspitze, wo die größte Spannung auftritt. Zweck der Abstimmung ist, die mechanische Höhe der Antenne kleiner oder größer zu gestalten, als sie für die tatsächliche Betriebsfrequenz bei Resonanz eigentlich sein müßte.
Die Abhängigkeit der Resonanzwellenlänge von Induktivität und Kapazität wird durch die nachfolgende Beziehung beschrieben:

$$\lambda_{res} \approx c \cdot 2\pi \cdot \sqrt{L \cdot C}$$ (Gl. 6.24)

Aus Gleichung 6.24 erkennt man, daß eine Vergrößerung der Kapazität oder der Induktivität zu einer größeren Wellenlänge, eine Verringerung zu einer kleineren Wellenlänge führt.
Die Kapazität des Antennenstabes kann dadurch vergrößert werden, indem man die Fläche des Stabendes vergrößert. In der Praxis werden dazu Möglichkeiten angewandt, wie sie in Bild 6.34 gegenübergestellt sind.
Diese Art der mechanischen Abstimmung wird überwiegend im Bereich der Sendeantennen des Mittel- und Kurzwellenbereiches angewandt.
Die bei LMK-Empfangsantennen oder auch bei Autoantennen üblichen Kappen auf der Stabspitze haben zwar ebenfalls eine zusätzliche kapazitive Wirkung, sie dienen jedoch in erster Linie dem sogenannten *Prasselschutz*. Hierdurch soll verhindert werden, daß an der Antennenspitze eine Feldstärkekonzentration entsteht, die sich bei Gewitter oder sonstigen atmosphärischen Aufladungen durch starke Prasselstörungen bemerkbar macht.
Die Induktivität der Antenne kann man vergrößern, indem man am Fußpunkt der Antenne eine Spule einbaut. Besonders bei Fahrzeugantennen hat diese Art der elektrischen Verlängerung zusätzlich auch positive mechanische Aspekte. Die elektrische Funktionsweise dieser Abstimmungsart ist in Bild 6.35 dargestellt.

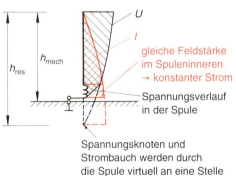

$h_{mech} < h_{res}$

Praktische Werte:
$h_{mech} \approx (0{,}8 \ldots 0{,}9) \cdot h_{res}$

Bild 6.35 Verkürzung des Antennenstabes durch eine Verlängerungsspule

Soll eine Stabantenne auf eine kürzere Betriebswellenlänge abgestimmt werden, d. h., eigentlich ist die mechanische Höhe der Antenne für die beabsichtigte Betriebsfrequenz zu groß, so wird häufig am Fußpunkt der Antenne ein Verkürzungskondensator eingebaut. Dieser liegt in Reihe zur Antennenstabkapazität und verringert somit die wirksame Gesamtkapazität.

Zur Verbesserung der Strahlungseigenschaften einer hoch über dem natürlichen Erdboden montierten Stabantenne wird häufig eine elektrisch gut leitende Erdverbindung künstlich bis an den Fußpunkt der Antenne gelegt. Diese Erdverbindung wird an sogenannten Gegengewicht-Stäben angeschlossen, die sich in einer Kreisebene senkrecht zum strahlenden Antennenstab befinden (Bild 6.36 a), oder in einer Kegelmantelfläche unter 135° nach unten abstehen (Bild 6.36 b). Antennen dieser Ausführungsform nennt man *Groundplane-Antennen*.

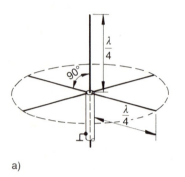 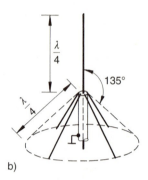

Bild 6.36
Verbesserte Strahlungseigenschaften durch künstlich hochgelegte Erde (Groundplane-Antenne)

a)   b)

6.4.4 Parabolantennen

Parabolantennen sind stark bündelnde Antennen für den Bereich der Zentimeterwellen. Anwendungsgebiete sind der terrestrische Richtfunk, der Satellitenfunk und in Sonderbauformen die Radioastronomie und die Radartechnik.

Parabolantennen haben als Reflektor einen Parabolspiegel, bei dem alle im Brennpunkt des Paraboloides ausgestrahlten Wellenanteile als ebene, gebündelte Welle reflektiert werden. Umgekehrt werden alle Wellenanteile einer einfallenden, ebenen Welle im Brennpunkt konzentriert.

Das Bauprinzip und der Strahlengang der üblichen Antennentypen sind in den Bildern 6.37 bis 6.41 dargestellt.

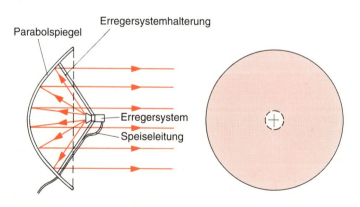

Bild 6.37
Bauprinzip und Strahlengang einer Rotationsparabolantenne (Frontspeisung)

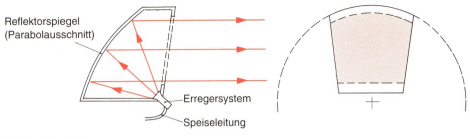

a) Muschelantenne

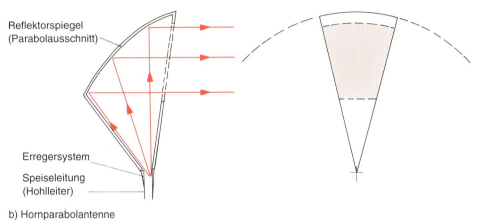

b) Hornparabolantenne

Bild 6.38   Muschel- und Hornparabolantenne

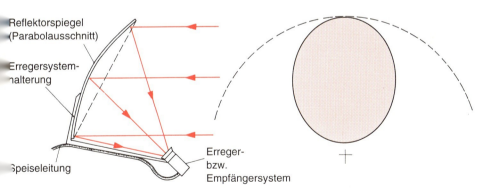

Bild 6.39   Offset-Parabolantenne (typisch für kleine Satellitenempfangsanlagen)

Durch Parabolantennen mit Frontspeisung erreicht man eine stark gebündelte Strahlungskeule und damit großen Antennengewinn. Durch die Abschattungen durch den Erreger, die Speiseleitung und die Erregerhalterung werden jedoch Streustrahlungen (Nebenkeulen im Frontbereich) verursacht.

165

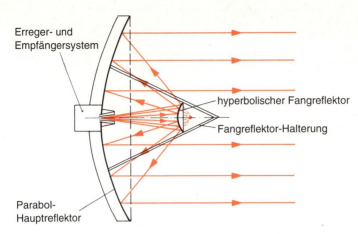

Bild 6.40
Cassegrain-Antenne mit Speisehorn im Scheitel des Hauptreflektors

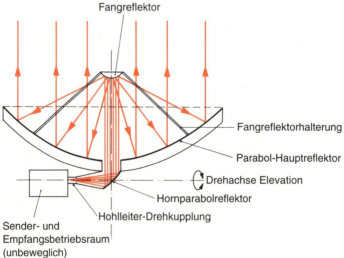

Bild 6.41
Nahfeld-Cassegrain-Antenne mit Horn-parabolspeisung und feststehendem Betriebsraum

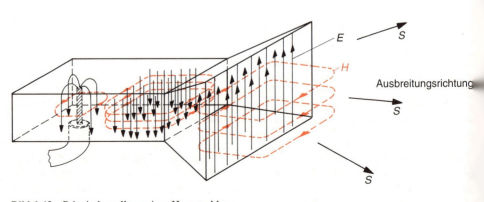

Bild 6.42 Prinzipdarstellung eines Hornstrahlers

Eine wesentlich verbesserte Nebenkeulendämpfung im Frontbereich erzielt man mit Parabolantennen mit schräger Speisung. Diese Antennen (Muschel-, Offset- oder Hornparabolantennen) haben den Vorteil, daß das Erregersystem den Strahlengang nicht stört. Die Offset-Antenne für Satellitenempfang hat ferner den Vorteil, daß die Spiegelfläche trotz schräg von oben einfallender Strahlung sehr steil stehend montiert werden kann. Dadurch lassen sich dämpfende Witterungseinflüsse, wie z. B. Schneebelag, erheblich reduzieren.

Bei großen Antennen für den Satellitenfunk (z. B. Erdefunkstellen) werden hauptsächlich Antennen eingesetzt, die nach dem *Cassegrain-Prinzip* arbeiten. Die Cassegrain-Antenne besteht aus einem Rotationsparaboloid als Hauptreflektor und einem Rotationshyperboloid als Fangreflektor (Umlenkreflektor).

Das Erregersystem befindet sich im ersten Hyperboloid-Brennpunkt des Umlenkreflektors. Der Brennpunkt des Parabol-Hauptreflektors fällt mit dem zweiten Hyperboloid-Brennpunkt des Umlenkreflektors zusammen. Um einen günstigen Strahlengang zu erzielen, sollte der Umlenkreflektor einen Durchmesser von mindestens acht Betriebswellenlängen haben. Die Abschattungswirkung des Umlenkreflektors auf den Hauptreflektor ist wegen dessen Größe vernachlässigbar klein. Das Erregersystem ist direkt in einem Konus untergebracht, der sich im Scheitel des Hauptreflektors befindet. Dadurch werden die Speiseleitungen sehr kurz und somit die Dämpfung und das Eigenrauschen sehr gering. Cassegrain-Antennen sind stark bündelnd und rauscharm.

Bei der Nahfeld-Cassegrain-Antenne dient eine Hornparabolantenne als Erregersystem des großen Parabolreflektors. Der parallel gebündelte Strahlengang über den Umlenkreflektor vermeidet eine Überstrahlung des Umlenkreflektors. Derartige Antennen haben eine sehr große Bandbreite und sind sehr rauscharm.

Der Antennengewinn großer Antennen liegt, in Abhängigkeit von der Betriebsfrequenz, zwischen 44 und 63 dB, die Öffnungswinkel (Halbwertsbreiten) liegen zwischen 0,1° und 0,8°. Die Speisung fast aller Parabolantennen erfolgt über einen sogenannten *Hornstrahler* (*Trichterstrahler*), der das eigentliche sendende bzw. empfangende Element darstellt. Das Funktionsprinzip ist an einem stark vereinfachten Beispiel in Bild 6.42 dargestellt.

6.4.5 Sonderformen

Magnetische Antennen

Magnetische Antennen sprechen auf den magnetischen Feldanteil in der elektromagnetischen Welle an. Wenn ihre Bauform gegenüber der Betriebswellenlänge relativ klein gewählt wird, so ist die Stromdichteverteilung innerhalb des Antennendrahtes (Leiterschleife) konstant.
Das elektrische Grundprinzip basiert auf dem Induktionsgesetz.

> Durchdringt ein sich änderndes Magnetfeld eine Leiterschleife, so wird in der Leiterschleife eine Spannung induziert.

Magnetantennen werden in der Praxis fast ausschließlich als Empfangsantennen für vertikal polarisierte Wellen betrieben (Bild 6.43).
Es gibt zwei herausragende Bauformen magnetischer Antennen, die *Rahmenantenne* und die *Ferritstabantenne*.

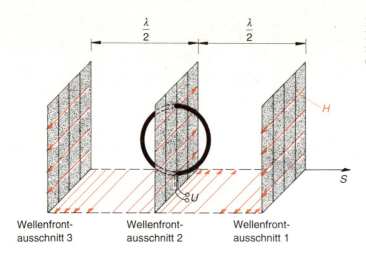

Bild 6.43
Funktionsprinzip einer magnetischen Antenne (Rahmenantenne)

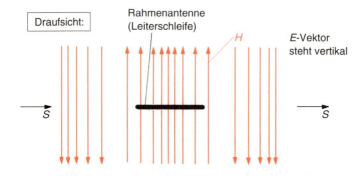

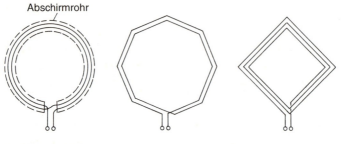

Bild 6.44
Unterschiedliche Rahmenantennenformen

Die geeignetste Form einer Rahmenantenne ist ringförmig. Aus mechanischen Stabilitätsgründen wird manchmal auch die Form eines Achtecks oder eines Quadrates genutzt. Rahmenantennen können aus einer einzigen oder aus mehreren Windungen bestehen (Bild 6.44) und finden oft ihren Einsatz als Peilantennen.

Der Vorteil der Ferritstabantenne ist die kompakte, geringe Baugröße. Auf einen Ferritstab (weichmagnetischer Sinterwerkstoff) wird über eine isolierende Zwischenlage eine Spule aufgebracht (Bild 6.45). Die Lage der Spule auf dem Stab, in der Mitte oder außermittig versetzt, ist für die Kreisgüte des abgestimmten Empfängereingangskreises und für die wirksame Permeabilität entscheidend.

Durch Aufbringen mehrerer Spulen, abgestimmt auf verschiedene Wellenbereiche, läßt sich somit eine kompakte Mehrbereichsantenne geringer Abmessungen für die unteren Rundfunk-Wellenbereiche (Geräte-Einbauantenne) herstellen.

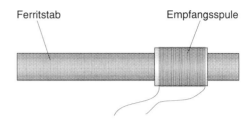

Bild 6.45
Ferritstabantenne

Aktive Stabantenne (*Empfangsantenne*)

Diese Art der Antenne enthält ein aktives Bauelement (Verstärker) als integralen Bestandteil am Antennenstab bzw. am Antennenfußpunkt.

Für die Qualität einer herkömmlichen Empfangsantenne ist das Signal-Rausch-Verhältnis maßgebend, das im Empfangssystem (Antenne plus Zuleitung zum Empfänger) besteht. Läßt man die Leitung zwischen Empfänger und Antenne weg, so steigt das Signal-Rausch-Verhältnis um mehr als die entfallene Leitungsdämpfung, weil zusätzlich die Rauschverluste der Leitung entfallen. Man baut deshalb einen Verstärker als erste Verstärkerstufe des Empfangssystems möglichst nahe an die Antenne oder sogar in die Antenne ein (Bild 6.46).

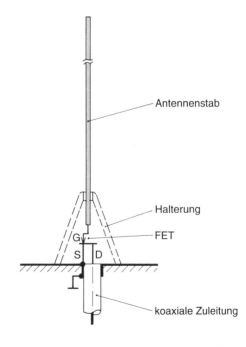

Bild 6.46
Prinzipdarstellung einer aktiven
Stabantenne (z. B. Autodachantenne)

169

Der Feldeffekttransistor (FET) ist wegen seiner geringen Eingangskapazität für den Einbau in Stabantennen als aktives Verstärkerelement gut geeignet.

Aktive Stabantennen finden besonders als Fahrzeugantennen Anwendung. Durch Vergrößerung der Stabdicke und durch Reduzierung der Länge über eine Verlängerungsspule wird die Breitbandigkeit der Antenne erhöht und die mechanische Flexibilität gesteigert.

Entscheidend ist jedoch auch der Einbauort in der Fahrzeugkarosserie. Obwohl es sich um einen Antennenstab handelt, der in senkrechter Stellung für den Empfang vertikal polarisierter Wellen geeignet ist, kann damit der horizontal polarisierte UKW-Rundfunk gut empfangen werden. Der Grund liegt darin, daß die horizontal abgestrahlten Wellen in Erdbodennähe an der metallischen Fahrzeugkarosserie Feldverzerrungen unterliegen, die das Feld besonders in der Nähe der Front- oder Heckscheibenholme oder der Dachkanten nahezu vertikal polarisiert erscheinen lassen.

6.5 Lernziel-Test

1. Durch welche Einflüsse kann eine elektromagnetische Welle ihre Ausbreitungsrichtung ändern?
2. Wodurch unterscheiden sich «Fernfeld» und «Nahfeld» einer Sendeantenne?
3. Was versteht man unter Polarisation einer elektromagnetischen Welle?
4. Welche Größen beeinflussen hauptsächlich die Reichweite einer Bodenwelle?
5. An welchen Stellen der Erdoberfläche entsteht beim Mittelwellenempfang «Nahschwund» und «Fernschwund»?
6. Erklären Sie den Aufbau der Ionosphäre und deren Einfluß auf Funkverbindungen.
7. Welchen Einfluß hat die Troposphäre auf Funkverbindungen?
8. Warum ist der Wellenwiderstand des freien Raumes ein konstanter Wert?
9. Warum muß beim mechanischen Aufbau eines Dipols die Resonanzverkürzung beachtet werden?
10. Welche Angaben kann man aus dem Richtdiagramm einer Antenne entnehmen?
11. Wozu dienen die häufig an den Spitzen von Stabantennen angebrachten Kappen?
12. Welche Vorteile haben Offset-Parabolantennen?
13. Warum sind herkömmliche Autostabantennen für den Empfang aller Polarisationsrichtungen geeignet?

7 Elektroakustik

7.1 Allgemeines

Versetzt man die Masseteilchen eines Stoffes durch mechanische Kräfte in mechanische Schwingungen, so pflanzen sich diese Schwingungen als *Schallwelle* durch den Stoff hindurch fort (Bild 7.1). Die Ausbreitungsgeschwindigkeit v_a hängt von der Art des Stoffes, d. h. von seiner Dichte ϱ und vom Elastizitätsmodul E ab (Bild 7.2).

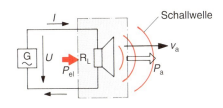

Bild 7.1
Elektroakustischer Wandler, Schallwelle

Bild 7.2
Schallgeschwindigkeit in verschiedenen Stoffen bei 20 °C

Gase	v_a in m/s	Feste Stoffe	v_a in m/s
Luft	340	Aluminium	5100
Sauerstoff	316	Blei	1300
Stickstoff	338	Gestein	3700 … 4000
Wasserstoff	1305	Glas	5200
Flüssigkeiten		Gummi	ca. 50
Wasser	1480	Holz	3300 … 3400
		Kupfer	3500
		Stahl	ca. 5000

Man unterscheidet: Luftschall
                      Flüssigkeitsschall (Wasserschall)
                      Körperschall

Schall kann unterschiedliche Frequenzen besitzen:

> *Hörschall* kann mit dem menschlichen Ohr wahrgenommen werden. Die Frequenzen liegen zwischen 16 … 16 000 Hz.
> *Infraschall*, $f < 16$ Hz, äußert sich durch Erschütterungen, Vibrationen, Beben.
> *Ultraschall*, $f > 16$ kHz, ist nicht wahrnehmbar, er kann jedoch schädlich auf das Muskel- und Nervensystem wirken.

Die Wellenlänge λ ergibt sich aus der Ausbreitungsgeschwindigkeit v_a und der Frequenz f:

$$\boxed{\lambda = \frac{v_a}{f}}$$ (Gl. 7.1)

Für Luft ist $v_a \approx c \approx 333$ m/s.

7.2 Meßgrößen des Schalls

Dem *elektroakustischen Wandler* (siehe Bild 7.1) wird elektrische Energie W_{el} bzw. Leistung P_{el} zugeführt, die mit einem bestimmten Wirkungsgrad η in akustische Energie W_a bzw. akustische Leistung P_a umgesetzt wird.

$$\boxed{W_a = \eta \cdot W_{el}} \qquad \boxed{P_a = \eta \cdot P_{el}}$$

Die Wirkungsgrade der akustischen Wandler liegen zwischen 10 ... 70%.

> Durch die Schwingungen der Masseteilchen entstehen in der Schallwelle Druckschwankungen, Überdruck und Unterdruck. Den *Effektivwert* dieses Druckes bezeichnet man als *Schalldruck p*. Er wird gemessen in N/m² bzw. in Mikrobar [μb].

$$\boxed{1\,\mu b = 0{,}1\ \text{N/m}^2}$$

Die Einheit des Druckes Newton pro Quadratmeter wird Pascal genannt.

$$\boxed{1\,\frac{\text{N}}{\text{m}^2} = 1\ \text{Pa}} \qquad \begin{array}{ll} \text{N} & \text{Newton} \\ \text{Pa} & \text{Pascal} \end{array}$$

> Als *Schallschnelle* v_s bezeichnet man den Effektivwert der Wechselgeschwindigkeit eines schwingenden Masseteilchens.

> Die *Schallintensität J* ist das Verhältnis von akustischer Leistung P_a zur Druckströmungsfläche A.

$$J = \frac{P_a}{A} \qquad [J] = \frac{\text{W}}{\text{m}^2}$$

Bild 7.4 zeigt die Richtcharakteristik einer Schallquelle. Die Richtcharakteristik gibt die räumliche Verteilung der Schallintensität J einer Schallquelle an.

Vergleicht man die Energieübertragung durch Schall mit der Energieübertragung durch den elektrischen Strom, so ergeben sich die Entsprechungen gemäß Bild 7.3. Die Übersicht gilt für den Fall, daß keine Phasenverschiebung vorhanden ist.

Eine Zusammenstellung der Schallmeßgrößen im Vergleich zu den Größen der Elektrotechnik zeigt ebenfalls Bild 7.3.

Bild 7.3
Schallmeßgrößen –
Übersicht und Vergleich

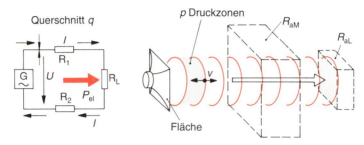

Elektrische Energieübertragung	Schallenergieübertragung
elektr. Generator	Schallsender
Leitungswiderstand R_1, R_2	akustischer Widerstand des Mediums R_{aM}
Lastwiderstand R_L	akustischer Widerstand des Schallempfängers R_{aL}
elektr. Spannung U in V	Schalldruck p in N/m² = Pascal
elektr. Stromdichte S in A/mm²	Schallschnelle v_s in m/s
Querschnittsfläche q in mm²	Querschnittsfläche A in m²
elektr. Strom $I = S \cdot q$ in A	Schallfluß $q = v \cdot A$ in m³/s
elektr. Leistung $P_{el} = U \cdot I = U \cdot S \cdot q$ in W	akustische Leistung $P_a = p \cdot q = p \cdot v \cdot A$ in $\frac{Nm}{s} = W$
elektr. Leistungsdichte $\frac{P_{el}}{A} = U \cdot S$ in W/mm²	Schallintensität $J = \frac{P_a}{A} = p \cdot v$ in W/m²
elektr. Widerstand $R = \frac{U}{I}$ in Ω	akust. Widerstand $R_a = \frac{p}{q}$ in $\frac{Ns}{m^5}$
elektr. Energie $W_{el} = P_{el} \cdot t$ in Ws	akustische Energie $W_a = P_a \cdot t$ in Nm = Ws

Schalldruck und Schalleistung werden meist in Dezibel (dB) gemessen. Dabei setzt man die Hörschwelle des menschlichen Ohres bei 1000 Hz als 0 dB an.

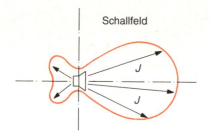

Bild 7.4
Richtcharakteristik eines elektroakustischen Wandlers; die Länge der Pfeile gibt die in die jeweilige Richtung wirkende Schallintensität wieder

7.3 Schallempfindung durch das Ohr

Das menschliche Ohr (Bild 7.5) nimmt über das *äußere Ohr* und das *Trommelfell* die Schallwellen auf. *Hammer, Amboß und Steigbügel* sind bewegliche Schallübertragungsorgane, die den Schall an das *innere Ohr* weitergeben, gleichzeitig aber dafür sorgen, daß zu große Druckwellen, z. B. Explosionen, das empfindliche Innenohr nicht beschädigen können.
Im *Innenohr* wandeln die Organe der *Schnecke* die Schallwellen in Nervenimpulse um, die ins Gehirn weitergeleitet und dort verarbeitet werden.

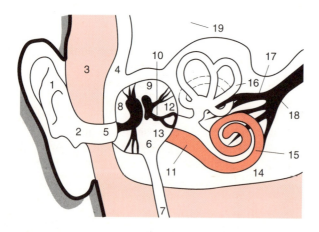

Bild 7.5   Schnitt durch das menschliche Ohr (schematisiert und stark vergrößert)

1 Ohrmuschel
2 äußerer Gehörgang
3 Haut und Körpergewebe
4 Schädelknochen (Schläfenbein)
5 Trommelfell
6 Mittelohr (Paukenhöhle)
7 Verbindungsgang zur Mundhöhle
  (für den Druckausgleich)
8 Hammer
9 Amboß
10 Steigbügel

11 Innenohr mit Gehörflüssigkeit
12 ovales Fenster
13 rundes Fenster
14 Schnecke
15 Basilarmembran mit Schallaufnahmeorgan
   (Nervenenden)
16 Labyrinth mit drei Bogengängen
   (Gleichgewichtsorgan)
17 Gleichgewichtsnerv zum Gehirn
18 Gehörnerv zum Gehirn
19 Gehirn

Das Ohr als einzelnes Organ kann Schallwellen nach Frequenz (Tonhöhe) und Amplitude unterscheiden. Es kann viele Schallwellen unterschiedlicher Frequenz und Amplitude gleichzeitig aufnehmen. Die gegenseitige Phasenlage dieser Wellen *wird jedoch nicht registriert* und spielt deshalb in der Übertragungstechnik keine Rolle.

Von besonderer Bedeutung ist der *Überdeckungseffekt:* Schallwellen großer Amplitude überdecken solche mit geringer Amplitude und verhindern so deren Aufnahme.

Sowohl die Frequenzunterscheidung (Tonhöhenunterscheidung) als auch die Lautstärkeempfindung haben logarithmische Gesetzmäßigkeit. Trägt man in einem Diagramm die Schallintensität über der Frequenz auf, so kann man in dieses Diagramm die *Hörfläche* einzeichnen (Bild 7.6). Die Hörfläche enthält alle Schallsignale nach Amplitude und Frequenz, die das Ohr wahrnehmen kann. Sie wird begrenzt von der *Hörschwelle* und der *Schmerzgrenze*.

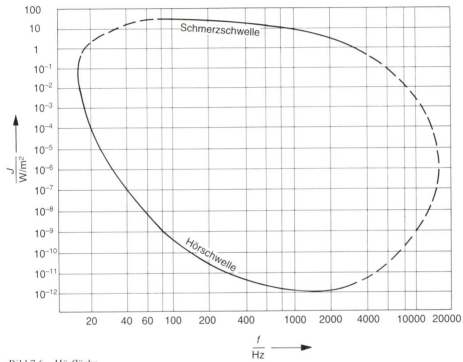

Bild 7.6   Hörfläche

Beide Ohren zusammen können als weitere Signalgröße die Richtung bestimmen, aus der die Schallwelle ankommt. Das Hören mit zwei Ohren nennt man *binaurales, räumliches oder stereophones* Hören.

> Die Hörschwelle liegt für eine Frequenz von 1000 Hz bei 20 Mikropascal, die Schmerzgrenze bei etwa 60 Pascal.

$p_0 = 20\ \mu\text{Pa}$ $p_{max} \approx 60\ \text{Pa}$ p_0 Hörschwelle
p_{max} Schmerzgrenze

Da der Bereich mehr als sechs Zehnerpotenzen umfaßt, hat man für den Schalldruck einen logarithmischen Pegel festgelegt.

$$L = 20 \cdot \lg \frac{p}{p_0}$$

L Schalldruckpegel in dB
p_0 Schalldruck bei der Hörschwelle (20 µPa)
p vorhandener Schalldruck

Die Lautstärke-Empfindung des Ohres ist frequenzabhängig.

An der unteren Grenze des Hörfrequenzbereiches und an der oberen Grenze ist die Ohrempfindlichkeit wesentlich geringer als bei 1000 Hz.

Die subjektive Lautstärke-Empfindung wird in Phon gemessen. Die Hörschwelle liegt bei 0 Phon.

Für 1000 Hz gilt: 0 Phon = 20 µPa = 0 dB.
Für die Messung des Schalldruckpegels benutzt man ein Schallpegelmeßgerät mit dB-Anzeige. Durch vorgeschaltete Filter mit Ohrempfindlichkeits-Bewertungskurven ermittelt man die *Phon-Kurven* (Bild 7.7). Sie wurden für verschiedene Schalldruckpegel aufgenommen.

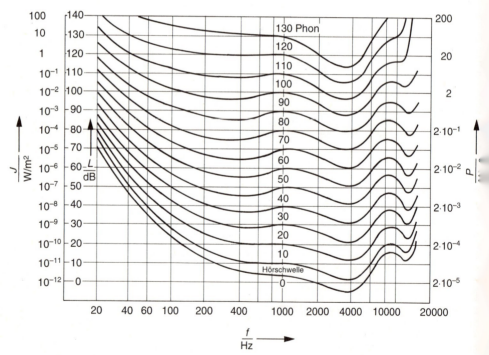

Bild 7.7 Phon-Kurven in der Hörfläche. Ab einem Schallpegel von $L = > 85$ dB können je nach Einwirkungsdauer bleibende Gehörschäden auftreten.

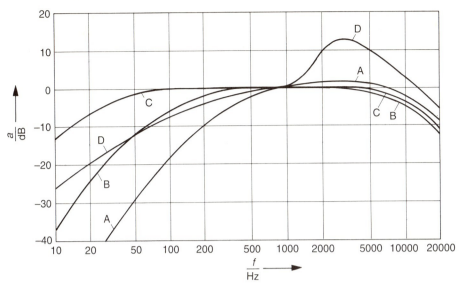

Bild 7.8 Bewertungskurven A, B, C, D nach DIN 45 633

Die höchste Empfindlichkeit hat das Ohr bei etwa 3400 Hz. Die Kurven der Bewertungsfilter nach DIN 45 633 zeigt Bild 7.8.

> Für eine Frequenz von 1000 Hz entspricht der Schalldruckpegel dem Phon-Pegel, auch Lautstärkepegel genannt.

Die Schmerzgrenze für 1000 Hz liegt bei 130 dB = 130 Phon.
In Bild 7.9 sind die Lautstärken bekannter Geräuschquellen zusammengestellt.

Bild 7.9
Lautstärkewerte bekannter Schallsignale in Phon

Lautstärke in Phon	Vergleichbares Schallsignal	Vergleichbare Lautstärke in der Musik
130	Schmerzempfindung	
120	Flugzeug 3 ... 10 m Entfernung	
110	Kesselschmiede	
100	Motorrad ohne Auspufftopf	
90	Autohupe, 5 m Entfernung	ffff
80	lautes Rufen, 1 m Entfernung	fff
70	laute Großstadtstraße	ff
60	normale Lautsprecherwiedergabe	f
50	Unterhaltungssprache, 1m Entfernung	mg
40	Zerreißen von Papier, 1m Entfernung	p
30	leises Sprechen, Flüstern 1 m Entfernung	pp
20	ruhiger Garten	ppp
10	leisestes Flüstern	pppp
0	Hörschwelle	

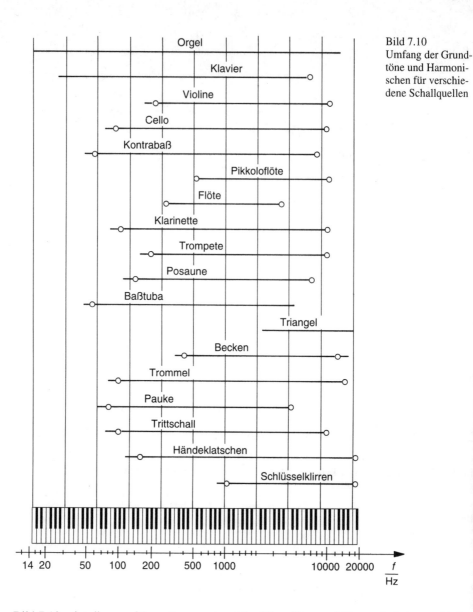

Bild 7.10
Umfang der Grundtöne und Harmonischen für verschiedene Schallquellen

Bild 7.10 zeigt die ungefähren Frequenzbereiche (Grundtöne und Harmonische) verschiedener Schallerzeuger.
Als *Ton* bezeichnet man eine Schallwelle mit einer *einzigen* Frequenz.
Ein *Klang* besteht aus einem *Grundton* und einer Anzahl von *Harmonischen*, die die Klangfarbe bestimmen.
Um z. B. Klavier, Geige oder Trompete unterscheiden zu können, müssen daher auch die Harmonischen übertragen werden.
Ein *Geräusch* ist ein beliebiges Frequenzgemisch, z. B. das Geräusch eines fahrenden Autos, das Geräusch einer Bohrmaschine.

> Die Dynamik eines akustischen Signals ist die Pegeldifferenz zwischen der kleinsten und der größten Schalleistung bzw. zwischen der kleinsten und der größten elektrischen Leistung, gemessen in dB.

Die Dynamik des menschlichen Ohres erstreckt sich von 0 bis 130 dB. Bei Übertragungssystemen ist die Dynamik eingeengt. Die untere Dynamikgrenze verschiebt sich wegen Rausch- und Störspannung nach oben, die obere Dynamikgrenze wegen der Aussteuerungsgrenze der Verstärker nach unten.
Typische Dynamikbereiche sind:

menschliches Ohr	130 dB
großes Orchester im Konzertsaal	70 dB
Übertragungsanlage mit Studio- bzw. HiFi-Qualität	65...70 dB
menschliche Sprache	50 dB
Wiedergabe im Rundfunkempfänger	40...55 dB

7.4 Raumakustik

7.4.1 Reflexion und Absorption

Schallwellen werden beim Auftreffen auf Wände, Gegenstände u.ä. teilweise reflektiert, teilweise absorbiert. Die Reflexion ist in der Natur als *Echo* bekannt.
Reflexion und Absorption sind von der Art der Werkstoffe und von der Frequenz abhängig. Bild 7.11 zeigt den Verlauf des Absorptionsgrades α für verschiedene Baustoffe für Wände in Räumen.

> Die akustischen Eigenschaften eines Raumes werden durch die Schallabsorptionsgrade seiner Wände und durch die Ausgestaltung des Raumes bestimmt.

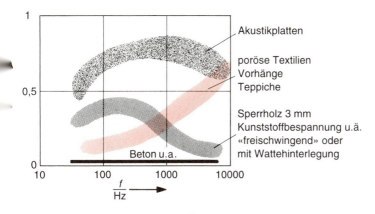

Bild 7.11 Absorptionsgrade verschiedener Werkstoffe für Wände

179

7.4.2 Anhall und Nachhall

Mit einer *Laufzeit* t_a, die sich nach der Formel

$$t_a = \frac{\text{Schallgeschwindigkeit } c}{\text{Abstand } a}$$

errechnet, erreicht der *Direktschall* den Hörer. Etwas verspätet erreichen ihn die von den Wänden *reflektierten Schallwellen*, deren Amplitude sich zum Direktschall addiert. Der Raum füllt sich allmählich mit Schall, man bezeichnet den Vorgang als *Anhall* (Bilder 7.12 und 7.13).

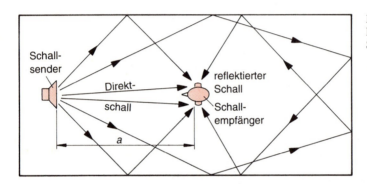

Bild 7.12
Direkter und reflektierter Schall

Schaltet man die Schallquelle ab, so vergeht eine gewisse Zeit, bis die Schallwellen im Raum verebbt sind und Ruhe eingetreten ist. Diesen Vorgang bezeichnet man als *Nachhall*. Die Zeit, die vergeht, bis sich der Schalldruck um 60 dB vermindert hat, ist die *Nachhallzeit* T (Bild 7.13).

> Die Nachhallzeit T soll für gute Wiedergabe in Räumen eine bestimmte Größe haben. Die günstigste Nachhallzeit ist vom Raumvolumen abhängig sowie von der Art der Darbietung, z. B. Sprache, Zwölftonmusik, klassische Musik, Orgelkonzerte usw. Die Nachhallzeit soll für alle Frequenzen möglichst gleich groß sein.

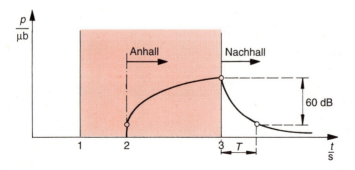

Bild 7.13
Anhall und Nachhall;
Verlauf des Schalldrucks beim Empfänger
1 Einschalten des Schallsenders
2 Ankunft des direkten Schalls beim Empfänger
3 Abschalten des Schallsenders
T Nachhallzeit nach DIN 1320 und 52 212

Günstige Nachhallzeiten sind:

Sprecher- und Hörspielstudios	0,4 ... 0,8 s
Konzertsäle und Theater	0,7 ... 2,0 s
Kirchen	1,5 ... 2,5 s

Räume mit zu geringer Nachhallzeit bezeichnet man als *trocken*. Räumig mit zu großer Nachhallzeit bezeichnet man als *hallig*. Räume mit großer Nachhallzeit bei hohen Frequenzen bezeichnet man als *hell*. Räume mit zu kleiner Nachhallzeit bei hohen Frequenzen bezeichnet man als *dunkel* oder *dumpf* (Bild 7.14).

Durch entsprechende Gestaltung der Wandflächen (Holz, Teppiche, Vorhänge) läßt sich der Nachhall beeinflussen. Bei Räumen mit zu geringem Nachhall kann man übertragungstechnisch durch *Zumischen von Nachhall* mittels *Nachhallgerät* die Hörsamkeit verbessern.

Die Frequenzabhängigkeit des Nachhalls läßt sich mit Hilfe eines dem Endverstärker vorgeschalteten *Equalizers* ausgleichen.

Der Equalizer ist ein einstellbares Filter, das mit 10 bis 30 über das Spektrum verteilten Stellern den akustischen Frequenzgang des Raumes elektrisch ausgleicht.

Die Messung der Nachhallzeit erfolgt mit einem schreibenden Meßgerät, indem man eine Kurve gemäß Bild 7.14 aufzeichnet. Für eine überschlägige Beurteilung, z. B. bei der Aufstellung einer Übertragungsanlage, erzeugt man durch Klatschen in die Hände einen Knall, aus dessen Abklingen man subjektiv die Nachhallzeit beurteilt.

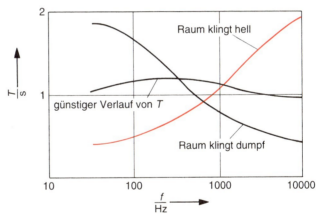

Bild 7.14
Frequenzabhängigkeit der Nachhallzeit T

7.5 Technik der Schallübertragung

7.5.1 Anforderungen

Ein elektroakustisches Übertragungssystem (Bild 7.15) beginnt im Aufnahmeraum und endet im Wiedergaberaum. Auch die beiden Räume mit ihren Nachhallzeiten T_1 und T_2 gehören zum System.

Das System stellt eine Kette dar, deren Qualität durch das schwächste Glied bestimmt wird.
Folgende Forderungen sind an ein elektroakustisches Übertragungssystem zu stellen:

□ Übertragung des gesamten Frequenzbandes ⇒ *Bandbreite*,
□ originalgetreue Übertragung der Amplituden bei den verschiedenen Frequenzen ⇒ *keine linearen Verzerrungen*,
□ es dürfen keine neuen Frequenzen entstehen ⇒ *keine nichtlinearen Verzerrungen*,
□ das Verhältnis von kleiner zu großer Lautstärke soll erhalten bleiben ⇒ *volle Dynamik*,
□ die räumliche Schallverteilung soll der Originaldarbietung entsprechen ⇒ *stereophone Wiedergabe*,
□ der Nachhall soll dem Charakter der Darbietung angepaßt sein ⇒ *keine Verzerrungen durch die Raumakustik*.

Die restlose Erfüllung ist in den meisten Fällen entweder nicht möglich oder nicht erforderlich. Gründe hierfür sind:

□ Bei der Steigerung der Qualität des Systems nehmen die Kosten überproportional zu.
□ Nur das geschulte Ohr kann die Feinheiten in der Qualität der Wiedergabe beurteilen.
□ Bei großer Lautstärke (z. B. Disco) nehmen die eigenen Verzerrungen des Ohres so stark zu, daß Schwächen des Systems überdeckt werden.
□ Oft sind die erforderlichen Übertragungskanäle nicht vorhanden und auch in absehbarer Zeit nicht verfügbar (z. B. Lang-, Mittel- und Kurzwellenbänder); typische Übertragungsbereiche zeigt Bild 7.16.
□ Es ist technisch einfach nicht möglich, z. B. ein großes Orchester originalgetreu zu Hause im Wohnzimmer wiederzugeben.

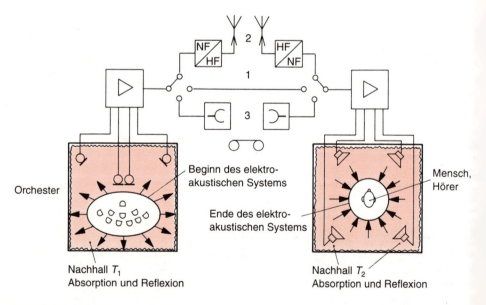

Bild 7.15 Elektroakustische Übertragungssysteme
1 direkte Übersetzung   2 Funkübertragung   3 zeitlich versetzte Übertragung (Aufzeichnung)

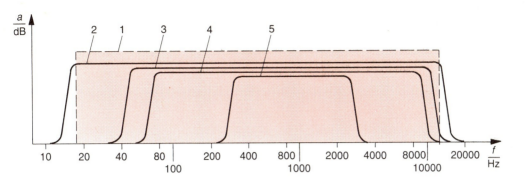

Bild 7.16   Bandbreite verschiedener Übertragungssysteme
1 wahrnehmbarer Hörschall   2 Idealanlage   5 Sprachqualität
3 Anlage nach HiFi-Norm   4 Anlage mit guter Qualität   (Fernsprechen, Funkverkehr)

7.5.2   Übertragungssysteme

Monaurale (einkanalige) Übertragung

Das Schallsignal wird mit *einem* Mikrofon aufgenommen, einkanalig übertragen und mit *einem* Lautsprecher oder einer Lautsprechergruppe wiedergegeben. Ein Richtungshören ist nicht möglich.

Pseudostereophonie

Es handelt sich dabei um ein monaurales System. Die Wiedergabe erfolgt durch eine Anzahl von Lautsprechern, insbesondere auch Hochtonlautsprecher, die so angeordnet sind, daß der Eindruck größerer Klangfülle entsteht. Dies ist jedoch *keine* Stereophonie.

Stereophone Übertragung

Hierbei wird die räumliche Verteilung des Schalles der Originaldarbietung übertragen. Man arbeitet mit zwei Mikrofonen, zwei Übertragungskanälen und zwei Lautsprechern bzw. Lautsprechergruppen. Man unterscheidet folgende Varianten:
Bei der *X-Y-Stereophonie* erfolgt die Aufnahme mit zwei Mikrofonen mit Nierencharakteristik. Diese liefern direkt das L-(links-) und R (rechts-)Signal für die Aufzeichnung und/oder Wiedergabe. Durch Änderung des Winkels zwischen X- und Y-Achse läßt sich der stereophone Effekt vergrößern oder verringern.
Die *Kunstkopf-Stereophonie* ist das höchstwertige stereophone Verfahren. Zwei Mikrofone befinden sich in einem sowohl in der Form als auch in der Beschaffenheit dem Menschen nachgebildeten *Kunstkopf* anstelle der Ohren. Es werde L/R-Signale aufgenommen, die nicht nur Lautstärkerunterschiede zwischen den beiden Ohren, sondern auch *Laufzeitunterschiede* enthalten. An die Gleichmäßigkeit der beiden Übertragungskanäle werden besonders hohe Anforderungen gestellt. Um die volle Qualität der Kunstkopfstereophonie auszunutzen, ist es zweckmäßig, die Wiedergabe mit Kopfhörern vorzunehmen. Allerdings ist dann mit aufgesetzten Hörern *kein Richtungshören durch Kopfdrehung* mehr möglich.

Quadrophonie

Bei der Quadrophonie wird die zweikanalige stereophone Übertragung durch zwei weitere Kanäle ergänzt. Zwei im Raum angebrachte weitere Mikrofone nehmen den Reflexionsschall auf und geben ihn an zwei hinter dem Hörer im Wiedergaberaum angebrachte Lautsprecher. Es sind also insgesamt vier Signale vorhanden: vorn links, vorn rechts, hinten links, hinten rechts. Sowohl bei der Übertragung als auch bei der Aufzeichnung müssen vier Kanäle verarbeitet werden. Dies bedeutet einen hohen technischen Aufwand.

7.6 Elektroakustische Wandler

7.6.1 Schallaufnehmer, Mikrofone

Schallaufnehmer wandeln Schallenergie in elektrische Energie um. Der grundsätzliche Aufbau (Bild 7.17) besteht aus einer *Membran*, die im Schallfeld zu Schwingungen angestoßen wird. Die Membranbewegung wird auf das *Generatorsystem* gekoppelt, in dem die elektrische *Urspannung U_0 erzeugt wird.*

Man unterscheidet Widerstandswandler, induktive, kapazitive und piezoelektrische Wandler.

Bild 7.17
Prinzip des Schallaufnehmers

Kenngrößen der Schallaufnehmer

Übertragungsfaktoren (DIN 1320)

Die erzeugte elektrische Größe wird zur akustischen Größe in Verhältnis gesetzt. Man unterscheidet:

Leerlauf-Übertragungsfaktor B_{E0}	$\dfrac{\text{Urspannung } U_0}{\text{Schalldruck } p}$	in $\dfrac{\text{V}}{\text{N/m}^2} = \dfrac{\text{V}}{\text{Pa}}$
Betriebs-Übertragungsfaktor B_{EO}	$\dfrac{\text{Klemmenspannung } U}{\text{Schalldruck } p}$	in $\dfrac{\text{V}}{\text{N/m}^2} = \dfrac{\text{V}}{\text{Pa}}$
Leistungs-Übertragungsfaktor E_E	$\dfrac{\sqrt{\text{elektr. Leistung } P_0}}{\text{Schalldruck } p}$	in $\dfrac{\sqrt{\text{W}}}{\text{Pa}}$

Frequenzgang, Frequenzabhängigkeit von B_E

Schallaufnehmer – Mikrofone – sollen im geforderten Übertragungsbereich eine proportionale Wandlung des Schalldrucks p in die elektrische Spannung U bewirken. Diese Forderung ist in der Regel erfüllt, d. h., der Klirrfaktor ist gering.

Die Eigenresonanz, die Massenträgheit und der Membrandurchmesser beeinflussen jedoch den Frequenzgang:

Negative Einflüsse auf den Frequenzgang des Schallaufnehmers	Technische Lösung
Das schwingungsfähige System (Membran mit Generator) besitzt eine *Eigenresonanz*; bei der Resonanzfrequenz ergibt sich eine ungewollte Erhöhung der Spannung.	Resonanzfrequenz außerhalb des Übertragungsbereiches legen, z. B. Kondensatormikrofon; Resonanzfrequenz dämpfen; Membran ohne Resonanz aufhängen, z. B. Bändchenmikrofon.
Bei sehr hohen Frequenzen muß die schwingende Masse sehr schnell bewegt werden; die *Massenträgheit* bewirkt einen Abfall bei hohen Frequenzen.	Verwendung sehr leichter Membranen, z. B. Kondensator- und Bändchenmikrofon; elektrische Korrektur des Frequenzganges, Höhenanhebung.
Das Mikrofon stört mit seiner Größe das Schallfeld; bei einer Frequenz von 18 kHz beträgt die Schallwellenlänge $\lambda = 1,9$ cm; der *Membrandurchmesser sollte wesentlich kleiner als die Wellenlänge* sein, da sonst ein Druckstau auftritt, der den Frequenzgang und die Richtcharakteristik ungünstig beeinflußt.	Verwendung eines Mikrofons mit sehr kleinem Membrandurchmesser, z. B. Kondensatormikrofon, «Bleistiftmikrofon»; elektrische Korrektur des Frequenzganges.

Richtcharakteristik
Es wird dabei die Richtungsabhängigkeit des Übertragungsfaktors B_E dargestellt. Man setzt hierzu den Übertragungsfaktor in der Hauptrichtung (0°-Achse) $B_E = 1$ und gibt für abweichende Richtungen den Übertragungsfaktor bezogen auf die Hauptrichtung an (Bild 7.18). Die Richtcharakteristik ist von der Frequenz abhängig.

Kugelcharakteristik (Bild 7.19)
Das Mikrofon ist so gebaut, daß es im Schallfeld nur auf Druck anspricht, gleichgültig aus welcher Richtung die Schallwelle kommt. Man nennt ein solches Mikrofon auch *Druckempfänger*. Technisch erreicht man dies, indem man nur die Vorderseite der Membran dem Schallfeld aussetzt und den Membrandurchmesser $< \lambda$ macht. Das Mikrofon eignet sich für Rundumaufnahmen.

Achtcharakteristik (Bild 7.20)
Das Mikrofon ist so gebaut, daß beide Membranseiten dem Schallfeld ausgesetzt sind. Die Membran schwingt nur dann, wenn zwischen Vorder- und Rückseite ein Druck*unterschied* vorhanden ist. Man nennt ein solches Mikrofon auch *Druckgradienten-Empfänger*. Die Anwendung ist auf Sonderfälle beschränkt.

Nieren- und Keulencharakteristik (Bild 7.21)
Durch besondere Form des Gehäuses (Schallabschirmung nach einer Seite, Luftöffnung auf der Membranrückseite, Wölbung der Membran u. ä) erreicht man eine einseitige Charakteristik mit Nieren- oder Keulenform. Will man eine extrem schmale Keule erreichen, muß man das Mikrofon innerhalb eines Parabolspiegels anordnen.

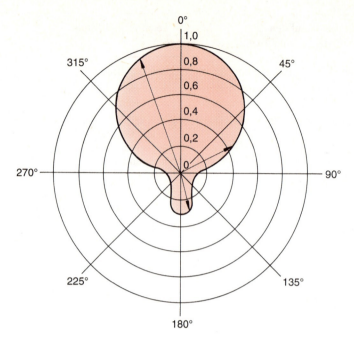

Bild 7.18   Richtcharakteristik

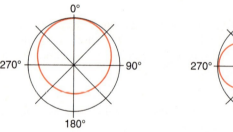 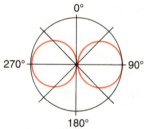

Bild 7.19   Kugelcharakteristik   Bild 7.20   Achtcharakteristik

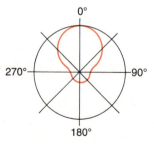 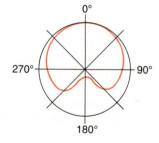

Bild 7.21a und b   Keulen- und Nierencharakteristik
(auch Kardioidcharakteristik)

Klirrfaktor
Er sollte bei einem guten Mikrofon $k < 1\%$ betragen, für Studiomikrofone $k < 0{,}1\%$.

Störspannung
Sie setzt sich zusammen aus dem Eigenrauschen sowie aus Spannungen, die durch mechanische Erschütterungen aus der Umgebung im Mikrofon entstehen.

Dynamik
Sie gibt den übertragbaren Bereich der Schalldrücke an, üblicherweise in dB.

Innenwiderstand
Der Innenwiderstand R_i bestimmt, wie ein Mikrofon in einer Schaltung angepaßt wird.

Wirkungsweise von Mikrofonen

Kohlemikrofon (Bild 7.22)
Es benötigt eine Gleichspannungsquelle. Durch die Membranbewegung wird der Widerstand einer Strecke aus Kohlegries verändert. Dadurch entstehen dem Schalldruck proportionale Strom- bzw. Spannungsschwankungen.

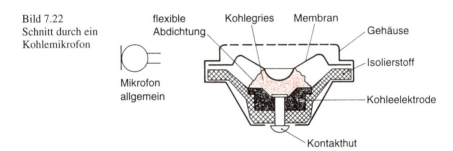

Bild 7.22
Schnitt durch ein
Kohlemikrofon

Elektromagnetisches Mikrofon (Bild 7.23)
Es handelt sich um einen induktiven Wandler. Kennzeichen ist die *feststehende Spule* und die durch den Schalldruck bewegte Membran. Durch Änderung des Luftspaltes des magnetischen Kreises wird der Fluß geändert, was wiederum zur Induktion einer Wechselspannung führt.

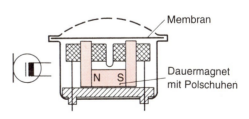

Bild 7.23
Schnitt durch ein magnetisches
Mikrofon

Dynamisches Mikrofon (Bild 7.24)

Auch hier handelt es sich um einen induktiven Wandler. Kennzeichen ist die *bewegliche* Spule, die *Tauchspule*, die von der Membran bewegt wird. Die in der Tauchspule induzierte Spannung entspricht dem Schalldruck an der Membran.

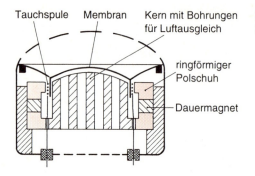

Bild 7.24
Schnitt durch ein dynamisches Mikrofon

Bändchenmikrofon (Bild 7.25)

Bei diesem induktiven Wandler wird ein als Membran ausgebildetes Bändchen im Feld eines Magneten bewegt. Es handelt sich also um die Bewegung eines geraden Leiters im Magnetfeld. Die Spannung am Bändchen entspricht dem Schalldruck, ist allerdings sehr gering. Sie muß über einen Transformator hochtransformiert werden.

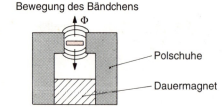

Bild 7.25
Prinzip des Bändchenmikrofons

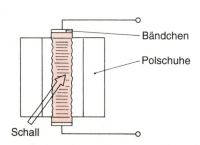

Kristallmikrofon (Bild 7.26)

Es beruht auf dem piezoelektrischen Effekt. Eine Membran aus Metall, Papier oder Kunststoff ist mechanisch mit dem Kristallelement verbunden. Membranbewegungen erzeugen Druckspannungen im Kristall und damit elektrische Spannungen an den Abnahmeelektroden des Kristalls.

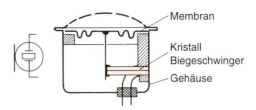

Bild 7.26
Schnitt durch ein Kristallmikrofon

Kondensatormikrofon (Bild 7.27)

Es handelt sich um einen kapazitiven Wandler. Zum Betrieb ist eine Vorspannung erforderlich. Membran und Gegenelektrode bilden einen Kondensator. Membranbewegungen ändern die Kapazität, dadurch fließt in der Kondensatorzuleitung ein Lade- und Entladestrom. Dieser Strom erzeugt an einem Widerstand einen Spannungsabfall, der dem Schalldruck proportional ist.

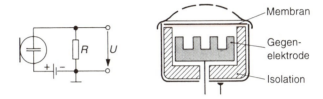

Bild 7.27
Schnitt durch ein Kondensatormikrofon und Schaltung

Elektretmikrofon (Bild 7.28)

Es handelt sich um ein Kondensatormikrofon, bei dem die Vorspannung der Membran durch einen Elektreten erfolgt. Ein Elektret besitzt ausgerichtete elektrische Dipole und erzeugt (ähnlich wie ein Permanentmagnet) ein *permanentes elektrisches Feld*. Die sonstige Schaltung entspricht der des Kondensatormikrofons.

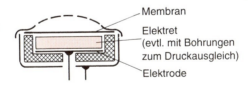

Bild 7.28
Schnitt durch ein Elektretmikrofon

Kondensatormikrofon in Hochfrequenzschaltung (Bild 7.29)

Das Kondensatormikrofon liegt *ohne* Gleichvorspannung als Kapazität in einem Oszillatorschwingkreis. Durch die Membranbewegung ändert sich die Kapazität, und der Oszillator wird frequenzmoduliert. Nach Demodulation erhält man die Niederfrequenz, die dem Schalldruck am Mikrofon entspricht.

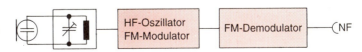

Bild 7.29
Kondensatormikrofon in Hochfrequenzschaltung

Eine Übersicht über die Eigenschaften der verschiedenen Mikrofontypen gibt die Tabelle in Bild 7.30.

Bild 7.30
Eigenschaften verschiedener Mikrofonsysteme
+ gut, 0 mittel, − weniger gut
++ sehr gut, − − sehr schlecht

	Rauschen und Erschütterungsempfindlichkeit	Empfindlichkeit, Betriebsübertragungsfaktor	Klirrfaktor	tiefe Frequenz	hohe Frequenz	Schaltungsaufwand, Preis
Kohlemikrofon	−	+	− −	−	0	−
elektromagnetisches Mikrofon	+	0	−	−	+	+
dynamisches Mikrofon	+	+	+	+	+	+
Bändchenmikrofon	0	0	+	0	+	+
Kristallmikrofon	0	0	0	+	+	+
Kondensatormikrofon						
Niederfr.-Schaltung	+	+	++	+	+	+
Hochfr.-Schaltung	+	+	++	+	+	−

7.6.2 Schallstrahler, Lautsprecher, Kopfhörer

Schaltstrahler wandeln elektrische Energie in Schallenergie um. Die grundsätzlichen Bestandteile jedes Schallstrahlers sind:

☐ *das Erregersystem:* Es wandelt elektrische Leistung in mechanische Bewegung um;

☐ *die Membran:* Sie ist mit dem Erregersystem gekoppelt und überträgt die mechanischen Schwingungen an die Luft;

☐ *die Schallführung:* Man versteht darunter Schallwände, Trichter, Gehäuse, Boxen u. ä., sie bestimmen die Eigenschaften entscheidend mit.

große Übertragungsbandbreite		−1	0	1	1	0	0
guter Wirkungsgrad	−1		0	−1	1	−1	0
geringer Klirrfaktor	0	0			1	0	−1	−1
keine (geringe) Eigenresonanzen	1	−1	1		0	0	0
gute Abstrahlungseigenschaften	1	1	0	0		−1	0
kleine Baugröße	0	−1	−1	0	−1		−1
große Nennbelastbarkeit	0	0	−1	0	0	−1	

Bild 7.31
Gegenseitige Beeinflussung der Eigenschaften eines Lautsprechers

| | Ausgangsgröße für die Beurteilung (vertikale Spalte)
1   die Eigenschaften unterstützen sich
0   die Eigenschaften haben keinen gegenseitigen Einfluß
−1   die Eigenschaften laufen einander entgegen

Die Forderungen, die an einen idealen Schallstrahler zu stellen sind, widersprechen sich teilweise. In Bild 7.31 ist dargestellt, wie sich bei Lautsprechern bestimmte Eigenschaften gegenseitig beeinflussen. Jede Lautsprecherkonstruktion ist deshalb ein Kompromiß.

Zusammenhang zwischen Membranamplitude und Frequenz

Für die Schallintensität J gilt (s. Abschnitt 7.2)

$$\boxed{J = p \cdot v_s}$$ p Schalldruck, v_s Schallschnelle

Dabei ist die Schallschnelle v_s proportional der Frequenz und der Schalldruck p proportional der Amplitude.
Für gleiche Schallintensität bei unterschiedlichen Frequenzen gilt somit:

$$\boxed{\text{Amplitude} \cdot \text{Frequenz} = \text{konstant}}$$

> Für die Lautsprecherwiedergabe bedeutet dies, daß für gleiche Schallintensität J die Membran um so größere Auslenkungen macht, je tiefer die Frequenz ist.
> Baßlautsprecher arbeiten mit besonders großer Amplitude.

Bild 7.32 gibt im Computerbild die Verhältnisse bei verschiedenen Frequenzen wieder.

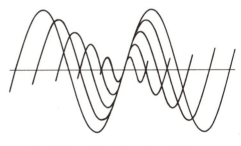

Bild 7.32
Zusammenhang zwischen Amplitude und Frequenz an einem Lautsprechersystem bei konstanter Intensität
(Computerbild)

Amplitude × Frequenz = konstant

Kenngrößen von Schallstrahlern

Leistungsübertragungsfaktor (DIN 1320) $E_S =$

$$\boxed{\frac{(\text{Schalldruck } p \text{ 1m Abstand})}{\sqrt{\text{elektrische Leistung } p}} \text{ in } \frac{\text{Pa}}{\sqrt{\text{W}}}}$$

Wirkungsgrad

$$\boxed{\eta = \frac{\text{akustische Leistung } P_a}{\text{elektrische Leistung } P_{el}}}$$

Der Wirkungsgrad erfaßt die *gesamte* akustische Leistung.

Frequenzgang
Er stellt die Frequenzabhängigkeit des Leistungsübertragungsfaktors E_S dar. Die *Übertragungsbandbreite* liegt zwischen unterer und oberer Grenzfrequenz. Sie richtet sich nach dem Anwendungszweck: Sprachwiedergabe, Tief-, Mittel-, Hochtonlautsprecher, HiFi-Qualität usw.
Der Frequenzgang zeigt auch die *Eigenresonanzen* auf, die zu Ein- und Ausschwingvorgängen führen.

Nennbelastbarkeit $P_{el\,N}$
Sie wird als elektrische Leistung in W angegeben und gilt für Dauerbetrieb.

Grenzbelastbarkeit $P_{el\,g}$
Sie wird als Musikbelastbarkeit bezeichnet und gilt für eine Belastung von 2 s.

Klirrfaktor
Die Klirrfaktorangabe erfolgt für Nennlast *und* Grenzlast.

Richtcharakteristik
Sie wird für verschiedene Frequenzen angegeben und stellt die Richtungsabhängigkeit des Leistungsübertragungsfaktors E_S dar. Sie gilt für das gesamte Lautsprechersystem einschließlich Gehäuse bzw. Schallführung.

Nennscheinwiderstand (elektrisch) Z_N
Er ist von Bedeutung für die Anpassung des Schallstrahlers an den vorgeschalteten Verstärker.

Erregersysteme für Lautsprecher und Kopfhörer

Magnetisches System
Kennzeichen sind die *feststehende Spule* und ein bewegter Anker oder eine bewegte Membran (Bild 7.33). Durch einen Dauermagneten erhält die Membran eine Vorspannung zur Vermeidung der Frequenzverdoppelung.
Der Nachteil dieses Systems ist, daß bei großen Amplituden Verzerrungen auftreten. Es läßt sich daher nur für kleine Amplituden (z. B. Kopfhörer) oder für Schallstrahler verwenden, bei denen die Verzerrungen keine Rolle spielen (z. B. Signalhörner).

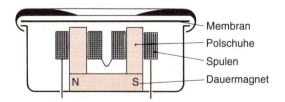

Bild 7.33
Schnitt durch ein magnetisches System für Kopfhörer

Dynamisches System
Kennzeichen ist die *Schwingspule* (Bilder 7.34 und 7.35). Dieses System arbeitet auch bei großen Amplituden verzerrungsfrei, wenn die Schwingspule gemäß Bild 7.35 ausgeführt wird. E muß gewährleistet sein, daß der umfaßte magnetische Fluß bei allen Amplituden gleich groß bleibt. Dies wird dadurch erreicht, daß die Schwingspule *länger* als der Luftspalt ist.

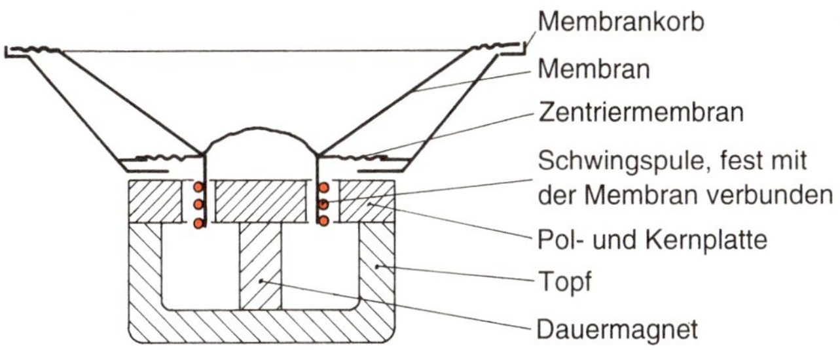

Bild 7.34
Schnitt durch ein dynamisches System für Kopfhörer

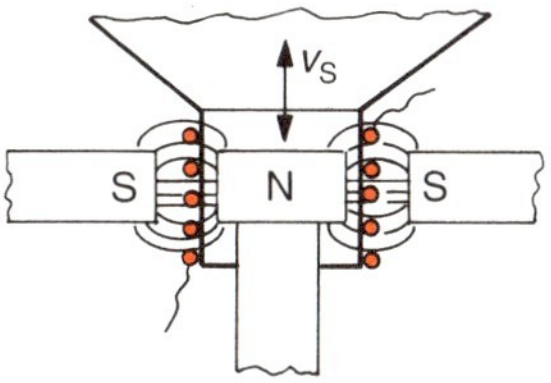

Bild 7.35
Schwingspule im magnetischen Feld

Dynamische Systeme werden heute fast ausschließlich verwendet, sowohl für Lautsprecher als auch für Kopfhörer.

Piezoelektrisches System
Es wird hier die Erscheinung ausgenutzt, daß Kristalle bestimmter Stoffe (Seignettesalz, Bariumtitanat o. ä.) bei Anlagen einer elektrischen Spannung ihre Länge ändern. Zwei Plättchen, die aus einem Kristall herausgeschnitten wurden, werden als *Biegeschwinger* oder *Sattelschwinger* zusammengeklebt. Nach dem Prinzip des Bimetalls wird durch diese Anordnung die erzielbare Auslenkung vergrößert. Das Kristallelement wird an einem Ende fest eingespannt und am anderen Ende mit der Membran verbunden (vgl. Bild 7.26).
Wegen der geringen möglichen Amplituden eignet sich das System nur für hohe Frequenzen oder für Kopfhörer. Die Lebensdauer ist begrenzt.

Kondensatorsystem
Einer festen Platte steht eine bewegliche Metallmembran gegenüber (Bild 7.36). Durch eine Gleichspannung ist die Membran vorgespannt. Die Signalspannung erzeugt durch mehr oder weniger starke Anziehung eine Membranschwingung. Die erzielbaren Amplituden sind gering, so daß sich dieses System nur für Hochtonlautsprecher eignet.

Bild 7.36
Prinzip des Kondensatorlautsprechers

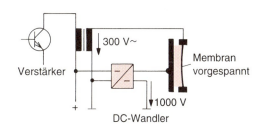

193

Kenndaten und Systemvergleiche

Art des Systems	Nennscheinwiderstand bzw. Kapazität	Frequenzbereich	max. mögliche Bauleistung	Anwendung
magnetisch				
Lautsprecher	200 … 2000 Ω	300 Hz … 5 kHz	3 W	billige Systeme
Kopfhörer	200 … 2000 Ω	100 Hz … 6 kHz	50 mW	Kleinhörer u. ä.
dynamisch				
Breitband	3 … 25 Ω	30 Hz … 18 kHz	200 W	universell bei guter Qualität
Tiefton	2 … 8 Ω	30 Hz … 500 kHz	500 W	in Kombinationen
Hochton	3 … 25 Ω	500 Hz … 20 kHz	80 W	in Kombinationen
piezoelektrisch	1 … 5 nF	1 kHz … 20 kHz	2 W	Hochtonlautsprecher
elektrostatisch	100 … 500 nF	1 kHz … 20 Hz	5 W	Hochtonlautsprecher

7.6.3 Schallführung

Druckkammersystem

Grundsätzlich kann hierfür jedes Erregersystem verwendet werden, wegen der großen erforderlichen Amplitude werden aber dynamische Systeme bevorzugt (Bild 7.37).

Durch die Membranbewegung entsteht in der Druckkammer ein hoher, nach allen Seiten wirkender Wechseldruck p_D. Dieser wirkt auch auf die Luftsäule im Hals des Trichters und erzeugt dort eine Schwingung der Luftsäule mit hoher Intensität bzw. Schnelle. Diese Schwingung läuft als Schallwelle durch den Trichter. Durch die Erweiterung des Trichters nimmt bei gleichbleibender akustischer Gesamtleistung P_a die Schallintensität $J = P_a/A$ ab und verteilt sich auf eine große Fläche und von da in den Raum.

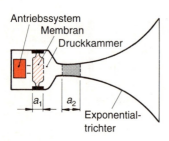
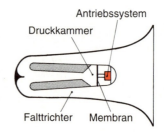

Bild 7.37 Druckkammersysteme
a_1 Schwingungsamplitude der Membran
a_2 Schwingungsamplitude der Luftsäule

Der Vorteil ist, daß mit einer kleinen, schwingungssteifen Membran gearbeitet werden kann und daß durch den akustischen Widerstand im Trichterhals eine optimale Anpassung der Luftsäule an die Membran erfolgt. Dies ergibt einen guten Wirkungsgrad.
Das Druckkammerprinzip wird seit ältester Zeit auch bei den Blasinstrumenten benutzt (Mund → Druckkammer, Horn → Exponentialtrichter).

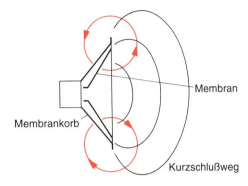

Bild 7.38
Akustischer Kurzschluß

Schallwand

Bei einem Lautsprecher ohne Schallwand oder sonstige Schallführung gleichen sich die Druck- und Sogwellen von Vorder- und Rückseite gegenseitig aus (Bild 7.38). Es entsteht der sogenannte *akustische Kurzschluß*. Dieser Ausgleich kann verhindert werden, wenn die Wegstrecke zwischen Vorder- und Rückseite gleich einer halben Wellenlänge gemacht wird (Bild 7.39).

Mit einer genügend großen Schallwand läßt sich eine ideale Schallführung erreichen. Entsprechend muß der Schallwanddurchmesser ebenfalls $\lambda/2$ sein. Für eine Frequenz von 50 Hz ergibt dies einen Schallwanddurchmesser bzw. eine Kantenlänge der Schallwand von:

$$d = \frac{\lambda}{2\,a} = \frac{340\ \text{m/s}}{2 \cdot 50\ \text{Hz}} = 3{,}4\ \text{m}$$

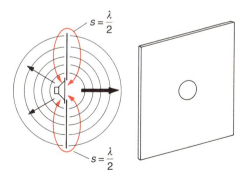

Bild 7.39
Verhinderung des
akustischen Kurzschlusses,
Schallwand

Dies ist in den meisten Fällen nicht realisierbar. Man hilft sich, indem man die Lautsprecher in ein Gehäuse setzt und dabei den Weg von Vorder- zu Rückseite evtl. künstlich verlängert (Bild 7.40).

Der akustische Kurzschluß läßt sich auch dadurch verhindern, daß man die Gehäuserückseite dicht verschließt, man erhält *Lautsprecherboxen*. Durch Dämpfung innerhalb der Boxen wird dafür gesorgt, daß keine Resonanzen auftreten. Der Wirkungsgrad ist allerdings gering. Ferner treten bei tiefen Frequenzen Einschwingverzerrungen auf. Durch eine von der Membranbewegung abgeleitete Gegenkopplung können die Verzerrungen beseitigt werden (Bild 7.41).

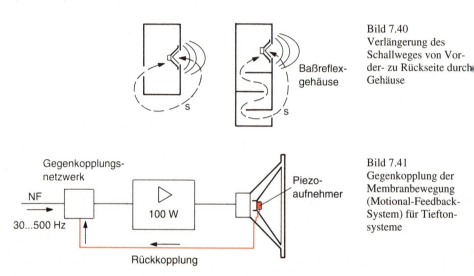

Bild 7.40
Verlängerung des Schallweges von Vorder- zu Rückseite durch Gehäuse

Bild 7.41
Gegenkopplung der Membranbewegung (Motional-Feedback-System) für Tieftonsysteme

Strahlergruppen

Durch Übereinanderstaffelung von Lautsprechern erhält man eine Richtcharakteristik gemäß Bild 7.42. Solche Gruppen eignen sich besonders zur energiesparenden Beschallung von Flächen, da wenig Energie in den Raum gestrahlt wird.

Durch vertikale *und* horizontale Staffelung erhält man eine stark *keulenförmige Richtcharakteristik*. Solche Strahlergruppen haben eine große Reichweite (z. B. für den Schiffsverkehr).

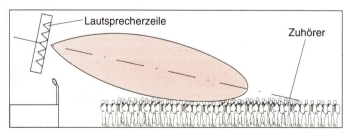

Bild 7.42
Strahlergruppe mit vertikaler Staffelung zur Beschallung von Flächen

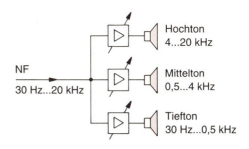

Bild 7.43
Tief-Mittel-Hochton-Kombination,
gespeist über getrennte Verstärker

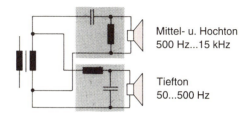

Bild 7.44
Trennung von Tiefton-
und Hochtonlautsprecher
durch Filter (Weichen)

7.6.4 Lautsprecherkombinationen

Wie bereits in Bild 7.31 gezeigt, laufen einzelne gewünschte Konstruktionsmerkmale einander entgegen. Insbesondere lassen sich große Bandbreite und guter Wirkungsgrad nicht miteinander vereinen. Ein Ausweg bietet sich dadurch an, daß man das abzustrahlende Frequenzband in Bereiche unterteilt, z. B. *Tiefton, Mittelton* und *Hochton*. Man kann jetzt schmalbandige Lautsprecher fast ideal bauen. Speist man nun diese Lautsprecher auch noch über *getrennte* Verstärker (Bild 7.43), so läßt sich durch getrennte Tiefen-, Mitten- und Höhenregelung ein ausgeglichenes Frequenzband im Schallfeld erzielen.

Speist man die Lautsprecher aus *einem* Verstärker, so sind zur Trennung *Weichen* erforderlich (Bild 7.44).

7.6.5 Kopfhörer

Kopfhörer benötigen keine Schallführung. Die Membran ist im Verhältnis zum Ohr so groß, daß praktisch *ebene Schallwellen* abgestrahlt werden. Die erforderliche Amplitude ist so klein, daß auch tiefe Frequenzen gut wiedergegeben werden können.
Falls die Übertragungsbandbreite entsprechend groß ist, ergibt sich eine fast ideale Wiedergabe. Leider entspricht sie nicht dem natürlichen Hören im Schallfeld.

7.7 Lernziel-Test

1. In welchem Frequenzbereich liegt der hörbare Schall?
2. Was versteht man unter Ultraschall, was unter Infraschall?
3. In welchen Einheiten wird der Schalldruck gemessen?
4. Was ist Schallintensität?
5. Welche Schalldrücke gelten für Hörschwelle und Schmerzschwelle?
6. Wie ist der Schalldruckpegel in dB festgelegt?
7. Was versteht man unter der Dynamik eines akustischen Signals?
8. Erläutern Sie die Begriffe Schallreflexion und Schallabsorption.
9. Was ist Nachhall? Nennen Sie übliche Nachhallzeiten von Räumen.
10. Wie erreicht man eine stereophone Wiedergabe von Musik?
11. Erläutern Sie Aufbau und Arbeitsweise eines dynamischen Mikrofons.
12. Ein Lautsprecher nimmt eine elektrische Leistung von 20 W auf. Er gibt eine akustische Leistung von 3,5 W ab. Wie groß ist sein Wirkungsgrad?
13. Am Schallempfangsort herrscht ein Schalldruckpegel von 46 dB. Wie groß ist der Schalldruck in Pascal?
14. Ein Mikrofon hat einen Leerlauf-Übertragungsfaktor von 4 mV/Pa. Wie groß ist die elektrische Spannung, die das Mikrofon bei einem Schalldruck von 52 dB abgibt?

8 Schallaufzeichnung – Grundprinzipien und Nadelton

8.1 Allgemeines

Will man Schallsignale aufzeichnen, so muß man sowohl den Verlauf des *Schalldrucks* als auch die dazugehörende *Zeit* in speicherfähige Größen umwandeln. Hierfür gibt es verschiedene Verfahren, die in der Tabelle von Bild 8.1 zusammengestellt sind.
Die prinzipielle Umwandlung des Schalldruckverlaufs in speicherbare Größen zeigt Bild 8.2.

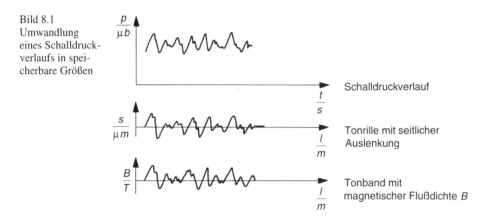

Bild 8.1 Umwandlung eines Schalldruckverlaufs in speicherbare Größen

Umwandlung des Schalldrucks in	Umwandlung der Zeit in	Name des Aufzeichnungsverfahrens	meistverwendete Tonträger	mögliche Anzahl der Kanäle	Speicherzeit (Spieldauer) je Tonträgereinheit ca:
Nadelweg	Wegstrecke	Nadelton	Platte	2, bei Verwendung von Hilfsträgern 4	5 ... 50 min
magnetische Flußdichte B	Wegstrecke	Magnetton	Magnetplatte, -band	1 Kanal viele Kanäle, je nach Breite des Bandes	5 ... 30 min 10 ... 120 min
Schwärzung eines Filmes	Wegstrecke	Lichtton	Filmband	viele Kanäle, je nach Breite des Bandes	10 ... 60 min
Binärcode (Pluscodemodulation)	Wegstrecke	digitale Schallaufzeichnung	Compact-Disk (CD) Tonband, Laserplatte	viele Kanäle, je nach Schaltungsaufwand	10...120 min (noch in der Entwicklung)
Spannung in digitaler Speicherzelle (binär codiert)	Kette von Speicherzahlen	digitale Schallspeicherung	RAMs, ROMs, sonstige digitale Speicher	viele Kanäle, je nach Schaltungsaufwand	2 ... 60 s (noch in der Entwicklung)

Bild 8.2 Umwandlung des Schalldruckverlaufs

8.2 Nadeltonverfahren

Es werden plattenförmige Tonträger aus Kunststoff, *Schallplatten*, verwendet.
Das *Schneiden* der Platte geschieht mit einer *Schneidnadel*, vergleichbar einem kleinen Drehmeißel, auf einem Schneidgerät. Die Schneidtafel wird spiralig über die Platte geführt. Das Schallsignal liegt am *elektromagnetischen Schneidsystem* an, veranlaßt die Auslenkung oder Höhenänderung der Nadel und gibt so der Rille ihre typische Form (Bild 8.3).
Die geschnittene Platte kann sofort mit einem Tonabnehmersystem abgespielt werden. Will man von der geschnittenen Platte viele Exemplare herstellen, werden in einem galvanischen Kopierverfahren *Preßmatrizen* hergestellt, mit denen dann die Schallplatten aus einem thermoplastischen Kunststoff, PVC mit Zusätzen, gepreßt werden.

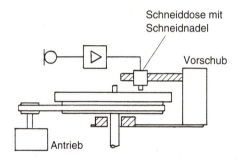
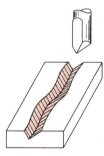

Bild 8.3
Schneidvorgang, Schneidnadel und geschnittene Tonrille

8.2.1 Tonschriften

Man unterscheidet:
Tiefenschrift nach EDISON: Bild 8.4,
Seitenschrift nach BERLINER: Bild 8.5,
Stereoschrift 45°/45° nach BLUMLEIN. Hierbei können zwei Kanäle aufgezeichnet werden. Es werden sich kreuzende Tiefenschriften unter 45° angewendet (Bild 8.6).
Die Auslenkungen der beiden Kanäle stehen senkrecht zueinander (90°), so daß sie sich nicht beeinflussen (Bild 8.7).
Für die Wiedergabe benötigt man ein Stereosystem (Bild 8.8), an dessen beiden Ausgängen das Links- und Rechts-Signal abgenommen werden können.

Bild 8.4
Tiefenschrift nach
EDISON (1877)

Bild 8.5
Seitenschrift nach
BERLINER (1888)

Bild 8.6
Stereoschrift nach
BLUMLEIN (1931)

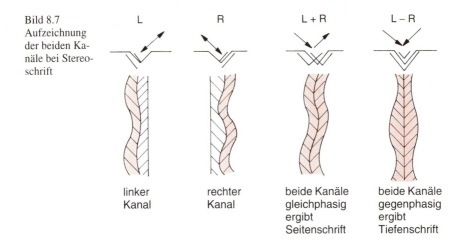

Bild 8.7 Aufzeichnung der beiden Kanäle bei Stereoschrift

linker Kanal | rechter Kanal | beide Kanäle gleichphasig ergibt Seitenschrift | beide Kanäle gegenphasig ergibt Tiefenschrift

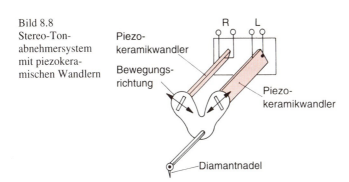

Bild 8.8 Stereo-Tonabnehmersystem mit piezokeramischen Wandlern

Stereoplatten können auch mit einem Monosystem abgespielt werden. Es wird die Summe aus Links- und Rechts-Signal wiedergegeben (Seitenschrift).

Die *Füllschrift* nach EDUARD RHEIN läßt sich auf alle Aufzeichnungsverfahren anwenden und dient der besseren Ausnutzung der Platte.

Zwischen den Tonrillen besteht ein Abstand, ein *Steg*, dessen Breite sich nach der größtmöglichen Amplitude des Schallsignals bemißt. Da diese große Amplitude nur sehr selten auftritt, wird viel Platz unnütz verschwendet, daher wird bei der Herstellung der Platte der Rillenabstand so gesteuert, daß die Auslenkung gerade noch Platz findet, ohne in die Nachbarrille hineinzulaufen (Bild 8.9).

Durch die Füllschrift ist eine Verlängerung der Spieldauer um über 50% möglich.

Bild 8.9
Füllschriftverfahren nach
E. Rhein

a) Aufzeichnung mit normalem Rillenabstand

b) Rillenabstand wird durch die Amplitude der Aufzeichnung gesteuert

c) zusätzliche Steuerung (Verringerung) der Stegbreite bei unmodulierten Rillen

8.2.2 Tonträger und Abtastnadeln

Für die Drehzahl, Drehfrequenz der Schallplatten sind 78, 45, $33\,^1/_3$ und $16\,^2/_3$ min^{-1} genormt. $16\,^2/_3$ wird wegen der schwer einzuhaltenden Gleichlaufforderungen nur für Sprache verwendet. Die Kennzeichnung der Platten durch Symbole zeigt Bild 8.10.
Die Abmessung der Tonrillen und der Abtastnadeln ist in Bild 8.11 dargestellt.
Um eine bessere Abtastung der hohen Frequenzen zu erreichen, werden auch Abtastnadeln mit *ellipsenförmigem Querschnitt* verwendet (Bild 8.12).

Schallplatte DIN	Kennzeichnung	Nenndurchmesser in cm	n in min^{-1}	Spielzeit in min
Mono 45 45 536	M̌45 ▽45	17	45	6 … 9
Stereo 45 546	St⃝45	17	45	6 … 9
Mono 33 45 537	M̌33 ▽33	30	$33\frac{1}{3}$	bis 40
Stereo 33 45 547	St⃝33	30	$33\frac{1}{3}$	bis 40
N 78[1]	N 78	25	78	3,5 … 3,8

Bild 8.10
Kennzeichnung von Schallplatten

[1] 78 min^{-1} wird seit etwa 1955 nicht mehr hergestellt.

Die Abtastnadeln werden aus synthetischen Saphiren oder aus Diamanten hergestellt.
Nach 100 Betriebsstunden bei Saphiren und nach 1000 Stunden bei Diamanten sollten die Abtastnadeln bzw. die Köpfe ausgewechselt werden, ebenso wenn sich durch Rauschen oder verzerrte Wiedergabe ein Schaden an der Nadel zeigt.

> Abgeschliffene oder abgesplitterte Nadeln beschädigen die Platte unreparierbar (Bild 8.13).

Die Auflagekraft F der Nadel in der Rille beträgt 15 … 30 mN. Sie verteilt sich auf die beiden winzigen Berührungspunkte der Nadel mit den Rillenflanken (siehe Bild 8.11). Wegen der geringen Berührungsfläche treten an den Berührungspunkten Drücke von einigen 100 bar auf. Dies bedeutet eine hohe Beanspruchung sowohl für die Platte als auch für die Nadel.

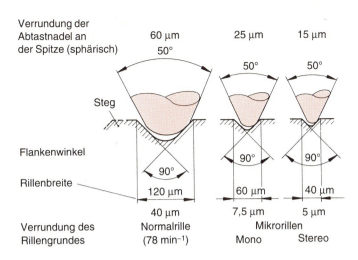

Bild 8.11
Abmessungen der Tonrillen und Abtastnadeln

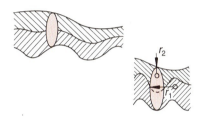

Bild 8.12
Abtastnadel mit ellipsenförmigem Querschnitt
$r_1 : r_2 = 5 : 1$

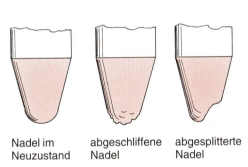

Bild 8.13
Abtastnadeln neu und alt

8.2.3 Tonabnehmersysteme

Tonabnehmersysteme sind mechanisch-elektrische Wandler. Folgende Wandlerprinzipien sind möglich:

magnetisch:	bewegter Magnet oder veränderlicher Luftspalt, Spulen stehen fest (MM, moving magnet)
dynamisch:	bewegte Spulen im Magnetfeld (MC, moving coil)
piezoelektrisch:	Verformung von Piezoelementen
ohmsch:	Halbleiter ändern bei Verformung ihren Widerstand.

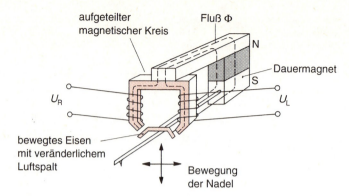

Bild 8.14
Prinzip eines magnetischen Tonabnehmers mit bewegtem Eisen

Über einen besonderen Hebelmechanismus müssen die Nadelbewegungen unter 45° so auf die beiden Wandlersysteme übertragen werden, daß sie sich gegenseitig nicht beeinflussen. Bild 8.14 zeigt ein magnetisches System. Der magnetische Kreis ist aufgeteilt. Durch Nadelbewegung werden die Luftspalte und damit die Flüsse in den Systemen geändert und in den Spulen Urspannungen erzeugt, U_R und U_L.
Ähnlich arbeitet das Piezokeramiksystem. Ein dynamisches System zeigt Bild 8.15.
Dynamische Systeme haben einen sehr geringen Innenwiderstand und müssen in der Regel über einen Übertrager angepaßt werden.
Folgende Kenndaten sollte ein Tonabnehmersystem einhalten:

Übertragungsbereich 20 ... 15 000 Hz
Pegeldifferenz zwischen den Kanälen 2 dB (bei 1000 Hz)
Übersprechdämpfungsmaß 25 dB (bei 1000 Hz)
Klirrfaktor $k < 1\%$
Intermodulation $< 4\%$
Auflagekraft 15 ... 30 mN

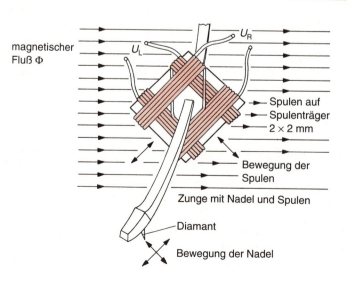

Bild 8.15
Prinzip eines dynamischen Tonabnehmers (moving coil, bewegte Spule)

8.2.4 Schneidkennlinie

Ähnlich wie bei den Membranamplituden von Lautsprechern, nehmen auch die Nadelauslenkungen bei tiefen Frequenzen zu.
Damit die Rillenabstände nicht zu groß werden, wird die Schneidamplitude nach DIN bei tiefen Frequenzen vermindert und bei hohen Frequenzen angehoben.
Die sogenannte Schneidkennlinie zeigt Bild 8.16. Durch eine *Entzerrerschaltung* muß im Plattenabspielgerät die Amplitudenverzerrung aufgehoben werden.

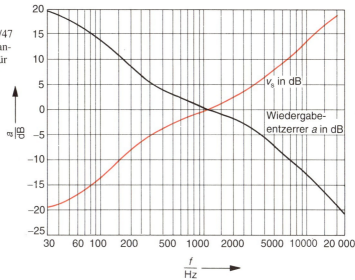

Bild 8.16
Schneidkennlinie
$v_s = f(f)$ nach DIN 45 546/47 bei konstanter Eingangsspannung (rot) und Kennlinie für die Wiedergabeentzerrung

8.2.5 Plattenabspielgeräte

Das *Laufwerk* wird durch einen Schaltpolmotor oder einen kollektorlosen Gleichstrommotor angetrieben und ist auf die verschiedenen Plattendrehzahlen umschaltbar. Mit einer Stroboskopeinrichtung (Bild 8.17) läßt sich die Drehzahl kontrollieren. Hochwertige Laufwerke besitzen quarzgesteuerte Antriebe und Stroboskope.
Gleichlaufschwankungen bedeuten Schwankungen in der Tonhöhe, die sich als *Jaulen* oder *Wimmern* bemerkbar machen. Sie sollen nach DIN unter 0,2% liegen. Durch entsprechende Masse des Plattentellers von 2 ... 5 kg läßt sich diese Bedingung erfüllen.

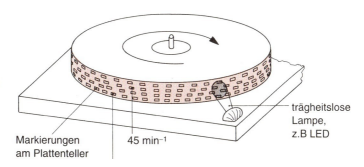

Bild 8.17
Stroboskop zur Drehzahleinstellung; bei Solldrehzahl stehen die Markierungen in der beleuchteten Zone scheinbar still

205

Der *Tonarm* soll möglichst reibungsarm gelagert sein. Die Abtastnadel im *Tonabnehmer* soll tangential in der Tonrille liegen.

Die Radialführung des Tonarmes gemäß Bild 8.18 erfüllt diese Bedingung schlecht. Man verwendet deshalb die Tangentialführung mit gekröpftem Tonarm, wie in Bild 8.19 dargestellt.

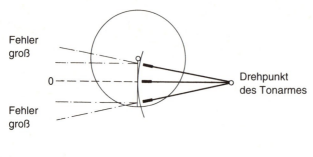

Bild 8.18
Radialführung des Tonarmes, Spurfehler in der Mitte null

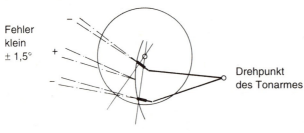

Bild 8.19
Tangentialführung des gekröpften Tonarmes, Spurfehler ±1,5°
Beispiel für Abmessungen:
Abstand
Tellerachse–Tonarmdrehpunkt
203,1 mm
Tonarmlänge
Drehpunkt–Nadelspitze 227,2 mm
Kröpfungswinkel 25° 20°;
Winkel der Abtastnadel 15°

8.2.6 Probleme bei der Abtastung

Der *Gewichtsausgleich für den Tonarm* sorgt dafür, daß der Auflagedruck nicht zu groß ist, es muß aber auch gewährleistet sein, daß die Nadel nicht aus der Rille springt.

Die *Compliance*, d. h. die Nachgiebigkeit der Nadel im Abtastsystem, soll groß sein. Dann können die Masse des Tonabnehmersystems und der Auflagedruck gering gehalten werden.

Der *Skatingeffekt* und die *Skatingkraft* sind die Folge des gekröpften Tonarmes. Der Tonarm wird nach innen gezogen und die Innenflanke der Tonrille etwas mehr abgenutzt. Mit einer *Antiskatingeinstellung*, einer kleinen Gegenkraft, begrenzt man diesen Effekt.

Spurverzerrungen treten auf, wenn die kugelige Nadelspitze den Feinheiten der Tonrille nicht genau folgen kann. Der *Klemmeffekt* tritt auf, wenn bei sehr hohen Frequenzen, d. h. kleiner Wellenlänge, die Nadel in der Spur etwas angehoben wird. Eine elliptische Abtastnadel (siehe Bild 8.12) wirkt dem entgegen.

Die *Übersprechdämpfung* soll bei Stereowiedergabe wenigstens 20 dB haben.

Als *Rumpelstörungen* bezeichnet man die Erschütterungen, die vom Laufwerk auf das Abtastsystem übertragen werden. Sie liegen unter 200 Hz und werden durch federnde Aufhängungen und Dämpfungen unterdrückt.

8.3 Lernziel-Test

1. Was versteht man bei der Schallplatte unter Höhenschrift, was unter Tiefenschrift?
2. Wie kann man in der Rille einer Stereo-Schallplatte zwei Tonkanäle unterbringen?
3. Welche Vorteile bringt das Füllschrift-Verfahren?
4. Beschreiben Sie den Aufbau eines MM-Tonabnehmer-Systems (MM = moving magnet, bewegter Magnet).
5. Welche Vorteile haben elliptisch geschliffene Abtastnadeln gegenüber konisch geschliffenen?
6. Beschreiben Sie den Aufbau eines hochwertigen Tonarms.
7. Warum muß ein Tonarm ausbalanciert werden?
8. Welchen Einfluß hat die Auflagekraft der Nadel auf den Plattenverschleiß?
9. Was versteht man unter Skatingkraft?
10. Welche Bedeutung hat die Schneidkennlinie?
11. Wie wirken sich Gleichlaufschwankungen des Plattentellers auf die Musikwiedergabe aus?
12. Wie entstehen Rumpelstörungen?

9 Compact-Disk-Technik

9.1 Digitale Audiosignale

9.1.1 Übertragungsprinzip

Das vom Mikrofon kommende Audiosignal hat einen Spannungsverlauf etwa wie in Bild 9.1 dargestellt. Es ist ein analoges Signal.

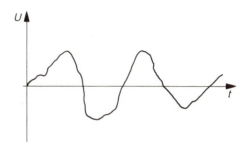

Bild 9.1
Analoges Audiosignal

Eine analoge Spannungskurve (Bild 9.2) könnte z. B. durch ein Telefongespräch übertragen werden. Die Partner verständigen sich auf einen Maßstab. Dieser könnte sein: 1 mV $\triangleq$ 2 mm, 1 ms $\triangleq$ 2 mm. Der Größtwert der Spannung soll 40 mV sein, die Zeit läuft über 100 ms. Dann werden die Spannungswerte (Amplitudenwerte) durchgesagt, z. B. für 0 ms, für 5 ms, für 10 ms usw., immer in Schritten von 5 ms. Bei Amplitudenwerten wird auf 0,5 mV genau abgelesen.
Sind die Amplitudenwerte durchgegeben, kann die Kurve am Empfangsort erstellt werden. Die Genauigkeit der Kurve hängt einmal von der Anzahl der durchgegebenen Amplitudenwerte ab. Hier wurde alle 5 ms ein Wert abgelesen. Man könnte z. B. auch für jede Millisekunde einen Wert ablesen und durchgeben. Am Empfangsort liegen dann 100 Werte vor statt bisher 20. Die Kurve wird genauer. Wenn man die Spannungswerte auf 0,1 mV genau abliest statt bisher auf 0,5 mV, wird die Kurve nochmals genauer.

> Die Anzahl der pro Sekunde übertragenen Amplitudenwerte entspricht der *Abtastfrequenz*.

Bei der Ablesung mit bestimmter Genauigkeit wird die Kurve als Stufentreppe übertragen. Bei ± 40 mV größter übertragener Spannung und einer Genauigkeit von 0,1 mV ergeben sich 800 Stufen. Jede Stufe hat eine Höhe von 0,1 mV.

> Die Anzahl der möglichen Stufen wird *Quantisierung* genannt.

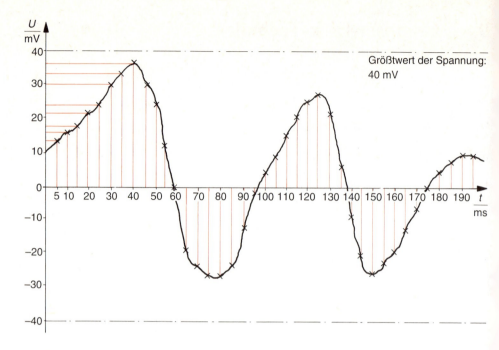

Bild 9.2   Amplitudenwerte eines analogen Signals

Das neue Signal ist durch eine Anzahl von Zahlenwerten bestimmt, die pro Sekunde mit einer bestimmten Genauigkeit übertragen werden. Ein solches Signal wird *digitales Signal* genannt.

> Bei einem digitalen Signal werden Zahlenwerte übertragen, die sich aus der gewählten Abtastfrequenz und aus der gewählten Quantisierung ergeben.

Die Umwandlung eines analogen Audiosignals in ein digitales Audiosignal wird durch einen Analog-Digital-Umsetzer — auch A/D-Wandler genannt — durchgeführt. Die Zahlenwerte werden als Dualzahlen ausgegeben.

> Beim Compact-Disk-System werden die Zahlenwerte als Dualzahlen auf der CD-Platte gespeichert.

Welche Werte müssen nun für die Abtastfrequenz und für die Quantisierung gewählt werden, damit die Audiosignale möglichst naturgetreu aufgezeichnet werden?
Nach Untersuchungen von SHANNON muß die Abtastfrequenz mindestens doppelt so groß wie die höchste zu übertragende Signalfrequenz sein. Wenn man also 20 000 Hz übertragen will, sollten mindestens 40 000 Abtastungen pro Sekunde erfolgen. Um die digitalen Audiosignale auch gut auf Videorecordern speichern zu können, ist es vorteilhaft, die Abtastfrequenz in einen festen Bezug zur Video-Zeilenfrequenz zu bringen. Man hat deshalb eine Abtastfrequenz von 44,1 kHz festgelegt.

Die Anzahl der Treppenstufen wurde so gewählt, daß sie durch eine 16-Bit-Dualzahl darstellbar ist. Bei 16 Bit ergeben sich insgesamt 65 536 Treppenstufen:

$$\boxed{n = 2^{16} = 65\,536}$$

n = Anzahl der Treppenstufen

Bei einem größten Audiosignal von u_{SS} = 10 V ist der Spannungswert einer Treppenstufe 152,6 µV.

$$\boxed{U_{\text{Treppe}} = \frac{10V}{65\,536 - 1} = 152,5\ \mu V}$$

Das ursprüngliche Signal kann also bei der Wiedergabe mit sehr großer Genauigkeit wiederhergestellt werden.

Für das CD-System wurde festgelegt:	
Abtastfrequenz:	44,1 kHz
Quantisierung:	16 Bit

Welche Vorteile und welche Nachteile bringt das digitale Speicherverfahren im CD-System? Der größte Vorteil ist, daß das Rauschen praktisch wegfällt. Auch Störgeräusche, wie sie von der Analog-Schallplatte her bekannt sind, entfallen. Es ergibt sich ein Fremdspannungsabstand von etwa 90 dB. Daraus leitet sich auch eine Verbesserung der Systemdynamik ab. Sie liegt zwischen 70 bis 80 dB und ist gegenüber der Analog-Schallplatte etwa 20 dB besser. Digital gespeicherte Audiosignale lassen sich ohne Qualitätsverlust beliebig oft kopieren. Analogsignale auf Magnetbändern werden ja bekanntlich mit jedem Kopiervorgang qualitätsmäßig schlechter. Signalverzerrungen sind beim CD-System geringer, Gleichlaufschwankungen treten nicht auf. Der Frequenzgang ist sehr linear.
Diesen vielen Vorteilen stehen jedoch auch einige Nachteile gegenüber. Der Schaltungsaufwand für die Signalverarbeitung ist wesentlich größer. Durch den Einsatz integrierter Schaltungen wird dieser Nachteil gemindert. Die Wiedergabegeräte können heute erstaunlich preiswert hergestellt werden.
Der zweite große Nachteil ist die Empfindlichkeit gegen Datenverlust. Es läßt sich kaum vermeiden, daß immer mal wieder Bits verlorengehen. Durch Staubkörner, Kratzer und Herstellungsfehler können Hunderte von Bits fehlen. Es ist unbedingt notwendig, sehr aufwendige Maßnahmen zur Fehlererkennung und zur Fehlerkorrektur zu treffen, die im folgenden noch erläutert werden.
Der dritte wichtige Nachteil ist die Anfälligkeit gegen Übersteuerungen der Lautstärke. Übersteigt die Signalspannung bei der Aufnahme den höchstzulässigen Wert, wird das digitale Audiosignal vollständig unbrauchbar.
Die Vorteile des digitalen Speicherverfahrens sind jedoch so groß, daß die Nachteile demgegenüber kaum ins Gewicht fallen.

9.1.2 Fehlererkennung und Fehlerkorrektur

Digitale Signale bestehen aus einer Anzahl von Bits. In der CD-Technik werden 16-Bit-Wörter für die Übertragung der Signalamplituden verwendet. Geht auch nur ein Bit verloren, ist die Information verfälscht. Durch Kratzer, Staubkörnchen, Produktionsfehler usw. können Bits verlorengehen.

Welche Möglichkeiten gibt es nun, fehlerhafte Bit-Wörter zu erkennen? In der normalen Sprachinformation erkennt man Fehler, wenn zusätzliche Informationen vorhanden sind. Diese zusätzlichen, also nicht unbedingt notwendigen, Informationen nennt man *Redundanz*. Da unsere Schriftsprache eine große Redundanz enthält, können wir falsch geschriebene Wörter meist als fehlerhaft erkennen. Digitale Datenwörter können auch mit Redundanz, also mit überschüssiger Information, versehen werden. Zum eigentlichen Datenwert werden zusätzliche Bits hinzugefügt.

> Datenwörter können nur als fehlerhaft erkannt werden, wenn sie zusätzliche Information, sogenannte Redundanz, enthalten.

Dies soll an einem Beispiel erläutert werden. In Bild 9.3 ist der Dualcode für die Dezimalziffern 0 bis 9 dargestellt. Jede Dezimalziffer wird durch vier Bits dargestellt. Man fügt nun ein fünftes Bit mit der Bezeichnung P hinzu. Mit diesem Bit wird jedes Datenwort auf eine geradzahlige Anzahl von 1-Werten ergänzt. Es entstehen 5-Bit-Wörter. Das zusätzliche Bit P wird Parity-Bit oder Paritätsbit genannt.

Dezimal-ziffer	1 2^3	2 2^2	3 2^1	4 2^0	5 P
0	0	0	0	0	0
1	0	0	0	1	1
2	0	0	1	0	1
3	0	0	1	1	0
4	0	1	0	0	1
5	0	1	0	1	0
6	0	1	1	0	0
7	0	1	1	1	1
8	1	0	0	0	1
9	1	0	0	1	0

Bild 9.3
Dualcode mit Parity-Bit (dual ergänzter Code)

Im Verlauf der Datenübertragung wird nun jedes 5-Bit-Wort daraufhin geprüft, ob es eine geradzahlige Anzahl von 1-Werten enthält. Ist dies nicht der Fall, ist das Datenwort falsch. Es wird vorausgesetzt, daß in jedem Datenwort stets nur ein Bit fehlerhaft geworden ist. Sollten in einem Datenwort zwei oder mehr Bits falsch sein, ist mit diesem Verfahren eine Fehlererkennung nicht mehr möglich.

Ist ein Datenwort als falsch erkannt worden, kann es bei Tonsignalübertragungen durch das vorher gelesene Datenwort ersetzt werden. Der Amplitudenverlauf des Tonsignals wird dadurch nur geringfügig verändert. Besser aber ist es, fehlerhafte Bits gleich automatisch zu korrigieren. Das Korrigieren ist einfach, wenn die Nummer des fehlerhaften Bits bekannt ist. Die Korrektur erfolgt dann durch Negieren des Bit-Wertes. Hat das falsche Bit den Wert 1, so ist der Wert 0 richtig. Hat es den Wert 0, so ist der Wert 1 richtig.

Bild 9.4
Hamming-Code

Bit-Nr.	1	2	3	4	5	6	7
Wertigkeit	K_0	K_1	2^3	K_2	2^2	2^1	2^0
Dezimalziffer 0	0	0	0	0	0	0	0
1	1	1	0	1	0	0	1
2	0	1	0	1	0	1	0
3	1	0	0	0	0	1	1
4	1	0	0	1	1	0	0
5	1	1	0	0	1	0	1
6	1	1	0	0	1	1	0
7	0	0	0	1	1	1	1
8	1	1	1	0	0	0	0
9	0	0	1	1	0	0	1

Das Verfahren der automatischen Fehlerkorrektur soll am Beispiel des Hamming-Codes erläutert werden. Der Hamming-Code für Dezimalziffern ist aus vier Informationsbits und 3 Kontrollbits aufgebaut. Zur Darstellung einer Dezimalziffer werden 7 Bits benötigt (Bild 9.4). Es werden drei Kontrollgruppen gebildet. Jede Kontrollgruppe besteht aus drei Informationsbits und einem Kontrollbit.

> Mit Hilfe des Kontrollbits werden die drei Informationsbits einer Kontrollgruppe auf Geradzahligkeit der 1-Zustände ergänzt.

Den Aufbau der Kontrollgruppe K_2 zeigt Bild 9.5. Die Informationsbits sind die Bits Nr. 5, Nr. 6 und Nr. 7. Das Kontrollbit ist das Bit Nr. 4. Bei der Darstellung der Dezimalziffer 0 haben die Informationsbits keinen 1-Zustand. Das Kontrollbit erhält daher auch keinen 1-Zustand.

Bild 9.5
Aufbau der Kontrollgruppe K_2

Bit-Nr.	1	2	3	4	5	6	7
Wertigkeit				K_2	2^2	2^1	2^0
Dezimalziffer 0				0	0	0	0
1				1	0	0	1
2				1	0	1	0
3				0	0	1	1
4				1	1	0	0
5				0	1	0	1
6				0	1	1	0
7				1	1	1	1
8				0	0	0	0
9				1	0	0	1

Kontrollgruppe K_2

Bei der Darstellung der Dezimalziffer 1 enthalten die Informationsbits einen 1-Zustand. Das Kontrollbit bekommt hier den Zustand 1. Damit ist die Anzahl der 1-Zustände der Kontrollgruppe geradzahlig. Das gleiche gilt für die Darstellung der Dezimalziffer 2. Bei der Darstellung der Dezimalziffer 3 enthalten die Informationsbits zwei 1-Zustände. Die Zahl der 1-Zustände ist geradzahlig. Das Kontrollbit bekommt hier den Zustand 0. Bei den

Dezimalziffern 4 bis 9 ist das Kontrollbit immer dann 1, wenn die drei Informationsbits eine ungerade Anzahl von 1-Zuständen enthalten. Das Kontrollbit ist immer 0, wenn die drei Informationsbits eine gerade Anzahl von 1-Zuständen enthalten.

Die Kontrollgruppe K_1 besteht aus den Informationsbits Nr. 3, Nr. 6 und Nr. 7 und aus dem Kontrollbit Nr. 2 (Bild 9.6). Mit Hilfe des Kontrollbits (K_1) werden die drei Informationsbits auf Geradzahligkeit der Anzahl der 1-Zustände ergänzt. Dabei geht man wie beim Aufbau der Kontrollgruppe K_2 vor.

Bit-Nr.		1	2	3	4	5	6	7
Wertigkeit			K_2	2^3			2^1	2^0
Dezimalziffer	0		0	0			0	0
	1		1	0			0	1
	2		1	0			1	0
	3		0	0			1	1
	4		0	0			0	0
	5		1	0			0	1
	6		1	0			1	0
	7		0	0			1	1
	8		1	1			0	0
	9		0	1			0	1

Kontrollgruppe K_1

Bild 9.6
Aufbau der Kontrollgruppe K_1

Bit-Nr.		1	2	3	4	5	6	7
Wertigkeit		K_2		2^3		2^2		2^0
Dezimalziffer	0	0		0		0		0
	1	1		0		0		1
	2	0		0		0		0
	3	1		0		0		1
	4	1		0		1		0
	5	1		0		1		1
	6	1		0		1		0
	7	0		0		1		1
	8	1		1		0		0
	9	0		1		0		1

Kontrollgruppe K_0

Bild 9.7
Aufbau der Kontrollgruppe K_0

Die dritte Kontrollgruppe ist die Kontrollgruppe K_0. Sie besteht aus den Informationsbits Nr. 3, Nr. 5 und Nr. 7. Das Kontrollbit K_0 hat die Nummer 1 (Bild 9.7). Die drei Informationsbits werden durch das Kontrollbit K_0 auf Geradzahligkeit ergänzt. K_0 hat immer dann Zustand 1, wenn die Anzahl der 1-Zustände der Informationsbits ungeradzahlig ist.
Die Fehlerfeststellung erfolgt durch Geradzahligkeitsprüfung der Kontrollgruppen.

> Beim Hamming-Code wird jede Kontrollgruppe für sich auf Geradzahligkeit geprüft.

Bild 9.8
Anschluß der Geradzahligkeitsprüfer

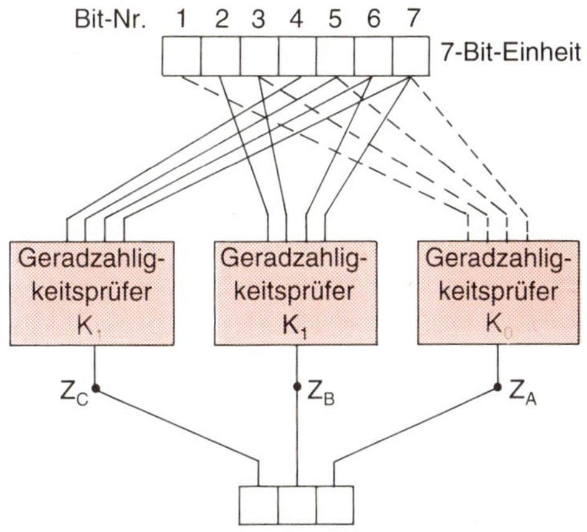

Zur Prüfung einer 7-Bit-Einheit sind also drei Geradzahligkeitsprüfer erforderlich. Sie werden gemäß Bild 9.8 angeschlossen. Bei Ungeradzahligkeit einer Kontrollgruppe erscheint am Ausgang des zugehörigen Geradzahligkeitsprüfers Zustand 1. Dieser Zustand bedeutet Fehlermeldung.

Eine 7-Bit-Einheit des Hamming-Codes ist immer dann fehlerhaft, wenn wenigstens ein Geradzahligkeitsprüfer Fehler meldet.

Die Fehlererkennung ist also unproblematisch. Wie sieht es nun mit der Fehlerkorrektur aus? Tritt ein Fehler im Bit Nr. 1 auf, so meldet der zu K_0 gehörige Geradzahligkeitsprüfer den Fehler. Der Ausgang Z_A nimmt den Zustand 1 an. Ein Fehler im Bit Nr. 2 wird von dem zu K_1 gehörenden Geradzahligkeitsprüfer gemeldet ($Z_B = 1$). Bei einem Fehler im Bit Nr. 3 melden die Geradzahligkeitsprüfer K_0 und K_1 Fehler. In Bild 9.9 ist zusammengestellt, welche Geradzahligkeitsprüfer eine Fehlermeldung machen und wie die Ausgangszustände von Z_A, Z_B und Z_C bei Fehlern in den einzelnen Bits sind.
Bei eingehender Betrachtung von Bild 9.9 stellt man fest, daß die Ausgangszustände von Z_A, Z_B und Z_C eine Dualzahl bilden, die der Nummer des fehlerhaften Bits entspricht. Dem Ausgang Z_A ist 2^0, dem Ausgang Z_B 2^1 und dem Ausgang Z_C 2^2 zuzuordnen.

Bild 9.9
Zusammenstellung der Fehlermeldungen und der Ausgangszustände der Geradzahligkeitsprüfer

Fehler im Bit Nr.	Fehlermeldung der Geradzahligkeitsprüfer	Ausgangszustände K_2 Z_C	K_1 Z_B	K_0 Z_A
1	K_0	0	0	1
2	K_1	0	1	0
3	K_0 und K_1	0	1	1
4	K_2	1	0	0
5	K_0 und K_2	1	0	1
6	K_1 und K_2	1	1	0
7	K_0,K_1 und K_2	1	1	1
		2^2	2^1	2^0

> Die Ausgangszustände der Geradzahligkeitsprüfer geben beim Hamming-Code die Nummer des fehlerhaften Bits an.

Damit ist das fehlerhafte Bit eindeutig identifiziert. Es kann jetzt korrigiert werden. Die Korrektur erfolgt selbsttätig mit Hilfe einer Digitalschaltung, die das als fehlerhaft bezeichnete Bit invertiert. Mehr ist nicht zu tun, denn wenn das fehlerhafte Bit 1 ist, so ist sein richtiger Wert 0. Wenn das fehlerhafte Bit 0 ist, so ist sein richtiger Wert 1.

Bei Schaltungen, die mit dem Hamming-Code arbeiten, wird jede 7-Bit-Einheit des Hamming-Codes an bestimmten Stellen der Schaltung geprüft und, wenn erforderlich, korrigiert. Bei CD-Platten wird ein erweiterter und ergänzter Hamming-Code verwendet. Bei 16 Informationsbits werden 5 Kontrollbits benötigt (Hamming-Distanz).

Fehler in einzelnen Bits eines Datenwortes lassen sich leicht korrigieren. Werden aber größere Teile der Plattenoberfläche zerstört – z. B. durch einen Kratzer –, so sind mehrere aufeinanderfolgende Bits verloren. Einen solchen Fehler nennt man *Bündelfehler*. Würden diese Bits alle zum gleichen Datenwort gehören, wäre eine Wiederherstellung dieses Datenwortes nicht mehr möglich. Daher die Forderung:

> Aufeinanderfolgende Bits dürfen niemals zum gleichen Datenwort gehören.

Man wendet die sogenannte *Code-Spreizung* an (engl.: interleaving). Auf der Datenspur der CD-Platte werden die Bits der Datenwörter verschachtelt. Die 16 Informationsbits des Datenwortes A befinden sich also an 16 verschiedenen Stellen der Datenspur. Werden durch einen Kratzer z. B. 10 hintereinanderliegende Bits zerstört, so fehlt bei 10 verschiedenen Datenwörtern jeweils 1 Bit. Dieses in einem Datenwort fehlende Bit kann dann korrigiert werden.

> Durch Code-Spreizung (Interleaving) können auch Bündelungsfehler korrigiert werden.

Der für Fehlerkorrektur und Interleaving verwendete Code heißt Cross-interleave-reed-Salomoncode (CIRC).

Sind die Datenverluste sehr stark, kann es vorkommen, daß einzelne Datenwörter nicht mehr wiederhergestellt werden können. In solchen Fällen wendet man eine *Fehlerverdeckung* an. Aus dem Datenwort davor und dem Datenwort danach wird aus den Informationsbits ein Mittelwert gebildet. Die Mittelwert-Information ersetzt die Information des fehlenden Datenwortes. Durch diese Maßnahme wird der Signalverlauf des übertragenen Tonsignals nur wenig verändert (Bild 9.10).

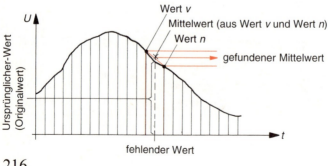

Bild 9.10 Fehlerverdeckung durch Mittelwertbildung

9.2 Compact-Disk-System

9.2.1 Aufbau der CD-Platte

Als CD-Platte verwendet man eine Kunststoffplatte von 12 cm Durchmesser und 1,2 mm Dicke. Auf dieser befindet sich eine spiralförmig verlaufende Datenspur.

> Auf der Datenspur der CD-Platte sind die Daten seriell gespeichert.

Die Informationsträger sind kleine Vertiefungen, die sogenannten *Pits*. Sie stellen 1- und 0-Signale dar. Die Datenspur verläuft von innen nach außen (Bild 9.11).

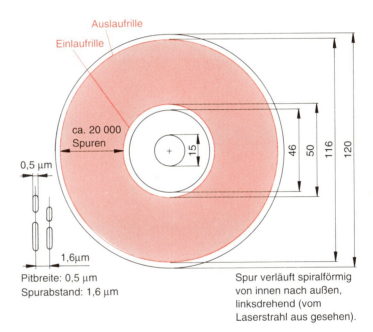

Bild 9.11 CD-Platte (Compact-Disk)

Pitbreite: 0,5 μm
Spurabstand: 1,6 μm

Spur verläuft spiralförmig von innen nach außen, linksdrehend (vom Laserstrahl aus gesehen).

Am Anfang der Datenspur ist ein Inhaltsverzeichnis gespeichert. Es gibt die Anzahl der Musiktitel, die Einzelspieldauer und die Gesamtspieldauer an.

> Die Spur der CD-Platte wird stets mit gleicher Geschwindigkeit abgetastet.

Dadurch erhält man einen konstanten Datenstrom mit konstanter Taktfrequenz. Die Drehzahl der CD-Platte ist abhängig von der Stellung des Abtastsystems auf der spiralförmigen Spur. Innen beträgt die Drehzahl etwa 520 Umdrehungen pro Minute, außen etwa 210.

> Für CD-Platten gibt es zwei Abtastgeschwindigkeiten: 1,4 m/s und 1,2 m/s.

Die ursprüngliche Abtastgeschwindigkeit von 1,4 m/s erbrachte eine Spieldauer von etwa 60 Minuten pro CD-Platte. Die neuere Abtastgeschwindigkeit von 1,2 m/s führt zu Spielzeiten von etwa 80 Minuten. Der CD-Player stellt sich automatisch auf die richtige Abtastgeschwindigkeit ein.
Die abgelesene Datenrate ist bei beiden Abtastgeschwindigkeiten gleich groß.

> Es werden pro Sekunde 4,3218 Megabit (Mbit) ausgelesen. Davon sind 2,0338 Mbit Signaldaten. Der Rest ist Zusatzinformation für Fehlerkorrektur, Codierung und Synchronisation.

Die kleinen Vertiefungen, die sogenannten Pits, haben eine Breite von 0,5 Mikrometern (µm) und eine Tiefe von 0,11 µm. Der Abstand zur Nachbarspur beträgt 1,6 µm (Bild 9.12).

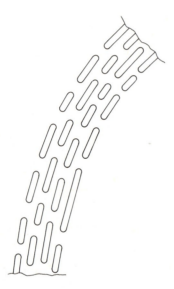

Bild 9.12
Pitstruktur bei der Compact-Disk (CD)

Damit können etwa 20 000 Spuren im Programmbereich der Platte untergebracht werden. Unter Spuren sollen die nebeneinanderliegenden angenähert kreisförmigen Linien der einen Spiralspur verstanden werden.
Aufgrund der später noch zu besprechenden Codierung ergeben sich eine maximale und eine minimale Pitlänge. Diese sind abhängig von der Abtastgeschwindigkeit.

> Bei einer Abtastgeschwindigkeit von 1,2 m/s ergibt sich eine größte Pitlänge von 3,05 µm und eine kleinste Pitlänge von 0,833 µm.

Bei der alten Abtastgeschwindigkeit von 1,4 m/s sind die Pitlängen 3,56 µm und 0,972 µm. Die Pits werden als Vertiefungen in die Platte gepreßt (Bild 9.13). Dies geschieht mit Hilfe einer Metall-Matrize, dem sogenannten Stempel.

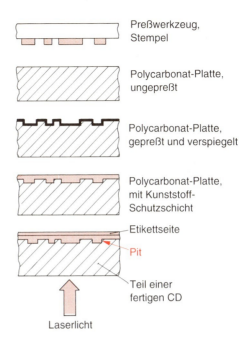

Bild 9.13
Herstellungsschritte
bei der Fertigung von CDs

Die gepreßte Kunststoffplatte wird mit einer dünnen Aluminiumschicht bedampft. Bei diesem Vorgang müssen Reinstraum-Bedingungen herrschen. Jedes Staubteilchen führt zu Löchern in der Al-Schicht und zum Verlust von Bits. Die Bedampfungsfehler kann man sehen, wenn man eine CD-Platte gegen die Sonne hält. Es erscheinen – hoffentlich nicht zu viele – helle Pünktchen, sogenannte Sterne. Die hier verlorenen Bits werden durch Fehlerkorrektur-Maßnahmen wiedergewonnen.
Die bedampfte Platte erhält eine Schutzschicht aus aushärtendem Kunststoff, auf die später das Etikett gedruck wird.

> Vorsicht: Die Etikettseite ist besonders empfindlich gegen Kratzer.

Die Abtastung durch das Laserlicht erfolgt von der Unterseite. Für das Laserlicht sind die Pits keine Vertiefungen, sondern kleine Berge (erhabene Strukturen).
Die Herstellung des Mittelloches von 15 mm Durchmesser erfolgt ziemlich am Ende des Herstellungsprozesses. Das Loch muß sehr genau gebohrt oder gestanzt werden und darf nur eine Exzentrizität von maximal ± 50 µm haben, bezogen auf die Spiralspur.

9.2.2 Speicherverfahren und Codes

Die Speicherung des Digitalsignals auf der CD-Platte erfordert einige besondere Maßnahmen. Nach der Analog-Digital-Umsetzung steht das ursprüngliche Audiosignal als 1-0-Folge zur Verfügung (Bild 9.14). Da die Abtastfrequenz 44,1 kHz beträgt und die Quantisierung 16 Bit ist, steht alle 22,675 µm (Mikrosekunden) ein neues 16-Bit-Wort zur Verfügung. Es sind 705 600 Informationsbits pro Sekunde zu verarbeiten. Dies ist die Datenrate für einen

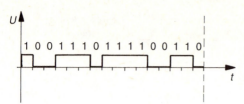

Bild 9.14
16-Bit-Digitalsignal nach AD-Umsetzung

Tonkanal. Bei zwei Kanälen (Stereo) ist die Datenrate doppelt so groß, also 1411,2 Kilobit pro Sekunde.

Die Datenwörter des rechten und des linken Stereokanals werden zusammengefaßt. Sechs L-Kanal-Datenwörter und 6 R-Kanal-Datenwörter zu je 16 Bit werden zu je 24 Datenwörtern zu je 8 Bit zusammengefaßt.

> Jedes 8-Bit-Wort wird Symbol genannt.

Zu den gebildeten 24 Symbolen werden 4 Redundanz-Symbole hinzugefügt, die die spätere Fehlerkorrektur ermöglichen. Die jetzt 28 Symbole gehen zur Code-Spreizstufe (Bild 9.15).

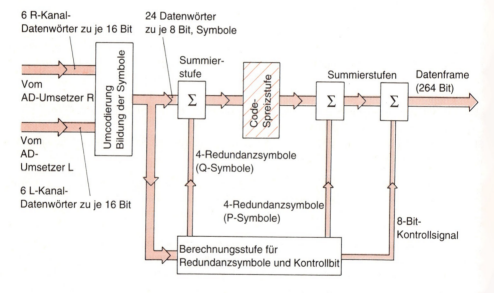

Bild 9.15   Codierschaltung (CIRC-Codierung)

Nach der Code-Spreizung (Interleaving) werden 4 weitere Redundanz-Symbole angegliedert, so daß der Datenblock jetzt aus 32 Symbolen besteht. Das sind insgesamt 256 Bit. Zu diesen werden 8 Kontrollbits hinzugefügt. Der ganze Datenblock besteht jetzt aus 264 Bit. Er wird Frame (engl. für Rahmen) genannt. Bild 9.16 zeigt den Aufbau eines Frames.

> Der vorstehend beschriebene Vorgang wird CIRC-Codierung genannt.

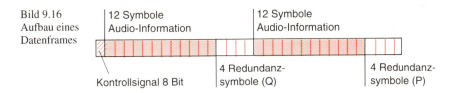

Bild 9.16 Aufbau eines Datenframes

Am Beginn der CIRC-Codierung stehen die Datenwörter des linken und des rechten Tonkanals. Am Ende der CIRC-Codierung stehen die Frames (CIRC: Cross interleave Reed Solomon code). Die Zeit für die Übertragung eines Frames liegt bei 6 · 22,675 µs = 136 µs.

> Alle 136 µs wird ein neues Frame übertragen. Hieraus ergibt sich eine Framefrequenz von 7350 Hz.

Die so gebildeten Frames können in dieser Form noch immer nicht auf die Compact-Disk aufgebracht werden. Damit das Speichermedium CD-Platte optimal ausgenutzt wird, muß umcodiert werden. Der neue Code ist auf den «Übertragungskanal» CD-Platte abgestimmt. Er muß unter anderen folgende Hauptbedingungen erfüllen:

☐ Die Taktfrequenz muß im Code versteckt übertragen werden.
☐ Die Pits dürfen nicht zu lang und nicht zu kurz sein. Zu lange oder fehlende Pits würden Gleichstromsignalen entsprechen, die schlecht verarbeitbar wären.
☐ Kleinere Abtastfehler durch den Laserstrahl dürfen sich nicht auswirken.

Der gefundene Code heißt EFM-Code (EFM: eight to fourteen modulation).

> Die Frames werden in den EFM-Code umgesetzt.

Für den EFM-Code gilt: Zwischen zwei digitalen 1-Werten treten mindestens zwei 0-Werte auf. Zwischen zwei 1-Werten sind höchstens zehn 0-Werte vorhanden. Hieraus lassen sich die kleinste und die größte Pitlänge errechnen.

> Der EFM-Code benötigt zusätzliche Bits. Ein EFM-Frame besteht aus 588 Bit.

Die Framefrequenz von $7350\ s^{-1}$ bleibt erhalten. Es ergibt sich eine neue Datenrate von 588 bit * $7350\ s^{-1}$ = 4 321 800 Bit/s. Diese EFM-Frames können jetzt auf die Platte übertragen werden.

> Die Datenrate der Compact-Disk beträgt 4,3218 MBit/s.

Die Daten werden so auf die Platte übertragen, daß eine Pitflanke stets eine 1 ergibt. Die Strecken auf dem Pit ergeben 0-Werte, die Strecken zwischen den Pits ergeben ebenfalls 0-Werte (Bild 9.17).

> Jede Pitflanke stellt eine binäre 1 dar.

Die vorstehend beschriebene Codierung gilt nur für Musik-CDs. Compact-Disks zur Speicherung von Computerdaten (CD-ROM) und zur Speicherung von Bildern (Photo-CD, Video-CD) sind anders codiert.

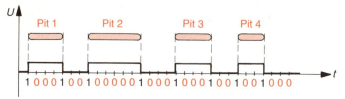

Bild 9.17
Pitstruktur und
binäre Werte

9.3 Compact-Disk-Wiedergabegeräte

9.3.1 Signalabtastung

> Bei der Wiedergabe wird die Pitstruktur entlang der Signalbahn berührungslos abgetastet. Man verwendet hierzu Laserlicht.

Es werden Halbleiter-Laser eingesetzt, die eine Ausgangsleistung von etwa 1 mW haben. Laserlicht ist kohärent und monochromatisch. Bei kohärentem Licht haben die einzelnen Wellenzüge gleichbleibende Phasenlagen zueinander. Treffen kohärente Lichtstrahlen unterschiedlicher Phasenlage in einem Raumpunkt zusammen, so treten *Interferenzen* auf, das heißt, die Wellenzüge löschen sich teilweise oder auch ganz aus. Monochromatisches Licht ist Licht einer Wellenlänge bzw. einer Farbe. Halbleiter-Laser aus Gallium-Arsenid haben eine Wellenlänge von 780 nm und liegen somit im Infrarotgebiet. Im Plattenkunststoff beträgt die Wellenlänge ca. 500 nm = 0,5 μm.
Der Kunststoff der Compact-Disk hat einen Brechungsindex von 1,46. Die Laserstrahlen werden beim Eindringen in den Kunststoff zum dichteren Medium hin gebrochen (Bild 9.18). Der ankommende Laserstrahl hat einen Durchmesser von etwa 1 mm. Im Fokussierpunkt ist sein Durchmesser nur noch etwa 1 μm groß.

> Der Laserstrahl ist auf die Informationsebene, also auf die Pitstruktur, fokussiert.

Kratzer und Staubteilchen auf der transparenten Unterseite der CD stören erstaunlich wenig. In Bild 9.18 sind kleine Staubteilchen eingezeichnet. Hier zeigt sich der gleiche Effekt wie beim Blick durch verschmutzte Fensterscheiben. Fokussiert man das Auge auf ein Haus in der Nachbarschaft, sieht man die Schmutzteilchen auf der Scheibe nicht. Man sieht sie erst, wenn man das Auge auf die Fensterscheibe fokussiert.

Staubteilchen und Kratzer auf der transparenten Seite der CD stören erst, wenn sie den 1-mm-Laserstrahl zum größten Teil am Durchdringen des Kunststoffes hindern.

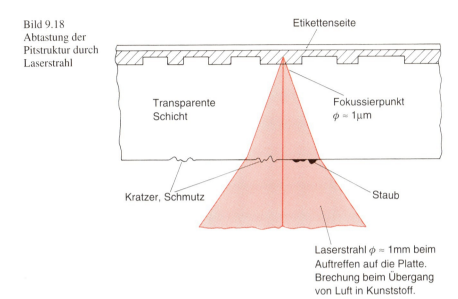

Bild 9.18 Abtastung der Pitstruktur durch Laserstrahl

Was geschieht nun, wenn der Laserstrahl auf eine Informationsebene fällt? Fällt der Strahl auf die Fläche zwischen den Pits, soll möglichst alles Licht reflektiert werden. Zwischen hinlaufendem und rücklaufendem Licht soll keine Phasenverschiebung entstehen.
Die Höhe eines Pits ist 0,11 µm. Bei einer Lichtwellenlänge von 0,5 µm im Kunststoff der Platte entspricht die Pithöhe etwa einem Viertel der Wellenlänge. Das Licht, das auf einen Pit trifft, wird früher reflektiert als das Licht, das auf die Fläche zwischen den Pits fällt. Es spart bei Hinweg und Rückweg $2/4$ der Wellenlänge und ist gegenüber dem ankommenden Licht um 180° phasenverschoben. Es kommt zu einer Interferenz, bei der im günstigsten Fall das rücklaufende Licht voll ausgelöscht wird. In der Praxis wird das vom Pit zurückgestrahlte Licht jedoch nur teilweise ausgelöscht, da die entstehende Phasenverschiebung nicht genau 180° ist.

Die Fläche zwischen den Pits liefert einen großen reflektierten Lichtstrom Φ, die Oberfläche von Pits einen kleinen.

Das reflektierte Laserlicht wird durch die Pits moduliert (Bild 9.19).
Ein häufig verwendetes Abtastsystem ist in Bild 9.20 dargestellt. Die Laserdiode schickt ihr Licht durch ein halbdurchlässiges Spiegelprisma. Es wird in einer Sammellinse (Kollimatorlinse) gebündelt. Die Lichtstrahlen werden parallel ausgerichtet. Das Licht fällt danach auf ein Umlenkprisma und erreicht die Fokussiereinheit. Die Fokussiereinheit besteht aus mehreren Linsen, die gegeneinander verschoben werden können. Das Linsensystem arbeitet

ähnlich wie das eines Fotoapparates. Mit ihm wird die Scharfeinstellung, also die Fokussierung des Laserlichtpunktes, vorgenommen. Die Verschiebung der Linsen erfolgt durch einen Elektromagneten.

> Die Fokussiereinheit sorgt für eine schnelle Nachsteuerung der Fokussierung des Laserlichtpunktes.

Das von der Informationsebene reflektierte Licht wird über das Umlenkprisma und die Kollimatorlinse zum halbdurchlässigen Spiegelprisma geführt.

> Das halbdurchlässige Spiegelprisma hat die Aufgabe, hinlaufendes und rücklaufendes Licht zu trennen. Das rücklaufende Licht wird der Fotodioden-Einheit zugeführt und dort in entsprechende Stromschwingungen umgewandelt.

Die Abtasteinheit sitzt auf einem beweglichen Schlitten. Sie wird der Spiralspur der CD nachgeführt.

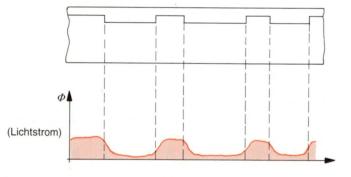

Bild 9.19
Reflektierter Lichtstrom Φ

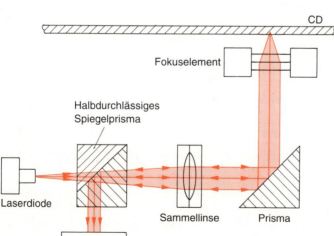

Bild 9.20
Schematische Darstellung einer Abtasteinheit

9.3.2 Regelkreise

Bei einem CD-Wiedergabegerät muß die Plattendrehzahl sauber geregelt werden. Diese Aufgabe übernimmt der Disk-Servo-Regelkreis. Er sorgt dafür, daß die von der Platte abgelesene Datenrate stets 4,3218 MBit/s ist, und steuert das Hochlaufen und Bremsen.
Der zweite Regelkreis ist der Fokussier-Regelkreis. Er hat die Aufgabe, dafür zu sorgen, daß die Fokussierung des Laserlichtpunktes stets ausreichend gut ist. Bei schlechter Fokussierung entstehen Abtastfehler. Die Fokussierung wird gestört durch einen gewissen Höhenschlag der CD und durch Erschütterungen. Auch die in einem gewissen Toleranzbereich schwankenden Plattendicken erfordern eine Nachfokussierung.
Wie erkennt nun der CD-Spieler eine schlechte Fokussierung? Es gibt mehrere Verfahren. Hier soll nur das am häufigsten verwendete Verfahren angeführt werden. Es heißt Astigmatismus-Verfahren oder auch Abbildungsverfahren. Die in Bild 9.21 dargestellte Fotodioden-Einheit besteht aus vier auf einer Fläche liegenden Fotodioden. Bei richtiger Fokussierung erzeugt der rücklaufende Laser-Lichtstrahl auf der Fotodiodenfläche einen kreisförmigen Lichtfleck (Bild 9.21 rechts). Alle vier Fotodioden führen dann gleich großen Strom. Bei fehlerhafter Fokussierung bildet sich auf der Fläche eine stehende oder eine liegende Ellipse ab. Die Fotodioden führen nun unterschiedlichen Strom. Eine elektronische Schaltung wertet das aus und veranlaßt die Nachfokussierung, bis der kreisförmige Lichtfleck wieder da ist und alle Fotodioden gleichen Strom führen.

Bild 9.21
Fotodioden-Einheit
mit den vier Fotodioden
A, B, C, D

Fokus fehlerhaft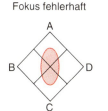

Fokus fehlerhaft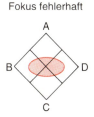

Fokus richtig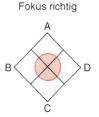

Der dritte Regelkreis dient der Spurnachführung. Er wird Tracking-Regelkreis genannt. Der Schlitten mit dem Abtastsystem muß genau der Spur nachgeführt werden. Hier auftretende Fehler ergeben sehr fehlerhafte Abtastergebnisse und führen meist zu einem Stillsetzen des Plattenantriebes.
Um Spurfehler zu erkennen und zu korrigieren, hat man verschiedene Verfahren entwickelt. Ein wichtiges Verfahren ist das Dreistrahl-Verfahren. Man trennt mit zwei Schlitzblenden zwei Seitenstrahlen vom gebündelten hinlaufenden Laserstrahl ab. Wenn der Hauptstrahl die Spur bzw. den Pit richtig trifft, treffen die Seitenstrahlen rechts und links neben dem Pit auf (Bild 9.22). Ihre rücklaufenden Lichtsignale werden auf zusätzliche Fotodioden geführt, die neben den vier anderen Fotodioden auf der Fotodioden-Einheit (Bild 9.21) aufgebracht sind. Bei richtiger Spurlage reflektieren beide Seitenstrahlen gleich gut. Die zugehörigen Fotodioden werden von gleich großen Strömen durchflossen. Ist die Spurlage falsch, reflektiert ein Seitenstrahl stärker als der andere. Die zu den Seitenstrahlen gehörenden Fotodioden führen ungleiche Ströme. Jetzt wird so lange nachgeregelt, bis der Hauptstrahl wieder richtig auf der Spur sitzt und beide Fotodioden gleiche Ströme führen.

225

Bei manchen Gerätetypen wird noch ein zusätzlicher vierter Regelkreis für die Schlittensteuerung verwendet. Während der Tracking-Regelkreis die Feinsteuerung durchführt, übernimmt der Schlitten-Regelkreis die Grobsteuerung.

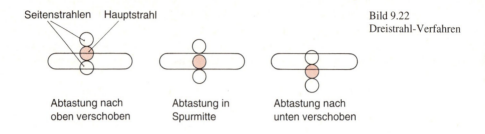

Bild 9.22
Dreistrahl-Verfahren

9.3.3 Signalverarbeitung

Die Abtasteinheit liefert ein elektrisches Signal, das aus dem Pitverlauf der Platte gewonnen wurde. Dieses sogenannte Abtastsignal ist verschliffen. Es zeigt keine steilen senkrechten Flanken. Die senkrechten Flanken kennzeichnen jedoch im EFM-Signal die 1-Werte. Es ist daher unbedingt notwendig, die sich aus der Pitstruktur ergebenden Flanken als senkrechte Flanken wiederherzustellen. Zu diesem Zweck durchläuft das Abtastsignal eine Schaltung zur Wiederherstellung der Rechteckform (Bild 9.23), um zum EFM-Signal zu werden.

> Zuerst wird aus dem Abtastsignal das ursprüngliche EFM-Signal wiederhergestellt.

Im EFM-Signal wird die benötigte Taktfrequenz verdeckt übertragen. Diese Taktfrequenz dient der Synchronisation des Mastertaktes, der alle Zeitabläufe steuert.

> Aus dem EFM-Signal wird die Taktfrequenz von 2,16 MHz wiedergewonnen.

Die EFM-Frames werden dann demoduliert. Zunächst werden die Synchronbits und die Steuerungsbits abgetrennt und den Antriebsschaltungen bzw. deren Regelkreisen zugeführt. Aus dem EFM-Signal gewinnt man die ursprüngliche serielle Datenstruktur zurück, die aus 8-Bit-Symbolen besteht. Am Ausgang der EFM-Demodulationsschaltung sind die Datenframes verfügbar.

> Bei der EFM-Demodulation werden Synchron- und Steuerbits abgetrennt und die Datenframes wiederhergestellt.

Bei der Abtastung der CDs gibt es durch Nachschwingen der Regelkreise kleine Zeitfehler. Diese würden sich im späteren Audiosignal als Gleichlaufschwankungen bemerkbar machen. Die kleinen Zeitfehler werden als Phasen-Jitter bezeichnet. Sie können mit Hilfe des quarzstabilisierten Mastertaktes beseitigt werden.

> In der Jitter-Korrekturschaltung werden kleine Zeitfehler beseitigt.

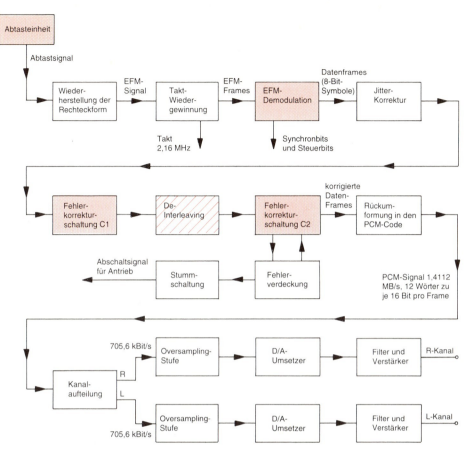

Bild 9.23   Signalverarbeitung

Die jitterkorrigierten Datenframes werden nun der ersten Fehlerkorrektur unterworfen. Die Fehlerkorrektur-Schaltung C1 (Bild 9.23) korrigiert mit Hilfe der mitübertragenen Redundanzwörter eventuell vorhandene Bitfehler nach dem Prinzip des erweiterten Hamming-Codes (siehe Abschnitt 9.2.2). Danach erfolgt das Rückgängigmachen der Bitverschachtelung, die als Interleaving bezeichnet wird. Beim Interleaving wurden die zu einem Datenwort gehörenden Bits hintereinander angeordnet, sondern so verschachtelt, daß beim Auftreten eines Bündelfehlers (Verlust mehrerer Bits hintereinander) jedes Datenwort möglichst nur ein fehlerhaftes Bit enthält. Dieses läßt sich dann leicht korrigieren. Das Rückgängigmachen von Interleaving wird De-Interleaving genannt.

Nach der ersten Fehlerkorrektur (C1) wird das De-Interleaving durchgeführt.

Die Fehlerkorrektur-Schaltung C2 führt eine erneute Fehlerprüfung durch. Werden Fehler festgestellt, erfolgt die Fehlerkorrektur mit Hilfe der mitübertragenen und noch nicht genutzten Redundanzwörter. Ist die Zahl der fehlerhaften Bits zu groß, lassen sich die richtigen Werte der Bits nicht mehr errechnen. Die Fehlerkorrektur C2 kann nicht durchgeführt werden.

Jetzt hilft nur ein Ersatz-Datenwort. Dieses wird in der Fehlerverdeckungsschaltung (Bild 9.23) erzeugt. Als Ersatz-Datenwort kann das vorher übertragene Datenwort verwendet werden. Es kann auch aus dem Datenwort vorher und dem Datenwort nachher ein Mittelwert gebildet werden. Die einzelnen Firmen verwenden Schaltungen, die mehr oder weniger großen Aufwand bei der Fehlerverdeckung treiben.

> Ist ein Datenwort nicht mehr korrigierbar, so wird in der Fehlerverdeckungsschaltung ein Ersatz-Datenwort erzeugt.

Das Ersatz-Datenwort tritt an die Stelle des nicht mehr korrigierbaren Datenwortes. Bei sehr starken Datenverlusten kann es vorkommen, daß es auch nicht möglich ist, ein Ersatz-Datenwort herzustellen. In diesem Fall tritt die Stummschaltung in Aktion. Sie schaltet beide Tonkanäle ab. Bei längeren Störungen wird ein Signal erzeugt, das die Antriebe stillsetzt. Auf dem Display erscheint eine Fehlermeldung.
Die korrigierten Datenwörter (Datenframes) werden in den PCM-Code zurückgewandelt. Dies geschieht in der Stufe «PCM-Code». Am Ausgang dieser Stufe steht das PCM-Signal mit einer Datenrate von 1,4112 MBit/s zur Verfügung. Dies ist die Datenrate für beide Stereokanäle. In der Kanalaufteilungsstufe werden die Daten des linken von denen des rechten Kanals getrennt. Jeder Kanal hat eine Datenrate von 705,6 kBit/s.

> Die Datenframes werden in den PCM-Code umgesetzt. Die Daten des L-Kanals und des R-Kanals werden voneinander getrennt.

Jetzt kann die Digital-Analog-Umsetzung erfolgen. Das PCM-Signal eines Kanals wird zunächst in ein PAM-Signal umgewandelt. Der Digital-Analog-Umsetzer gibt alle 22,675 µs einen neuen Spannungsimpuls. Alle Spannungsimpulse werden über einen Integrator zum Spannungssignal zusammengesetzt. Es ergibt sich das in Bild 9.24 dargestellte Frequenzspektrum.

> Das Nutzsignal wird durch ein Tiefpaßfilter vom Störsignal getrennt.

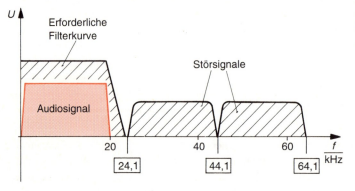

Bild 9.24
Frequenzspektrum für Abtastfrequenz 44,1 kHz

Dieses Tiefpaßfilter muß recht hochwertig sein, d.h., es muß verhältnismäßig steile Flanken haben. Solche Filter sind teuer und erzeugen um so größere Phasendrehungen, je größer die Flankensteilheit ist.
Heute wird vielfach das Oversampling-Verfahren angewendet. Oversampling heißt Überabtastung.

> Verwendet man statt einer Abtastfrequenz von 44,1 kHz eine solche von 88,2 kHz, so ergibt das 2fach-Oversampling. Bei einer Abtastfrequenz von 176,4 kHz ergibt sich 4fach-Oversampling.

Von der Compact-Disk wird nur alle 22,675 µs ein Spannungsimpuls pro Kanal geliefert, was einer Abtastfrequenz von 44,1 kHz entspricht. Mehr ist auf der Platte nicht gespeichert. Man kann aber zusätzliche Spannungsimpulse durch Interpolation, also durch Bilden von Zwischenwerten, erzeugen. Damit füllt man auch die zeitlichen Lücken auf, die zwischen zwei Impulsen liegen und nur Rauschen enthalten.

> In der Oversampling-Stufe werden Signalzwischenwerte erzeugt und dem Ursprungssignal beigemischt.

Eine 4fach-Oversampling-Stufe liefert alle 5,67 µs einen Spannungsimpuls an den D/A-Umsetzer. Das Ausgangssignal des D/A-Umsetzers hat jetzt ein Frequenzspektrum gemäß Bild 9.25. Ein einfaches Tiefpaßfilter mit flach verlaufender Flanke genügt, um das Nutzsignal vom Störsignal zu trennen. Durch das Auffüllen der Zeitlücken zwischen den einzelnen Spannungsimpulsen ergibt sich ein geringerer Rauschanteil im Nutzsignal.

> Das Oversampling-Verfahren erlaubt die Verwendung einfacherer Tiefpaßfilter und verbessert den Signal-Rausch-Abstand und den Fremdspannungsabstand.

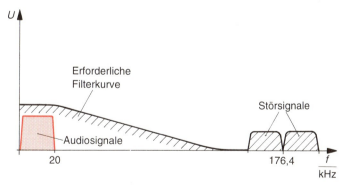

Bild 9.25 Frequenzspektrum bei 4fach-Oversampling

Da beim Oversampling-Verfahren die Spannungsimpulse schneller aufeinanderfolgen, benötigt man etwas schnellere D/A-Umsetzer. Diese sind verfügbar. Aber man kann an den D/A-Umsetzern sparen. Einfache und billige CD-Geräte enthalten nur einen D/A-Umsetzer für beide Kanäle. Der eine D/A-Umsetzer wird einmal an den linken Kanal geschaltet, danach an den rechten Kanal. Die entstehende kleine Zeitverschiebung wird korrigiert. Hochwertige CD-Geräte enthalten zwei DA-Umsetzer, für jeden Kanal einen.

Die Qualität der D/A-Umsetzer beeinflußt wesentlich die Güte der Ausgangssignale. Es kommt vor allem auf größtmögliche Linearität der Umsetzer-Kennlinien an.

9.4 Lernziel-Test

1. Wodurch unterscheidet sich ein digitales Signal von einem analogen Signal?
2. Was versteht man unter Abtastfrequenz, was unter Quantisierung?
3. Wie groß muß die Abtastfrequenz mindestens sein, damit Signale von 20 kHz übertragen werden können?
4. Wieviel Zahlenwerte sind mit einer 16-Bit-Dualzahl darstellbar?
5. Wie groß ist der Spannungswert einer «Treppenstufe», wenn die Quantisierung 8 Bit beträgt und das größte Audiosignal einen Scheitelwert von 4 V hat?
6. Welche Abtastfrequenz und welche Quantisierung wurden für das CD-System festgelegt?
7. Nennen Sie Vorteile und Nachteile des digitalen Speicherverfahrens.
8. Unter welcher Voraussetzung können Datenwörter als fehlerhaft erkannt werden?
9. Welche Aufgabe haben Parity-Bits?
10. Wie funktioniert die automatische Fehlerkorrektur beim Hamming-Code? Erläutern Sie die prinzipielle Arbeitsweise.
11. Was ist Code-Spreizung, auch Interleaving genannt? Aus welchem Grund wird sie angewendet?
12. Sind die Daten auf einer Compact-Disk parallel oder seriell gespeichert?
13. Wie verläuft die Spur auf einer Compact-Disk?
14. Welche Datenrate wird beim Abspielen einer CD pro Sekunde gelesen?
15. Mit welchen Abtastgeschwindigkeiten in m/s werden CD-Datenspuren gelesen?
16. Was ist ein Pit? Wie sind einem Pit 1- und 0-Werte zugeordnet?
17. Wie ist ein Frame aufgebaut?
18. Beschreiben Sie den Abtastvorgang mit dem Laserstrahl.
19. Was versteht man unter Oversampling?
20. Wie arbeitet das Dreistrahl-Verfahren bei der Spurabtastung?
21. Beschreiben Sie das Herstellungsverfahren einer Compact-Disk.
22. Warum verwendet man den sogenannten EFM-Code?
23. Welche Regelkreise hat ein CD-Abspielgerät?
24. Wie wird die Fokussierung (Scharfstellung) des Laserstrahls geregelt?

10 Schallaufzeichnung, Magnetton

10.1 Grundbegriffe

Als *Tonträger* werden fast ausschließlich mit einem Magnetwerkstoff beschichtete Bänder verwendet, es ist aber grundsätzlich jeder Träger denkbar, der magnetisierbares Material tragen kann, wie Drähte, Platten nach Art der Schallplatte, Karten, Folien u. ä.

Zur Aufzeichnung führt man das unmagnetisierte Tonband mit konstanter Geschwindigkeit an einem Elektromagneten, dem Aufnahmekopf vorbei, dessen Spule von einem Signalwechselstrom durchflossen wird (Bild 10.1).

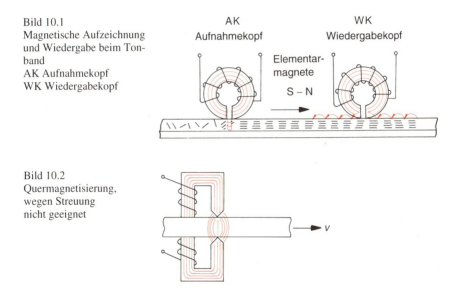

Bild 10.1
Magnetische Aufzeichnung und Wiedergabe beim Tonband
AK Aufnahmekopf
WK Wiedergabekopf

Bild 10.2
Quermagnetisierung, wegen Streuung nicht geeignet

Die Elementarmagnete werden im Rhythmus des Signalwechselstromes magnetisiert und behalten in ihrem Restmagnetismus die Information.

Die in Bild 10.2 dargestellte, technisch naheliegende Methode der *Quermagnetisierung* ist für die Praxis ungeeignet, da wegen der *Streuung des Magnetfeldes* keine hochwertige Aufzeichnung erfolgen kann. Man verwendet deshalb die *Längsmagnetisierung* (Bild 10.1).

Die Wiedergabe erfolgt durch Vorbeiführen des magnetisierten Bandes an einem *Wiedergabekopf*, in dem die Felder der Elementarmagnete Spannungen induzieren.

Magnetisierte Bänder können mit einem *Löschkopf* gelöscht und beliebig wiederverwendet werden.

10.2 Löschvorgang

Voraussetzung für eine einwandfreie Aufnahme ist, daß das Band völlig entmagnetisiert ist. Reste von Magnetismus führen zu *Rausch- und Knackstörungen*. Vor jeder Aufnahme wird daher das Band an einem *Löschkopf* vorbeigeführt und in einem Hochfrequenzfeld gelöscht (Bild 10.3).

Beim Durchlaufen des Hochfrequenzmagnetfeldes werden die Elementarmagnete ummagnetisiert und zunächst auf die maximale Hystereseschleife und dann allmählich in den magnetischen Nullpunkt gebracht.

Die *Löschfrequenzen* liegen zwischen 10 ... 120 kHz.

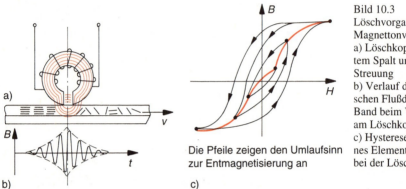

Bild 10.3
Löschvorgang beim Magnettonverfahren
a) Löschkopf mit breitem Spalt und großer Streuung
b) Verlauf der magnetischen Flußdichte im Band beim Vorbeilaufen am Löschkopf
c) Hystereseschleifen eines Elementarmagneten bei der Löschung

Die Pfeile zeigen den Umlaufsinn zur Entmagnetisierung an

10.3 Aufzeichnungsvorgang

Das magnetische Feld des *Aufnahmekopfes* erzeugt in den Elementarmagneten bzw. Weißschen Bezirken des Bandes eine magnetische Flußdichte B, die von der Größe des Signalwechselstromes $I \sim H$ abhängig ist. Die Magnetisierung der Elementarmagnete durchläuft Hystereseschleifen (Bild 10.4).

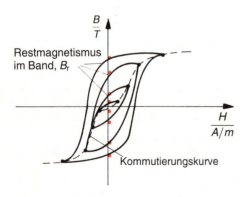

Bild 10.4
Hystereseschleifen bei unterschiedlicher Feldstärke H; B_r ist die zurückbleibende Flußdichte im Band.

Die Umkehrpunkte der Hystereseschleifen liegen auf der *Kommutierungskurve* (Bild 10.5). Verläßt das Tonband den Bereich des Sprechkopfes, so bleibt eine remanente magnetische Flußdichte B_r auf dem Band zurück.

Die Kommutierungskurve weist besonders im Bereich kleiner Feldstärken eine *erhebliche Nichtlinearität* auf. Dies führt zu *Verzerrungen* (Bild 10.5).

Mit Hilfe des *Hochfrequenz-Vormagnetisierungsverfahrens* wird dieser nichtlineare Bereich unterdrückt, d. h., die für die Aufzeichnung maßgeblichen Signalamplituden werden in die linearen Kennlinienbereiche verschoben (Bild 10.6).

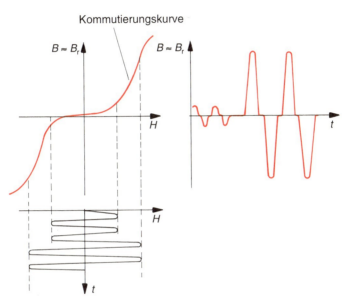

Bild 10.5 Verzerrungen durch die Nichtlinearität der Kommutierungskurve bzw. des Verlaufes $B_r = f(H)$

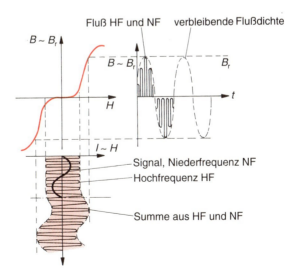

Bild 10.6 Aufsprechvorgang mit Hochfrequenz

Die Hochfrequenzvormagnetisierung bringt noch einen weiteren Vorteil: Wenn das Tonband den Sprechkopfspalt verläßt, führen die Elementarmagnete kleine, schwächer werdende Hystereseschleifen aus, die schließlich im Remanenzpunkt verebben (Bild 10.7). Das Einlaufen in den der Feldstärke bzw. dem Sprechstrom entsprechenden Remanenzpunkt B_r erfolgt mit großer Genauigkeit. *Dies bedeutet, daß die Rauschspannung ein Minimum erreicht.*

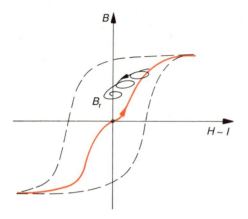

Bild 10.7
Der Niederfrequenz überlagerte Hystereseschleifen der HF

10.4 Wiedergabevorgang

Spalteffekt

Die *Spaltbreite* bei einem Tonkopf ist der magnetische Einflußbereich auf das Band (Bild 10.8). Die Wellenlänge λ einer auf dem Tonband aufgezeichneten Schwingung der Frequenz f ergibt sich zu:

$$\lambda = \frac{\text{Bandgeschwindigkeit } v}{\text{Frequenz } f} = \frac{v}{f}$$

Eine optimale Abtastung erhält man, wenn die Spaltbreite $s \leq \lambda/2$ ist. Wird bei höherer Frequenz $s \leq \lambda/2$, so heben sich die Felder der in verschiedener Richtung magnetisierten Teilchen (in Bild 10.8 schwarz und rot) teilweise gegenseitig auf.

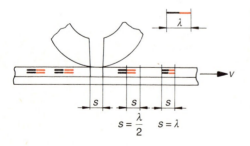

Bild 10.8
Zusammenhang zwischen Spaltbreite und Wellenlänge

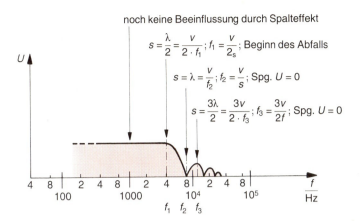

Bild 10.9
Spalteffekt; Frequenzgang der induzierten Spannung in Abhängigkeit von der aufgezeichneten Frequenz.
Die Kurve ist für $s = 6\ \mu m$ und $v = 4{,}76$ cm/s gezeichnet.

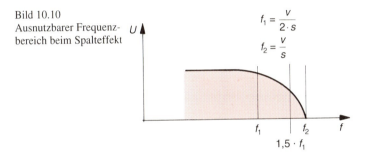

Bild 10.10
Ausnutzbarer Frequenzbereich beim Spalteffekt

Für den Falls $s = \lambda$ wird keine Spannung mehr induziert. Für die von λ bzw. f abhängige induzierte Urspannung des Wiedergabekopfes ergibt sich der in Bild 10.9 gezeigte Verlauf. Fallen drei oder fünf Halbwellen in den Spalt, so wird zwar wieder eine Spannung induziert, aber diese Kurvenstücke lassen sich technisch nicht mehr nutzen.

Der Frequenzgang bei der Wiedergabe kann ungefähr bis $1{,}5 \cdot f_1$ genutzt werden (Bild 10.10). Die bei verschiedenen Bandgeschwindigkeiten in Abhängigkeit von der Spaltbreite möglichen Grenzfrequenzen sind in Bild 10.11 dargestellt.

$\dfrac{v}{\text{cm/s}}$	$\dfrac{s}{\mu m}$	$\dfrac{f_1}{\text{kHz}}$	$1{,}5 \cdot \dfrac{f_1}{\text{kHz}}$	$\dfrac{f_2}{\text{kHz}}$
19,5	1	95,2	142,8	190,4
	2	47,6	71,4	95,2
	4	23,8	35,7	47,6
	8	11,9	17,8	23,8
9,5	1	47,6	71,4	95,2
	2	23,8	35,7	47,6
	4	11,9	17,8	23,8
	8	5,95	8,9	11,9
4,76	1	23,8	35,7	47,6
	2	11,9	17,8	23,8
	4	5,95	8,9	11,9

Bild 10.11 Theoretisch erreichbare Grenzfrequenzen, bedingt durch den Spezialeffekt

Omega-Frequenzgang
Bei der Aufzeichnung würde die Sprechkopfinduktivität durch zunehmenden Blindwiderstand $X_L = \omega \cdot L$ einen Rückgang des Sprechstromes bei hohen Frequenzen bewirken.
Durch *Konstantstrombetrieb* (Generator mit hohem Innenwiderstand) des Sprechkopfes erhält man Bandflüsse, die unabhängig von der Frequenz sind (Bild 10.12).

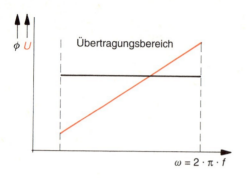

Bild 10.12
Omega-Frequenzgang bei konstantem Bandfluß

Bei der Wiedergabe ist die im Hörkopf induzierte Spannung proportional der Flußänderungsgeschwindigkeit $\Delta\Phi/\Delta t$. Dies bedeutet, daß die induzierte Spannung mit f bzw. $\omega = 2 \cdot \pi \cdot f$ zunimmt (Bild 10.12). Man nennt diese Höhenanhebung auch Omega-Frequenzgang. Sie wirkt teilweise dem Spalteffekt entgegen. Bei tiefen Frequenzen ergibt sich allerdings ein starker Abfall, der durch eine *Tiefenentzerrung* aufgehoben werden muß.

Selbstentmagnetisierung des Bandes
Je kürzer die Wellenlänge der aufgezeichneten Schwingung ist, desto näher liegen die verschiedenen magnetisierten Zonen des Bandes beieinander (Bild 10.13). Es kommt zu Aufhebungen der Magnetisierung oder zu teilweisen Ummagnetisierungen. Abhilfe schafft hier nur eine äußerst feine Granulierung des magnetischen Werkstoffes in Verbindung mit einer hohen Koerzitivfeldstärke. Die Selbstentmagnetisierung ist eine Bandeigenschaft und begrenzt die Verwendbarkeit einer Bandsorte für hohe Frequenzen. Bei der Entzerrung des Frequenzganges muß man auf die Bandsorte achten.

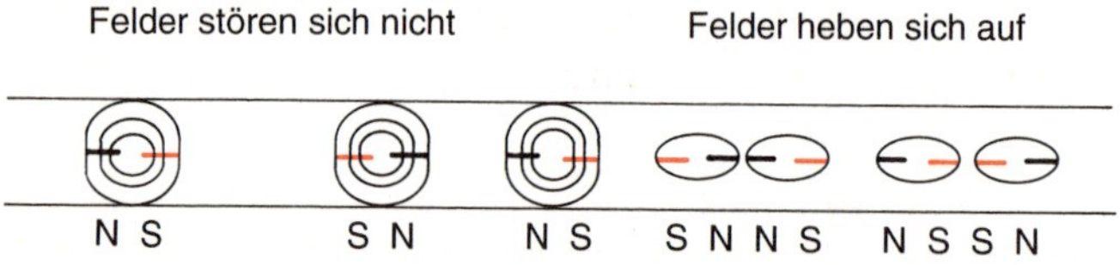

Bild 10.13
Selbstentmagnetisierung des Bandes

Entzerrung und Gesamtfrequenzgang
Das ideale Tonbandgerät soll bei der Wiedergabe die Spannungen des Eingangssignals wiedergeben. Dies zu erreichen, dient die *Frequenzgangentzerrung*. Bild 10.14 zeigt die verschiedenen Frequenzabhängigkeiten bei Aufnahme und Wiedergabe.

Bild 10.14
Frequenzabhängigkeiten
bei Aufnahme
und Wiedergabe

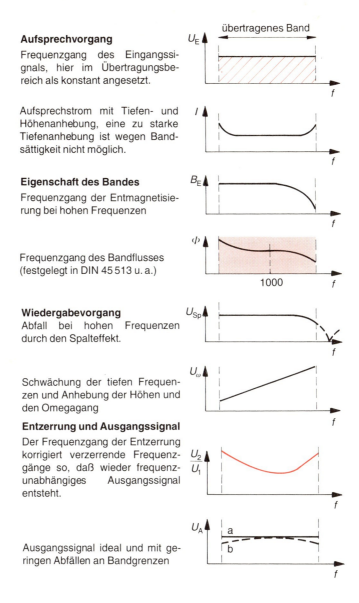

Aufsprechvorgang
Frequenzgang des Eingangssignals, hier im Übertragungsbereich als konstant angesetzt.

Aufsprechstrom mit Tiefen- und Höhenanhebung, eine zu starke Tiefenanhebung ist wegen Bandsättigkeit nicht möglich.

Eigenschaft des Bandes
Frequenzgang der Entmagnetisierung bei hohen Frequenzen

Frequenzgang des Bandflusses (festgelegt in DIN 45 513 u. a.)

Wiedergabevorgang
Abfall bei hohen Frequenzen durch den Spalteffekt.

Schwächung der tiefen Frequenzen und Anhebung der Höhen und den Omegagang

Entzerrung und Ausgangssignal
Der Frequenzgang der Entzerrung korrigiert verzerrende Frequenzgänge so, daß wieder frequenzunabhängiges Ausgangssignal entsteht.

Ausgangssignal ideal und mit geringen Abfällen an Bandgrenzen

10.5 Tonköpfe

Studiogeräte besitzen für Aufsprechen, Wiedergabe und Löschen getrennte Tonköpfe. Folgende Forderungen werden gestellt:
Sprechkopf: geringe Verluste, kleine Eigenkapazität, damit die HF-Vormagnetisierung nicht unterdrückt wird, guter Feldaustritt zur Durchmagnetisierung des Bandes, Spaltbreite 3...20 µm. Sprechköpfe besitzen häufig einen sog. *Scherspalt* (Bild 10.15). Hierdurch ergibt sich ein gleichmäßiger Aufsprechfluß.
Hörkopf: hohe Empfindlichkeit, extrem kleine Spaltbreite zur Erzielung einer hohen oberen Grenzfrequenz, Spaltbreite 1...8 µm (bei Video ≈ 0,2 µm...0,1 µm).
Löschkopf: große Spaltbreite für guten Löscheffekt, Spaltbreite 100...300 µm.

237

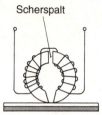

Bild 10.15
Sprechkopf mit Scherspalt

Kombikopf: Aus wirtschaftlichen Gründen werden oft Hör- und Sprechkopf zusammengefaßt, wobei man einen Kompromiß schließen muß, Spaltbreite 2...6 µm.
Doppelspaltköpfe (Bild 10.16) besitzen unter einem gemeinsamen Joch einen sehr schmalen Spalt (* 1 µm) für Wiedergabe und einen etwas breiteren Spalt ($\approx$ 4 µm) für Aufnahme. Der breitere Aufnahmespalt bringt erhebliche Vorteile beim Bespielen von CrO_2- und Fe-Bändern, die eine höhere HF-Vormagnetisierung benötigen.
Mehrfachköpfe: Zweifachkopf bei der Aufnahme und Wiedergabe von Stereosignalen, Vierfachköpfe bei Quadrosignalen; die geringe Spurbreite der Bänder bringt Raumprobleme, weil die Köpfe nebeneinander angeordnet sein müssen; dies geht oft auf Kosten der *Übersprechdämpfung*.
Tonköpfe müssen zur *Vermeidung magnetischer Einstreuung* aus der Umgebung abgeschirmt sein. Man verwendet hierzu meist Mu-Metall.

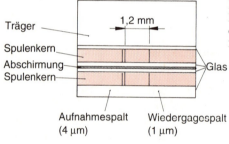

Bild 10.16
Doppelspaltkopf; bei der Aufnahme arbeiten die Spulen 1 und 2−3, bei der Wiedergabe nur 2 und 3

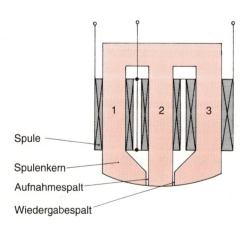

10.6 Tonbänder und Spurlagen

Die Breite der Normaltonbänder beträgt einheitlich 6,25 mm ($\approx 1/4$ Zoll), die der Kassettenbänder 3,81 mm (Bilder 10.17 und 10.18). Man unterscheidet:

Vollspur Mono: Verwendung nur im Studiobereich; Aufzeichnungen mit diesen Bändern können geschnitten werden; Fachausdruck «cutten».

Halbspur Mono: Verdoppelung der Bandlaufzeit bei gleichzeitiger Minderung der Qualität; die zweite Spur kann auch für Steuersignale verwendet werden.

Zweispur Stereo: für Stereoaufnahmen.

Vierspur: Eignung für 4× Mono, 2× Stereo, 1× Quadro oder für Sonderzwecke (z. B. Mischtechnik).

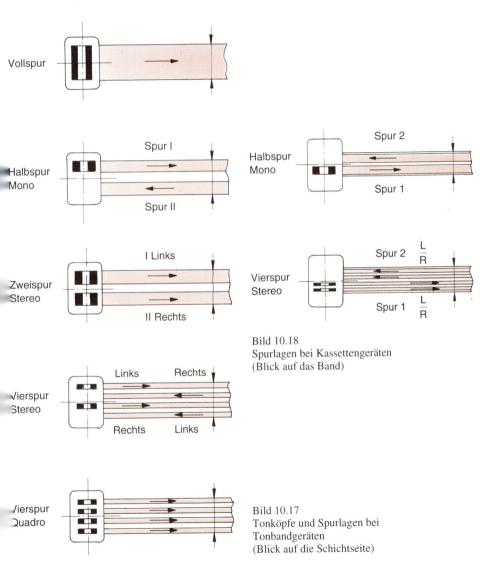

Bild 10.18
Spurlagen bei Kassettengeräten
(Blick auf das Band)

Bild 10.17
Tonköpfe und Spurlagen bei
Tonbandgeräten
(Blick auf die Schichtseite)

10.6.1 Bandwerkstoffe

Folgende Forderungen werden an die mechanischen und elektrischen Eigenschaften von Tonbändern gestellt:

mechanisch: hohe Zugfestigkeit, insbesondere zur Aufnahme der Kräfte bei Start-Stopp-Betrieb,
dünn und leicht für lange Spieldauer,
elastisch im normalen Beanspruchungsbereich, keine bleibende Dehnung,
langzeitstabil, keine Schrumpfung,
temperaturstabil, klimafest,
Haftfähigkeit für die magnetische Schicht,
glatte Oberfläche,
gute Klebbarkeit für Cutten,
unbrennbar;

elektrisch: große Koerzitivfeldstärke,
hohe Remanenzkraftflußdichte für Wiedergabe (große induzierte Spannung),
schwer entmagnetisierbar, d. h. hohe Koerzitivfeldstärke, wegen
    Kopiereffekt (zwischen den Bandlagen),
    Selbstentmagnetisierung,
    Einwirkung von Fremdfeldern,
kleine Elementarbereiche für hohe Grenzfrequenz,
hohe Gleichmäßigkeit der Schicht für geringes Eigenrauschen,
alle diese Eigenschaften bei möglichst geringer Bandgeschwindigkeit.

10.6.2 Bandtypen

Die geforderten Eigenschaften widersprechen sich teilweise, so daß jeder Bandtyp einen Kompromiß darstellt. Besonders kritisch sollte man die Herstellerangaben prüfen, wenn man Archivaufnahmen macht, die noch nach 10, 20 oder 50 Jahren abspielbar sein sollen. Die Tabelle in Bild 10.19 zeigt eine Zusammenstellung der üblichen Bandtypen.

Die *Bandlängen auf Spulen oder Kassetten* sind, angepaßt an die Bandgeschwindigkeiten, für folgende Spielzeiten geeignet: 30, 45, 60, 90, 120, 180 Minuten.

Für Studiozwecke ist auch Meterware (1000 m) erhältlich.

Als *Trägerfolie* wird vorzugsweise (Polyethylen (PE) und Polyester (PU), auch Polyimid (PI), verwendet.

Als *Magnetwerkstoffe* sind fünf Typen in Gebrauch, die jeweils andere Eigenschaften haben. Dies bedingt teilweise eine *Umschaltung der Aufnahme- und Wiedergabeentzerrung sowie der Vormagnetisierung*. Hier sind die Herstellerangaben zu beachten (Bild 10.20).

Bandtypen:

Bandtyp	Dicke gesamt $d_g/\mu m$	Dicke Schicht $d_S/\mu m$		bevorzugte Verwendung
Spulenband, Breite 6,3 mm (1/4")				
Standardband	52	12 ··· 20		Studiotechnik bei 38,1 cm/s Archivbänder
Langspielband		10 ··· 15		Heimstudiotechnik
Doppelspielband	26	8 ··· 13	}	Geräte niederer Bandgeschwin-
Dreifachband	18	6		digkeit (wegen Dehnung)
Kassettenband, Breite 3,81 mm				
Dreifachband	18	6	C 60	für Kassetten bzw. Kassettenge-
Vierfachband	13	< 6	C 90	räte bei v = 4,76 cm/s
Sechsfachband	10	< 5	C 120	

Bild 10.19 Bandtypen

Magnetwerkstoff Werkstoffbezeichnung	Bandfluß-zeitkonstanten $\tau/\mu s$		HF-Vormagneti-sierung, bezogen auf Fe_2O_3	Band-sorte
Fe_2O_3, Gamma-Hämatit	3180	120	100%	I
Fe_2O_3 + Co, Gamma-Hämatit mit Cobalt dotiert	3180	120	≈ 150%	} II
CrO_2, Chromdioxid	3180	70	≈ 140%	
Fe_2O_3 + CrO_2, Zweischicht-band	3180	70 (120)	≈ 130%	III
FE, Reineisen, Metall	3180	70	≈ 250%	IV

Bild 10.20 Bandsorten nach Magnetwerkstoffen

10.7 Bandflußnorm

Wie in Bild 10.14 gezeigt, durchläuft das Tonsignal von der Aufzeichnung bis zur Wiedergabe eine Anzahl verzerrender und entzerrender Frequenzgänge.
Die Mittelstellung zwischen Aufnahme und Wiedergabe nimmt der *Frequenzgang des Bandflusses* ein. Er ist für Heimton- und Studiogeräte international genormt und entspricht sinngemäß der Schneidkennlinie der Schallplatte.

> Die Einhaltung des genormten Bandfluß-Frequenzganges gewährleistet, daß bespielte Tonbänder auf beliebigen Geräten ohne Qualitätsverlust abgespielt werden können.

Die Bandflußkurve (Bild 10.21) wird durch die Angaben von zwei Zeitkonstanten festgelegt, τ_u für die Tiefenanhebung, τ_o für die Höhenabsenkung.
Jeder Zeitkonstante entspricht eine Grenzfrequenz f_g entsprechend der Formel:

$$\omega_g = \frac{1}{\tau} \quad \text{bzw.} \quad f_g = \frac{1}{2 \cdot \pi \cdot \tau}$$

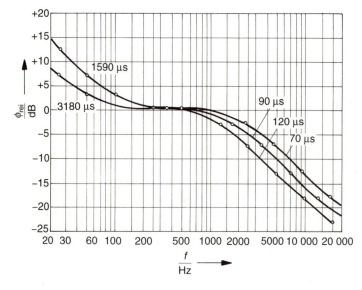

Bild 10.21
Bandflußkurven
für verschiedene
Zeitkonstanten,
Φ_rel : relativer Bandfluß

Bild 10.22 zeigt den Zusammenhang zwischen Zeitkonstante und Grenzfrequenzen.
Bei f_{gu} ist der Bandfluß um +3 dB angehoben; zu tieferen Frequenzen steigt er weiter mi $\approx$ 6 dB je Oktave an.
Bei f_{go} ist der Bandfluß um −3 dB abgefallen; zu höheren Frequenzen fällt er weiter mi $\approx$ 6 dB je Oktave.
Zwischen den beiden Grenzfrequenzen wird der Frequenzgang des Bandflusses ausglei chend vermittelt. Als Mittenfrequenz wird $f_m = \sqrt{f_{gu} \cdot f_{go}}$ angenommen, der relative Band fluß in dB ist bei dieser Frequenz $\Phi_\text{rel} = 0$ dB (Bild 10.23).

Die Bandflußkurve ist abhängig von der Bandgeschwindigkeit und vom Bandmaterial. Bild 10.24 zeigt auszugsweise Bandflußnormen. Durch neue Magnetwerkstoffe, z. B. reines Eisen u. a., ist die Festlegung der Zeitkonstanten in Bewegung gekommen. Zweckmäßig sind Tonbandgeräte, die bei Aufnahme und Wiedergabe τ_u und τ_o umzuschalten gestatten. Bei Kassetten findet diese Umschaltung z. T. automatisch statt.

Bild 10.22
Zusammenhang zwischen Zeitkonstanten und Grenzfrequenzen

untere Grenzfrequenz		obere Grenzfrequenz	
$\tau_u/\mu s$	f_{gu}/Hz	$\tau_o/\mu s$	f_{go}/Hz
3180	50	120	1320
1590	100	90	1770
		70	2270
		50	3180

Bild 10.23
Relative Bandflüsse in dB in Bandmitte sowie oberhalb und unterhalb der Grenzfrequenz

Mittenfrequenz $f_m = \sqrt{f_{gu} \cdot f_{go}}$ $\Phi_{rel} \rightarrow 0$ dB

Vielfaches der Grenzfrequenz	relativer Bandfluß Φ_{rel}	Vielfaches der Grenzfrequenz	relativer Bandfluß Φ_{rel}
$1 \cdot f_{gu}$	+ 3,01 dB	$1 \cdot f_{go}$	− 3,01 dB
$2 \cdot f_{gu}$	+ 6,99 dB	$2 \cdot f_{go}$	− 6,99 dB
$4 \cdot f_{gu}$	+ 12,38 dB	$4 \cdot f_{go}$	− 12,38 dB
$8 \cdot f_{gu}$	+ 18,13 dB	$8 \cdot f_{go}$	− 18,13 dB
$16 \cdot f_{gu}$	+ 24,10 dB	$16 \cdot f_{gu}$	− 24,10 dB
usw.		usw.	

Bild 10.24
Bandflußnormen

	$\dfrac{v}{cm/s}$	$\tau_u/\mu s$	$\tau_o/\mu s$
DIN Heimton und IEC	4,76	1590	120
	9,53	3180	90
	19,05	3180	50
Kassetten normal	4,76	1590	120
Kassetten CrO$_2$ und Metall	4,76	1590	70

10.8 Tonbandgeräte

Studiogeräte besitzen für den Antrieb der *Tonwelle* sowie der beiden *Wickelteller* drei Antriebsmotoren.

Heimtonbandgeräte haben auch bei hohen Qualitätsanforderungen meist nur einen Motor. Das Bandlaufschema eines solchen Gerätes zeigt Bild 10.25. Der Motor ist in der Regel als kollektorloser Gleichstrommotor mit Drehzahlregelung ausgeführt.

Die *Tonwelle*, auch *Capstan* genannt, ist mit einer Schwungmasse versehen, um Gleichlaufschwankungen zu vermeiden. Das Tonband wird mittels der *Gummiandruckrolle* an die

Tonwelle angedrückt und erhält so als Bandgeschwindigkeit *v* die Umfangsgeschwindigkeit der Tonwelle.

Der *Aufwickelteller* wird über einen *Rutschriemen* angetrieben, der die Drehfrequenz des Tellers an den veränderlichen Durchmesser des Bandwickels anpaßt. Meist ist mit dem Aufwickelteller ein *Umdrehungszähler* gekoppelt, der das Auffinden bestimmter Bandstellen erleichtert.

Der *Abwickelteller* wird durch den Bandzug gedreht. Er wird dabei leicht gebremst, damit sich das Band strafft und stetig abwickelt. Zur Einstellung der erforderlichen Bremskraft (abhängig vom Wickeldurchmesser) tastet ein Fühlhebel den Wickeldurchmesser ab. Die Bremse kann mechanisch wirken wie in Bild 10.25 oder auch elektrisch durch Wirbelströme.

Damit bei *Bandstopp* der Abwickelteller nicht nachläuft, ist zusätzlich eine *Stoppbremse* vorgesehen.

Zur Herstellung eines innigen Kontaktes zwischen Band und Tonkopf ist zuweilen ein *Andruckfilz* vorhanden.

Bandrücklauf und *schneller Vorlauf* erfolgen ohne Andruck des Bandes an die Tonwelle und ohne Kopfberührung. Rechter oder linker Wickelteller werden mit dem Antriebsmotor verbunden, der jeweilige Abwickelteller wird, wie bereits oben beschrieben, gebremst.

Das Übersichtsschaltbild eines Stereotonbandgerätes zeigt Bild 10.26.

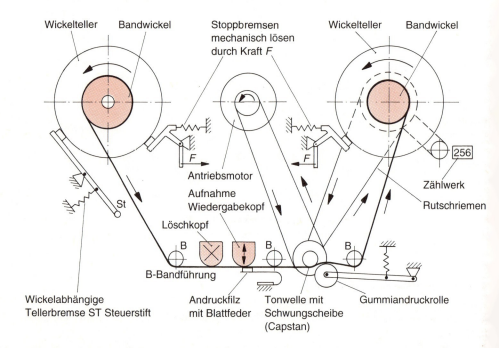

Bild 10.25   Bandlaufschema für Tonbandgerät

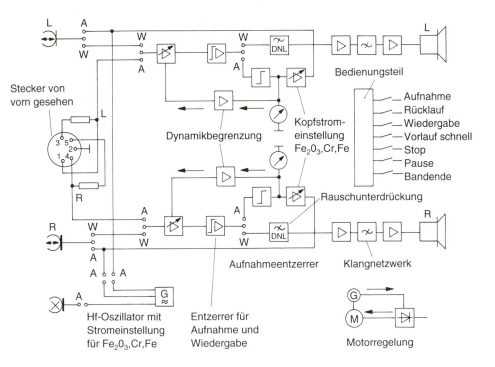

Bild 10.26 Übersichtsschaltbild eines Stereotonbandgerätes (A=Aufnahme, W=Wiedergabe)

10.9 Probleme bei Aufnahme und Wiedergabe

10.9.1 Gleichlauf

Grundbedingung für eine gute Aufnahme oder Wiedergabe ist eine absolut gleichbleibende Bandgeschwindigkeit. Gleichlauffehler äußern sich durch Jaulen, Wimmern oder Tremolo. Die Schwankungen sollte unter 0,2% liegen.

> Ursachen für Gleichlaufschwankungen sind verschmutzte Tonwelle, verhärtete Gummiandruckrolle, falsche Bremseinstellung des Abwickeltellers, Fehler im Motor.

10.9.2 Dynamik und Störspannungsabstände

Sprache hat einen Dynamikumfang von etwa 45 dB, Orchestermusik bis zu 80 dB. Heimtonbandgeräte können bis zu etwa 60 dB verarbeiten, so daß bei Orchesteraufnahmen eine gewisse *Dynamikpressung* erforderlich ist.
Die Dynamik eines Tonbandgerätes kann nie größer sein als der *Ruhegeräuschspannungsabstand*. DIN schreibt hierfür mindestens 50 dB vor.
Rauschende Bänder engen ebenfalls den Dynamikbereich ein. Der sog. Fremdspannungsabstand soll nach DIN mindestens 45 dB betragen.

Um eine Dynamik von 60 dB zu erreichen, müssen Ruhegeräusch- *und* Fremdspannungsabstand zusammen > 65 dB sein.

10.9.3 Übersprechdämpfung

Sie soll bei Mono-Halbspuraufzeichnung mindestens 60 dB, bei Stereoaufzeichnung mindestens 25 dB betragen. Hauptursache für das Übersprechen bei Stereo ist die enge Anordnung der Tonköpfe, insbesondere bei dem nur 3,81 mm breiten Kassettenband.

10.9.4 Klirrfaktor

Der Klirrfaktor wird fast ausschließlich durch die Bandqualität bestimmt. Der Gesamtklirrfaktor bei 333 Hz soll für Studiogeräte < 3%, für Heimtonbandgeräte < 5% bei Vollaussteuerung sein.

10.9.5 Aufsprechautomatik

Sie bewirkt eine Dynamikkompression und verhindert Übersteuerungen (großer Klirrfaktor). Die *Aussteuerungsanzeige* zeigt den zulässigen Signalpegel an.

10.9.6 HF-Vormagnetisierung

Die Frequenz liegt bei 40 ... 120 kHz. Der Vormagnetisierungsstrom muß auf minimales Rauschen und minimalen Klirrfaktor eingestellt werden. Dabei sind die Bandtypen (Fe_2O_3, CrO_2, Fe) zu beachten. Je nach Bandtyp muß der Strom umschaltbar sein. Die *Löschdämpfung* muß nach DIN > 60 dB sein, d. h., wenn ein vorher bespieltes Band neu bespielt wird, darf die alte Aufzeichnung nur noch mit höchstens − 60 dB vorhanden sein.

10.9.7 DNL-Schaltung
(dynamic noise limiter − engl.: veränderliche Rauschunterdrückung)

Tonbänder besitzen ein Eigenrauschen, das besonders im Bereich oberhalb 4 kHz vorhanden ist. Es stört besonders bei leisen Musikstellen.
Die DNL-Schaltung arbeitet mit einem *lautstärkeabhängigen Tiefpaß*. Ab einer bestimmten Lautstärke wird das gesamte Signal übertragen, da dann das Rauschen nicht stört (Überdeckkungseffekt). Bei leisen Musikstellen wird der Tiefpaß wirksam und filtert die Frequenzen über 4 kHz aus. Der Verlust an Bandbreite wird in Kauf genommen, da er weniger störend als das Rauschen bei leiser Wiedergabe ist.

10.9.8 Dolby-Verfahren (B-System)

Beim Dolby-Verfahren (Dolby = engl.: Forschungslabor) wird das Signal bei der Aufnahme *in der Dynamik komprimiert*, d. h., leise Stellen werden aufgehoben (Verbesserung des Rauschabstandes), laute Stellen werden abgesenkt (Vermeidung von Übersteuerung).
Bei der Wiedergabe wird die Kompression rückgängig gemacht, d. h., es wird *expandiert*.
Das Kennzeichen des Dolby-Verfahrens ist, daß zur *Kompandierung* (kompandieren = lat.-dt.: zusammenpressen und wieder dehnen) das NF-Band in *Teilbereiche* aufgegliedert wird.

Beim *Dolby-B-System* (für Heimtongeräte) beschränkt sich die Dynamikbeeinflussung auf die Frequenzen von 500 ... 15 000 Hz.
Dolbysierte Aufnahmen sollten auch mit einem Dolby-Verstärker abgespielt werden.

10.9.9 Justierung der Tonköpfe

Schrägstellung der Spalte ergibt schräge Magnetisierungsbereiche auf dem Band. Wird das Band mit dem gleichen Kopf abgespielt, so tritt keine Einbuße in der Wiedergabe auf. Wird dagegen mit einem anderen Gerät mit richtig eingestelltem Spalt abgespielt, so tritt ein Abfall bei hohen Frequenzen ein. Die Winkeleinstellung des Spaltes muß genau 90° zur Längsrichtung des Bandes betragen. Zur Kontrolle gibt es Meßtonbänder.

10.9.10 Magnetische Einstreuungen

Tonköpfe sind sehr empfindlich gegen magnetische Einstreuungen. Sie sind daher mit Mu-Metall abgeschirmt. Die Signaleingänge sind empfindlich gegen elektrische Einstreuungen.

10.10 Lernziel-Test

1. Beschreiben Sie den Aufbau eines Magnetbandes.
2. Wie wird auf ein Magnetband ein Signal aufgezeichnet?
3. Was versteht man unter Vormagnetisierung?
4. Wie werden Magnetbänder gelöscht?
5. Von welchen Faktoren hängt die größtmögliche Aufzeichnungsfrequenz ab?
6. Welche Bandgeschwindigkeiten werden bei Spulen-Tonbandgeräten verwendet?
7. Welche Bandgeschwindigkeit ist bei Kassetten-Tonbandgeräten festgelegt?
8. Beschreiben Sie den Vorgang der Wiedergabe des aufgezeichneten Signals.
9. Welche Spurlagen gibt es bei Spulen-Tonbandgeräten für das 6,3-mm-Band ($1/_4$-Zoll-Band)?
10. Der Aufnahmevorgang und der Wiedergabevorgang sind frequenzabhängig. Geben Sie die Ursachen an.
11. Was versteht man unter einer Bandflußkurve?
12. Welche Magnetwerkstoffe werden für Magnetbandschichten verwendet?
13. Compact-Kassetten werden nach Laufzeit und Magnetwerkstoffen unterschieden. Welche Kassettentypen gibt es?
14. Welche Bedeutung hat die Stärke des HF-Vormagnetisierungsstromes?
15. Ein Kassetten-Tonbandgerät hat eine Bandgeschwindigkeit von 4,76 cm/s. Ein 15-kHz-Ton soll aufgezeichnet werden. Welche Bandlänge steht für eine Signal-Periode zur Verfügung?
16. Welche ungefähren Spaltbreiten sind bei Wiedergabeköpfen üblich?

11 Ton-Rundfunktechnik

Allgemeines
Die Rundfunktechnik dient der Übermittlung von Ton-Informationen an alle Rundfunkteilnehmer. Sie wird daher genauer auch *Ton-Rundfunktechnik* genannt. Die Teilnahme am Rundfunkempfang ist in der Bundesrepublik Deutschland und in vielen anderen Ländern genehmigungs- und gebührenpflichtig.

11.1 Rundfunksender

Rundfunksender erzeugen hochfrequente Schwingungen. Diese werden mit Tonfrequenzsignalen – also mit Signalen von Sprache, Musik und Geräuschen – moduliert. Die Energie der modulierten Hochfrequenzschwingungen wird von der Antenne des Senders als elektromagnetische Welle abgestrahlt.
Den Rundfunksendern sind durch internationale Vereinbarungen bestimmte Frequenzbereiche, auch Wellenbereiche genannt, zugeteilt.

> Rundfunkwellenbereiche sind: Langwellenbereich (LW), Mittelwellenbereich (MW), Kurzwellenbreich (KW) und Ultrakurzwellenbereich (UKW).

Bild 11.1 zeigt die Frequenzen und Wellenlängen der Rundfunkwellenbereiche.

Wellenbereich	Frequenz f	Wellenlänge λ
Langwellen (LW)	150 kHz ... 285 kHz	2000 m ... 1052,6 m
Mittelwellen (MW)	525 kHz ... 1605 kHz	571,4 m ... 186,9 m
Kurzwellen (KW)	5,95 MHz ... 21,7 MHz	50,42 m ... 13,82 m
Ultrakurzwellen (UKW)	87,5 MHz ... 108 MHz	3,429 m ... 2,778 m

Bild 11.1   Rundfunkwellenbereiche

> Jeder Rundfunksender arbeitet auf einer bestimmten, ihm zugeteilten Frequenz.

Rundfunksender im Langwellen-, Mittelwellen- und Kurzwellenbereich arbeiten mit Amplitudenmodulation (AM). Rundfunksender im Ultrakurzwellenbereich arbeiten mit Frequenzmodulation (FM).
Bild 11.2 zeigt das Blockschaltbild eines Rundfunksenders für Mittelwelle. Ein quarzstabilisierter Steueroszillator erzeugt die Grundfrequenz. Diese wird vervielfacht. Dadurch werden unerwünschte Rückkopplungen zwischen Ausgang und Eingang vermieden. Bei der

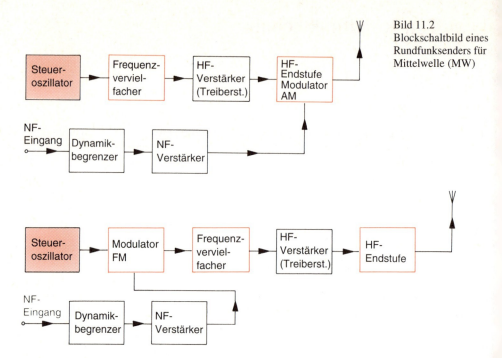

Bild 11.2
Blockschaltbild eines Rundfunksenders für Mittelwelle (MW)

Bild 11.3   Blockschaltbild eines Rundfunksenders für Ultrakurzwelle (UKW)

Frequenzvervielfachung wird die Schwingung so verzerrt, daß Oberwellen (Harmonische) entstehen. Eine dieser Oberwellen, z. B. die 3. Harmonische, wird herausgesiebt und verstärkt. Ihre Frequenz ist dreimal so groß wie die Grundfrequenz. Die Vervielfachung kann mehrfach durchgeführt werden. Die Hochfrequenzschwingung (HF) wird danach verstärkt.
Das zu übertragende Tonfrequenzsignal wird auf den NF-Eingang gegeben (NF = Niederfrequenz). Es muß in seiner Dynamik begrenzt werden, um Übersteuerungen des Senders zu vermeiden. Die Hochfrequenzschwingung wird in der HF-Endstufe durch das verstärkte NF-Signal amplitudenmoduliert. Die modulierte Hochfrequenzschwingung wird der Antenne zugeführt.
Bei UKW-Sendern (Bild 11.3) wird mit Frequenzmodulation gearbeitet. Ein quarzstabilisierter Steuersender erzeugt eine Schwingung, deren Frequenz meist halb so groß wie die Senderausgangsfrequenz ist. Die Oszillatorschwingung und das in der Dynamik begrenzte und verstärkte NF-Signal werden der Modulatorstufe zugeführt. Nach der Modulation erfolgt eine Frequenzverdopplung und eine Verstärkung über mehrere Stufen. Das Ausgangssignal der Endstufe wird auf die Sendeantennen gegeben.

11.2   Rundfunkempfänger

Die von der Antenne empfangenen Hochfrequenzspannungen werden über die Antennenleitung der Antennenbuchse des Rundfunkempfangsgerätes zugeführt. Die Hochfrequenzspannungen enthalten die Informationen − Sprache, Musik, Geräusch − in verschlüsselter Form.

Die Verschlüsselung kann in Form von Amplitudenmodulation (AM), Frequenzmodulation (FM) oder auch in einer anderen Modulationsart vorhanden sein. Üblich sind für LW, MW und KW die Amplitudenmodulation, für UKW die Frequenzmodulation.

> Damit die Entschlüsselung möglich ist, muß das Empfangsgerät der Modulationsart des Senders entsprechen.

11.2.1 Geradeaus-Prinzip

Das Blockschaltbild eines Geradeaus-Empfängers (Bild 11.4) erklärt den Namen. Das Eingangssignal durchläuft ohne Umwege die einzelnen Stufen, es läuft «geradeaus». Die von der Antenne kommende Empfangsspannung wird zunächst verstärkt.
Die Empfangsspannung enthält die Frequenzen vieler Sender. Würde man die gesamte Spannung weiter verarbeiten, so könnte man im Lautsprecher viele Sender gleichzeitig hören.

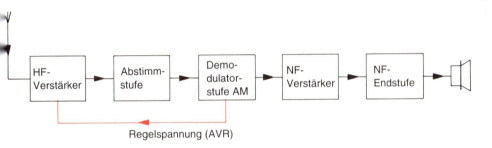

Bild 11.4   Blockschaltbild eines Geradeaus-Empfängers

> Um nur einen einzigen Sender zu empfangen, muß die Spannung mit der Frequenz des gewünschten Senders aus der Gesamtspannung herausgefiltert werden.

Das Herausfiltern der Frequenz des gewünschten Senders erfolgt in der *Abstimmstufe*. Diese stellt einen *selektiven Verstärker* dar, d. h. einen Verstärker, der nur eine bestimmte Frequenz und ihre Nachbarfrequenzen verstärkt. Zum Herausfiltern des gewünschten Frequenzbandes verwendet man meist Schwingkreise. Geradeaus-Empfänger haben einen oder mehrere Schwingkreise.
Um alle möglichen Sender eines Wellenbereiches auswählen zu können, müssen die Schwingkreise entsprechend verstimmbar sein. Die Senderauswahl, die sogenannte *Abstimmung*, erfolgt durch Verändern der Induktivität oder Kapazität der einzelnen Schwingkreise. Alle Schwingkreise müssen stets die gleiche Resonanzfrequenz haben, d. h., sie müssen *im Gleichlauf* abgestimmt werden. *Ein vollkommener Gleichlauf ist wegen der Fertigungstoleranzen nicht erreichbar.*
Fehlerhafter Gleichlauf führt aber zu einem schlechten Aussieben des gewünschten Senders. Zwei nebeneinander liegende Sender werden nicht einwandfrei getrennt. Die *Trennschärfe* des Empfängers ist schlecht. Es hat wenig Sinn, die Verstärkung zu steigern, da wegen der

mangelhaften Trennschärfe eine Steigerung der Verstärkung nur zum Empfang von zwei oder mehr Sendern gleichzeitig führt.

> Abstimmbare Geradeaus-Empfänger können wegen mangelhafter Trennschärfe nur eine geringe Empfindlichkeit haben.

Ein Sonderfall des Geradeaus-Empfängers ist der Festfrequenzempfänger. Wenn man auf die Durchstimmbarkeit eines ganzen Wellenbereiches verzichtet und nur eine Frequenz empfangen will, so kann man fest abgestimmte Schwingkreise verwenden.
Die Anzahl der Schwingkreise ist nicht begrenzt. Es kann eine sehr hohe Trennschärfe erreicht werden. Diese *Festfrequenzempfänger* können auch für mehrere Festfrequenzen gebaut werden. Der Empfänger wird dann auf die gewünschte Festfrequenz umgeschaltet. Solche Empfänger werden im See- und Flugfunk eingesetzt.
Die in der Abstimmstufe herausgesiebte und verstärkte Spannung mit der Frequenz des gewünschten Senders wird in der *Demodulationsstufe* demoduliert. Der Vorgang der Amplituden-Demodulation ist in Abschnitt 4.2 beschrieben. Am Ausgang der Demodulationsstufe liegt die Signalfrequenz, die Niederfrequenz (NF). Diese wird im NF-Vorverstärker verstärkt. Der NF-Vorverstärker enthält die Möglichkeit zur Einstellung der Lautstärke und die der Änderung des Frequenzganges dienenden Tonblenden. In der NF-Endstufe wird die für den Lautsprecher erforderliche Leistung erzeugt.
Bei der Amplituden-Demodulation ergibt sich ein Gleichspannungsanteil, der der empfangenen Senderspannung proportional ist. Dieser Gleichspannungsanteil ist ein Maß für die Stärke des Sendereinfalls. Er kann als *Regelspannung* verwendet werden. Man erreicht eine *automatische Verstärkungsregelung (AVR)*, wenn man den Verstärkungsfaktor des HF-Verstärkers um so mehr zurückregelt, je höher der Gleichspannungsanteil ist. Dadurch werden Übersteuerungen vermieden und eine gleichbleibende Lautstärke erreicht.

11.2.2 Überlagerungsprinzip

Nach dem Überlagerungsprinzip, auch *Superhet-Prinzip* genannt, werden abstimmbare Empfänger mit hoher Trennschärfe gebaut.

> Beim Überlagerungsprinzip wird die Empfangsspannung des gewünschten Senders mit einer im Empfänger erzeugten Oszillatorspannung überlagert, d.h. gemischt.

Bild 11.5 zeigt das Blockschaltbild eines Überlagerungsempfängers. Am Ausgang einer Mischstufe finden sich neben anderen Spannungen eine Spannung mit der *Summenfrequenz* und eine Spannung mit der *Differenzfrequenz*. Dies soll an einem Beispiel näher erklärt werden.
Bild 11.6 zeigt die Entstehung von Summen- und Differenzsignal. Die Eingangsspannung des eingestellten Senders hat die Frequenz $f_E = 1000$ kHz. Die Oszillatorspannung soll die Frequenz $f_O = 1460$ kHz haben. Am Ausgang der Mischstufe liegen die Summenfrequenz $f_0 + f_E = 2460$ kHz und die Differenzfrequenz $f_0 - f_E = 460$ kHz.
Die Oszillatorspannung ist nicht moduliert. Die Eingangsspannung hat die vom Sender kommende Modulation. Diese gleiche Modulation haben auch die Spannungen mit der

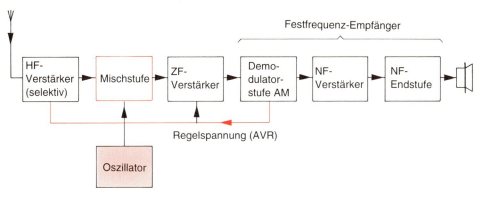

Bild 11.5 Blockschaltbild eines Überlagerungsempfängers (Superhet) für LW, MW, KW

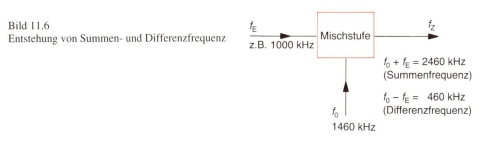

Bild 11.6
Entstehung von Summen- und Differenzfrequenz

Summen- und der Differenzfrequenz. In der Rundfunktechnik verwendet man die Spannung mit der Differenzfrequenz weiter und nennt die Differenzfrequenz *Zwischenfrequenz* (ZF).

> Die Spannung mit der Zwischenfrequenz enthält den gleichen Modulationsinhalt und damit den gleichen Informationsinhalt wie die Eingangsspannung.

Die Frequenz des Oszillators ist einstellbar. Mit ihr wird der Sender ausgewählt.

> Man wählt die Oszillatorfrequenz meist so, daß sie um den Betrag der Zwischenfrequenz höher liegt als die Eingangsfrequenz.

Wenn die Oszillatorfrequenz also um 460 kHz höher ist als die Eingangsfrequenz, so wird am Ausgang der Mischstufe eine modulierte Schwingung mit der Frequenz 460 kHz liegen (Bild 11.7). Der nachfolgende Festfrequenzverstärker kann für die Festfrequenz von 460 kHz gebaut werden.

Allgemein gilt:

$$f_Z = f_O - f_E$$

f_Z Zwischenfrequenz
f_O Oszillatorfrequenz
f_E Eingangsfrequenz

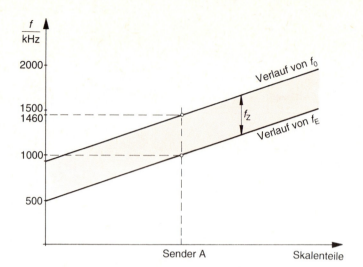

Bild 11.7
Oszillatorfrequenz f_O, Eingangsfrequenz f_E und Zwischenfrequenz f_Z in Abhängigkeit vom eingestellten Skalenpunkt

Der auf die Mischstufe folgende Festfrequenzverstärker wird Zwischenfrequenzverstärker genannt. Dies ist meist ein mehrstufiger Verstärker mit einer großen Gesamtverstärkung. Um eine große Trennschärfe zu erreichen, erhöht man die *Selektivität* durch mehrere fest abgestimmte Filter.

Abstimmbar zur Sendereinstellung sind üblicherweise nur zwei Schwingkreise. Ein Schwingkreis ist im HF-Verstärker enthalten, der andere in der Oszillatorschaltung. Durch nur einen Schwingkreis ist die Selektivität des HF-Verstärkers nicht sehr groß. Es kommen also noch andere Eingangsfrequenzen auf die Mischstufe als die gewünschte. Diese anderen Eingangsfrequenzen bilden mit der Oszillatorfrequenz ebenfalls Summen- und Differenzfrequenzen. Da diese Summen- und Differenzfrequenzen aber normalerweise etwas von der Zwischenfrequenz entfernt sind, werden sie im ZF-Verstärker ausgesiebt.

> Im Bereich der verwendeten Zwischenfrequenzen dürfen keine Sender liegen. Empfangsspannungen solcher Sender würden im ZF-Verstärker verstärkt werden und unabhängig von der Einstellung der Senderskala immer hörbar sein.

Übliche Zwischenfrequenzen liegen bei Empfängern für LW, MW und KW im Bereich von 450 kHz bis 470 kHz. Für UKW hat man sich auf eine einzige Zwischenfrequenz geeinigt. Diese beträgt 10,7 MHz.

Aufgabe
Ein UKW-Empfänger mit einer Zwischenfrequenz von 10,7 MHz soll einen Sender mit der Frequenz 96,10 MHz empfangen. Wie groß ist die erforderliche Oszillatorfrequenz?

$$f_Z = f_O - f_E$$
$$f_O = f_Z + f_E = 10,7 \text{ MHz} + 96,10 \text{ MHz}$$
$$f_O = 106,8 \text{ MHz}$$

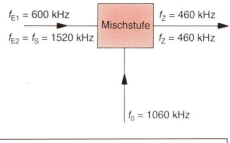

Bild 11.8
Erläuterung
zum Spiegelfrequenzempfang

Das Überlagerungsprinzip wird allgemein angewendet. Fast alle Rundfunkempfänger arbeiten nach diesem Prinzip. Das Überlagerungsprinzip wird auch in der Fernsehtechnik verwendet.

> Das Überlagerungsprinzip erlaubt die Herstellung vom Empfangsgeräten mit hoher Trennschärfe und Empfindlichkeit.

Überlagerungsempfänger haben aber auch einen wichtigen Nachteil. Sie können *Spiegelfrequenzen* empfangen.

Der Spiegelfrequenzempfang soll an einem Beispiel erläutert werden. Der Empfänger möge auf eine Eingangsfrequenz von $f_{E1} = 600$ kHz eingestellt sein. Bei $f_Z = 460$ kHz ist die Oszillatorfrequenz dann auf 1060 kHz eingestellt (Bild 11.8). Auf den Eingang der Mischstufe gelangt nun eine Empfangsspannung von 1520 kHz. Die Differenz zwischen 1520 kHz und der Oszillatorfrequenz von 1060 kHz ergibt ebenfalls eine Frequenz von 460 kHz. Diese erscheint am Ausgang der Mischstufe und wird im ZF-Verstärker verstärkt.

Dieser Sender mit $f_{E2} = 1520$ kHz ist also bei der Skaleneinstellung auf 600 kHz zu hören – genauso, als wäre er ein Sender mit einer Eingangsfrequenz von 600 kHz. Sendet bei 600 kHz ein anderer Sender, so sind beide Sender gleichzeitig zu hören. Es ergeben sich *Spiegelfrequenzstörungen*.

Spiegelfrequenzen liegen um den Betrag von f_Z höher als die Oszillatorfrequenz.

$$f_S = f_O + f_Z$$

> $$f_Z = f_S - f_O$$

Da die Oszillatorfrequenz aber bereits um den Betrag von f_Z höher liegt als die Eingangsfrequenz, gilt:

$$f_S = f_E + f_Z + f_Z$$

> $$f_S = f_E + 2 \cdot f_Z$$

f_E Eingangsfrequenz
f_O Oszillatorfrequenz
f_Z Zwischenfrequenz
f_S Spiegelfrequenz

Der Name «Spiegelfrequenz» wird durch Bild 11.9 erläutert. Die Spiegelfrequenzen liegen stets um den gleichen Betrag oberhalb der Oszillatorfrequenz, um den die Eingangsfrequenz unterhalb der Oszillatorfrequenz liegt. Spiegelt man die untere Gerade an der mittleren Geraden, so erhält man die rote Gerade.

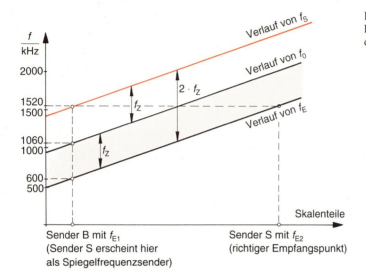

Bild 11.9
Erläuterung des Verlaufs der Spiegelfrequenz

Die Spiegelfrequenz liegt stets um den doppelten Betrag der Zwischenfrequenz höher als die Eingangsfrequenz.

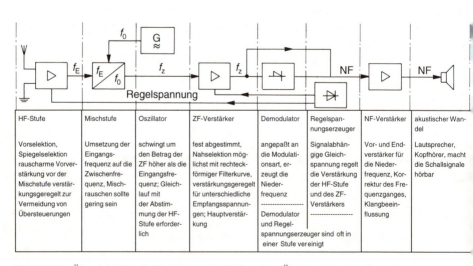

Bild 11.10 Übersicht über die Funktionen der Stufen eines Überlagerungsempfängers

Aufgabe
Ein Rundfunkempfänger ist 88 MHz eingestellt (UKW-Bereich). Auf welcher Frequenz müßte ein Sender arbeiten, der als Spiegelfrequenzsender stören könnte?

$$f_Z = 10{,}7 \text{ MHz}$$
$$f_S = f_E + 2 \cdot f_Z$$
$$f_S = 88 \text{ MHz} + 2 \cdot 10{,}7 \text{ MHz}$$
$$f_S = 109{,}4 \text{ MHz}$$

Liegt die Spiegelfrequenz nicht genau um den Betrag der Zwischenfrequenz höher, so ergeben sich *Pfeifstörungen*.
Eine höhere *Spiegelfrequenzsicherheit* des Empfängers erhält man durch Wahl einer höheren Zwischenfrequenz oder durch zweimalige Überlagerung, *Doppelsuper*.
Bild 11.10 gibt zusammenfassend nochmals einen Überblick über die Funktionen und Aufgaben der Stufen eines Überlagerungsempfängers.

11.3 Stereo-Rundfunk und Verkehrsfunk

11.3.1 Anforderungen an ein Stereo-Rundfunksystem

Für die stereophone Wiedergabe von Tonereignissen sind zwei voneinander unabhängige Signale erforderlich.

> Bei stereophonem Rundfunkempfang müssen zwei Signale übertragen werden.

Bei Vorversuchen hat man zwei Rundfunksender eingesetzt, von denen einer den linken Kanal und der andere den rechten Kanal übertragen hat. Ein solches Verfahren bringt erhebliche Nachteile für den Besitzer eines Mono-Rundfunkempfangsgerätes, also eines normalen einkanaligen Empfängers. Er muß sich in diesem Fall entscheiden, ob er den linken oder den rechten Kanal hören möchte. Das wäre ein unmöglicher Zustand. Daher wurde die Forderung aufgestellt:

> Das Stereo-Rundfunksystem muß kompatibel sein.

Kompatibel heißt «verträglich», d.h., das vom Sender ausgestrahlte Stereosignal muß im Mono-Empfänger als Monosignal zu empfangen sein.
Aus wirtschaftlichen Gründen wurde weiter gefordert:

> Die Kanalbreite eines Senders bei Stereoübertragungen darf nicht größer werden.

Für UKW-Rundfunksender bedeutet dies, daß der höchstzulässige Hub bei der Frequenzmodulation von 75 kHz nicht überschritten werden darf.

11.3.2 Stereo-Multiplex-Verfahren

Die vorstehend beschriebenen Anforderungen können nur bei Sendern verwirklicht werden, die im UKW-Bereich arbeiten.

Der Sender erhält die Kanäle L und R (L = linker Kanal, R = rechter Kanal). Um die Forderung nach Kompatibilität zu erfüllen, wird aus den Signalen L und R ein Summensignal L + R gebildet. Dieses Signal muß von Mono-Empfängern ohne Schwierigkeit verarbeitet werden können.

Zusätzlich wird ein sogenanntes Differenzsignal L − R übertragen. Aus beiden Signalen können dann im Stereo-Empfänger die Signale L und R wiedergewonnen werden.

> Beim Stereo-Multiplex-Verfahren werden die Signale L + R und L − R übertragen.

Die Wiedergewinnung von L- und R-Signal erfolgt im Stereo-Empfänger durch Summen- und Differenzbildung:

$$\begin{array}{c} L + R \\ + L - R \\ \hline 2L \end{array} \qquad \begin{array}{c} L + R \\ - (L - R) \\ \hline 2R \end{array} \qquad \left[\begin{array}{c} L + R \\ - L + R \\ \hline 2R \end{array} \right]$$

Für die Übertragung des Signals L − R ist ein Hilfsträger erforderlich. Verwendet wird ein Hilfsträger von 38 kHz. Diesem wird das Signal L − R durch *Amplitudenmodulation* aufmoduliert. Dabei wird die eigentliche Trägerfrequenz unterdrückt (AM mit unterdrücktem Träger), so daß nur die beiden Seitenbänder übrigbleiben.

Das Frequenzschema des Stereo-Multiplex-Signals, auch SM-Signal genannt, zeigt Bild 11.11. Das Summensignal L + R wird von 30 Hz bis 15 kHz übertragen. Für L − R ergeben sich zwei modulierte Seitenbänder, $(L - R)_U$ und $(L - R)_0$. Diese Seitenbänder lassen sich nur demodulieren, wenn die Trägerfrequenz wieder zugefügt wird.

Zur Wiederherstellung der Trägerfrequenz wird ein sogenannter Pilotton von 19 kHz übertragen. Dieser ergibt bei Verdopplung der Frequenz und entsprechender Verstärkung das Trägerfrequenzsignal von 38 kHz. Gleichzeitig dient der Pilotton zur Kennzeichnung einer Stereo-Übertragung (Stereokennung).

> Das Stereo-Multiplex-Signal hat eine Bandbreite von 30 Hz bis 53 kHz.

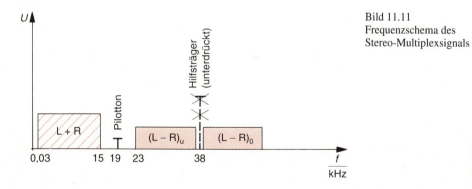

Bild 11.11
Frequenzschema des Stereo-Multiplexsignals

Als Niederfrequenz (NF) bzw. Tonfrequenz ist also ein Signal von 30 Hz bis 53 kHz vorhanden. Mit diesem Signal wird die HF-Schwingung des UKW-Stereosenders von z. B. 90 MHz Frequenz moduliert.

> Ein Mono-Empfänger verarbeitet nur das Signal L + R.

Der Mono-Empfänger hat keine technische Einrichtung zur Verarbeitung der (L − R)-Seitenbänder.

Stereo-Coder

Den grundsätzlichen Aufbau eines Stereo-Coders zeigt Bild 11.12. Die Signale L und R werden verstärkt. Dann erfolgt die Bildung des Signals L + R durch Summierung der Spannungen U_L und U_R. Zur Erzeugung des Differenzsignals wird R um 180° gedreht. Man erhält (−R). Dann erfolgt eine Summierung von L und (−R). Der AM-Modulator arbeitet so, daß die Trägerfrequenz unterdrückt wird. Es ist ein sogenannter Ringmodulator. Das (L + R)-Signal muß zeitlich etwas verzögert werden (Phasen- und Laufzeitkorrektur). In der letzten Summierstufe werden (L + R), die beiden geträgerten Seitenbänder $(L − R)_u$ und $(L − R)_o$ und der Pilotton zusammengefaßt. Das SM-Signal ist damit fertig.

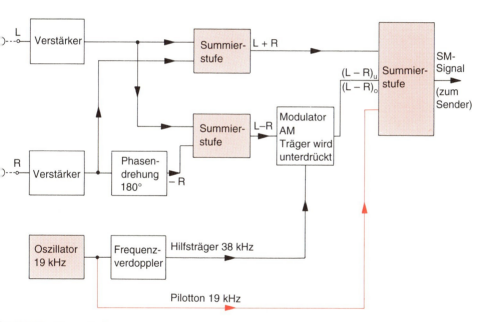

Bild 11.12 Stereo-Coder

Stereo-Decoder

Ein Stereo-Rundfunkempfänger benötigt einen Stereo-Decoder. Die Einheit des Stereo-Decoders ist nach dem FM-Demodulator angeordnet (Bild 11.13). Die FM-Demodulation wird wie bekannt (siehe Kapitel 4) durchgeführt.

> Am Ausgang des FM-Demodulators liegt als NF-Signal das Stereo-Multiplex-Signal.

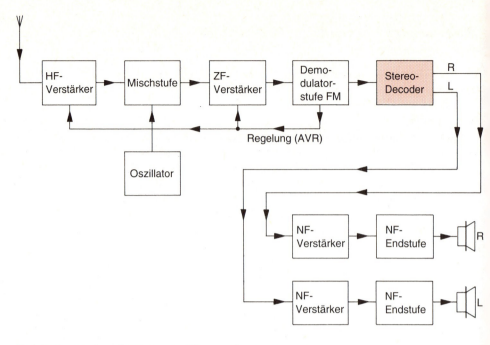

Bild 11.13 Blockschaltbild eines UKW-Stereo-Rundfunkempfängers

Das SM-Signal wird im Stereo-Decoder so verarbeitet, daß am Ausgang des Stereo-Decoders die Signale L und R vorhanden sind.

Der Stereo-Matrix-Decoder (Bild 11.14) filtert zunächst das Signal L + R, die beiden geträgerten Seitenbänder $(L - R)_u$ und $(L - R)_0$ und den Pilotton aus. Das L + R-Signal läuft unverändert zur Matrix. Aus dem Pilotton wird durch Frequenzverdopplung und Verstärkung der 48-kHz-Hilfsträger wiedergewonnen. Den geträgerten Seitenbändern $(L - R)_u$ und $(L - R)_0$ wird der Hilfsträger wieder zugeführt und das Gesamtsignal demoduliert. Man erhält L − R ungeträgert.

Aus den Signalen L + R und L − R werden in der Matrixschaltung durch Summen- und Differenzbildung die Signale L und R gewonnen. Für jedes dieser Signale ist ein eigener NF-Verstärker mit Endstufe erforderlich (siehe Bild 11.13).

Der Pilotton dient weiterhin zur Stereo-Anzeige. Ist der Pilotton vorhanden, so heißt das, daß der Sender eine Stereosendung überträgt. Zur Stereo-Anzeige verwendet man meist einen kleinen Verstärker, an dessen Ausgang eine Leuchtdiode liegt.

Der in Bild 11.14 dargestellte Decoder heißt Matrix-Decoder. Es sind außer dem Matrix-Decoder noch andere Schaltungen üblich. Häufig eingesetzt wird ein sogenannter Schalter-Decoder. In modernen Stereo-Rundfunkempfängern wird als Stereo-Decoder meist eine integrierte Schaltung verwendet.

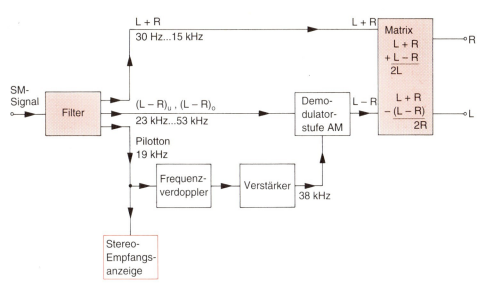

Bild 11.14   Stereo-Matrix-Decoder

11.4   Verkehrsfunk-System

Für Autofahrer ist der Empfang von Verkehrslagemeldungen von großer Bedeutung. Die Rundfunkanstalten übertragen diese Meldungen über bestimmte Sender, die oft zur 3. Programmkette gehören. Diese Sender sind sogenannte *Verkehrsfunksender*.
Nach Verlassen des heimatlichen Sendebereiches fällt es den Autofahrern oft schwer, den «richtigen» Verkehrsfunksender einzustellen.

> Im Verkehrsfunksystem haben die Verkehrsfunksender eine Senderkennung und eine Bereichskennung.

Viele Autofahrer wollen kein Programm hören oder sie lauschen gerade der Wiedergabe eines Kassetten-Tonbandgerätes. Sie möchten aber trotzdem die Verkehrslagemeldungen nicht versäumen. Das ist möglich. Man kann Verkehrsdurchsagen automatisch einschalten lassen.

> Verkehrsfunksender haben eine Durchsagekennung.

Wird die Durchsagekennung empfangen, so schaltet der auf Stummbetrieb arbeitende Auto-Rundfunkempfänger auf Normalbetrieb um, so daß die Verkehrslagemeldung gehört wird. Ein gleichzeitig betriebenes Kassetten-Tonbandgerät wird automatisch stumm-geschaltet.
Die Verkehrsfunksender sind immer UKW-Sender, meist sind sie auch Stereo-UKW-Sender.

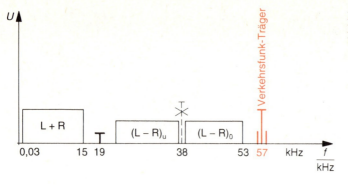

Bild 11.15
Frequenzschema eines
Verkehrsfunksenders

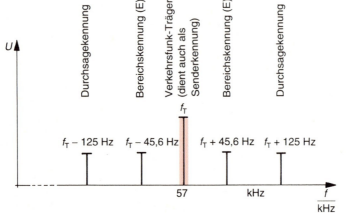

Bild 11.16 Frequenzschema des 57-kHz-Trägers mit Seitenfrequenzen eines Verkehrsfunksenders des Bereiches E

> Das SM-Signal eines Verkehrsfunksenders enthält einen zusätzlichen 57-kHz-Träger.

Das Frequenzschema zeigt Bild 11.15. Der 57-kHz-Träger wird dauernd gesendet und dient somit zunächst einmal der Senderkennung. Bei Autoradios mit Verkehrsfunk-Decoder leuchtet eine Leuchtdiode auf, wenn ein Verkehrsfunksender eingestellt ist. Autoradios mit Sendersuchlauf können so eingestellt werden, daß die Abstimmung nur bei Verkehrsfunksendern stehenbleibt.
Der 57-kHz-Träger kann mit bestimmten Frequenzen amplitudenmoduliert werden.

> Für die Durchsagekennung verwendet man 125 Hz.

Die Modulation des 57-kHz-Trägers mit 125 Hz erfolgt nur, wenn eine Verkehrsdurchsage gemacht wird. Mit diesem 125-Hz-Signal kann also der bei einem Autoradio eingeschaltete Stummbetrieb wieder aufgehoben und ein laufendes Tonbandgerät stumm-geschaltet werden.
Die Fläche der Bundesrepublik Deutschland wurde in 6 Bereiche aufgeteilt. Diese Bereiche sind mit A, B, C, D, E, F gekennzeichnet.

Bereich	Bereichs-kennfrequenz	Gebiet	Rundfunkanstalt
A	23,75 Hz	Nordbaden, Nordwürttemberg	Süddeutscher Rundfunk
B	28,27 Hz	Saarland, Niedersachsen außer nördliche Landesteile	Saarländischer Rundfunk, Norddeutscher Rundfunk
C	34,93 Hz	Bayern	Bayerischer Rundfunk
D	39,58 Hz	Rheinland-Pfalz, Berlin, Hamburg, Schleswig-Holst., Nord-Niedersachsen	Südwestfunk, Sender freies Berlin, Norddeutscher Rundfunk
E	45,67 Hz	Südbaden, Süd-Württemberg, Hohenzollern	Südwestfunk
F	53,98 Hz	Hessen, Bremen	Hessischer Rundfunk, Radio Bremen

Der 57-kHz-Träger eines Verkehrsfunksenders ist dauernd mit der Bereichs-Kennfrequenz amplitudenmoduliert.

Autoradios, deren Verkehrsfunk-Decoder die Bereichskennung verarbeiten kann, können so eingestellt werden, daß sie nur Verkehrsfunksender des gewünschten Bereichs empfangen. Bild 11.16 zeigt das Frequenzschema des 57-kHz-Trägers mit Seitenfrequenz eines Verkehrsfunksenders des Bereiches E. Der 57-kHz-Träger und die aufmodulierte 45,67-Hz-Frequenz werden dauernd übertragen. Die 125 Hz werden dem Träger nur so lange aufmoduliert, wie eine Verkehrsdurchsage erfolgt.

11.5 Lernziel-Test

1. Nennen Sie die Ton-Rundfunk-Wellenbereiche.
2. Welche ungefähren Frequenzbereiche gehören zu den Ton-Rundfunk-Wellenbereichen?
3. Wie ist ein Geradeaus-Empfänger im Prinzip aufgebaut? Geben Sie ein Übersichtsschaltbild (Blockschaltbild) an.
4. Erklären Sie die Arbeitsweise des Überlagerungsverfahrens, auch Superhet-Verfahren genannt.
5. Welche Vorteile bietet das Überlagerungsverfahren?
6. Wie funktioniert eine Frequenzmischung?
7. Was ist eine Spiegelfrequenz? Wie entstehen Spiegelfrequenz-Störungen?
8. Ein Überlagerungsempfänger ist auf einen Mittelwellensender eingestellt, der bei 560 kHz arbeitet. Die Zwischenfrequenz ist 460 kHz. Mit welcher Frequenz muß der Oszillator des Empfängers schwingen? Warum kann der Empfang durch einen Sender gestört werden, der auf der Frequenz von 1480 kHz arbeitet?
9. Zeichnen Sie das Übersichts-Schaltbild eines Überlagerungs-Empfängers.
10. Welche Anforderungen werden an ein Stereo-Rundfunk-System gestellt?
11. Erläutern Sie das Stereo-Multiplex-Verfahren und skizzieren das Frequenzschema.
12. Wodurch unterscheidet sich ein Verkehrsfunk-Sender von einem üblichen UKW-Sender?
13. Was versteht man beim Verkehrsfunk-System unter Senderkennung, Durchsagekennung und Bereichskennung?
14. Erklären Sie den Begriff Kompatibilität.
15. Geben Sie das Übersichtsschaltbild (Blockschaltbild) eines Stereo-Matrix-Decoders an.

12 Fernsehtechnik

12.1 Fernsehtechnik SW – senderseitig

12.1.1 Bildübertragung

Vom Sender zum Empfänger können elektrische Spannungen und Leistungen und ihre zeitlichen Änderungen übertragen werden. Ebenfalls ist die Übertragung von Frequenzen und Phasenlagen möglich. Bilder können als ganze Bilder nicht übertragen werden.

> Jedes zu übertragende Bild muß in einzelne Bildpunkte zerlegt werden.

Beim Schwarzweiß-Bild ist jeder Bildpunkt durch eine bestimmte Helligkeit gekennzeichnet. Diese Helligkeit wird in eine entsprechende Spannung umgeformt.

> Die der Helligkeit entsprechende Spannungen der einzelnen Bildpunkte werden zeitlich nacheinander gesendet und empfangen.

Das zu übertragende Bild wird von einer Fernsehkamera aufgenommen. Durch das Objektiv der Kamera fällt das «Licht»-Bild auf eine Empfangsplatte. Auf diese ist eine Fotohalbleiterschicht aufgebracht, die aus vielen sehr kleinen voneinander isolierten Flächen besteht. Jede dieser kleinen Flächen stellt praktisch einen Bildpunkt dar. Jede Fläche hat zusammen mit einer hinter der Fotohalbleiterschicht isoliert angebrachten Gegenelektrode eine bestimmte Kapazität. Bei Lichteinfall laden sich die kleinen Kapazitäten je nach Helligkeit unterschiedlich stark auf.

> In der Fernsehkamera wird das «Licht»-Bild in ein «Ladungs»-Bild umgewandelt.

Bei einigen Typen von Bildaufnahmebauteilen erfolgt die Speicherung des Ladungsbildes auf einer besonderen Speicherplatte.

> Das Ladungsbild wird von einem Elektronenstrahl zeilenweise abgetastet.

Es ergibt sich ein Stromkreis nach Bild 12.1. Die unterschiedlichen Ladungen der einzelnen Bildpunkte haben einen unterschiedlich großen Strom zur Folge. Am Widerstand R fällt eine Spannung ab, die der Helligkeit der einzelnen Bildpunkte proportional ist.

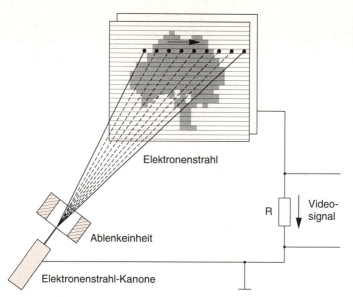

Bild 12.1
Bildabtastung in der Fernsehkamera

Für die Steuerung des Elektronenstrahles ist eine besondere Ablenkschaltung erforderlich. Die der Helligkeit der Bildpunkte entsprechenden Spannungswerte können nun einer Hochfrequenzschwingung aufmoduliert und gesendet werden.

> Am Empfangsort muß das Bild aus den Helligkeitswerten der einzelnen Bildpunkte wieder zusammengesetzt werden.

Das Bild wird vom Elektronenstrahl der Bildröhre zeilenweise gezeichnet (Bild 12.2). Es entsteht nur dann ein richtiges Bild, wenn der Elektronenstrahl der Fernsehkamera und der Elektronenstrahl der Bildröhre zeitlich genau gleichlaufen. Wenn also die Kamera z. B. den 120. Bildpunkt der 306. Zeile abgetastet hat und dieser Helligkeitswert gesendet wird, muß der Elektronenstrahl in der Bildröhre den 120. Bildpunkt der 306. Zeile zeichnen.

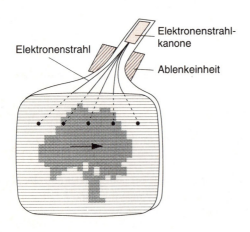

Bild 12.2
Entstehung eines Bildes auf dem Schirm einer Fernsehbildröhre

266

> Der Elektronenstrahl der Fernsehkamera und der Elektronenstrahl der Bildröhre des Fernsehempfängers müssen synchron laufen.

Das Synchronlaufen der Elektronenstrahlen ist nur zu erreichen, wenn sogenannte Synchronisierungsimpulse vom Fernsehsender mitgesendet werden.

12.1.2 Fernsehnormen

CCIR-Norm
Die Bildübertragung durch ein Fernsehsystem kann auf sehr unterschiedliche Weise erfolgen. Man kann ein Bild in eine beliebige Anzahl von Zeilen zerlegen. Je mehr Zeilen man wählt, desto größer wird die sogenannte Bildauflösung. Die Einzelheiten eines Bildes werden bei größerer Bildauflösung besser erkennbar. Das Bild wird schärfer (Bild 12.3). Mit größer werdender Zeilenzahl steigt aber der technische Aufwand stark an.
In der bei uns verwendeten Fernsehnorm, der sogenannten CCIR-Norm, ist die Zeilenzahl auf 625 Zeilen festgelegt.
Die Darstellung ungestörter Bewegungsabläufe erfordert die Vorführung von etwa 24 Einzelbildern pro Sekunde, wie in der Kinotechnik üblich. Im Fernsehen werden 25 Einzelbilder pro Sekunde übertragen, genauer gesagt, 50 Halbbilder pro Sekunde. Ein Halbbild besteht aus 312,5 Zeilen. Das erste Halbbild besteht aus allen Zeilen mit ungerade Nummer – also aus den Zeilen 1, 3, 5, 7 bis 625. Das zweite Halbbild besteht aus allen Zeilen mit gerader Nummer (2, 4, 6, 8 bis 624). Dieses Verfahren wird *Zeilensprungverfahren* genannt. Man täuscht dem Auge die Übertragung von 50 Bildern pro Sekunde vor und erreicht eine gute Flimmerfreiheit.
Bei einem Seitenverhältnis des Fernsehbildes von 4:3 und 625 Zeilen ergeben sich in einer Zeile $625 \cdot 4/3 = 833$ Bildpunkte. Die höchste Frequenz des Bildsignals ergibt sich dann, wenn schwarze und weiße Bildpunkte wie in Bild 12.4 aufeinanderfolgen. Dies ist die größtmögliche Bildauflösung.
Pro Bild werden $833 \cdot 625 = 520\,625$ Bildpunkte übertragen. Bei 25 Bildern pro Sekunde bedeutet das $520\,625 \cdot 25 \approx 13\,000\,000$ Bildpunkte pro Sekunde. Bild 12.4 zeigt, daß zwei Bildpunkte eine Spannungsperiode bilden. Für die höchstmögliche Frequenz f_{max} des Bildsignals gilt also:

$$f_{max} = \frac{833 \cdot 625 \cdot 25}{2} \approx 6,5 \text{ MHz}$$

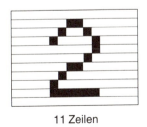  

11 Zeilen   20 Zeilen   40 Zeilen

Bild 12.3 Bilder verschiedener Zeilenzahl

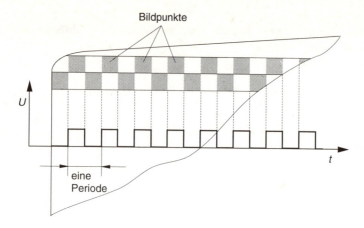

Bild 12.4
Spannungsverlauf bei größtmöglicher Bildauflösung

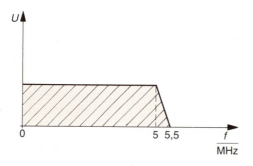

Bild 12.5
Frequenzband des Bildsignals

Bildstrukturen nach Bild 12.4 gibt es fast nie. Man kann daher in der Praxis mit einer geringeren Bildauflösung auskommen. Als höchste übertragbare Bildsignalfrequenz wurden 5,5 MHz festgelegt (Bild 12.5). Die niedrigste zu übertragende Bildsignalfrequenz liegt bei 0 Hz. Bei dieser Frequenz ist der Bildschirm weiß oder schwarz oder hat einen gleichmäßigen Grauwert, je nach der Größe der Gleichspannung. Das Frequenzband des Bildsignals wird nach Bild 12.5 ungeschwächt von 0 Hz bis 5,0 MHz übertragen. Von 5,0 bis 5,5 MHz wird die Amplitude abgesenkt.

| Normwerte: | 625 Zeilen, 50 Halbbilder pro Sekunde; Frequenzband des Bildsignals 0 bis 5,5 MHz. |

Das Bildsignal muß nun vom Sender zum Empfänger übertragen werden. Es stellt die sogenannte «Niederfrequenz» dar, die einem Hochfrequenzträger aufmoduliert werden muß. Man verwendet das Verfahren der Amplitudenmodulation. Bei üblicher Amplitudenmodulation ergeben sich die in Bild 12.6 dargestellten Seitenbänder. Die für einen Sender erforderliche Kanalbreite müßte größer als 12 MHz sein. Das wäre sehr unwirtschaftlich. Eine Amplitudenmodulation nach dem Einseitenbandverfahren erfordert unwahrscheinlich steile Filter, denn das untere Seitenband muß so ausgefiltert werden, daß der Träger noch übertragen wird. Verwendet wird ein etwas verändertes Einseitenbandverfahren, bei dem ein Teil des unteren Seitenbandes mit übertragen wird, das sogenannte *Restseitenband-Verfahren*. Gesendet wird der in Bild 12.6 schraffierte Frequenzbereich.

Bild 12.6
Restseitenband-Verfahren

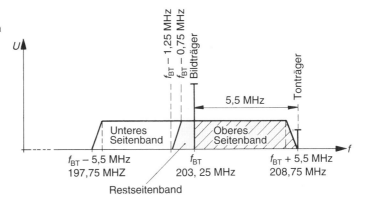

Bild 12.7
Negative Amplitudenmodulation

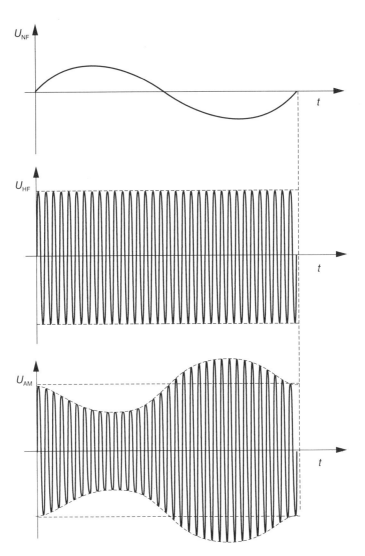

Störspannungsimpulse erhöhen fast immer die Amplitude eines Signals. Sie würden sich b⟨ei⟩ üblicher AM als helle Störsterne auf dem Bildschirm zeigen. Man verwendet daher *negativ⟨e⟩ Amplitudenmodulation* (Bild 12.7). Große Helligkeitswerte werden mit kleinen Spannunge⟨n⟩ übertragen, kleine Helligkeitswerte mit großen Spannungen. Störimpulse erscheinen som⟨it⟩ als schwarze Punkte auf dem Bildschirm und stören weitaus weniger.

Das Tonsignal wird über einen besonderen Sender übertragen, dessen Trägerfrequenz u⟨m⟩ 5,5 MHz höher liegt als die Bildsignal-Trägerfrequenz (Bild 12.6). Man verwendet Fre⟨-⟩ quenzmodulation mit einem höchstzulässigen Hub von ± 50 kHz.

In der CCIR-Norm ist also folgendes festgelegt:

> Bildträgermodulation: AM negativ, Restseitenbandverfahren
> Tonträgermodulation: FM mit max. Hub von ± 50 kHz
> Abstand Bildträger−Tonträger: 5,5 MHz

Um den Gleichlauf zwischen dem Elektronenstrahl der Kamera und dem Elektronenstrah⟨l⟩ der Bildröhre zu erreichen, werden sogenannte Synchronisierimpulse mit übertragen. Ma⟨n⟩ unterscheidet *Zeilensynchronisierimpulse* und *Bildsynchronisierimpulse*. Art, Dauer un⟨d⟩ Lage der Synchronisierimpulse sind ebenfalls genormt (siehe Abschnitt 12.1.3).

Ein Fernsehempfänger arbeitet nach dem Überlagerungsprinzip, das aus der Rundfunktech⟨-⟩ nik bekannt ist. Die erforderliche Bildträger-Zwischenfrequenz und die Tonträger-Zwi⟨-⟩ schenfrequenz sind wie folgt festgelegt:

> Bildträger-Zwischenfrequenz: 38,9 MHz   Tonträger-Zwischenfrequenz: 33,4 MHz

Die Fernsehbereiche und die Fernsehkanäle der CCIR-Norm zeigt Bild 12.8. In den VHF⟨-⟩ Bereichen (I und III) hat jeder Fernsehkanal eine Breite von 7 MHz. In den UHF-Bereiche⟨n⟩ (IV und V) beträgt die Kanalbreite 8 MHz.

Fernseh-Bereich	Kanal Nr.	Frequenzbereich in MHz	Bildträgerfrequenz in MHz	Tonträgerfrequenz in MHz	Kanalbreite in MHz
F I VHF	2	47 … 54	48,25	53,75	7
	3	54 … 61	55,25	60,75	7
	4	61 … 68	62,25	67,75	7
F III VHF	5	174 … 181	175,25	180,75	7
	6	181 … 188	182,25	187,75	7
	7	188 … 195	189,25	194,75	7
	8	195 … 202	196,25	201,75	7
	9	202 … 209	203,25	208,75	7
	10	209 … 216	210,25	215,75	7
	11	216 … 223	217,25	222,75	7
	12	223 … 230	224,25	229,75	7
F IV UHF	21	470 … 478	471,25	476,75	8
	22	478 … 486	479,25	484,75	8
	23	486 … 494	487,25	492,75	8
	24	494 … 502	495,25	500,75	8
	25	502 … 510	503,25	508,75	8
	26	510 … 518	511,25	516,75	8
	27	518 … 526	519,25	524,75	8
	28	526 … 534	527,25	532,75	8
	29	534 … 542	535,25	540,75	8
	30	542 … 550	543,25	548,75	8
	31	550 … 558	551,25	556,75	8
	32	558 … 566	559,25	564,75	8
	33	566 … 574	567,25	572,75	8
	34	574 … 582	575,25	580,75	8
	35	582 … 590	583,25	588,75	8
	36	590 … 598	591,25	596,75	8
	37	598 … 606	599,25	604,75	8
F V UHF	38	606 … 614	607,25	612,75	8
	39	614 … 622	615,25	620,75	8
	40	622 … 630	623,25	628,75	8
	41	630 … 638	631,25	636,25	8
	42	638 … 646	639,25	644,75	8
	43	646 … 654	647,25	652,75	8
	44	654 … 662	655,25	660,75	8
	45	662 … 670	663,25	668,75	8
	46	670 … 678	671,25	676,75	8
	47	678 … 686	679,25	684,75	8
	48	686 … 594	687,25	692,75	8
	49	694 … 702	695,25	700,75	8
	50	702 … 710	703,25	708,75	8
	51	710 … 718	711,25	716,75	8
	52	718 … 726	719,25	724,75	8
	53	726 … 734	727,25	732,75	8
F V UHF	54	734 … 742	735,25	740,75	8
	55	742 … 750	743,25	748,75	8
	56	750 … 758	751,25	756,75	8
	57	758 … 766	759,25	764,75	8
	58	766 … 774	767,25	772,75	8
	59	774 … 782	775,25	780,75	8
	60	782 … 790	783,25	788,75	8

Bild 12.8 Fernsehbereiche und Fernsehkanäle der CCIR-Norm

Fernsehnormen anderer Länder

Viele Länder haben für ihre Bereiche eigene Fernsehnormen geschaffen. Oft gibt es, durch die technische Entwicklung bedingt, in einem Land sogar zwei verschiedene Fernsehnormen. In Frankreich z. B. gibt es eine 819-Zeilen-Norm und eine 625-Zeilen-Norm. Bild 12.9 zeigt die wichtigsten Festlegungen ausländischer Fernsehnormen. Die CCIR-Norm ist zum Vergleich mit aufgeführt.

Bezeichnung der Norm	Zeilen-zahl	Modula-tionsart Bildträger	Modula-tionsart Tonträger	Abstand Bildträger – Tonträger MHz	Bildträger ZF MHz	Tonträger ZF MHz	Kanal-breite MHz
CCIR (VHF)	625	AM neg.	FM	5,5	38,9	33,4	7
CCIR (UHF)	625	AM neg.	FM	5,5	38,9	33,4	8
Frankreich (VHF)	819	AM pos.	AM	– 11,15	28,05	39,2	14
Frankreich (UHF)	625	AM pos.	AM	– 6,50	32,7	39,2	8
England (405 Z)	405	AM pos.	AM	– 3,5	34,64	38,15	5
England (625 Z)	625	AM neg.	AM	6,0	39,15	33,50	8
Belgien (625 Z-VHF)	625	AM pos.	AM	5,5	38,9	33,3	7
Belgien (819 Z-VHF)	819	AM pos.	AM	5,5	38,9	33,4	7
Ostnorm OIRT	625	AM neg.	FM	6,5	34,25	27,75	8
USA FCC	525	AM neg.	FM	4,5	45,75	41,25	6

Bild 12.9 Fernsehnormen

12.1.3 BAS-Signal

Über das Bildsignal wurde bereits gesprochen. Dieses Signal heißt auch B-Signal. Wenn der Elektronenstrahl in der Bildröhre eine Zeile fertiggeschrieben hat, wird er schnell auf den Anfang der nächsten Zeile zurückgesteuert. Während des sogenannten Rücklaufes muß der Strahl dunkel-gesteuert werden. Eine Dunkelsteuerung ist auch erforderlich, wenn nach Bildende der Elektronenstrahl an den Bildanfang zurückläuft. Zur Dunkelsteuerung verwendet man ein sogenanntes Austastsignal (A-Signal). Um die Synchronisation zu erreichen, ist ein Synchronsignal (S-Signal) erforderlich.

> Das BAS-Signal besteht aus dem Bildsignal, dem Austastsignal und dem Synchronsignal.

Bild 12.10 zeigt den Spannungsverlauf des BAS-Signals für eine Zeile. Auf dem Fernsehschirm werden 8 Balken verschiedener Helligkeit dargestellt.

> Für weiße Bildpunkte gilt ein Spannungspegel von 10% der BAS-Signalamplitude (Weißpegel). Für schwarze Bildpunkte gilt ein Spannungspegel von 74% der BAS-Signalamplitude (Schwarzpegel).

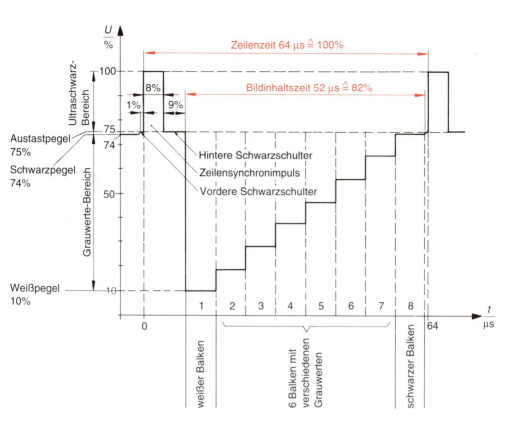

Bild 12.10   Spannungsverlauf des BAS-Signals für eine Zeile (8 Balken fallender Helligkeit)

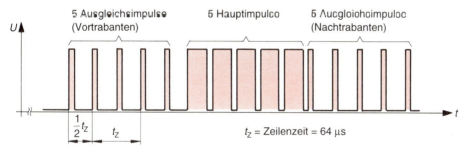

Bild 12.11   Bildwechsel-Impulsreihe

Balken 1 nach Bild 12.10 ist weiß, Balken 2 hellgrau, Balken 3 etwas dunkler grau usw. Balken 8 ist schwarz. Das Austastsignal erzeugt die vordere und die hintere Schwarzschulter, deren Pegel bei 75% liegt. Der Zeilen-Synchronisierimpuls hat 100% Pegel. Er liegt im Ultraschwarzbereich.

Für die Synchronisation des Bildwechsels wird eine längere Impulsreihe verwendet (Bild 12.11). Zunächst kommen die 5 Ausgleichsimpulse, auch «Vortrabanten» genannt. Der

273

eigentliche Bild-Synchronisierimpuls ist in 5 Impulse unterteilt. Damit wird sichergestellt, daß die Zeilensynchronisation während des Bildwechsels erhalten bleibt. Die nachfolgenden 4 Ausgleichsimpulse, die sogenannten «Nachtrabanten», haben ebenfalls wie die Vortrabanten den Abstand einer halben Zeilenzeit. Auch dies dient der Zeilensynchronisation.

> Der Übergang vom 1. Halbbild zum 2. Halbbild im Zeilensprungverfahren wird durch Versetzen der Bildwechselimpulse erreicht.

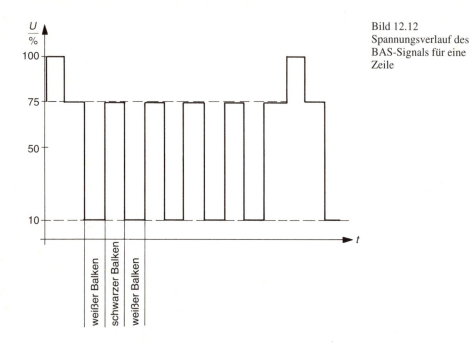

Bild 12.12
Spannungsverlauf des BAS-Signals für eine Zeile

Aufgabe
Skizzieren Sie den Spannungsverlauf des BAS-Signals für eine Zeile, wenn das Schirmbild 10 Balken hat und mit einem weißen Balken beginnt. Danach folgen abwechselnd schwarze und weiße Balken aufeinander. Die Lösung zeigt Bild 12.12.
Mit dem BAS-Signal wird der HF-Träger des Senders amplitudenmoduliert. Welchen zeitlichen Verlauf hat die der Sendeantenne zugeführte Spannung, wenn das BAS-Signal die in Bild 12.10 dargestellt Form hat? Das BAS-Signal des Bildes 12.10 stellt die sogenannte Hüllkurve dar. Die Trägerfrequenz des Fernsehbildsenders ändert ihre Amplitude entsprechend dieser Hüllkurve (Bild 12.13).
Die Fernsehkamera arbeitet mit einer Kontrolleinheit zusammen. In dieser werden die Synchronisierimpulse und das Austastsignal erzeugt. An die Kontrolleinheit können mehrere Kameras angeschlossen werden.
In der Kamera selbst können die Signale für die zeilenweise Ablenkung des Elektronenstrahls und für den Bildwechsel erzeugt werden. Am Ausgang der Kamera erscheint ein Summensignal aus Bild- und Austastsignal. Nach Verstärkung wird das Synchronsignal dazuaddiert. Damit ist das BAS-Signal fertig (Bild 12.14).

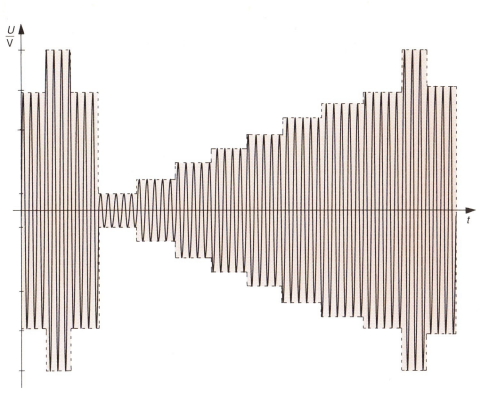

Bild 12.13 Verlauf der der Sendeantenne zugeführten Spannung (Bildausgangssignal)

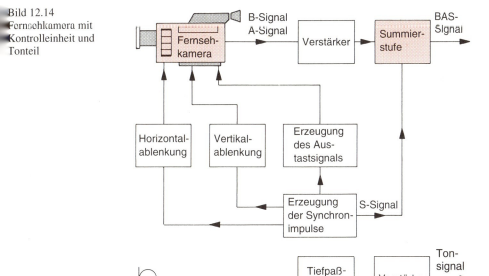

Bild 12.14
Fernsehkamera mit
Kontrolleinheit und
Tonteil

Das Tonsignal wird wie üblich über Mikrofone aufgenommen. Meist verwendet man ein Tiefpaßfilter, das alle Frequenzen unter 80 Hz abschneidet. Dadurch werden Brummeinstreuungen vernichtet. Fernsehgeräte sind für die Wiedergabe tiefer Bässe ohnehin nicht geeignet.

12.1.4 Fernsehsender

Bild 12.15 zeigt das Blockschaltbild eines Fernsehbildsenders. Mit dem verstärkten BAS-Signal wird der vom Oszillator I erzeugte Träger amplitudenmoduliert. Danach wird im Restseitenbandfilter das untere Seitenband gemäß Bild 12.6 beschnitten. Das jetzt entstandene Signal könnte gesendet werden.

Man läßt den Oszillator I aber mit einer verhältnismäßig niedrigen Frequenz schwingen, z. B. mit 20 MHz. Bei dieser Frequenz kann das untere Seitenband leichter beschnitten werden. Oszillator II erzeugt eine höhere Frequenz, z. B. 579,25 MHz. Wird diese Frequenz mit der 20-MHz-Frequenz gemischt, so entsteht eine Summenfrequenz von 599,25 MHz. Dies ist die Bildträgerfrequenz des Kanals 37. Sie enthält die gleiche Modulation wie die 20-MHz-Schwingung, also die Modulation des BAS-Signals. Nach weiterer Verstärkung über Treiberstufe und Endstufe wird das Bildausgangssignal (HF-Bildsignal) der Sendeantenne zugeführt.

Mit dem Tonsignal wird ein Sender gesteuert, der wie ein UKW-Sender aufgebaut ist (siehe Kapitel 11). Das frequenzmodulierte Tonausgangssignal (HF-Tonsignal) kann über eine eigene Antenne oder auch über die gleiche Antenne wie das Bildausgangssignal (HF-Bildsignal) abgestrahlt werden.

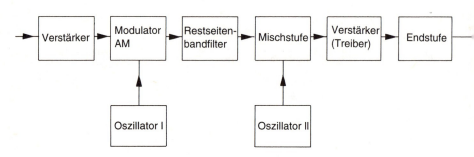

Bild 12.15 Blockschaltbild eines Fernseh-Bildsenders

12.2 Fernsehtechnik SW – empfängerseitig

12.2.1 Wiedergewinnung des BAS-Signals

HF-Bildsignal und HF-Tonsignal werden von der Antenne empfangen und über die Antennenbuchse des Fernsehempfängers dem Tuner zugeleitet (Bild 12.16). Der Tuner enthält eine schwach selektive HF-Verstärkerstufe, eine Misch- und Oszillatorstufe für UHF sowie eine Mischstufe und eine Oszillatorstufe für VHF.

HF-Bildsignal und HF-Tonsignal werden mit der gleichen Oszillatorfrequenz gemischt.

Da der Träger des HF-Tonsignals um 5,5 MHz über dem Träger des HF-Bildsignals liegt, ergibt sich ein ZF-Tonsignal, das um 5,5 MHz unter dem ZF-Bildsignal liegt.

Beispiel

Kanal 37	Träger HF-Bildsignal:	599,25 MHz	$= f_{BT}$
	Träger HF- Tonsignal:	604,75 MHz	$= f_{TT}$
	Oszillatorfrequenz:	638,15 MHz	$= f_0$

Träger ZF-Bildsignal: $f_{ZB} = f_0 - f_{BT} = 638{,}15\ \text{MHz} - 599{,}25\ \text{MHz} = 38{,}9\ \text{MHz}$
Träger ZF-Tonsignal: $f_{ZT} = f_0 - f_{TT} = 638{,}15\ \text{MHz} - 604{,}75\ \text{MHz} = 33{,}4\ \text{MHz}$

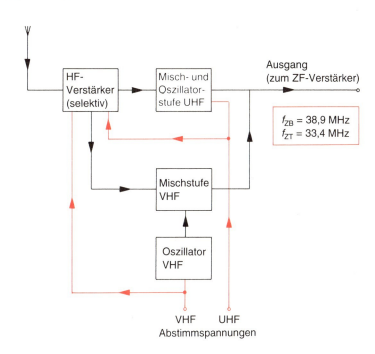

Bild 12.16
Blockschaltbild eines Fernsehgeräte-Tuners

Am Ausgang des Tuners liegen das ZF-Bildsignal und das ZF-Tonsignal.
Die Abstimmung des Tuners erfolgt durch eine besondere Abstimmstufe.

Die Abstimmstufe liefert eine Abstimmgleichspannung, mit deren Hilfe HF-Verstärker und Oszillator auf den gewünschten Kanal abgestimmt werden.

Für die Abstimmung werden oft Schaltungen mit Kapazitätsdioden verwendet.

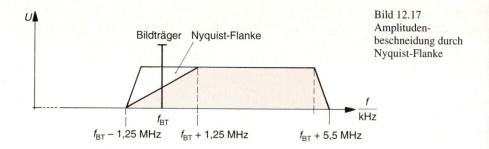

Bild 12.17 Amplitudenbeschneidung durch Nyquist-Flanke

Wird ein nach dem Restseitenband-Verfahren moduliertes Signal wieder demoduliert, so ergeben sich für die Bildsignalfrequenzen bis 1,25 MHz (siehe Bild 12.17) höhere Amplituden, da diese Frequenzen in beiden Seitenbändern enthalten sind.

Die Amplitudenbeschneidung erfolgt entsprechend der sogenannten *Nyquist-Flanke*.

Die erforderliche Amplitudenbeschneidung wird im ZF-Verstärker durchgeführt. Der ZF-Verstärker muß eine bestimmte Durchlaßkurve haben (Bild 12.18). Die Durchlaßkurve kann innerhalb eines bestimmten Toleranzbereiches schwanken.

ZF-Bildsignal und ZF-Tonsignal werden in demselben ZF-Verstärker verstärkt.

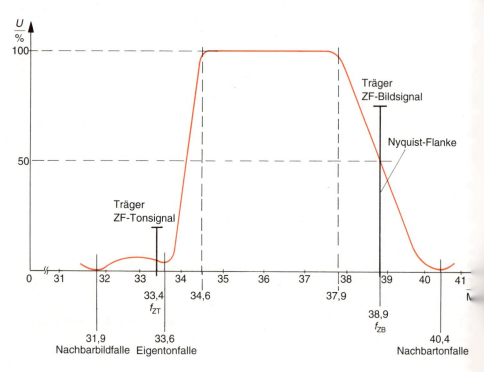

Bild 12.18 Durchlaßkurve eines ZF-Verstärkers nach CCIR-Norm

Das ZF-Tonsignal wird durch den besonderen Verlauf der Durchlaßkurve abgeschwächt. Bei Schwingkreisfiltern ist ein besonders dafür zuständiger Schwingkreis vorhanden, die sogenannte «Eigentonfalle». Für das ZF-Tonsignal und das ZF-Bildsignal von Fernsehsendern der beiden benachbarten Kanäle sind eine «Nachbartonfalle» und eine «Nachbarbildfalle» vorhanden (Bild 12.18).
Die Abschwächung des ZF-Tonsignals ist erforderlich, um Tonstörungen im Bildsignal zu vermeiden.
Auf den ZF-Verstärker folgt der Video-Demodulator, auch Bilddemodulator genannt (Bild 12.19). Hier erfolgt die Amplitudendemodulation des ZF-Bildsignals.

> Am Ausgang des Video-Demodulators ist das BAS-Signal verfügbar.

Das BAS-Signal kann verstärkt der Bildröhre zugeführt werden. Die in ihm enthaltenen Austast- und Synchronisierungsimpulse stören nicht. Sie steuern die Bildröhre dunkel.

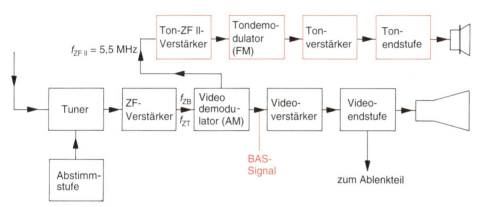

Bild 12.19 Blockschaltbild des Signalteils eines SW-Fernsehempfängers (Intercarrierverfahren)

12.2.2 Wiedergewinnung des Tonsignals

Dem Video-Demodulator wird neben dem ZF-Bildsignal auch das ZF-Tonsignal zugeführt. Da der Video-Demodulator durch die verwendete Demodulatordiode eine stark nichtlineare Kennlinie hat, arbeitet er außerdem als additive Mischstufe.

> Zwischen ZF-Bildsignal und ZF-Tonsignal erfolgt im Video-Demodulator eine additive Mischung.

Es entsteht eine Differenzfrequenz von 5,5 MHz. Diese enthält die Modulation von ZF-Bildsignal und ZF-Tonsignal.

> Das Signal mit der Frequenz von 5,5 MHz wird *II. ZF-Tonsignal* genannt.

Das II. ZF-Tonsignal wird verstärkt und in der Amplitude begrenzt. Die im Signal enthaltene Amplitudenmodulation soll vernichtet werden. Danach erfolgt in einem FM-Demodulator die Frequenzdemodulation des II. ZF-Tonsignals. Das Tonsignal wird dann in Verstärker und Endstufe verstärkt und dem Lautsprecher zugeführt (Bild 12.19).

12.2.3 Intercarrier- und Parallelton-Verfahren

Die Verstärkung von ZF-Bildsignal und ZF-Tonsignal im selben ZF-Verstärker mit anschließender additiver Mischung und Erzeugung eines II. ZF-Tonsignals wird *Intercarrier-Verfahren* oder *Zwischenträger-Verfahren* genannt. Der 33,4-MHz-Träger des ZF-Tonsignals tritt als sogenannter Zwischenträger auf.
Das Verfahren wurde entwickelt, um beim Fernsehempfänger mit möglichst geringem technischen Aufwand auszukommen.

> Das Intercarrier-Verfahren ist das heute allgemein gebräuchliche Verfahren.

Es funktioniert sehr gut. Nur wenn es nicht gelingt, die Amplitudenmodulation des II. ZF-Tonsignals genügend stark zu unterdrücken, tritt ein störender Brumm im Tonsignal auf. Dies ist der sogenannte *Intercarrier-Brumm*. Er tritt vor allem bei starken Schwarzweiß-Übergängen im Bild, z. B. bei Schrift auf.
Natürlich kann man das ZF-Tonsignal völlig unabhängig vom ZF-Bildsignal verarbeiten. Diese parallele Verarbeitung von Bild- und Tonsignal wird *Parallelton-Verfahren* genannt.

> Das Parallelton-Verfahren wird vor allem bei Mehrnormen-Fernsehgeräten verwendet.

Mehrnormen-Fernsehgeräte sind z. B. zum Empfang deutscher und französischer Fernsehsender geeignet. Sie können von der CCIR-Norm auf die französische Normen umgeschaltet werden.

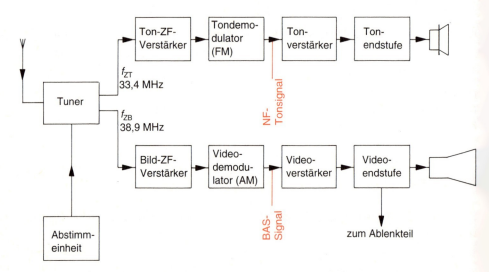

Bild 12.20 Blockschaltbild des Signalteils eines SW-Fernsehempfängers (Parallelton-Verfahren)

Das Parallelton-Verfahren ergibt ein störfreies Tonsignal. Es wird auch bei Fernsehgeräten verwendet, die ein HiFi-Tonteil haben. Das Blockschaltbild des Signalteils eines SW-Fernsehempfängers mit Parallelton-Verfahren zeigt Bild 12.20.

12.2.4 Wiedergewinnung des Synchronisiersignals

Die Synchronisierimpulse für die Zeilen- und Bildsynchronisation sind im BAS-Signal enthalten. Man könnte die Synchronisierimpulse unmittelbar nach dem Video-Demodulator abtrennen (Bild 12.20). Vorteilhafter ist es jedoch, die Synchronisierimpulse aus der verstärkten Spannung der Video-Endstufe zu entnehmen (Bild 12.21). Das BAS-Signal wird der Impulsabtrennstufe zugeführt.
Die Impulsabtrennstufe ist ein Verstärker nach dem C-Prinzip. Der Arbeitspunkt liegt im negativen Bereich (Bild 12.22). Der Verstärker öffnet erst bei Spannungen, die oberhalb des Schwarzpegels liegen. Nur die Synchronisierimpulse erscheinen verstärkt am Ausgang.

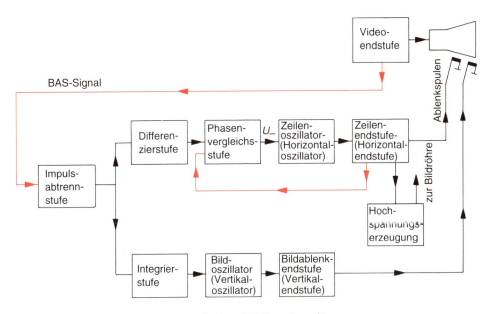

Bild 12.21   Blockschaltbild des Ablenkteils eines SW-Fernsehempfängers

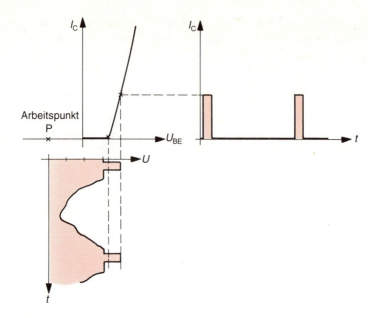

Bild 12.22
Arbeitsweise der Impulsabtrennstufe

12.2.5 Zeilensynchronisation

Das gesamte Synchronsignal, also die Zeilenwechselimpulse und die Bildwechselimpulse, durchlaufen ein Differenzierglied (Bild 12.23). Es entstehen Nadelimpulse.

Der sogenannte Zeilenoszillator, auch Horizontoszillator genannt, ist ein frei schwingender Sinusoszillator, dessen Frequenz durch eine Gleichspannung gesteuert werden kann. Oszillatoren dieser Art heißen *Reaktanzoszillatoren*.

Mit der Ausgangsspannung des Zeilenoszillators wird die Zeilenendstufe gesteuert, die die sägezahnförmigen Ablenkströme für die horizontale Ablenkung des Elektronenstrahls der Bildröhre erzeugt.

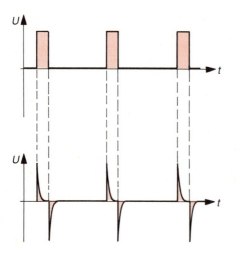

Bild 12.23
Differentiation der Synchronimpulse

Die Synchronisierung erfolgt über die *Phasenvergleichsstufe* (Bild 12.21). Der Phasenvergleichsstufe werden Impulse der Zeilenendstufe und die Nadelimpulse des differenzierten Synchronsignals zugeführt. Bei gleicher Frequenz und Phasenlage liegt am Ausgang der Phasenvergleichsstufe die Spannung 0 V. Schwingen Zeilenoszillator und Zeilenendstufe zu schnell, so liegt am Ausgang der Phasenvergleichsstufe eine positive Spannung. Mit dieser wird der Reaktanzoszillator langsamer gesteuert. Schwingen Zeilenoszillator und Zeilenendstufe zu langsam, liegt am Ausgang der Phasenvergleichsstufe eine negative Spannung. Durch diese wird der Reaktanzoszillator schneller gesteuert. (Je nach verwendeten Schaltungen können die Spannungsvorzeichen auch umgekehrt sein.) Dieses Verfahren nennt man eine indirekte Synchronisation.

> Zeilenoszillatoren werden indirekt synchronisiert.

12.2.6 Bildsynchronisation

Das gesamte Synchronisiersignal durchläuft eine Integrierstufe. Die schmalen Zeilenwechselimpulse verschwinden fast. Nur die 5 eigentlichen Bildwechselimpulse und die fünf Nachtrabanten ergeben einen Gesamt-Bildwechselimpuls (Bild 12.24).
Der Gesamt-Bildwechselimpuls löst das Kippen eines astabilen Multivibrators aus, der als Bildoszillator (Vertikaloszillator) arbeitet. Dadurch wird eine einwandfreie Synchronisation erreicht. Man nennt dieses Verfahren direkte Synchronisation.

> Bildoszillatoren werden direkt synchronisiert.

Der Bildoszillator steuert die Bildablenk-Endstufe, die auch Vertikal-Endstufe genannt wird. Die Vertikal-Endstufe erzeugt einen sägezahnförmigen Strom zur senkrechten Ablenkung des Elektronenstrahls.

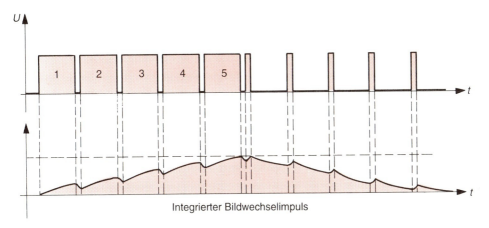

Bild 12.24 Integration der Synchronimpulse, Bildwechselimpuls

12.3 Fernsehtechnik Farbe – senderseitig

12.3.1 Forderungen an Farbfernsehsysteme

Nach Einführung des Schwarzweiß-Fernsehens begannen die Überlegungen, ein Farbfernsehen möglich zu machen. Von den zuständigen Behörden wurden den Entwicklern eines Farbfernsehsystems folgende Auflagen gemacht:

> 1. Ein Farbfernsehsystem muß kompatibel sein.
> 2. Die Bandbreite eines Fernsehkanals darf nicht größer sein als bisher.

Ein Farbfernsehsystem ist dann kompatibel, wenn ein üblicher SW-Fernsehempfänger beim Empfang eines HF-Farbfernsehsignals ein einwandfreies Schwarzweißbild wiedergibt. Die Übertragung einer zusätzlichen Information, der Farbe, erfordert normalerweise eine größere Bandbreite. Mit der bisherigen Bandbreite eines Kanals von 7 MHz bzw. 8 MHz kann man nur auskommen, wenn die volle Informationskapazität eines Kanals bisher noch nicht voll ausgenutzt worden ist, wenn also innerhalb eines Kanals noch Platz vorhanden ist.

12.3.2 Farbmischung

Licht ist eine elektromagnetische Strahlung. Die Wellenlängen des sichtbaren Lichtes liegen zwischen 380 nm und 780 nm (Bild 12.25).

> Jeder Farbton entspricht einer bestimmten Wellenlänge.

Es wäre technisch unmöglich, alle vorkommenden Farbtöne zu übertragen und auf einem Bildschirm wiederzugeben. Das ist allerdings auch gar nicht erforderlich.

> Alle wichtigen Farbtöne lassen sich aus drei Primärfarben ermischen.

Diese Primärfarben sind Rot ($\lambda = 700$ nm), Grün ($\lambda = 546,1$ nm und Blau ($\lambda = 435,8$ nm). Es genügt, Signale zu übertragen, die diesen drei Primärfarben entsprechen.

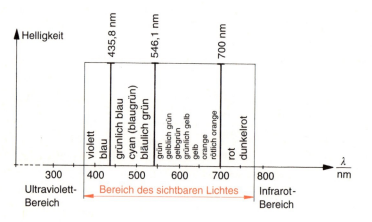

Bild 12.25
Spektrum des Lichtes

> Am Empfangsort müssen ein Rotsignal (R), ein Grünsignal (G) und ein Blausignal (B) verfügbar sein.

Auf dem Bildschirm einer Farbfernseh-Bildröhre wird jeder Bildpunkt durch eine rot-leuchtende, eine grün-leuchtende und eine blau-leuchtende Fläche dargestellt (Näheres siehe Abschnitt 12.5). Die Farbe des Bildpunktes ergibt sich durch additive Farbmischung.
Eine Farbfernsehkamera arbeitet meist mit drei Bildaufnahmeröhren. Das optisch aufgefangene Bild wird durch eine Filter-Spiegel-Kombination in einen *Rotauszug*, einen *Grünauszug* und einen *Blauauszug* zerlegt (Bild 12.26). Der Rotauszug enthält nur die roten Farbanteile des Bildes, der Grünauszug nur die grünen usw. Rotauszug, Grünauszug und Blauauszug werden je einer Bildaufnahmeröhre zugeführt. Man erhält die Signale U_R, R_G und U_B, die abgekürzt mit R, G, B bezeichnet werden.

> R   Rotsignal
> G   Grünsignal
> B   Blausignal

> Die Farbfernsehkamera erzeugt die Signale R, G, B.

Gäbe es nicht die in Abschnitt 12.3 genannten Forderungen, so könnte man die Signale R, G, B auf dem Hochfrequenzweg zum Empfänger übertragen und dort das Farbbild zusammensetzen.

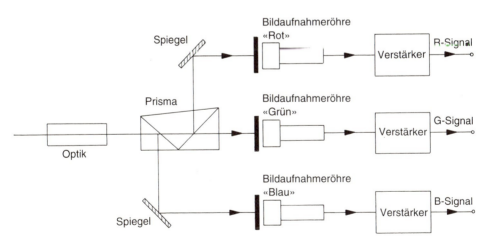

Bild 12.26   Entstehung der Signale R, G, B

12.3.3 Leuchtdichte-Signal (Y-Signal)

Um der Forderung nach Kompatibilität nachzukommen, benötigt man ein Leuchtdichte-Signal. Dieses wird auch Y-Signal oder Luminanzsignal genannt. Es entspricht einem Schwarzweißsignal und kann von üblichen SW-Fernsehempfängern verarbeitet werden. Versuche haben ergeben, daß eine Mischung von 30% Rotsignal, 59% Grünsignal und 11% Blausignal Grauwerte ergibt. Die Grauwerte werden um so heller, je höher die einzelnen Spannungen werden.

> Mit dem Y-Signal lassen sich also Weiß und alle grauen Zwischenwerte bis zu Schwarz erzeugen.

Die Gewinnung des Y-Signals zeigt Bild 12.27. Für das Y-Signal gilt die Gleichung:

$$Y = 0{,}3\,R + 0{,}59\,G + 0{,}11\,B$$

Schwarzweißstrukturen kann unser Auge besonders gut auflösen. Deshalb wird das Y-Signal mit der größtmöglichen Bandbreite von 5,5 MHz übertragen (Bild 12.28).

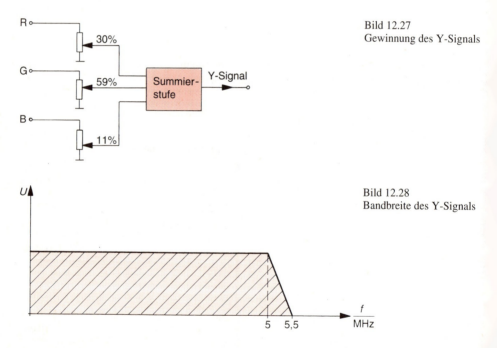

Bild 12.27
Gewinnung des Y-Signals

Bild 12.28
Bandbreite des Y-Signals

12.3.4 Farbdifferenz-Signal

Um Farbbilder am Empfangsort wiedergeben zu können, benötigt man die Signale R, G, B. Übertragen wird das Y-Signal, das einen R-Anteil, einen G-Anteil und einen B-Anteil enthält. Zusätzlich müssen noch zwei weitere Signale übertragen werden. Man hat sich für zwei sogenannte *Farbdifferenz-Signale* entschieden. Es sind dies die Signale R-Y und B-Y.

> Zusätzlich zum Y-Signal werden die Signale R-Y und B-Y übertragen.

Für diese Signale gelten die Gleichungen:

$$R - Y = 1\,R - (0{,}3\,R + 0{,}59\,G + 0{,}11\,B)$$
$$R - Y = 1\,R - 0{,}3\,R - 0{,}59\,G - 0{,}11\,B$$

$$\boxed{R - Y = 0{,}7\,R - 0{,}59\,G - 0{,}11\,B}$$

$$B - Y = 1\,B - (0{,}3\,R + 0{,}59\,G + 0{,}11\,B)$$
$$B - Y = 1\,B - 0{,}3\,R - 0{,}59\,G - 0{,}11\,B$$

$$\boxed{B - Y = -0{,}3\,R - 0{,}59\,G + 0{,}89\,B}$$

Das (R-Y)-Signal enthält also 70% Anteil des Rotsignals, 59% Anteil des um 180° in der Phase gedrehten Grünsignals und 11% Anteil des um 180° in der Phase gedrehten Blausignals. für das (B-Y)-Signal gilt Entsprechendes.
Mathematisch gesehen bilden die drei Gleichungen für Y, R-Y und B-Y ein Gleichungssystem mit den drei Unbekannten R, G, B. Die drei Unbekannten können aus den drei Gleichungen gefunden werden, wenn die Werte für Y, R-Y und B-Y bekannt sind. Die Wiedergewinnung ist auch elektronisch möglich.

> Aus den Signalen Y, R-Y und B-Y können am Empfangsort die Signale R, G, B wiedergewonnen werden.

12.3.5 Farbhilfsträger-Verfahren

Das große Problem ist nun, die Signale R-Y und B-Y vom Sender zum Empfänger zu übertragen, ohne daß eine größere Bandbreite als die durch den Fernsehkanal gegebene erforderlich wird. Durch das Y-Signal (Bild 12.28) scheint der Bandbreitenraum bereits voll ausgenutzt zu sein. Eine genauere Überprüfung der Frequenzen des Y-Signals führte jedoch zu einem überraschenden Ergebnis:

> Das Y-Signal besteht aus Frequenzen, die ganze Vielfache der Zeilenfrequenz sind. Diese Frequenzen haben noch einige sogenannte Seitenfrequenzen (Bild 12.29).

Zwischen den sogenannten Spektrallinien des Y-Signals ist also noch Platz. Moduliert man einen Hilfsträger durch Amplitudenmodulation z. B. mit dem (R-Y)-Signal so ergeben sich Seitenfrequenzen, die ebenfalls überwiegend ganze Vielfache der Zeilenfrequenz sind (Bild 12.30). Man könnte also das Signal des modulierten Hilfsträgers *zwischenschachteln* oder *verkämmen*. Dies geht um so leichter, wenn man das Farbdifferenzsignal nur mit einer geringeren Bandbreite überträgt.

Da unser Auge Farbstrukturen nur sehr viel schlechter auflösen kann als Schwarzweiß-Strukturen, genügt für die Farbdifferenz-Signale eine Bandbreite von 1,2 bis 1,5 MHz.

Bild 12.31 zeigt das Frequenzspektrum des Y-Signals mit dem zwischengeschachtelten Signal eines mit R-Y modulierten Hilfsträgers. Die Frequenz des Hilfsträgers muß sehr sorgfältig gewählt werden, damit die Spektrallinien des Hilfsträger-Signals auch richtig in die Lücke fallen (Frequenzverkämmung).

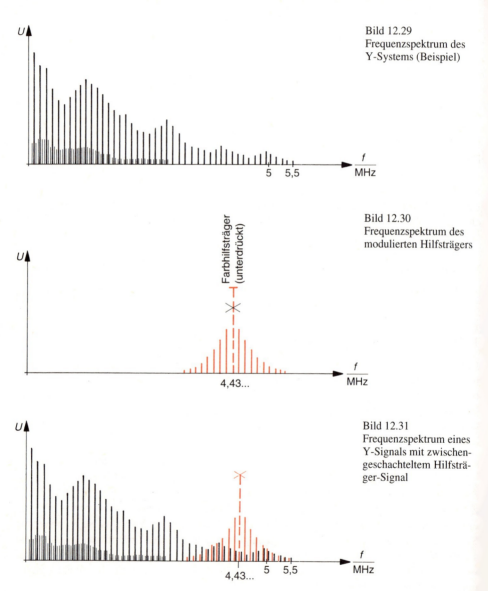

Bild 12.29
Frequenzspektrum des
Y-Systems (Beispiel)

Bild 12.30
Frequenzspektrum des
modulierten Hilfsträgers

Bild 12.31
Frequenzspektrum eines
Y-Signals mit zwischen-
geschachteltem Hilfsträ-
ger-Signal

12.3.6 Farbfernseh-Systeme

Wie wir gesehen haben, ist es also ohne größere Schwierigkeiten möglich, *ein* Farbdifferenz-Signal – z. B. (R-Y) – zu übertragen. Was macht man nun mit dem zweiten Farbdifferenz-Signal? Diese Frage lösen die einzelnen Farbfernseh-Systeme unterschiedlich.

12.3.6.1 NTSC-System

Das NTSC-System ist das amerikanische Farbfernseh-System (NTSC = National Television System Committee). (R-Y)-Signal und (B-Y)-Signal werden *gleichzeitig* dem Farbhilfsträger aufmoduliert. Das ist möglich durch sogenannten *Quadratur-Modulation*, auch *Doppel-Amplitudenmodulation* genannt.

> Die Quadratur-Modulation erlaubt die gleichzeitige Übertragung von (R-Y)- und (B-Y)-Signal.

Ein Oszillator erzeugt die Farbhilfsträgerschwingung von ca. 4,43 MHz (Bild 12.32). Diese Schwingung wird in einer Phasendrehstufe aufgeteilt in zwei Schwingungen, die zueinander 90° Phasenverschiebung haben. Es sind dies die Schwingungen $U_{T\sin}$ und $U_{T\cos}$.
Die Schwingungen $U_{T\sin}$ und $U_{T\cos}$ sind Trägerschwingungen. Die Trägerschwingung $U_{T\cos}$ wird mit dem (R-Y)-Signal amplitudenmoduliert, die Trägerschwingung $U_{T\sin}$ mit dem (B-Y)-Signal. Die Amplitudenmodulationen erfolgen mit Trägerunterdrückung. Die geträgerten Signale $(R-Y)_g$ und $(B-Y)_g$ werden in einer Summierstufe vereinigt. Sie bilden das Farbartsignal (ohne Burst). Zur späteren phasenrichtigen Wiedergewinnung des Farbhilfsträgers werden einige Trägerschwingungen in der Austastlücke zwischen zwei Zeilen, auf der sogenannten hinteren Schwarzschulter, übertragen. Dieses Signal ist der *Burst*. Es gehört zum Farbartsignal.

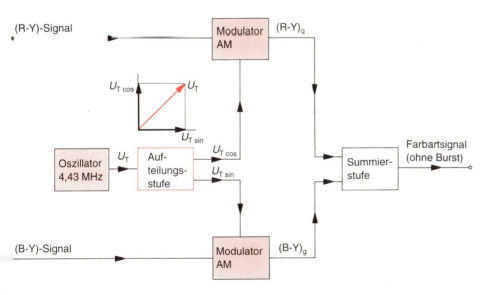

Bild 12.32   Quadratur-Modulation NTSC-System

> Das Farbartsignal wird mit dem Y-Signal verschachtelt.

Die Spektrallinien des Farbartsignals liegen zwischen den Spektrallinien des Y-Signals gemäß Bild 12.31. Nach Hinzufügen des Austast- und Synchronsignals ist das NTSC-Signal fertig. Mit dem NTSC-Signal wird die Trägerfrequenz des Fernsehsenders moduliert.

12.3.6.2 PAL-System

Das PAL-System ist eine Weiterentwicklung des NTSC-Systems. Die Bezeichnung PAL bedeutet: Phase alternation line = Phasenumkehr von Zeile zu Zeile. Das PAL-System wird in der Bundesrepublik Deutschland und in den meisten west- und nordeuropäischen Ländern verwendet. Den wichtigen Unterschied zum NTSC-System zeigt Bild 12.33.

Die Trägerschwingung U_{Tcos} wird bei jeder zweiten Zeile um 180° in der Phase gedreht. Diese Umschaltung erlaubt im PAL-Farbfernsehempfänger eine Korrektur von Phasenfehlern. Phasenfehler würden sich sonst als Farbverfälschungen auswirken.

> Beim PAL-System werden Farbverfälschungen, die auf dem Übertragungsweg entstanden sind, selbsttätig korrigiert.

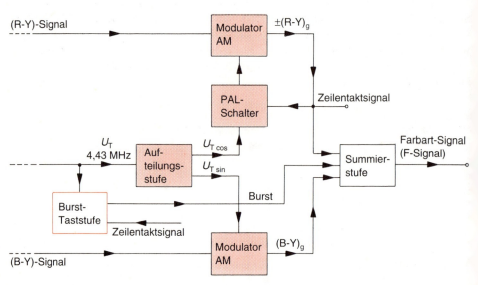

Bild 12.33
Quadratur-Modulation PAL-System, $(R-Y)g = (R-Y)$ geträgert, $(B-Y)g = (B-Y)$ geträgert

12.3.6.3 SECAM-System

Das SECAM-System wurde in Frankreich entwickelt. Die Bezeichnung SECAM bedeutet «séquentielle à mémoire» = «zeitlich nacheinander mit Speicherung».

Beim SECAM-System wird der Farbhilfsträger frequenzmoduliert.

Bei Frequenzmodulation können nicht gleichzeitig das (R-Y)-Signal und das (B-Y)-Signal aufmoduliert werden. Man überträgt die Signale daher zeitlich nacheinander.

Während einer Zeile wird das (R-Y)-Signal, während der nächsten Zeile das (B-Y)-Signal übertragen, dann wieder das (R-Y)-Signal usw.

Zur Wiedergewinnung der Signale R, G, B benötigt man jedoch außer dem Y-Signal *beide* Farbdifferenz-Signale. Man speichert daher die übertragenen Farbdifferenz-Signale für die Dauer einer Zeilenzeit.
Das übertragene (B-Y)-Signal wird zusammen mit dem eine Zeile vorher übertragenen (R-Y)-Signal für die Wiedergewinnung der Signale R, G, B verwendet. Wenn das Signal (R-Y) gesendet wird, nimmt man das eine Zeile vorher gesendete (B-Y)-Signal dazu. Das kann man machen, weil sich die Information von einer Zeile zur nächsten nicht stark unterscheidet.

12.3.7 FBAS-Signal

Beim Schwarzweiß-Fernsehen wird das BAS-Signal übertragen. Beim Farbfernsehen kommt das Farbartsignal, das sogenannte F-Signal, hinzu. Das Gesamtsignal heißt FBAS-Signal.

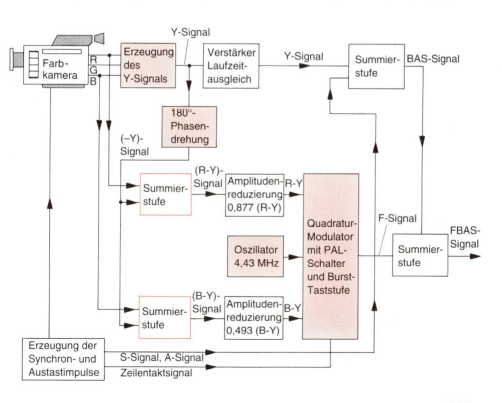

> Beim Farbfernsehsender wird die Trägerschwingung mit dem FBAS-Signal amplitudenmoduliert.

Die Entstehung des FBAS-Signals nach dem PAL-Farbfernsehsystem zeigt Bild 12.34.

12.4 Fernsehtechnik Farbe – empfängerseitig

12.4.1 Wiedergewinnung des FBAS-Signals

Das HF-Fernsehsignal wird wie beim SW-Fernsehen im Tuner verarbeitet und in das ZF-Bildsignal und das ZF-Tonsignal umgesetzt. Die weitere selektive Verstärkung erfolgt im ZF-Verstärker. Auch beim Farbfernseh-Empfänger ist das Intercarrier-Verfahren üblich, d. h., ZF-Bildsignal und ZF-Tonsignal werden im gleichen ZF-Verstärker verstärkt.
Die Gewinnung des II. ZF-Tonsignals und die Video-Demodulation erfolgen jedoch in zwei getrennten Stufen. In der Ton-Mischstufe erfolgt die additive Mischung von ZF-Bildsignal (38,9 MHz) und ZF-Tonsignal (33,4 MHz), aus der sich das II. ZF-Tonsignal von 5,5 MHz Trägerfrequenz ergibt (Bild 12.35). Im Video-Demodulator wird das ZF-Bildsignal amplitudendemoduliert, nachdem vorher Reste des I. und II. ZF-Tonsignals sorgfältig ausgesiebt worden sind. Würden noch Reste des II. ZF-Tonsignals (5,5 MHz) in die Video-Demodulatorstufe gelangen, ergäbe sich eine additive Mischung zwischen diesem 5,5-MHz-Signal und dem Farbhilfsträger von ca. 4,43 MHz. Die entstehende Differenzfrequenz von 1,07 MHz würde stark stören.

> Am Ausgang des Video-Demodulators liegt das FBAS-Signal.

12.4.2 Verarbeitung des BAS-Signals

Nach der Video-Demodulatorstufe wird das FBAS-Signal in das F-Signal und in das BAS-Signal aufgespalten. Die Aufspaltung erfolgt durch Filterung.
Das BAS-Signal durchläuft eine Verzögerungsleitung, die eine Laufzeitverzögerung von 0,8 µs erzeugt. Dies ist erforderlich, um die unterschiedlichen Laufzeiten von BAS-Signal und Farbdifferenzsignalen auszugleichen. Danach wird das BAS-Signal im Video-Verstärker verstärkt.
Das verstärkte BAS-Signal wird der Impulsabtrennstufe zugeführt (Bild 12.35). Hier werden die Synchronimpulse abgetrennt und wie beim SW-Fernsehempfänger weiterverarbeitet.
Das im BAS-Signal enthaltene Leuchtdichte-Signal, auch Y-Signal genannt, wird zur Wiedergewinnung der Signale R, G, B benötigt.

12.4.3 Verarbeitung des F-Signals (PAL)

Das F-Signal oder Farbartsignal wird im Farbart-Verstärker verstärkt. Dieser Verstärker ist ein geregelter Verstärker.

> Der Verstärkungsfaktor des Farbart-Verstärkers beeinflußt die Farbsättigung.

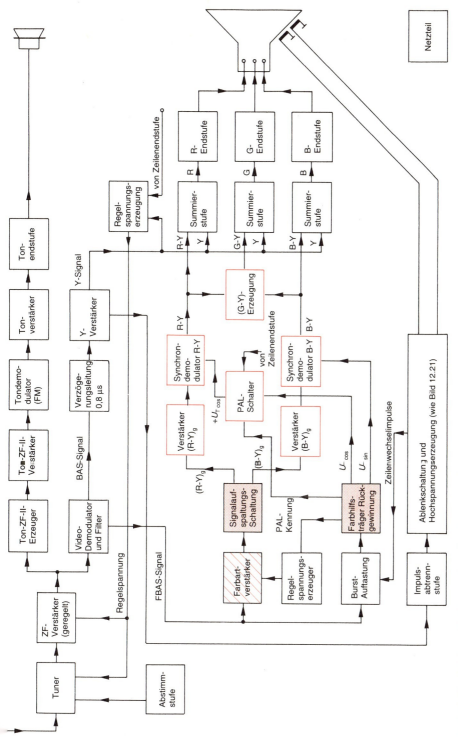

Bild 12.35 Blockschaltbild eines PAL-Farbfernsehempfängers

Unter Farbsättigung versteht man die Intensität der Farbe. «Knallige» Farben sind stark gesättigt, Pastellfarben sind schwach gesättigt. Der Benutzer kann die Farbsättigung in einem gewissen Bereich selbst einstellen.

> Das Farbartsignal enthält in Quadratur-Modulation die beiden Signale $(R-Y)_g$ und $(B-Y)_g$.

Diese Signale müssen wiedergewonnen werden. Hierzu verwendet man eine Signalaufspaltungsschaltung nach Bild 12.36 mit einer Laufzeitverzögerungseinheit von 64 µs (Verzögerung um die Zeitdauer einer Zeile).
Der F-Signal-Inhalt jeder Zeile besteht aus den Anteilen $(B-Y)_g$ und $(R-Y)_g$. Der Index g gibt an, daß es sich um geträgerte Signale handelt. Beim PAL-System wird der Anteil $(R-Y)_g$ in jeder zweiten Zeile um 180° in der Phase gedreht übertragen, er muß also als $\overline{(R-Y)_g}$ bezeichnet werden.

> Zeilen mit gedrehtem $(R-Y)_g$-Anteil heißen PAL-Zeilen.
> Zeilen mit nicht gedrehtem $(R-Y)_g$-Anteil heißen NTSC-Zeilen.

Betrachten wir Bild 12.36. Es soll gerade das Signal der 2. Zeile $(B-Y)_g - (R-Y)_g$ übertragen werden, also das Signal einer PAL-Zeile. Dieses Signal liegt am Eingang der Summierstufe I. Am Ausgang der Verzögerungseinheit liegt das Signal, das eine Zeile vorher übertragen wurde, also das Signal der 1. Zeile $(B-Y)_g + (R-Y)_g$. Auch dieses Signal wird auf die Summierstufe I gegeben.

$$\frac{\begin{array}{c}(B-Y)_g - (R-Y)_g \\ (B-Y)_g - (R-Y)_g\end{array}}{2\,(B-Y)_g}$$

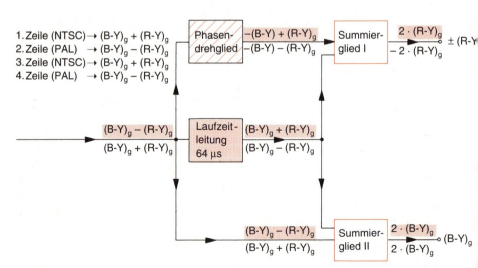

Bild 12.36   Signalaufspaltungsschaltung (PAL)

Am Ausgang der Summierstufe I liegt das Signal 2 (B-Y)$_g$, also das Signal (B-Y)$_g$ mit doppelter Amplitude.
Im unteren Zweig der Signalaufspaltungsschaltung liegt ein Phasendrehglied für 180° Phasendrehung. Das Signal der 2. Zeile (B-Y)$_g$ − (R-Y)$_g$ hat also nach dem Phasendrehglied die Form − (B-Y)$_g$ + (R-Y)$_g$ und wird so auf die Summierstufe II gegeben. Mit dem Signal der 1. Zeile ergibt sich:

$$\begin{array}{c} (B+Y)_g - (R-Y)_g \\ (B+Y)_g - (R-Y)_g \\ \hline 2\,(B-Y)_g \end{array}$$

Am Ausgang der Summierstufe II liegt also das Signal (R-Y)$_g$ mit doppelter Amplitude.
Verfolgt man nun die Verarbeitung der Signale der 3. und 4. Zeile, so stellt man folgendes fest:

> Am Ausgang der Summierstufe I liegt immer das Signal 2 (B-Y).
> Am Ausgang der Summierstufe II liegt immer das Signal 2 (R-Y)$_g$. Sein Vorzeichen wechselt jedoch von Zeile zu Zeile.

Die Aufspaltung des F-Signals in die Signale ± (R-Y)$_g$ und (B-Y)$_g$ ist also erfolgt.

12.4.4 Demodulation der geträgerten Farbdifferenz-Signale (PAL)

Die geträgerten Farbdifferenz-Signale ± (R-Y)$_g$ und (B-Y)$_g$ werden zunächst einmal verstärkt (Bild 12.37). Da diese Signale mit unterdrücktem Träger amplitudenmoduliert sind, muß der Träger bei der Demodulation phasenrichtig dazugegeben werden.
Für die Wiederherstellung des Farbhilfsträgers verwendet man einen in Frequenz und Phase steuerbaren Oszillator (Bild 12.37). Das Burst-Signal dient als Vergleichsschwingung. Es besteht aus 8 bis 10 Schwingungen des im Sender verwendeten Farbhilfsträgers. Diese werden auf der hinteren Schwarzschulter des FBAS-Signals, also unmittelbar nach jedem Zeilenwechselimpuls, übertragen.

> Die Burstschwingungen werden durch getastete Verstärkung vom FBAS-Signal abgetrennt.

Sie werden verstärkt und einer Phasenvergleichsstufe (Bild 12.37) zugeführt. In die Phasenvergleichsstufe werden außerdem die Schwingungen des Farbhilfsträger-Oszillators gegeben.

> Die Phasenvergleichsstufe erzeugt eine Steuergleichspannung, mit deren Hilfe der Farbhilfsträger-Oszillator phasenrichtig auf die ursprüngliche Farbhilfsträgerschwingung abgestimmt wird.

Die Farbhilfsträgerschwingung wird in zwei Trägerschwingungen aufgespalten, die zueinander 90° Phasenverschiebung haben. Diese Trägerschwingungen heißen U_{Tcos} und U_{Tsin}. U_{Tsin} ist die Trägerschwingung für $(B-Y)_g$. U_{Tcos} ist die Trägerschwingung für $\pm(R-Y)_g$. Die Trägerschwingungen werden den Demodulatorschaltungen zugeführt.

> Die Demodulatorschaltungen arbeiten als Synchron-Demodulatoren.

Sie demodulieren nicht nur amplitudenrichtig, sondern auch phasenrichtig.

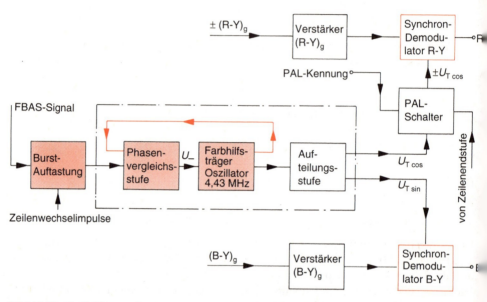

Bild 12.37   Farbhilfsträger-Rückgewinnung und Synchron-Demodulation

12.4.5   PAL-Schalter und PAL-Kennung

Das $(R-Y)_g$-Signal wird in jeder PAL-Zeile, also in jeder zweiten Zeile, um 180° phasengedreht übertragen, daher die Bezeichnung $\pm(R-Y)_g$. Diese Phasendrehung muß wieder rückgängig gemacht werden. Entweder dreht man in jeder PAL-Zeile das $(R-Y)_g$-Signal oder den Träger U_{Tcos} um 180°. Meist wird der Träger U_{Tcos} um 180° gedreht. Dafür ist der PAL-Schalter zuständig (Bild 12.37).

> Der PAL-Schalter dreht bei jeder PAL-Zeile den Träger U_{Tcos} um 180° in der Phase.

Es könnte nun passieren, daß der PAL-Schalter bei der NTSC-Zeile die Umschaltung vornimmt und nicht bei der PAL-Zeile. Das ergäbe starke Farbverfälschungen. Ein solches fehlerhaftes Umschalten wird durch die *PAL-Kennung* verhindert (siehe Bild 12.35).

> Jede PAL-Zeile wird vom Sender her mit einer PAL-Kennung versehen.

Die PAL-Kennung wird durch die Burst-Phasenlage vorgenommen. Hat der Burst gegenüber der Bezugsphase 0 des Farbhilfsträgers eine Phasenlage von 135°, so ist die Zeile eine NTSC-Zeile. Beträgt die Phasenlage des Bursts 225°, so ist die Zeile eine PAL-Zeile.
Die PAL-Kennung wird in der Phasenvergleichsstufe ausgewertet. Von hier wird ein Signal auf den PAL-Schalter gegeben, das ein Kippen bei NTSC-Zeilen verhindert (Bild 12.37).
Der PAL-Schalter selbst besteht aus einer bistabilen Kippstufe, die mit der Zeilenfrequenz von der Zeilenendstufe her gesteuert wird, und aus einem Umschalt-Spulensatz.

12.4.6 Erzeugung des (G-Y)-Signals

Nach den beiden Synchron-Demodulatoren stehen die Signale R-Y und B-Y zur Verfügung. Aus ihnen muß das (G-Y)-Signal gewonnen werden, das *Grün-Farbdifferenzsignal*. Es gilt:

$$Y = 0{,}3\,R + 0{,}59\,G + 0{,}11\,B \qquad \text{(Gl. 12.1)}$$
$$Y = 0{,}3\,Y + 0{,}59\,Y + 0{,}11\,Y \qquad \text{(Gl. 12.2)}$$
$$\overline{Y - Y = 0{,}3\,R + 0{,}59\,G + 0{,}11\,B - (0{,}3\,Y + 0{,}59\,Y + 0{,}11)} \qquad \text{(Gl. 12.1 - Gl. 12.2)}$$
$$0 = 0{,}3\,R + 0{,}59\,G + 0{,}11\,B - 0{,}3\,Y - 0{,}59\,Y - 0{,}11$$

Die Summanden werden anders sortiert. Gleiche Faktoren werden ausgeklammert.

$$0 = \underbrace{0{,}3\,R - 0{,}3\,Y} + \underbrace{0{,}59\,G - 0{,}59\,Y} + \underbrace{0{,}11\,B - 0{,}11\,Y}$$

$$0 = 0{,}3\,(R - Y) + 0{,}59\,(G - Y) + 0{,}11\,(B - Y)$$

$$0{,}59\,(G - Y) = -0{,}3\,(R - Y) - 0{,}11\,(B - Y)$$

$$G - Y = -\frac{0{,}3}{0{,}59}(R - Y) - \frac{0{,}11}{0{,}59}(B - Y)$$

$$\boxed{G - Y = -0{,}51\,(R - Y) - 0{,}19\,(B - Y)}$$

Das (G-Y)-Signal besteht aus 51% des um 180° gedrehten (R-Y)-Signals und aus 19% des um 180° gedrehten (B-Y)-Signals.

Bild 12.38 zeigt das Blockschaltbild der Schaltung zur Erzeugung des (G-Y)-Signals.

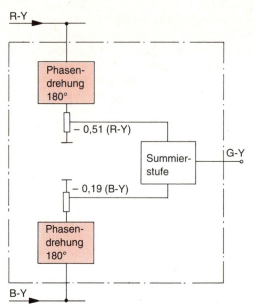

Bild 12.38
Schaltung zur Erzeugung des (G-Y)-Signals

12.4.7 Erzeugung der Signale R, G, B

Aus den Farbdifferenz-Signalen R-Y, G-Y und B-Y lassen sich sehr leicht die Signale R, G, B gewinnen (Bild 12.39).

> Die Signale R, G, B erhält man, indem man zu den Signalen R-Y, G-Y und B-Y jeweils das Y-Signal hinzuaddiert.

Mit den Signalen R, G, B kann nun eine Farbfernseh-Bildröhre angesteuert werden (Abschnitt 12.5).

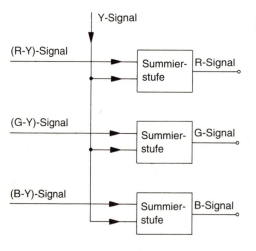

Bild 12.39
Schaltung zur Gewinnung der Signale R, G, B

12.5 Farbbildröhren

12.5.1 Inline-Farbbildröhre

Für Heim-Farbfernsehgeräte werden überwiegend Inline-Farbbildröhren verwendet. Sie haben ein Strahlerzeugungssystem, das drei Elektronenstrahl-Kanonen enthält, je eine für die Signale R (Rot), G (Grün) und B (Blau). Die drei Elektronenstrahl-Kanonen liegen waagerecht in einer Linie (Bild 12.40). Daher kommt der Name «inline» (engl.: in einer Linie liegend). Der Schirm einer solchen Bildröhre trägt Farbphosphore in Streifenform (Bild 12.41). Die Streifen verlaufen senkrecht von oben nach unten und haben bei der üblichen Bildröhre mit 67 cm Bildschirmdiagonale eine Breite von etwa 0,3 mm.

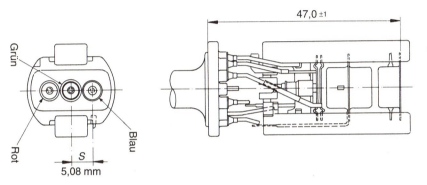

Bild 12.40 Aufbau des Strahlerzeugungs-Systems einer modernen Inline-Farbbildröhre

Bild 12.41
Ausschnitt aus dem Schirm
einer Inline-Farbbildröhre

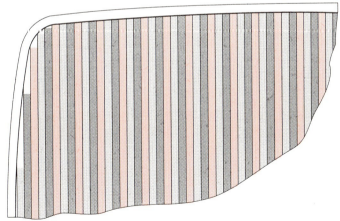

In gewissem Abstand von den Leuchtphosphoren ist ein Schlitzmaskenschirm nach Bild 12.42 angeordnet. Dieser Schlitzmaskenschirm ist so konstruiert, daß der von der «roten» Elektronenkanone ausgehende Strahl nur rote Phosphore treffen kann. Der von der «grünen» Elektronenkanone ausgehende Strahl kann nur grüne Phosphore und der von der «blauen»

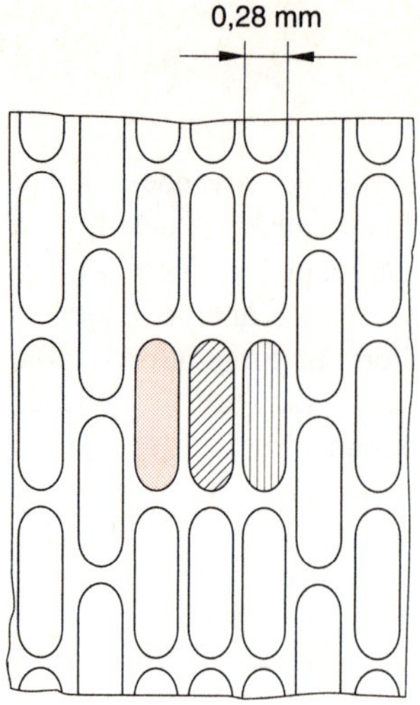

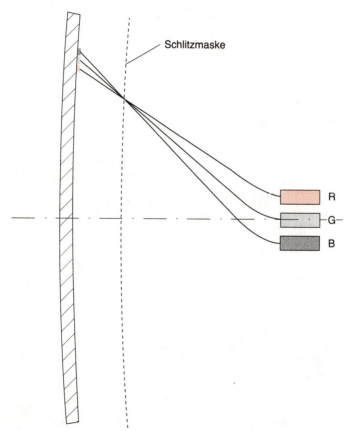

Bild 12.42
Schlitzmaskenschirm
(Ausschnitt)

Bild 12.43
Funktion des
Schlitzmaskenschirmes

Elektronenkanone ausgehende Strahl nur blaue Phosphore treffen (Bild 12.43). Je nach der darzustellenden Farbe werden die Strahlströme stärker oder schwächer gesteuert oder ganz gesperrt. Bei einem blauen Schirm gibt nur die «blaue» Elektronenkanone einen Strahl ab, und dieser trifft nur die blauen Leuchtphosphore. In Bild 12.44 ist die Inline-Bildröhre schematisch dargestellt. Die Leuchtpunkte sind in Wirklichkeit natürlich sehr viel kleiner.

Bild 12.44
Schematische Darstellung einer Inline-Farbbildröhre

12.5.2 Andere Farbbildröhrenarten

Für Kleingeräte vorwiegend japanischer Fertigung werden sogenannte Trinitron-Farbbildröhren verwendet. Die Funktion einer Schlitzmaske übernehmen senkrecht gespannte Drähte. Zum Spannen dieser Drähte wird ein stabiler Rahmen benötigt. Farbbildröhren mit größerem Schirm werden dadurch außerordentlich schwer. Das Bild einer solchen Farbbildröhre ist aber besonders hell, da der Drahtschirm viel weniger Elektronen wegschluckt als ein Schlitzmaskenschirm.

Farbbildröhren, die nur mit einem Elektronenstrahl auskommen, sind ein alter Traum. Es gibt zwar Farbbildröhren-Systeme mit nur einer Elektronenstrahl-Kanone, aber der erzeugte Strahl wird dann in drei Teilstrahlen aufgeteilt, und jeder Teilstrahl wird für sich gesteuert. Ein sehr interessantes Verfahren hat in neuerer Zeit ein Hersteller für batteriegespeiste Farbfernsehgeräte entwickelt. Bei der sogenannten Index-Bildröhre entfällt die Schlitzmaske oder der Drahtschirm. Der Bildschirm trägt außer dem Farbphosphorstreifen Streifen aus einem Material, das beim Auftreffen des Elektronenstrahls Ultraviolett-Licht abstrahlt. Das UV-Licht wird von einem UV-Fotomultipler im Innern des Röhrenkolbens aufgenommen (Bild 12.45). Der UV-Fotomultipler arbeitet so ähnlich wie eine ultraviolett-empfindliche Fotodiode. Beim Auftreffen des UV-Lichtes wird eine Spannung abgegeben.

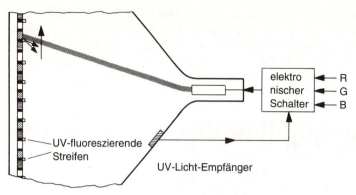

Bild 12.45
Schematische Darstellung der Funktion einer Index-Farbbildröhre

Die Elektronenstrahl-Kanone wird nun nacheinander zunächst vom Rotsignal, dann vom Grünsignal und dann vom Blausignal gesteuert. Das Umschalten besorgt ein elektronischer Schalter, der mit Hilfe des UV-Fotomultiplers synchronisiert wird. Es muß so synchronisiert werden, daß der Elektronenstrahl stets dann vom R-Signal gesteuert wird, wenn er rote Leuchtphosphore trifft. Er muß vom G-Signal gesteuert werden, wenn er grüne Leuchtphosphore trifft usw. Die einzelnen Farben eines Bildpunktes werden also zeitlich nacheinander dargestellt. Mit Index-Farbbildröhren können batteriegespeiste kleine Farbfernsehgeräte hergestellt werden. Ein solches Gerät mit einer Bildröhre mit 11,4 cm Schirmdurchmesser hat eine Leistungsaufnahme von nur 7 Watt.

12.6 Lernziel-Test

1. Welche Bedeutung hat die Zeilenzahl für die Bildauflösung?
2. Erklären Sie das prinzipielle Arbeiten einer Schwarzweiß-Fernsehkamera.
3. Mit welcher Zeilenzahl arbeiten die deutschen Fernsehsender (CCIR-Norm)?
4. Wieviel Vollbilder werden pro Sekunde übertragen?
5. Welche Bandbreite hat das Fernseh-Bildsignal?
6. Welche Modulationsart wird für das Bildsignal verwendet?
7. Welche Modulationsart wird für das Fernseh-Tonsignal verwendet?
8. Der genaue Frequenzabstand zwischen Bildträger und Tonträger ist festgelegt. Wie groß ist er?
9. Was versteht man unter Restseitenband-Verfahren?
10. Welche Bandbreite hätte ein Bildsignal, wenn man eine Bildauflösung von 1250 Zeilen bei 50 Vollbildern pro Sekunde verwenden würde?
11. Was versteht man unter dem Zeilensprungverfahren und was bewirkt es?
12. Durch welche Maßnahmen erreicht man die Zeilen-Synchronisation?
13. Skizzieren Sie das Spannungsbild einer Zeile, wenn der Bildschirm 8 Balken fallender Helligkeit zeigt.
14. Wie arbeitet die Bildsynchronisation?
15. Aus welchen Teilsignalen besteht das BAS-Signal?
16. Skizzieren Sie ein vereinfachtes Übersichtsschaltbild (Blockschaltbild) eines Fernseh-Bildsenders für das Schwarzweiß-System.

17. Skizzieren Sie eine ZF-Durchlaßkurve nach Norm. Welche Aufgabe hat die Nyquist-Flanke?
18. Stellen Sie das Übersichtsschaltbild des Signalteils eines SW-Fernsehempfängers dar.
19. Skizzieren Sie das Übersichtsschaltbild des Ablenkteils eines SW-Fernsehempfängers.
20. Wie gewinnt man aus dem BAS-Signal die Zeilenwechsel-Impulse und die Bildwechsel-Impulse zurück?
21. Mit welchen Primärfarben arbeiten die bisher entwickelten Farbfernseh-Systeme?
22. Wie funktioniert die Farbmischung mit Licht, die sogenannte additive Farbmischung?
23. Welche Signale liefert eine Farbfernseh-Kamera?
24. Das Farbfernsehsignal muß bei Schwarzweiß-Fernsehgeräten zu einem einwandfreien Schwarzweißbild führen. Dies ist die sogenannte Kompatibilitätsforderung. Wie wird diese erfüllt?
25. Welche Signale werden vom Farbfernsehsender zum Empfänger übertragen?
26. Wie arbeitet das Farbhilfsträger-Verfahren?
27. Was ist Frequenzverkämmung?
28. Wie wird der Farbhilfsträger mit den Farbdifferenz-Signalen moduliert?
29. Aus welchen Einzelsignalen besteht das FBAS-Signal?
30. Erläutern Sie die Verarbeitung des Farbartsignals (F-Signals) im PAL-Farbfernseh-Empfänger.
31. Wie arbeitet der PAL-Schalter?
32. Was versteht man unter PAL-Kennung?
33. Wodurch unterscheidet sich das NTSC-Farbfernseh-System vom PAL-Farbfernseh-System?
34. Welche Besonderheiten hat das SECAM-Farbfernseh-System?
35. Erläutern Sie die Arbeitsweise von Inline-Farbbildröhren.
36. Wie werden das (G-Y)-Signal und das Grün-Signal im Farbfernseh-Empfänger zurückgewonnen?
37. Welche Aufgaben hat der Burst?
38. Wie arbeitet die Schaltung, die das F-Signal in die geträgerten Farbdifferenz-Signale $(R-Y)g$ und $(B-Y)g$ aufspaltet?

3 Videorecorder-Technik

3.1 Prinzip der magnetischen Bildaufzeichnung

3.1.1 Grundlagen

Elektrische Schwingungen von Tonsignalen lassen sich verhältnismäßig leicht auf Magnetband speichern. Da Bildsignale auch elektrische Schwingungen sind, sollte es auch möglich sein, diese auf Magnetband aufzuzeichnen. Die Tonsignale haben jedoch nur ein Frequenzband von etwa 30 Hz bis 15 000 Hz. Das Bildsignal (Videosignal) hat ein Frequenzband von Hz bis 5 MHz (dann abfallend bis 5,5 MHz). Die erste Schwierigkeit besteht nun darin, Signale niedriger Frequenz auf das Magnetband zu bringen. Wie zeichnet man z. B. Gleichspannungssignale so auf, daß sie später wiedergewonnen werden können? Bei 0 Hz funktioniert die Spannungsinduktion nicht mehr.

Die nächste Schwierigkeit ergibt sich bei der Aufzeichnung hoher Frequenzen. Bei 5 MHz müssen auf der für eine Sekunde vorgesehenen Bandlänge 5 000 000 Schwingungen magnetisch aufgezeichnet werden. Welche Bandlänge ist da für 1 Sekunde vorzusehen, und welche Bandgeschwindigkeit ergibt sich daraus? Wie groß muß die Spaltbreite des Magnetkopfes sein? Welche Bandlänge ist aufgrund der Feinheit der Verteilung der Magnetpartikel für die Aufzeichnung einer Schwingungsperiode notwendig?

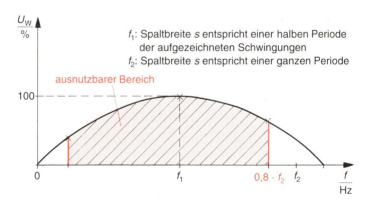

Bild 13.1
Spalteffekt, Frequenzgang einer Magnetbandaufzeichnung

Bild 13.1 zeigt den Zusammenhang zwischen der Spaltbreite und der aufzeichenbaren Frequenz und die sich daraus ergebende prozentuale Wiedergabespannung U_w.
Bei der Frequenz f_1 ist die Spaltbreite gleich der halben Signalperiode.
Bei der Frequenz f_2 ist die Spaltbreite gleich der ganzen Signalperiode.

Die höchste aufzuzeichnende Frequenz darf bei $0,8 \cdot f_2$ liegen.

Damit ergibt sich folgende Gleichung:

$$f_{max} = 0{,}8 \cdot f_2$$

$$f_{max} = 0{,}8 \cdot \frac{v}{s}$$

$$\boxed{v = \frac{f_{max} \cdot s}{0{,}8}}$$

f_{max} maximale Frequenz
v Bandgeschwindigkeit
s Spaltbreite

$$f_2 = \frac{v}{s}$$

Die Schicht üblicher Magnetbänder läßt eine Spaltbreite von 1 µm zu. Damit ergibt sich folgende Bandgeschwindigkeit für 5 MHz:

$$v = \frac{f_{max} \cdot s}{0{,}8} = \frac{5 \cdot 10^6 \frac{1}{s} \cdot 10^{-6} m}{0{,}8} = 6{,}25 \, m/s$$

Diese Bandgeschwindigkeit ist so groß, daß nach dem von der Tonaufzeichnung bekannten Verfahren nur kleine Spielzeiten erreicht werden können. Mit einer 1200-m-Spule wären etwa 3 Minuten Bildwiedergabe zu erreichen. Außerdem gibt es bei hohen Bandgeschwindigkeiten mechanische Probleme beim Starten und Stoppen. Dieses sogenannte *Längsspurverfahren* wird daher nicht angewendet.

Man kann nun mit einem rotierenden Aufnahmekopf schräge Spuren auf das Magnetband aufzeichnen, die nebeneinander gelegt werden. Dabei erhält man hohe Relativgeschwindigkeiten zwischen Kopf und Band und braucht das Magnetband nur recht langsam vorzuschieben. Die Relativgeschwindigkeit zwischen dem rotierenden Kopf und dem Band ist die *Aufzeichnungsgeschwindigkeit*.

> Die für die Bildspeicherung erforderlichen hohen Aufzeichnungsgeschwindigkeiten lassen sich durch Schrägspuraufzeichnung erreichen.

Für Heim-Videorecorder werden Aufzeichnungsgeschwindigkeiten von 4,8 m/s bis etwa 5,8 m/s verwendet, je nach System. Professionelle Videorecorder arbeiten mit Aufzeichnungsgeschwindigkeiten bis etwa 6,5 m/s.

Bei den verhältnismäßig hohen Aufzeichnungsgeschwindigkeiten ist der Band-Kopf-Kontakt schlecht. Es ergeben sich erhebliche Amplitudenschwankungen. Signale mit der Frequenz 0, also Gleichspannungssignale und Signale niedriger Frequenzen, können nicht direkt auf das Magnetband aufgezeichnet werden. Aus diesen Gründen wird das Bildsignal einer Trägerfrequenz aufmoduliert. Verwendet wird Frequenzmodulation (FM).

Bei Frequenzmodulation liegt das Signal in der Frequenzänderung, Amplitudenschwankungen stören wenig.

> Das Bildsignal (*Y*-Signal) wird als frequenzmoduliertes Signal auf das Magnetband aufgezeichnet.

13.1.2 Querspur- und Schrägspurverfahren

Man verwendet ein Magnetband größerer Breite (8...25,4 mm) und zeichnet das Bildsignal, die Bildspur, zeilenweise auf (Bilder 13.2 und 13.3). Die Bandgeschwindigkeit beträgt je nach System zwischen 19,05 cm/s und 2,44 cm/s. Um die Querspur oder Schrägspur zu erhalten, muß der Magnetkopf, der Videokopf, bewegt werden, und zwar mit der erforderlichen Geschwindigkeit von ca. 3...10 m/s. Bei beiden Verfahren verwendet man rotierende Videoköpfe (Bild 13.4).

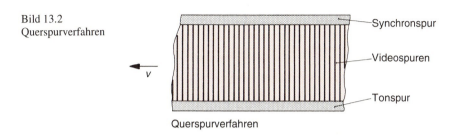

Bild 13.2 Querspurverfahren

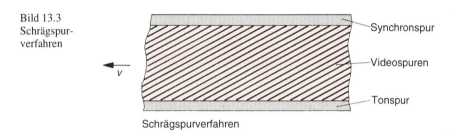

Bild 13.3 Schrägspurverfahren

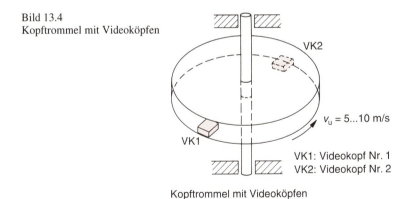

Bild 13.4 Kopftrommel mit Videoköpfen

Die Tonspur kann am Rande des Bandes aufgezeichnet werden, ebenso eine evtl. erforderliche Synchronspur.

Das Querspurverfahren wird hauptsächlich in der Studiotechnik angewendet, weil es problemlos das «Cutten», d. h. das Schneiden des Bandes, ermöglicht. Es wird hier nicht weiter beschrieben.

Das Schrägspurverfahren hat eine weniger aufwendige Technik und einen geringeren Bandbedarf. Es sind verschiedene Spurwinkel gebräuchlich. Das Verfahren eignet sich für Studio und Heimanwendung.

Das Schrägspurverfahren arbeitet mit einer rotierenden Kopftrommel, in der gegenüberliegend zwei Videoköpfe VK eingebaut sind (Bild 13.5). Die Umfangsgeschwindigkeit entspricht der erforderlichen Aufzeichnungsgeschwindigkeit von ca. 3 ... 10 m/s.

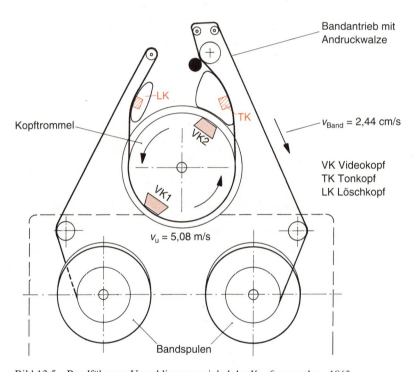

Bild 13.5 Bandführung; Umschlingungswinkel der Kopftrommel ca. 186°

Das Band wird mit einem Umschlingungswinkel von etwas mehr als 180° (wegen Überlappung) um die Kopftrommel gelegt, und zwar so, daß es auf diesem Halbkreis schräg nach unten läuft.

Dreht sich nun die Trommel, so zeichnet jeder der beiden Videoköpfe eine Spur auf das Band, die in Bezug zu den Bandkanten schräg verläuft. Wird das Band vorwärts bewegt, so legen sich die Spuren nebeneinander (Bild 13.6).

Über einen elektronischen Umschalter wird jeweils der Kopf an das Videosignal gelegt, der gerade Bandberührung hat. Bei der Wiedergabe verfährt man genauso, die Videoköpfe sind dann als magnetische Aufnehmer geschaltet.

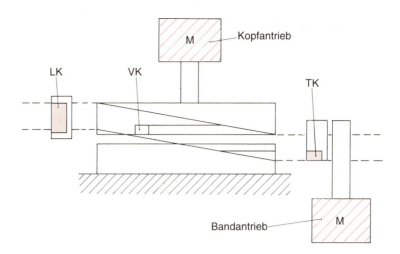

Bild 13.6
Aufzeichnung der
Schrägspuren

13.2 Videosysteme

13.2.1 Überblick

Weltweit wurden verschiedene Videosysteme für den professionellen und für den Heimgebrauch eingeführt. Professionelle Systeme sind das U-Matic-System, das Betacam-System und das MII-System.
Für den Heimgebrauch wurden Systeme wie Betamax, Video 2000 und VHS entwickelt. Das VHS (Video-Home-System) hat sich weitgehend durchgesetzt. Für jedes System gibt es einen besonders konstruierten Kassettentyp. Verwendet wird ein Halbzoll-Magnetband (12,65 mm + 0,01 mm).
In neuerer Zeit wurden Farbkamera und Videorecorder zu einer Einheit zusammengefaßt. Diese Geräte werden international Camcorder genannt. Ihre Baugröße ist vor allem durch die Größe der Videokassette bestimmt. Geräte mit normaler VHS-Kassette werden somit verhältnismäßig groß und schwer. Es wurde eine kleinere Kassette für das VHS-System entwickelt, die VHS-C-Kassette. Sie hat eine wesentlich geringere Laufzeit (30 und 45 Minuten), die aber für Video-Aufnahmen mit einem Camcorder meist genügt. Die VHS-C-Kassette erlaubt den Bau wesentlich kleinerer Camcorder. Sie kann – eingelegt in eine Adapter-Kassette – in normalen VHS-Recordern abgespielt werden.
Besonders für Camcorder wurde das System Video-8 entwickelt. Hier wird ein 8 mm breites Reineisenband verwendet, das eine besonders hohe magnetische Aufzeichnungsdichte erlaubt. Zur Zeit werden Video-8-Bänder mit bis zu 90 Minuten Laufzeit angeboten. Bänder mit 120 Minuten Laufzeit werden demnächst verfügbar sein. Die Video-8-Kassette ist etwa so groß wie eine Musik-Kompakt-Kassette. Das Video-8-System bietet neben der kleinen Kassette mit verhältnismäßig langer Laufzeit die Möglichkeit hochwertiger Tonaufnahmen (Bild 13.7).
Die Bildauflösung, also die Bildschärfe, ist bei den Systemen VHS und Video-8 etwas schlechter als das vom Fernsehsender gelieferte Bild. Hier strebte man eine Verbesserung an. Neu entwickelte Magnetbänder gestatten die Aufzeichnung höherer Frequenzen. Man hat das VHS zum Super-VHS (S-VHS) weiterentwickelt. Ebenfalls wurde das Video-8-System verbessert. Das zur Zeit neueste Videosystem heißt High-8 (Hi8).

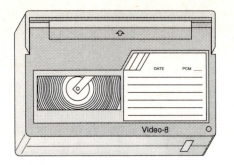

Bild 13.7
Video-8-Kassette
(95 mm × 62,5 mm × 15 mm)

13.2.2 VHS (Video-Home-System)

13.2.2.1 Signalverarbeitung

Auf das Magnetband muß das Helligkeitssignal, auch Luminanz-Signal oder Y-Signal genannt, aufgezeichnet werden. Dieses Signal hat vom Sender her eine Bandbreite von 0 bis 5,0 bzw. 5,5 MHz. Man nimmt eine kleine Bildverschlechterung in Kauf und zeichnet das Y-Signal mit einer Bandbreite von 0 bis 3 MHz auf. Die FM-Trägerfrequenz für den Ultraschwarzpegel ist 3,8 MHz, die für den Weißpegel 4,8 MHz (Bild 13.8).

Videorecorder sollen farbtüchtig sein. Das Farbartsignal (Crominanz-Signal oder F-Signal) wird frequenzmäßig unterhalb des Y-Signals aufgezeichnet. Verwendet wird ein Farbhilfsträger von 627 kHz. Auf diesen wird das F-Signal durch Amplitudenmodulation aufmoduliert (Bild 13.8).

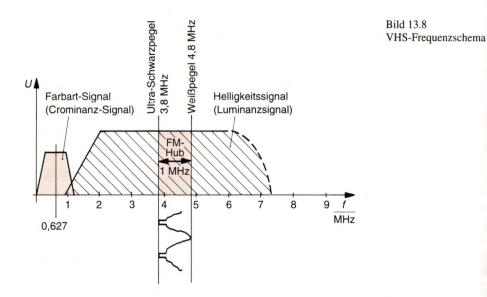

Bild 13.8
VHS-Frequenzschema

Für die Tonaufzeichnung steht eine 1 mm breite Tonspur zur Verfügung. Auf diese wird das Tonsignal nach dem Längsspur-Verfahren aufgezeichnet. Da die Bandvorschubgeschwindigkeit bei VHS nur 2,34 cm/s beträgt, ist die Qualität des Tonsignals schlecht. Eine geringe Verbesserung bringt ein Rauschunterdrückungssystem ähnlich dem Dolby-System. Zu

Übertragung von Stereosignalen wird die 1-mm-Tonspur aufgeteilt. Für *R*-Signal und *L*-Signal stehen Spuren von je 0,35 mm Breite zur Verfügung mit 0,3 mm Abstand (Rasen) dazwischen. Die Lage der Audiospuren zeigt Bild 13.9.

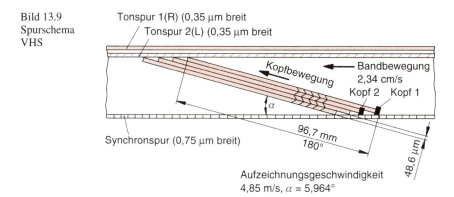

Bild 13.9 Spurschema VHS

In Bild 13.9 sind auch die von den rotierenden Videoköpfen gezeichneten Schrägspuren zu sehen. Sie haben eine Breite von 48,6 μm.

> Auf jeder Schrägspur sind die Signale für ein Halbbild aufgezeichnet.

Die Länge einer Schrägspur beträgt 96,7 mm. Zwischen den Schrägspuren ist kein Rasen, also kein unbeschriebener Abstand. Um eine Signalbeeinflussung gering zu halten, hat man die Spalte der Videoköpfe versetzt. Der Spalt von Kopf 1 ist um +6° aus der Senkrechen verschoben, der Spalt von Kopf 2 um −6°. Dieser Winkel heißt *Azimut-Winkel*.
An der unteren Kante des Magnetbandes ist eine Spur von 0,75 mm Breite vorgesehen, auf die Steuersignale zur Band- und Kopfsynchronisation aufgezeichnet werden.
Der Aufbau eines Videokopfes ist in Bild 13.10 dargestellt. An diesen Kopf werden sehr hohe Anforderungen gestellt. Das magnetisch aktive Material ist Ferrit. Der Kopf muß Frequenzen bis etwa 7,5 MHz verarbeiten können. Die Kopfspaltbreite beträgt 0,3 μm. Da sich für VHS eine Aufzeichnungsgeschwindigkeit von 4,8 m/s ergibt, tastet der Kopf in einer Stunde Spieldauer eine Strecke von 17,28 km ab. Er soll eine Lebensdauer von 1000 bis 2000 Stunden haben. Die Anforderungen an die Verschleißfestigkeit sind sehr groß.

13.2.2.2 Langspiel-Möglichkeit
Hochwertige VHS-Recorder bieten die *Langspiel-Möglichkeit* (Abkürzung LP, Longplay). Bei dieser Betriebsart ist der Bandverbrauch nur halb so groß. Mit einer 180-Minuten-Kassette kann man 360 Minuten bzw. 6 Stunden Programm aufzeichnen. Wie ist das möglich? Zunächst wird die Bandvorschubgeschwindigkeit halbiert (von 2,34 cm/s auf 1,17 cm/s). Jetzt würden die Schrägspuren ineinander laufen. Die für Normalbetrieb verwendeten Videoköpfe müssen also abgeschaltet werden. Man benötigt zwei zusätzliche Videoköpfe, deren Kopfbreite nur halb so groß ist (statt 48,6 μm jetzt 24,3 μm). Die Spurbreite muß halbiert werden.

311

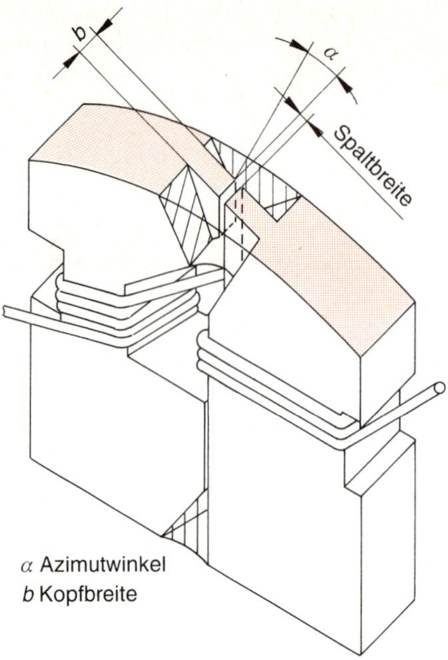

Bild 13.10
Aufbau eines Videokopfes

a Azimutwinkel
b Kopfbreite

Videorecorder mit Longplay-Möglichkeit (LP) benötigen zwei zusätzliche Videoköpfe mit nur 24,3 μm Spaltlänge.

Die Tonwiedergabe ist bei der Längsspuraufzeichnung mit 1,17 cm/s noch schlechter als im Normalbetrieb. Die Bildwiedergabe ist bei LP etwas verrauscht.

13.2.2.3 HiFi-Tonverfahren

Die Tonsignal-Verarbeitung auf den Längsspuren ist eine Schwachstelle von VHS. Man suchte schon früh nach einer Verbesserung und fand sie im *Tiefenschrift-Verfahren*. Es werden zwei zusätzliche Audioköpfe verwendet. Diese haben Kopfspaltbreiten von 1,5 μm. Diese Kopfspaltbreiten sind etwa fünfmal so groß wie die der Videoköpfe. Sie magnetisieren das Magnetband stärker in die Tiefe. Das Tiefenschrift-Verfahren wird auch HiFi-Tonverfahren genannt.

Die Anordnung der beiden Audioköpfe, der Videoköpfe für Normalbetrieb (SP) und der Videoköpfe für Langspiel-Betrieb (LP), zeigt Bild 13.11.

Das HiFi-Tonverfahren erlaubt Stereo-Aufzeichnungen hoher Güte. Die Tonsignale R und L werden mit einem Hub von maximal ± 150 kHz frequenzmoduliert. Die Trägerfrequenz des L-Signals ist 1,4 MHz, die des R-Signals 1,8 MHz. Aus den beiden frequenzmodulierten Signalen wird ein Summensignal gebildet. Dieses wird verstärkt und den Audioköpfen zugeführt (Bild 13.12).

Beim HiFi-Tonverfahren werden zwei zusätzliche Audioköpfe verwendet.

Bild 13.11
Anordnung der Audioköpfe und der
Videoköpfe auf der Kopftrommel

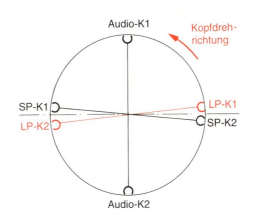

SP-K1: Kopf 1 für Standardplay
SP-K2: Kopf 2 für Standardplay
LP-K1: Kopf 1 für Longplay
LP-K2: Kopf 2 für Longplay
Audio-K1 und Audio-K2: Köpfe für HiFi-Ton

Bild 13.12
Erzeugung des
HiFi-Audiosignals

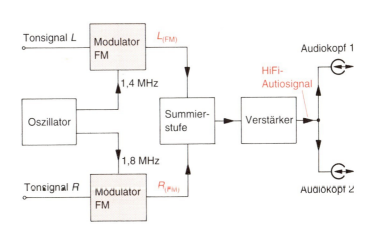

Das Band wird zuerst von den Audioköpfen magnetisiert. Die Magnetisierungstiefe beträgt etwa 0,8 µm. Danach magnetisieren die Videoköpfe das Band. Die Magnetisierungstiefe ist etwa 0,3 µm. Bei der Magnetisierung durch die Videoköpfe wird ein kleiner Teil des aufgezeichneten Audiosignals gelöscht. Der größte Teil des Audiosignals bleibt aber erhalten.
Wenn das HiFi-Tonverfahren auch bei Longplay (LP) funktionieren soll, muß die Spurbreite des HiFi-Signals der Spurbreite des Videosignals bei LP entsprechen. Die Spaltlänge der Audioköpfe muß also 24,3 µm sein. Um die gegenseitige Beeinflussung der Audiospuren untereinander und zu den Videospuren gering zu halten, nutzt man die Schrägstellung der Kopfspalte der Audioköpfe. Der Spalt des Audiokopfes 1 ist um $+30°$ aus der Senkrechten verschoben, der Spalt des Audiokopfes 2 um $-30°$.

Die Audioköpfe haben ein Azimut von $\pm 30°$.

Die Klangqualität, die sich beim HiFi-Tonverfahren ergibt, ist sehr gut. Bei einem Hub von ± 150 kHz wird ein Störabstand > 80 dB erreicht. Der Frequenzgang ist 20 Hz bis 20 kHz.

> Ein Videorecorder mit HiFi-Toneinrichtung kann auch als hochwertiger Audiorecorder genutzt werden.

Bei Videorecordern mit HiFi-Toneinrichtung wird die Audio-Längsspur zusätzlich genutzt. Das Tonsignal wird also doppelt aufgezeichnet. Durch Bandfehler können Aussetzer beim HiFi-Ton erfolgen. In einem solchen Fall ist dann wenigstens der Audio-Längston vorhanden. Längston und HiFi-Ton können gemeinsam wiedergegeben werden.

> Eine Nachvertonung ist beim HiFi-Tonverfahren nicht möglich. Nachvertonung kann nur über die Audio-Längsspur erfolgen.

13.2.2.4 Löschvorgang
Das Löschen einer Aufzeichnung erfolgt vor jeder Neuaufnahme. Es werden feststehende Löschköpfe verwendet. Diese löschen oft das Band in der ganzen Breite. Bessere VHS-Recorder haben einen feststehenden Löschkopf für die Videospuren und die Steuerspur und einen feststehenden Löschkopf für die Audio-Längsspuren. Bei diesen Geräten ist Nachvertonung auf den Audio-Längsspuren möglich.
Beim Aneinandersetzen von verschiedenen Szenen (Assemble-Schnitt) und beim Einschieben von Szenen (Insert-Schnitt) bereiten die feststehenden Löschköpfe Schwierigkeiten. Hier wäre ein rotierender Löschkopf sinnvoll, mit dem einzelne Videospuren gelöscht werden können.

13.2.2.5 Standbild-Funktion
Jede Videospur enthält die Signale für ein Halbbild. Wenn der Bandvorschub angehalten wird, tastet ein Videokopf in etwa eine Videospur ab. Der zweite Videokopf tastet ungefähr die Nachbar-Videospur ab. Allerdings erfolgen die Abtastungen sehr ungenau, da bei stillstehendem Bandvorschub die Schräglage der Spurabtastung von der Schräglage der Videospur etwas abweicht. Das Standbild zeigt Störungen. Die Störungen sind geringer, wenn der Bandvorschub genau nach einem Halbbild und vor dem nächsten Halbbild, also in der Austastlücke, gestoppt wird. Störungsfreie Standbilder lassen sich nur mit großem Aufwand erzeugen. Wenn ein Videorecorder über die LP-Funktion verfügt, können die LP-Videoköpfe mit zur Spurenabtastung herangezogen werden. In neuerer Zeit werden bei teuren Geräten digitale Bildspeicher eingebaut, die absolut makellose Standbilder liefern.

13.2.3 S-VHS (Super-Video-Home-System)

Die Entwicklung neuer Magnetbänder macht es möglich, Frequenzen bis zu etwa 10 MHz auf der Schrägspur des VHS-Formats aufzuzeichnen. Dadurch ergibt sich die Möglichkeit, höhere Video-Signalfrequenzen zu speichern und die Bildqualität sehr nahe an die Qualität des vom Sender ausgestrahlten Fernsehbildes zu bringen. Man hat VHS zum Super-VHS (S-VHS) weiterentwickelt.

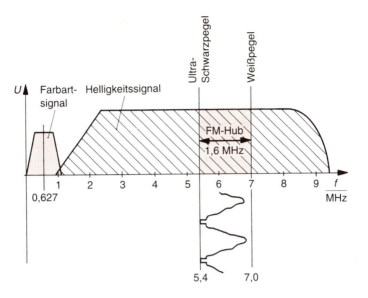

Bild 13.13
S-VHS-Frequenzschema

Die wesentliche Verbesserung läßt sich aus Bild 13.13 entnehmen. Das FM-Signal bei Ultraschwarz wurde auf 5,4 MHz festgelegt, das für Weiß auf 7 MHz. Dadurch ergibt sich ein Frequenzhub von 1,6 MHz. Der Modulationsindex wird größer, ebenfalls die höchste übertragbare Signalfrequenz. Sie liegt bei 5 MHz.

> Bei S-VHS werden wesentlich höhere FM-Trägerfrequenzen mit größerem Frequenzhub verwendet. Dadurch können Video-Signalfrequenzen bis 5 MHz aufgezeichnet werden.

Die bei VHS übliche Begrenzung der Video-Signalfrequenz auf 3 MHz entfällt. Das untere Seitenband hat einen größeren Abstand zum Chroma-Signal (F-Signal). Gegenseitige Störungen werden dadurch stark verringert. Es ergibt sich eine sehr saubere Farbwiedergabe. Um die Abtastung hoher Frequenzen zu erleichtern, ist die Spaltbreite der Videoköpfe von 0,3 µm auf 0,25 µm verringert worden. Die weiteren wesentlichen Kennwerte des VHS-Formats wurden beibehalten.

> S-VHS ist eine Weiterentwicklung von VHS und zu diesem aufwärtskompatibel.

Was in Abschnitt 13.2.2 (VHS, Video-Home-System) über die Signalverarbeitung, die Langspiel-Möglichkeit, das HiFi-Tonverfahren, den Löschvorgang und die Standbildfunktion gesagt wurde, gilt für S-VHS entsprechend. Die Kassetten-Konstruktion ist gleich. Es wird nur ein anderes Magnetband verwendet.

> S-VHS-Magnetbandkassetten sind VHS-Kassetten, die einen anderen Magnetband-Typ enthalten.

S-VHS-Magnetbandkassetten haben in der linken unteren Ecke eine Kennbohrung (Bild 13.14 a). An dieser Kennbohrung erkennt der S-VHS-Videorecorder die hochwertigere

315

Kassette. Die S-VHS-Kassette kann auch in VHS-Recordern verwendet werden. Sie führt zu einer etwas besseren Wiedergabequalität.

S-VHS-Videorecorder arbeiten meist auch im VHS-Format. Sie schalten bei Einlegen einer S-VHS-Kassette auf S-VHS um. Die Wiedergabe bespielter VHS-Kassetten bereitet keine Schwierigkeiten. Dagegen können bespielte S-VHS-Kassetten auf VHS-Videorecordern nicht abgespielt werden. Es herrscht Aufwärtskompatibilität.

13.2.4 VHS-C und S-VHS-C

VHS- und S-VHS-Kassetten (Abmessungen: 188 mm × 104 mm × 25 mm) sind verhältnismäßig groß. Von der Größe der zu verwendenden Kassetten hängt wesentlich die Größe und das Gewicht von Camcordern ab. Camcorder für VHS-Kassetten und für S-VHS-Kassetten sind recht groß und schwer und werden fast nur im professionellen Bereich eingesetzt.
Um kleinere Camcorder bauen zu können, mußte eine kleinere Kassette konstruiert werden. Diese sollte systemgerechte VHS-Aufnahmen erlauben.

> Beim VHS-C-Format bleiben die System-Kennwerte von VHS erhalten.

Das Ergebnis der Arbeiten ist eine Kassette mit den Abmessungen 92 mm × 59 mm × 22 mm. Den prinzipiellen Aufbau zeigt Bild 13.14 b. Die Kassette erlaubt eine Aufnahmezeit von 30 Minuten, die neuerdings durch Verwendung eines dünneren Bandes auf 45 Minuten heraufgesetzt wurde.

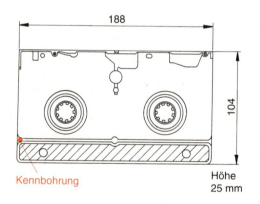

Bild 13.14 a
S-VHS-Kassette mit Kennbohrung
(Ohne Kennbohrung: VHS-Kassette)

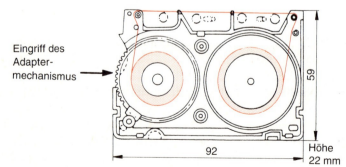

Bild 13.14 b
Prinzipieller Aufbau einer VHS-C-Kassette

Für die VHS-C-Kassette wurde eine Adapterkassette entwickelt. Die Adapterkassette hat die Abmessungen einer Standard-VHS-Kassette. Die VHS-C-Kassette wird in die Adapterkassette eingelegt. Ein kleiner batteriegetriebener Motor in der Adapterkassette fädelt das Magnetband so ein, daß ein Abspielen mit der Adapterkassette in einem VHS-Recorder möglich ist.

> Eine VHS-C-Kassette kann mit einer Adapterkassette in jedem VHS-Recorder abgespielt werden.

Schwierig war es, die Forderung nach Einhaltung der VHS-Parameter zu erfüllen. Das Spurbild gemäß Bild 13.9 muß eingehalten werden. Der Durchmesser der Kopftrommel wurde von 62 mm auf 41,3 mm verringert und die Trommeldrehzahl von 1500 auf 2700 Umdrehungen pro Minute erhöht. Damit sich die richtige Lage der Videospuren ergibt, ist ein Umschlingungswinkel von 270° erforderlich (Bild 13.15).

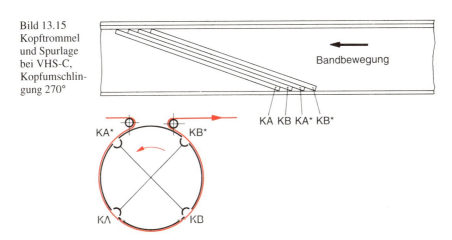

Bild 13.15 Kopftrommel und Spurlage bei VHS-C, Kopfumschlingung 270°

Es werden 4 Videoköpfe verwendet. Kopf A schreibt z. B. die erste Spur. Die zweite Spur schreibt Kopf B, die dritte Spur Kopf A*. Die vierte Spur wird vom Kopf B* aufgezeichnet. Nachdem beim VHS-C-Format die volle Kompatibilität zu VHS erreicht war, konnte nun leicht die Kompatibilität zu S-VHS hergestellt werden.

Für S-VHS-C verwendet man die gleichen Kassetten wie für VHS-C. Im Innern dieser Kassetten befindet sich ein S-VHS-Band. Am Laufwerksaufbau des Camcorders mußte nichts geändert werden. Die Elektronik wurde den S-VHS-Systemwerten angepaßt. Mit S-VHS-C-Camcordern lassen sich recht hochwertige Videoaufnahmen herstellen.

13.2.5 Video-8-System

Das Video-8-System wurde für Camcorder entwickelt. Im Vordergrund stand die Schaffung einer kleinen Kassette (Bild 13.16). Verwendet wird 8 mm breites hochwertiges Magnetband (Reineisenband). Die Kassette hat fast die Größe der bekannten Compact-Kassette für Kassetten-Tonbandgeräte (Abmessungen der Video-8-Kassette: 95 mm × 62,5 mm × 15 mm).

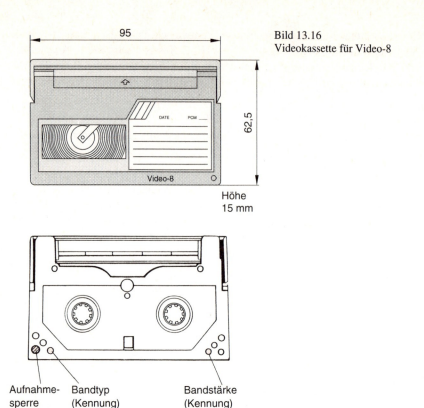

Bild 13.16
Videokassette für Video-8

Video-8-Kassetten gibt es für Spielzeiten von 30, 60 und 90 Minuten. Neuerdings ist auch eine 120-Minuten-Kassette erhältlich. Die Zeitangaben beziehen sich auf Normalbetrieb, auch Standardbetrieb genannt (SP = Standardplay).

13.2.5.1 Signalverarbeitung

Es wird Schrägspuraufzeichnung mit einer Spurbreite von 34,4 µm verwendet. Der Azimut-Winkel der Tonköpfe beträgt ±10°, der Spurwinkel $\alpha = 4{,}917°$. Bei der Bandvorschubgeschwindigkeit von 2,0051 cm/s ergibt sich eine Abtastgeschwindigkeit von 3,1 m/s.

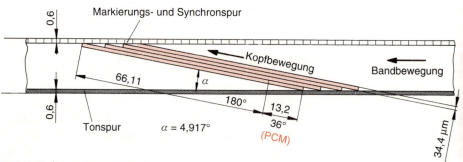

Bild 13.17 Spurschema Video-8

An der oberen Kante des Bandes ist Platz für eine 0,6 mm breite Markierungs- und Synchronspur, die der Bandlauf- und Kopfsynchronisation dient. Am unteren Bandrand ist eine 0,6 mm breite Tonspur vorgesehen (Bild 13.17).
Das Y-Signal (Luminanz-Signal) wird frequenzmoduliert auf das Magnetband gebracht. Das verwendete hochwertige Bandmaterial erlaubt es, die Trägerfrequenz für Ultraschwarz auf 4,2 MHz festzulegen. Für den Weißpegel wird eine Trägerfrequenz von 5,4 MHz verwendet (Bild 13.18). Es ergibt sich ein möglicher Frequenzhub von 1,2 MHz. Bei diesen Werten kann das Y-Signal mit einer Bandbreite von 0 bis 3,5 MHz übertragen werden. Bei VHS beträgt die Bandbreite nur 3 MHz.
Das Farbartsignal (F-Signal oder Chroma-Signal) wird ähnlich wie bei VHS in den unteren Frequenzraum verlegt (Color-Under-Verfahren). Als Farbart-Trägerfrequenz wird eine Frequenz von 732,42 kHz verwendet. Auf diese ist das Farbartsignal durch Amplitudenmodulation (AM) aufmoduliert. Beim Color-Under-Verfahren wird das Farbartsignal aus dem FBAS-Signal ausgesiebt und auf den neuen Farbhilfsträger umgemischt.

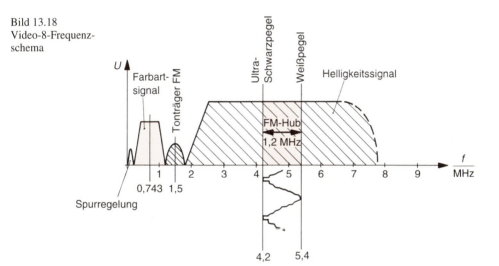

Bild 13.18
Video-8-Frequenzschema

Die Trägerfrequenz ist 4,43... MHz (siehe Farbfernsehtechnik). Durch Mischen mit einem Hilfsträger von 5,162... MHz ergibt sich ein Signal mit der Differenzfrequenz von 0,732... MHz. Dieses Signal trägt die Modulation des Farbartsignals.
Der Ton könnte nach altem Brauch auf der 0,6 mm breiten Tonspur als «Längston» aufgezeichnet werden. Da die Bandvorschubgeschwindigkeit nur 2 cm/s beträgt, würde sich eine sehr schlechte Tonqualität ergeben. Auf diese Tonaufzeichnung wird meist verzichtet.
Beim Video-8-System wird der Ton als frequenzmoduliertes Signal übertragen. Zur Verfügung steht ein Träger von 1,5 MHz (Bild 13.18). Bei diesem Verfahren gibt es keinen Stereoton. Das entstehende Audiospektrum wird zusammen mit dem FM-getragenen Y-Signal und dem AM-getragenen Farbartsignal auf den Video-Schrägspuren aufgezeichnet. Hinzu kommen noch vier Frequenzen, die als Pilotfrequenzen bezeichnet werden. Es sind dies die Frequenzen 101,02 kHz; 117,19 kHz; 146,48 kHz und 162,76 kHz. Sie dienen der Spursteuerung und werden auch ATF-Frequenzen genannt (ATF = Automatic Track Finding).

> Beim Video-8-System enthalten die Video-Schrägspuren das Luminanz-Signal (Y-Signal), das Crominanz-Signal (F-Signal), das FM-Audiosignal und die ATF-Frequenzen.

Ein Tiefenschrift-Verfahren wie bei VHS und S-VHS mit zusätzlichen Audioköpfen zur Aufzeichnung des HiFi-Tons ist nicht erforderlich, da zwischen dem unteren Seitenband des frequenzmodulierten Y-Signals und dem F-Signal genügend Platz für den FM-Ton zur Verfügung steht (siehe Bild 13.18).

> Eine Nachvertonung ist beim FM-Tonverfahren nicht möglich, da der FM-Ton in der Schrägspur übertragen wird.

13.2.5.2 Langspiel-Verfahren (LP)

Die Spieldauer der verfügbaren Video-8-Kassetten reicht für manche Aufnahmewünsche nicht aus. Man hat deshalb nach Abhilfe gesucht.
Hochwertige Video-8-Recorder und Camcorder verfügen über die Langspiel-Möglichkeit (LP = Longplay). Bei dem Langspiel-Verfahren wird die Bandvorschubgeschwindigkeit halbiert (von 2 cm/s auf nur 1 cm/s). Man erreicht doppelte Kassettenspielzeiten. Damit die Videospuren bei halber Bandgeschwindigkeit nicht ineinanderlaufen, müssen die Spurbreiten halbiert werden. Bei LP-Betrieb beträgt die Spurbreite nur 17,2 µm.
Eine Halbierung der Spurbreite ist nur zu erreichen, wenn zwei LP-Videoköpfe mit 17,2 µm Spaltlänge zusätzlich auf die Kopftrommel aufgebracht werden. Die Halbierung der Spurbreite führt zu einem Qualitätsverlust bei der Bildwiedergabe. Das Rauschen nimmt zu. Es treten vermehrt Störungen (Drop outs) auf.
Die Tonqualität ist jedoch bei LP-Betrieb sehr gut, da das Tonsignal frequenzmoduliert aufgezeichnet wird. Man wird LP-Betrieb nur dann wählen, wenn die Kassettenspieldauer nicht ausreicht oder wenn man nur an der Tonaufnahme interessiert ist.

13.2.5.3 PCM-Ton

Beim Video-8-System ergibt sich eine Video-Spurlänge von 79,31 mm (siehe Bild 13.17). Für die Bildaufzeichnung benötigt man nur 66,11 mm. Eine Spurlänge von 13,2 mm steht für den PCM-Ton zur Verfügung (PCM = Pulscode-Modulation).

> Beim PCM-Ton wird ein Stereo-Tonsignal digital aufgezeichnet.

Verwendet wird ein Pulscode-Modulationsverfahren, das dem der CD-Platte (Compact Disk) sehr ähnlich ist. Die Abtastfrequenz beträgt 31,25 kHz. Damit liegt die höchste übertragbare Tonfrequenz bei 31 250/2 = 15 625 Hz. Die Quantisierung ist auf 8 Bit begrenzt. Man verwendet nichtlineare Quantisierung. Die digitale Fehlerkorrektur erfolgt nach CIC-Code mit Hilfe von Zusatzbits. Es ergibt sich eine Datenrate von 5,75 Megabit pro Sekunde bei der Übertragung von 2 Kanälen (Stereo). Das PCM-Signal wird auf den unteren 13,2 mm jeder Schrägspur aufgezeichnet.

Da es zwischen dem PCM-Signal und den anderen Signalen der Schrägspur eine räumliche Trennung gibt, ist eine Nachvertonung mit PCM-Ton möglich.

Die Qualität des PCM-Tons kommt der Tonqualität einer CD-Platte sehr nahe. Die Aufzeichnung des PCM-Tons erfordert einen höheren technischen Aufwand. Die Möglichkeit, PCM-Ton aufzuzeichnen, findet man nur bei hochwertigen Camcordern, den Stereo-Camcordern und bei Heim-Videorecordern.

Warum steht bei der Video-8-Schrägspur ein 13,2-mm-Bereich für die PCM-Tonaufzeichnung zur Verfügung? Es wird eine Kopfumschlingung von 221° gewählt, wie auf Bild 13.19 dargestellt. Für die Signale eines Halbbildes werden nur 180° benötigt. Während eines Winkels von 36° ist ein Videokopf mit der Abtastung des PCM-Signals beschäftigt, während der zweite Videokopf noch das Bildsignal abtastet. Ein Bereich von 5 Winkelgeraden dient der Kopfumschaltung.

Bild 13.19
Kopftrommel und Bandumschlingung
beim Video-8-System

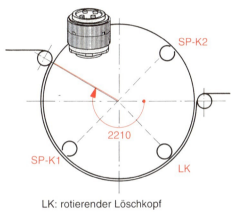

LK: rotierender Löschkopf
SP-K1: und SP-K2:
Videoköpfe für Standardplay (SP)

13.2.5.4 Multi-PCM-Ton

Es ist möglich, auf der Video-8-Schrägspur mehrere PCM-Signale unterzubringen. Die für das Bildsignal verwendete Schrägspur wird in 5 Bereiche zu je 13,2 mm Länge unterteilt (Bild 13.20). Zusammen mit dem schon vorhandenen PCM-Bereich ergeben sich 6 PCM-Bereiche.

Auf jedem der 6 PCM-Bereiche kann ein PCM-Tonsignal als Stereosignal untergebracht werden.

Bild 13.20
Video-8-Schrägspur, unterteilt in 6 PCM-Bereiche
(6 PCM-Kanäle: Multi-PCM)

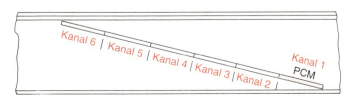

Eine Bildaufnahme entfällt dann natürlich. Der Video-8-Recorder wird in dieser gewählten Betriebsart nur als Aufnahme- und Wiedergabegerät für hochwertige Tonsignale verwendet.
Die Möglichkeit, den Multi-PCM-Ton-Betriebszustand zu wählen, besteht nur bei wenigen hochwertigen Heim-Videorecordern. Interessant ist, daß der Multi-PCM-Ton auch bei LP-Betrieb (Long-play-Betrieb) in der gleichen hochwertigen Qualität wie bei SP-Betrieb (Standard-play-Betrieb) aufgenommen und wiedergegeben werden kann. Dies ist durch die digitale Codierung begründet. Die Signale 0 bis 1 sind bei LP genausogut zu erkennen wie bei SP. Es ergibt sich also kein Qualitätsverlust.
Der Benutzer eines mit Multi-PCM-Ton-Möglichkeit ausgestatteten Videorecorders wählt die Betriebsart «Multi-PCM-Ton» und dann einen der 6 Kanäle. Jetzt kann er auf diesem Kanal ein Stereo-Tonsignal aufnehmen. Bei Longplay und der Verwendung einer 90-Minuten-Kassette können auf diesem Kanal 3 Stunden Stereo-Tonsignal digital gespeichert werden. Bei Bandende kann manuell oder automatisch auf den folgenden Kanal umgeschaltet werden, bis alle 6 PCM-Bereiche bespielt sind. Für eine 90-Minuten-Kassette ergibt sich eine Spieldauer von 6 × 3 Stunden = 18 Stunden.

> Eine 90-Minuten-Video-8-Kassette kann beim Multi-PCM-Tonverfahren und LP-Betrieb 18 Stunden digitales Tonsignal speichern.

Die Tonqualität ist sehr gut. Sie ist gehörmäßig fast nicht von der CD-Tonqualität zu unterscheiden.
Wird z. B. der Kanal 3 gewählt, so schalten die Videoköpfe nur während des Überstreichens des Spurbereiches 3 (Bild 13.20) ein. Während dieser Zeit erfolgt die Tonaufnahme und später die Wiedergabe-Abtastung. Die anderen Spurbereiche (Kanäle) bleiben unberührt. Das Löschen der Spurbereiche erfolgt durch einen rotierenden Löschkopf.

> Die einzelnen zu den Kanälen gehörenden Spurbereiche können jeder für sich gelöscht werden.

Jeder einzelne Kanal kann also beliebig oft gelöscht und neu bespielt werden, ohne daß die Signale auf den anderen Kanälen beeinträchtigt werden.
Selbstverständlich kann ein Videorecorder mit Multi-PCM-Möglichkeit ohne Einschränkungen in der Betriebsart «Video» betrieben werden. Er arbeitet dann wie ein normaler Video-8-Recorder. Bei Video-8-Camcordern wird «Multi-PCM-Ton» normalerweise nicht eingebaut, da Bildsignale aufgenommen werden sollen. Es sind nur Heim-Videorecorder mit Multi-PCM-Ton erhältlich.

13.2.5.5 Löschverfahren
Was beim VHS-System vermißt wird, ist bei Video-8 vorhanden: ein rotierender Löschkopf.

> Der rotierende Löschkopf löscht stets zwei Spuren, die zu einem Bild gehören.

Auf jeder Spur sind ja bekanntlich die Signale für ein Halbbild gespeichert. Der Löschkopf fährt vor den Videoköpfen über die Doppelschrägspur. Damit ist sichergestellt, daß bei Neuaufnahmen stets gelöschte Spuren zur Verfügung stehen.

Das Anfügen von Bildszenen, der sogenannte Assemble-Schnitt, und das Einfügen von Bildszenen, das Insert-Verfahren, sind dank des rotierenden Löschkopfes elegant und störungsfrei möglich (Bild 13.21).

Bild 13.21
Rotierender
Löschkopf

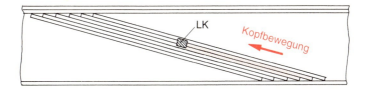

13.2.6 Hi8-System

Das Hi8-System ist eine Weiterentwicklung des Video-8-Systems. Es wurde ein Magnetband entwickelt, das Signale mit Frequenzen bis zu etwa 11 MHz speichern kann.
Bei Verwendung dieses Bandes kann die FM-Trägerfrequenz für den Weiß-Pegel auf 7,7 MHz festgelegt werden. Für den Ultraschwarz-Pegel wurden 5,7 MHz gewählt. Damit ergibt sich ein Hub von 2 MHz. Das Frequenzschema ist in Bild 13.22 dargestellt. Der größere Hub bringt einen größeren Modulationsindex. Die höchste speicherbare Frequenz des Y-Signals liegt bei etwa 5,2 MHz. Gegenüber dem Y-Signal eines Fernsehsenders ergibt sich keine Qualitätsverschlechterung.

> Beim Hi8-System werden die FM-Trägerfrequenzen des Y-Signals von Video-8 zu höheren Frequenzen hin verschoben. Der maximale Hub wird von 1,2 MHz auf 2 MHz erhöht.

Bild 13.22
Hi8-Frequenz-
schema

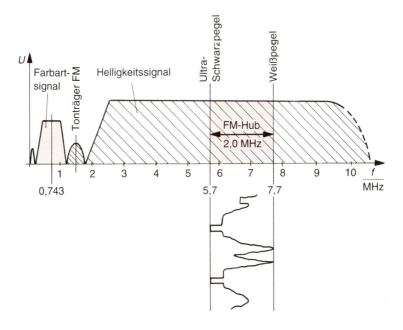

Um die Abtastung hoher Frequenzen zu erleichtern, werden Videoköpfe mit nur 0,2 µm Spaltbreite verwendet. Frequenzen in der Größenordnung von 11 MHz bringen bei der Wiedergabe nur Signale geringer Amplitude. Dem begegnet man durch Anheben der hohen Frequenzen bei der Aufnahme (Preemphasis). Da es sich um frequenzmodulierte Signale handelt, ist die Amplitudenhöhe nicht so wichtig. Das Y-Signal liegt in der Frequenzänderung (siehe Abschnitt 4.3.2 Frequenzmodulation).
Das Spurbild von Video-8 (siehe Bild 13.17) ist auch für Hi8 gültig. Die Kassettenabmessungen sind die gleichen. Hi8-Kassetten enthalten aber ein hochwertigeres Magnetband.

> Die System-Kennwerte von Hi8 entsprechen bis auf die beschriebenen Änderungen den System-Kennwerten von Video-8.

Auch das FM-Tonverfahren, das PCM-Tonverfahren und das Multi-PCM-Ton-Verfahren sind die gleichen wie bei Video-8.

> Das Hi8-System ist zum Video-8-System aufwärtskompatibel.

Eine Video-8-Kassette kann in einem Hi8-Recorder oder Hi8-Camcorder abgespielt werden. Dagegen ist es nicht möglich, eine Hi8-Kassette mit einer Hi8-Aufzeichnung auf einem Video-8-Recorder bzw. -Camcorder wiederzugeben.

13.2.7 Weitere Videosysteme

Die Heim-Videotechnik begann mit Videosystemen, die inzwischen fast in Vergessenheit geraten sind. Zu nennen sind das VCR-System, das SVR-System und das System Video 2000. Für diese Systeme gibt es heute kaum noch Bänder bzw. Kassetten.

Größe	Einheit	VHS	S-VHS	Video-8	Hi8	Betamax
Bandvorschubgeschwindigkeit	cm/s	2,34	2,34	2,0051	2,0051	1,87
Aufzeichnungsgeschwindigkeit	m/s	4,85	4,85	3,1	3,1	5,83
Kopfspaltbreite	µm	0,3	0,25	0,25	0,2	0,4
Azimut-Winkel	grad	± 6	± 6	± 10	± 10	± 7
Spurbreite	µm	48,6	48,6	34,4	34,4	32,8
Video-Spurlänge	mm	96,7	96,7	79,31	79,31	121,8
Spurwinkel α	grad	5,964	5,964	4,917	4,917	5,0
Kopftrommel-Durchmesser	mm	62	62	39	39	74,49
Banddicke	µm	14/20	14	9	9	14/20
Höchste Videofrequenz	MHz	3,0	5,0	3,5	5,2	3,3
FM-Träger	MHz	3,8 – 4,8	5,4 – 7,0	4,2 – 5,4	5,7 – 7,7	3,8 – 5,2
Frequenzhub	MHz	1,0	1,6	1,2	2,0	1,4
Träger-Farbartsignal	kHz	627	627	732	732	685

Bild 13.23   Kenngrößen der Videosysteme

Lediglich das System Betamax wird heute noch in geringem Umfang verwendet. Es hat einige Vorteile gegenüber dem VHS-System, konnte sich aber am Markt nicht durchsetzen.
Eine Übersicht über die System-Kennwerte der zur Zeit verwendeten Videosysteme gibt die Tabelle von Bild 13.23. Das Hi8-System ist danach das System mit den besten Kennwerten.
Für die Zukunft ist ein digitales Videosystem zu erwarten. Die volldigitale Aufzeichnung von Bild und Ton führt zur Zeit noch zu einem kaum zu bewältigenden Datenstrom, also einer sehr großen Bitmenge pro Sekunde. Diese soll durch Datenreduktions-Verfahren vermindert werden, ohne daß die Bildqualität leidet.

13.3 Antriebstechnik und Ablaufsteuerung

13.3.1 Antriebsmotoren

Bei allen Videosystemen wird nach Einlegen der Kassette das Magnetband eingefädelt, d. h., das Magnetband wird aus der Kassette herausgezogen und über die Führungsrollen um die Kopftrommel geschlungen. Bild 13.24 zeigt die bei VHS übliche Bandführung. Für die Bandeinfädelung ist bei guten Videorecordern ein besonderer *Fädelmotor* vorhanden.

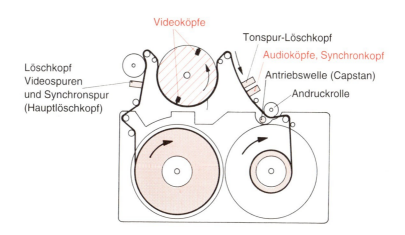

Bild 13.24
Bandführung bei VHS (nach JVC)

Den Bandvorschub besorgt die Capstan-Welle mit der Andruckrolle. Für den Antrieb der Capstan-Welle steht ein *Capstan-Motor* zur Verfügung.
Der dritte Motor eines Videorecorders treibt die Kopftrommel an. Dieser *Kopftrommel-Motor* muß sehr fein regelbar sein.
Weiterhin müssen die Bandspulen der Kassetten bewegt werden. Es wird ein Wickelteller-Antrieb benötigt. Der Wickelteller-Antrieb kann durch einen weiteren Motor erfolgen. Oft übernimmt der Capstan-Motor diese Aufgabe mit.
Ist die Videokassette in das Kassettenfach einzuziehen und nach Nutzung auch wieder auszuwerfen, wird ein *Kassettenfach-Motor* benötigt. Wenn gespart werden muß, kann auch diese Aufgabe vom Capstan-Motor übernommen werden.

> Ein Videorecorder benötigt für die verschiedenen Antriebe 3 bis 5 Motoren.

Als Motoren werden meist drehzahlsteuerbare Gleichstrommotoren verwendet.

13.3.2 Regelung des Capstan-Motors

Der Capstan-Motor muß die vorgeschriebene Bandvorschubgeschwindigkeit sehr genau einhalten, damit die Schrägspuren normgerecht aufgezeichnet werden. Die Drehzahl des Capstan-Motors wird geregelt. Auf seiner Motorwelle befindet sich ein sogenannter Tachogenerator. Dieser gibt eine Frequenz oder eine Impulsfolge ab, die der im Augenblick vorhandenen Drehzahl entspricht. Der Tachogenerator ist der *Sollwertgeber*. Den *Istwert* gibt ein Quarzoszillator. Sollwert und Istwert werden miteinander verglichen. Ergibt sich keine Differenz, so ist die Drehzahl des Capstan-Motors richtig.

Ist der Istwert zu gering, wird der Capstan-Motor zu höherer Drehzahl gesteuert. Dies geschieht durch Erhöhung der am Motor anliegenden Spannung. Ist der Istwert zu hoch, wird die Drehzahl des Capstan-Motors heruntergefahren, bis Sollwert und Istwert übereinstimmen. Der Regelkreis des Capstan-Motors wird auch Capstan-Servokreis genannt.

Trotz optimaler Drehzahlregelung kann es beim Bandtransport zu einem gewissen Schlupf kommen. Dieser Schlupf bereitet bei späterer Wiedergabe Schwierigkeiten. Um diesen zu begegnen, wird bei der Aufnahme ein aus dem Bildwechselimpuls gewonnenes Synchronsignal, das sogenannte CTL-Signal, auf der an der unteren Bandkante befindlichen Synchronspur aufgezeichnet (VHS, Bild 13.25). Jeder zweite Bildwechselimpuls führt zu einem CTL-Impuls.

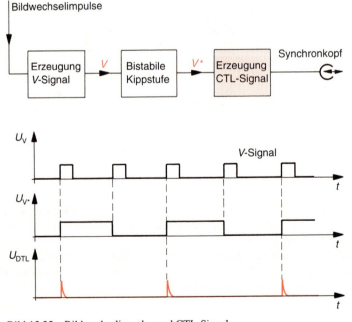

Bild 13.25 Bildwechselimpulse und CTL-Signal

3.3.3 Regelung des Kopftrommel-Motors

Der Kopftrommel-Motor muß bei VHS und S-VHS eine Drehzahl von 1500 Umdrehungen pro Minute haben. Während einer Kopftrommelumdrehung werden zwei Schrägspuren aufgezeichnet. Jede Schrägspur enthält die Information eines Halbbildes. Bei VHS und S-VHS beträgt der für die Aufzeichnung nutzbare Umschlingungswinkel 180°. Bei der ersten halben Umdrehung der Kopftrommel schreibt Videokopf 1 die erste Schrägspur. Dann wird umgeschaltet auf Videokopf 2. Dieser schreibt die zweite Schrägspur.

> Für das Aufzeichnen und spätere Wiedergeben eines Halbbildes stehen 20 ms zur Verfügung.

Es werden 50 Halbbilder pro Sekunde aufgezeichnet. Dies entspricht der Fernsehnorm. Die Kopftrommel muß sich also 25mal pro Sekunde drehen. Motor und Kopftrommel sitzen auf einer Achse. Somit ergibt sich eine Drehzahl des Kopftrommel-Motors von $1500\ min^{-1}$. Die Videoköpfe werden mit einer Frequenz von 25 Hz umgeschaltet.
Zunächst muß die Drehzahl der Kopftrommel geregelt werden. Auf der Motor- und Kopftrommelachse sitzt auch hier ein Tachogenerator. Dieser liefert den Drehzahl-Istwert. Der Sollwert der Drehzahl wird aus der Frequenz des Quarzoszillators abgeleitet. Die Kopftrommel muß nicht nur die richtige Drehzahl haben, sie muß auch phasengenau laufen. Das Aufzeichnen eines Halbbildes muß am unteren Anfang der Schrägspur (Bild 13.9), also oberhalb der Synchronspur, beginnen.

> Jede Schrägspur-Aufzeichnung beginnt mit einem Bildwechselimpuls.

Der Bildwechselimpuls wird auch Vertikal-Synchronimpuls oder *V*-Signal genannt. Wenn also der Bildwechselimpuls vom Sender kommt, muß ein Videokopf am unteren Anfang der Schrägspur stehen. Um dies zu erreichen, muß die Kopftrommel einen *Lagengeber* haben. Als Lagengeber kommen Dauermagnete oder Gabellichtschranken in Frage, die auf der Schwungscheibe unterhalb der Kopftrommel sitzen. Der Lagengeber meldet die Kopftrommelstellung der Synchronisationsschaltung.
Der Videokopf hat die erste Schrägspur mit einer Kopfspaltverschiebung von $+6°$ beschrieben. Der Videokopf 2 hat die zweite Schrägspur mit einer Kopfspaltverschiebung von $-6°$ beschrieben (Azimut bei VHS und S-VHS). Bei der Wiedergabe muß sichergestellt sein, daß Videokopf 1 alle Schrägspuren mit $+6°$ und Videokopf 2 alle Schrägspuren mit $-6°$ abtastet. Diese Forderung kann nur erfüllt werden, wenn die Capstan-Regelschaltung und die Kopftrommel-Regelschaltung miteinander verknüpft werden.

> Die Verknüpfung der Kopftrommel-Regelschaltung mit der Capstan-Regelschaltung geschieht bei der Aufnahme über den als Sollwertgeber arbeitenden Quarzoszillator.

Der Quarzoszillator wird bei der Aufnahme durch das vom Sender kommende Bildwechselsignal synchronisiert.
Bei der Wiedergabe spielt das auf der Synchronspur aufgezeichnete CTL-Signal eine wichtige Rolle.

> Bei Wiedergabe wird der Quarzoszillator mit dem CTL-Signal synchronisiert.

Kleine Ungenauigkeiten der Schrägspuraufzeichnung können durch die starre Koppelung der Capstan-Regelung mit der Kopftrommel-Regelung ausgeglichen werden. Die richtige Spurlage wird gefunden.
Jeder Videorecorder erzeugt als Folge von unvermeidbaren Fertigungstoleranzen kleine Aufzeichnungsungenauigkeiten auf dem Magnetband. Diese Ungenauigkeiten könnten den Bänderaustausch zwischen verschiedenen Videorecordern in Frage stellen.

> Durch die Koppelung der beiden Regelsysteme für Capstan und Kopftrommel ist die Möglichkeit des Bandaustausches gewährleistet.

Auch erkennt ein Recorder sofort, ob ein Band mit SP (Standardplay) oder LP (Longplay) bespielt ist.

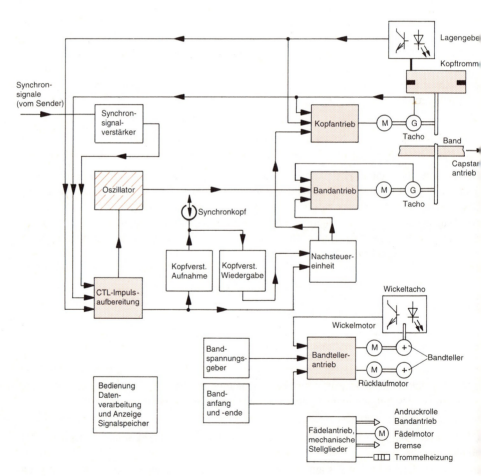

Bild 13.26   Übersichtsplan der Regelsysteme für Capstan- und Kopftrommel-Antrieb

Bild 13.26 zeigt ein Blockschaltbild der Regelsysteme für Capstan und Kopftrommel. Dieses Bild entspricht dem VHS/S-VHS-System. Für Video-8/Hi8 gilt es prinzipiell auch. Nur hat Video-8/Hi8 ein zusätzliches Spurfindungssystem, genannt Track-Finder. Durch zusätzlich auf der Schrägspur übertragene Frequenzen läßt sich eine sehr genaue Spurnachsteuerung verwirklichen, durch die auch größere Schrägspurfehler ausgeglichen werden können.

13.3.4 Bandzug-Regelung

Hochwertige Videorecorder verfügen auch über Regelkreise für die Wickelteller und den Wickelmotor. Diese garantieren, daß der Bandzug bei jedem Durchmesser der Bandwickel und bei jeder Kassettenart und Bandsorte gleich dem Sollwert ist. Damit ist sichergestellt, daß das Magnetband gut an der Kopftrommel anliegt und der Schlupf beim Bandtransport sehr gering ist.
Bei schnellem Vorlauf und bei schnellem Rücklauf wird die Bandbewegung sanft gestartet und sanft abgebremst. Das Magnetband wird so geschont.

13.3.5 Ablaufsteuerung

Die Bedienung eines Videorecorders erfolgt im Normalfall durch Betätigung von Tasten und Schaltern. Die Funktionen der wichtigsten Tasten können oft mit Hilfe der Fernbedienung ausgelöst werden, zum Beispiel Start (Play), Stop, schneller Vorlauf, schneller Rücklauf, Programm-Nr. (Kanal), Aufnahme, Lautstärke, Pause, Kassettenausgabe.
Die Tastenfunktionen sind mit Hilfe der Elektronik abgesichert. Werden «schneller Vorlauf» und «schneller Rücklauf» gleichzeitig gedrückt, geschieht nichts. Wird aus dem Abspielvorgang «Play» der schnelle Rücklauf eingeschaltet, so schaltet die Elektronik zunächst auf «Stop» und dann auf schnellen Rücklauf. Läuft der Recorder z. B. auf Aufnahme, kann der Programmkanal nicht gewechselt werden. Die Schalterfunktion ist verriegelt.
Fast alle Videorecorder verfügen über eine Zeitschaltuhr. Diese enthält oft auch eine Datumsfunktion. Mit ihr lassen sich Aufnahmevorgänge über einen Zeitraum von 7 Tagen bis zu mehreren Monaten vorprogrammieren. Es werden das Datum oder der Wochentag, die Zeit des Aufnahmebeginns, die des Aufnahmeendes und die Nummer des Programmkanals eingegeben. Solche Eingaben lassen sich, je nach Videorecorder, für z. B. 6 bis 12 Aufnahmewünsche innerhalb von 14 Tagen machen. Alle Aufnahmewünsche werden zeitlich nacheinander ausgeführt.
Wie ist nun die zugehörige Elektronik prinzipiell aufgebaut?

> Das Herz der gesamten Ablaufsteuerung ist ein Mikroprozessor.

Zu dem Mikroprozessor gehört ein Festwertspeicher, ein sogenanntes ROM. In diesem hat der Hersteller alle Daten und Programme gespeichert, die sich nicht ändern. Diese Daten und Programme ruft der Mikroprozessor bei Bedarf ab.
Die Daten für Aufnahmewünsche werden einem Schreib-Lesespeicher, einem sogenannten RAM, zugeführt. Hier werden die Daten so lange gespeichert, so lange sie gebraucht werden. Die Daten eines Aufnahmewunsches werden gelöscht, sobald der Aufnahmewunsch erfüllt ist. Selbstverständlich kann der Benutzer des Recorders einen programmierten Aufnahmewunsch auch wieder löschen, wenn er auf die Aufnahme verzichten will.

> Die festliegenden Daten sind in einem ROM gespeichert, die sich ändernden Daten in einem RAM.

Der Mikroprozessor verarbeitet nun alle verfügbaren Informationen und steuert den gesamten Ablauf. Er überwacht die Funktion aller wichtigen Geräteteile. Die Überwachung beginnt mit dem Einlegen der Kassette. Wenn keine Kassette eingelegt ist, wird erst gar nicht gestartet. Bei Aufnahme und Wiedergabe wird vor allem der Bandlauf kontrolliert. Verklemmt sich das Band oder reißt es gar, werden die Antriebsmotoren sofort stillgesetzt und der Videorecorder nach einer bestimmten Wartezeit abgeschaltet. Eine Abschaltung erfolgt auch, wenn das Magnetband seinen Endpunkt erreicht hat.

Bei hochwertigen Videorecordern meldet der Mikroprozessor auftretende Fehler über ein Display. Gemeldet werden auch Programmierfehler.

Für viele Nichttechniker ist es schwierig, auf dem Videorecorder die Programmkanäle richtig einzustellen und den Videorecorder richtig zu programmieren. Hier kann bei neueren Geräten der Bildschirm des Fernsehgerätes eingesetzt werden. Der Mikroprozessor läßt auf dem Bildschirm eine Schrift erscheinen, durch die der Benutzer zum jeweils nächsten Bedienschritt bzw. Eingabeschritt aufgefordert wird. Der Benutzer wird so schrittweise zum Ziel geführt (Bedienerführung).

Die Programmierung kann auch mit Hilfe eines Balkencodes erfolgen. Hierzu benötigt man ein Zusatzgerät zum Lesen des Balkencodes. In einigen Programmzeitschriften werden die Fernsehsendungen mit Balkencodes versehen. Möchte der Benutzer eine bestimmte Sendung aufnehmen, fährt er mit dem Zusatzgerät über den in der Zeitschrift abgedruckten Balkencode. Der Videorecorder nimmt die Daten auf und führt die Programmierung durch.

Nun kommt es immer wieder vor, daß sich die Anfangszeiten von Sendungen durch besondere Anlässe verschieben. Wenn die programmierte Zeit für den Beginn der Aufnahme gekommen ist, schaltet der Videorecorder ein und nimmt dann möglicherweise eine ganz andere Sendung auf. Um dies zu verhindern, wurde VPS entwickelt (VPS = Video-Programm-System).

Die Sendeanstalten übertragen in der Bildaustastlücke Zusatzinformationen, die sogenannten VPS-Labels. Das VPS-Label enthält das Datum und die angekündigte Sendezeit. Diese Daten werden im Videorecorder mit den einprogrammierten Daten verglichen. Sind die Daten gleich, startet der Videorecorder den Aufnahmevorgang. Sind die Daten nicht gleich, wird gewartet, bis eine Sendung mit gleichen Daten empfangen wird.

> Mit dem VPS-Label steuert ein Fernsehsender den Videorecorder.

Selbstverständlich muß die Elektronik des Videorecorders in der Lage sein, das empfangene VPS-Label auszuwerten. Einfache Videorecorder oder ältere Geräte verfügen über keine VPS-Auswerteschaltung.

13.4 Schaltungstechnik

Die Schaltungstechnik der Videorecorder ist je nach Hersteller und verwendetem Videosystem sehr unterschiedlich. Für Reparaturen benötigt man die ausführlichen Service-Unterlagen des Herstellers für das zu reparierende Gerät.
Trotzdem gibt es große Schaltungsähnlichkeiten, die sich besonders gut in Übersichtsschaltplänen (Blockschaltplänen) darstellen lassen.

13.4.1 Baugruppen für den Aufnahmevorgang

In dem Übersichtsplan (Bild 13.27) sind alle Baugruppen zusammengefaßt, die beim *Aufnahmevorgang* beteiligt sind. Der Videorecorder erhält das Sendersignal direkt von der Antenne oder von einem Breitbandkabel. Das Sendersignal wird «durchgeschliffen», d. h., der Videorecorder hat einen Antennenausgang, der zum Fernsehempfänger führt. Fernsehempfang ist auch bei ausgeschaltetem Videorecorder möglich.
Bei eingeschaltetem Videorecorder wird das Antennensignal in einem Tuner verstärkt und gemischt. Am Ausgang des Tuners steht das FBAS-Signal, geträgert mit 38,9 MHz, und das Tonsignal, geträgert mit 32,4 MHz, zur Verfügung (siehe auch Kapitel 12 «Fernsehtechnik»). Beide Signale werden meist getrennt weiterverarbeitet (Parallelton). Sie werden in getrennten ZF-Verstärkern verstärkt.
Das Tonsignal wird demoduliert (FM) und in einem Decoder für Stereo- und Zweikanalton aufbereitet. Die Signale werden mit Höhenanhebung verstärkt und den Tonköpfen 1 und 2 zugeführt.
Das Bildsignal, genauer das FBAS-Signal, wird in einem geregelten ZF-Verstärker gemäß der genormten ZF-Durchlaßkurve verstärkt und von Fremdsignalen gereinigt. Dann erfolgt die Video-Demodulation. In einer Trennstufe werden BAS-Signal und Farbartsignal (F-Signal) getrennt. Die Burstschwingungen werden aus dem *F*-Signal ausgesiebt. In der Burststufe erfolgt die Wiederherstellung des Farbhilfsträgersignals von 4,43... MHz. In der Trennstufe werden ebenfalls die Synchronsignale abgetrennt. Diese werden als *H*-Signale (Horizont-Synchronsignale) und *V*-Signale (Vertikal-Synchronsignale) der Antriebssteuerung zugeführt.
In der Frequenz-Umsetzerstufe wird das *F*-Signal von 4,43... MHz mit einer Hilfsfrequenz von 5,057 MHz gemischt. Es entsteht ein Signal mit der Differenzfrequenz von 627 kHz. Dieses Signal enthält die Farbart-Information und wird *F*-Signal (627 kHz) genannt.
Das BAS-Signal durchläuft bei VHS nach der Trennstufe einen 3-MHz-Tiefpaß. Die höheren Frequenzen werden abgeschnitten, da sie bei Standard-VHS zu Störungen führen können. Als nächstes erfolgt die genaue Einstellung der Spannungen für Schwarzwert und Weißwert. Danach wird das BAS-Signal verstärkt und dem FM-Modulator zugeführt.
Das frequenzmodulierte BAS-Signal wird mit dem *F*-Signal (627 kHz) in einer Summierstufe vereinigt. Jetzt ist das Gesamtsignal in der Form, in der es auf Magnetband aufgezeichnet werden kann. Es durchläuft einen Verstärker mit Höhenanhebung und wird auf die Videoköpfe der Kopftrommel gegeben. Die Kopf-Umschaltstufe sorgt für die richtige Umschaltung der Videoköpfe. Es erfolgt eine Synchronisation von der Antriebssteuerung her.
Vor jeder Aufnahme wird das Magnetband gelöscht. Der feststehende Haupt-Löschkopf löscht die Video-Schrägspuren und die Synchronspur. Der Tonspur-Löschkopf löscht die beiden Tonspuren. Das hochfrequente Löschsignal wird dem HF-Oszillator (Bild 13.27) entnommen.

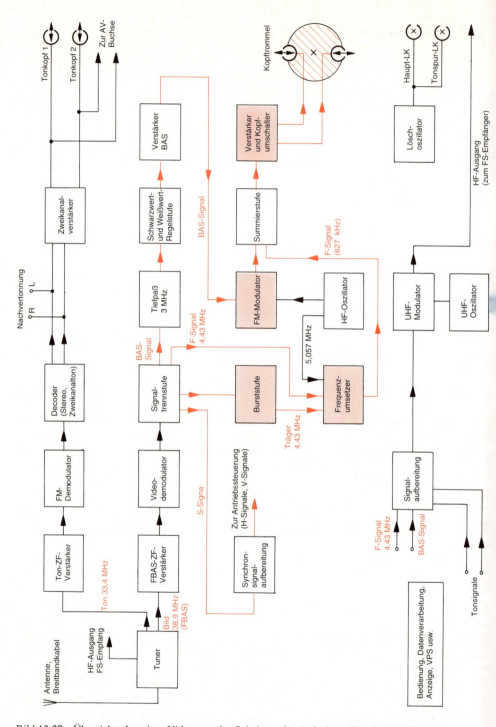

Bild 13.27 Übersichtsplan einer Videorecorder-Schaltung für Aufnahme (Standard-VHS)

Während der Aufnahme soll das aufgenommene Programm auf dem Fernseh-Bildschirm wiedergegeben werden. Der HF-Ausgang des Videorecorders liefert ein HF-Signal z. B. entsprechend Kanal 36. Ist dieser Kanal durch einen Fernsehsender belegt, kann ein anderer Kanal eingestellt werden. Das HF-Ausgangssignal wird auf den Antenneneingang des Fernsehempfängers gegeben. Wenn der Fernsehempfänger einen AV-Eingang hat (z. B. eine SCART-Buchse), ist eine HF-Modulation mit dem UHF-Modulator nicht mehr erforderlich. Das FBAS-Signal und die Tonsignale werden vom AV-Ausgang des Videorecorders direkt auf den AV-Eingang des Fernsehempfängers gegeben. Hierfür ist ein besonderes Verbindungskabel erforderlich. Der HF-Ausgang des Videorecorders kann unbenutzt bleiben.

13.4.2 Baugruppen für den Wiedergabevorgang

Die von den Videoköpfen aufgenommene Spannung wird zunächst verstärkt und entzerrt. Dafür ist der Kopfspannungsverstärker (K-Verstärker) zuständig. Danach erfolgt eine Drop-out-Kompensation (Bild 13.28). Bei Magnetband-Aufnahmen können Aussetzer entstehen, verursacht durch Fehler in der Magnetbeschichtung. Es fehlt dann zeitweise das Signal. Der Drop-out-Kompensator speichert stets das Signal der vorherigen Zeile. Entsteht bei der gerade übertragenen Zeile ein Aussetzer, so wird das Signal der vorherigen Zeile ausgegeben. Dies führt zu guten Ergebnissen, denn meist ist das Signal zweier aufeinanderfolgender Zeilen sehr ähnlich.

Nach der Drop-out-Kompensation erfolgt eine Signalaufteilung. Das BAS-Signal und das F-Signal (627 kHz) werden getrennt weiterverarbeitet. Die Burststufe bereitet den Burst auf und erzeugt ein Steuersignal für den Quarzoszillator. Der Quarzoszillator wird durch den Burst synchronisiert. Der Frequenz-Umsetzer setzt das F-Signal (627 kHz) in das ursprüngliche F-Signal (4,43 MHz) um. Für den Mischvorgang ist eine Hilfsfrequenz von 5,057 MHz erforderlich.

Das BAS-Signal wird begrenzt und demoduliert (FM). Dann erfolgt eine Verstärkung. Die Synchronsignale, die im BAS-Signal enthalten sind, werden nach der Verstärkung an die Aufbereitungsstufe für Synchronsignale weitergegeben. Das BAS-Signal wird mit einem Anteil der Synchronsignale der Summierstufe zugeführt.

Die Verarbeitung der Tonsignale ist recht einfach. Die Spannungen von Kanal 1 und Kanal 2 werden verstärkt. Kanal 1 überträgt bei Stereoton das Signal $(L + R)/2$ und bei Zweiton das Signal NF1. Kanal 2 überträgt bei Stereoton das Signal R und bei Zweiton das Signal NF2. Die verstärkten Signale werden einmal an die AV-Buchse gegeben. Zum anderen werden sie auf Trägersignale durch Frequenzmodulation aufmoduliert. Das Signal von Kanal 1 moduliert einen Träger von 5,5 MHz, das Signal von Kanal 2 einen Träger von 5,74 MHz (Bild 13.28). Beide FM-Tonsignale werden der Summierstufe zugeführt.

In der Summierstufe werden das BAS-Signal, das F-Signal (4,43 MHz) und die Tonsignale zu einem Gesamtsignal zusammengefaßt. Dieses Signal wird verstärkt und steht an der AV-Buchse zur Verfügung. Hat der Fernsehempfänger eine AV-Buchse, können die beiden AV-Buchsen miteinander verbunden werden. Die Wiedergabe erfolgt dann ohne zusätzliche HF-Modulation.

Hat der Fernsehempfänger keine AV-Buchse, muß über den Antenneneingang des Fernsehgerätes wiedergegeben werden. Das aus der Summierstufe kommende Signal moduliert eine UHF-Trägerfrequenz (z. B. Kanal 36). Der Fernsehempfänger muß z. B. auf Kanal 36 abgestimmt sein.

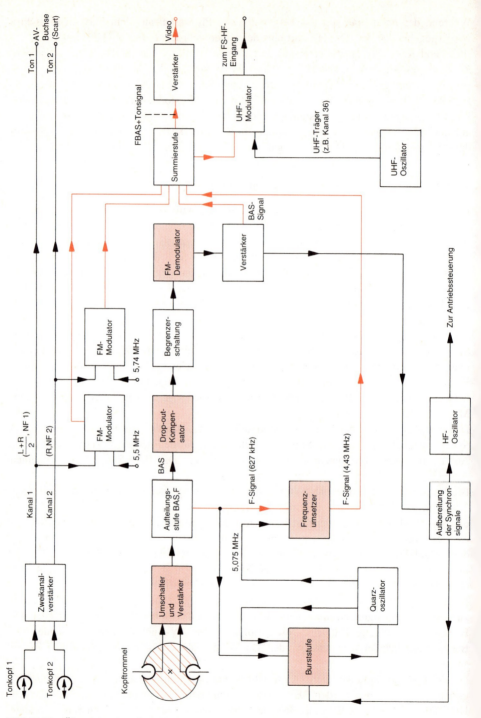

Bild 13.28 Übersichtsplan einer Videorecorder-Schaltung für Wiedergabe (Standard-VHS)

Die Synchronsignale werde zur Antriebssteuerung benötigt. Sie steuern einen HF-Oszillator (siehe Bild 13.28). Die Synchronsignale werden auch für die Burst-Stufe benötigt. Der HF-Oszillator dient der Antriebssteuerung.

In modernen Schaltungen werden viele Baugruppen durch integrierte Schaltungen (IC) verwirklicht. Auch werden mehrere Baugruppen zu einem IC zusammengefaßt. Nur so ist es möglich, die verhältnismäßig komplizierten Videorecorder-Schaltungen preiswert herzustellen.

13.5 Lernziel-Test

1. Was ist Schrägspur-Aufzeichnung und warum wird sie verwendet?
2. Wie muß eine Kopftrommel für Schrägspur-Aufzeichnung aufgebaut sein?
3. Welche Videosysteme gibt es zur Zeit für den Heimgebrauch?
4. Wie groß sind bei allen nichtprofessionellen Videosystemen die ungefähren Aufzeichnungsgeschwindigkeiten? (Geschwindigkeit Videokopf gegen Magnetspur)
5. Welche Modulationsart verwendet man zur Aufzeichnung des Y-Signals?
6. Wie wird das Farbartsignal bei VHS aufgezeichnet?
7. Skizzieren Sie das Frequenzschema mit Farbartsignal und Helligkeitssignal für das VHS-System.
8. Wie wird bei VHS der Normalton aufgezeichnet?
9. Wie groß ist die Bandgeschwindigkeit bei VHS?
10. Bei VHS und S-VHS ist es möglich, ein Stereo-HiFi-Tonsignal zusätzlich auf das Magnetband aufzuzeichnen. Wie wird das gemacht?
11. Welche Vorteile und welche Nachteile hat das Longplay-Verfahren (Langspiel-Verfahren)?
12. Wodurch unterscheidet sich das S-VHS-System vom VHS-System?
13. Welche Besonderheiten haben die Systeme VHS-C und S-VHS-C? Warum wurden diese Systeme entwickelt?
14. Was ist ein Camcorder?
15. Beim Video-8-System werden FM-Ton und PCM-Ton verwendet. Beschreiben Sie die Unterschiede zwischen beiden Verfahren.
16. Skizzieren Sie das Video-8-Frequenzschema.
17. Wie arbeitet das Multi-PCM-Tonverfahren?
18. Welche Besonderheiten zeigt die Kopftrommel eines Video-8-Recorders?
19. Wie werden Videobänder gelöscht?
20. Nennen Sie die Vorteile, die ein rotierender Löschkopf bietet.
21. Beschreiben Sie den Regelmechanismus für den Kopftrommelantrieb.
22. Wie erfolgt die Regelung des Bandtransportes?

14 Grundlagen der Fernsprechtechnik

14.1 Entwicklung der Fernsprechtechnik

Für die Realisierung der Idee des «Fernsprechens», von den Anfängen im letzten Quartal des 19. Jahrhunderts (PHILIPP REIS; ALEXANDER GRAHAM BELL) bis heute, verlief die Entwicklung der Fernsprechtechnik nicht stetig oder prognostizierbar. Diese Entwicklung vollzog sich vielmehr in Schüben, jeweils ausgelöst durch entsprechende Erfindungen und die daraus folgende, zuverlässige Beherrschung neuartiger Technologien.
Die ersten lokalen Fernsprechnetze bestanden aus einer manuellen Vermittlungseinrichtung, den Teilnehmerendgeräten und dazwischenliegenden Freileitungen. Der Ruf von einem Teilnehmer zum anderen – also der Ausdruck des Kommunikationswunsches – wurde durch Betätigung des im Endgerät enthaltenen Kurbelinduktors der Vermittlung angezeigt. Der Verbindungswunsch mußte der Vermittlungskraft – dem «Fräulein vom Amt» – mündlich mitgeteilt werden, die daraufhin, ebenfalls mittels Kurbelinduktor, über die Leitung zum gewünschten Teilnehmer die dort im Endgerät enthaltene Klingel ansprechen ließ. Erst wenn sich der gerufene Teilnehmer bei der Vermittlungskraft meldete, stellte diese manuell, über Steckverbindungen am Vermittlungsschrank, die galvanische Verbindung zwischen beiden Teilnehmern her.
In der weiteren Entwicklung wurden auch auf den Fernverbindungen zwischen den lokalen Netzen Freileitungen eingesetzt. Sie waren im Vergleich zu Kabelleitungen einfacher zu errichten und zeigten eine erheblich geringere Dämpfung. Erst durch die Möglichkeit der Dämpfungsverringerung von Kabelleitungen durch die Einfügung von konzentrierten Bauelementen in die Leitung (Induktivitäten = Pupinspulen) wird der Dämpfungsverlauf bei hohen Frequenzen verbessert und auch auf den Fernverbindungen der Ausbau mit Kabeln realisierbar.
Mit der Erfindung des elektromechanischen Wählers gegen Ende des 19. Jahrhunderts (STROWGER) begann die Automatisierung der lokalen Netze (Ortsnetze). Der rufende Teilnehmer mußte durch Abheben des Handapparates und durch Drehen der Wählscheibe seinen Verbindungswunsch eingeben. Der gerufene Teilnehmer wurde weiterhin über ein Klingelzeichen auf den Kommunikationswunsch eines anderen Teilnehmers aufmerksam gemacht. Die galvanische Verbindung der Leitungen zwischen den Teilnehmern wurde auf elektromechanische Weise automatisch hergestellt.
Für Fernverbindungen wurde noch lange mit Handvermittlung gearbeitet. Die Verkehrslenkung, die automatische Gebührenerfassung und die Entdämpfung der zusammenschaltbaren Verbindungsabschnitte erforderten hier erheblich komplexere Abläufe als im Ortsverkehr.
Mit der Erfindung von Elektronenröhren konnten durch die nun realisierbaren Verstärker die Leitungsdämpfungen kompensiert werden. Durch den Einsatz von Mehrkanalsystemen, erst für zwei oder drei, dann für 6 und 12 Sprechkanäle, wurden die vorhandenen Freileitungen und Kabel im Fernnetz mehrfach ausgenutzt. Die ersten dieser Systeme arbeiteten mit Zweiseitenband-Modulation, später setzte sich jedoch die Einseitenband-Modulation mit unterdrücktem Träger durch. Da diese Systeme nun die Übertragung höherer Frequenzen über

die Leitungen erforderten, mußten die zu verwendenden Kabeladernpaare wieder entspult werden.

Die Grenzen der Übertragung auf symmetrischen Adernpaaren wurden mit den Systemen für 60 und 120 Sprechkanäle erreicht. Mit zunehmender Frequenz wird das Problem des Nebensprechens immer kritischer, und die Dämpfungsverzerrungen werden immer größer.

Der Einsatz der aus der Funktechnik bereits bekannten Koaxialleitung im Fernnetz brachte einen weiteren Fortschritt. Bei dieser Leitungsart ist die Nebensprechdämpfung sehr hoch und die Übertragungsbandbreite wesentlich größer als bei symmetrischen Leitungen. Jedoch nimmt die Leitungsdämpfung mit zunehmender Frequenz stark zu. Der Einsatz breitbandiger Zwischenverstärker wurde erforderlich. Diese konnte man zunächst nur sehr aufwendig mit Elektronenröhren realisieren.

Mit der Entwicklung zuverlässiger Transistoren kam ein entscheidender Durchbruch für die Weiterentwicklung der analogen Fernsprechübertragungstechnik. Diese hat mit dem 60-MHz-System für 10 800 Sprechkanäle über ein Koaxialleitungspaar ihre Grenzen erreicht.

Mit Einführung der Digitalisierung des Fernsprechens wird die analoge Übertragungstechnik Zug um Zug durch digitale Systeme abgelöst.

Bei der Übertragung von Fernsprechkanälen auf den Fernverbindungen hat man sich jedoch nicht nur auf Kabelverbindungen beschränkt. Parallel dazu wurde die Richtfunktechnik entwickelt. Im Frequenzbereich oberhalb 1 GHz mußte – wegen der stark gebündelten, quasioptischen Ausbreitungseigenschaft der elektromagnetischen Wellen – zwischen den Sende- und Empfangsstationen praktisch Sichtverbindung bestehen. In den verfügbaren Nutzbändern des festgelegten Frequenzbereiches konnten bis zu 2700 Fernsprechkanäle übertragen werden. Die Anordnung der Fernsprechkanäle in den Nutz- und Basisbändern der Richtfunksysteme mußte mit der Anordnung bei Übertragungssystemen auf Kabeln kompatibel sein.

Kabel- und Richtfunkstrecken besitzen gleiche Übertragungsqualität und werden beim Fernsprechen gleichwertig behandelt. Es besteht für den telefonierenden Teilnehmer die gleiche Übertragungsqualität, unabhängig davon, ob bei nationalen oder internationalen Verbindungen die einzelnen Übertragungsabschnitte über Kabel oder über Richtfunk geführt werden.

Auch in der Vermittlungstechnik wurden durch die rasante Entwicklung in der Elektronik wesentliche Neuerungen eingeführt. Im Bereich der Sprechwegedurchschaltung konnte jedoch lange Zeit auch die Elektronik nicht zum Durchbruch verhelfen. Die hohen Anforderungen an die Nebensprechdämpfung für das analoge Sprachsignal waren vermittlungstechnisch mit elektronischen Mitteln nicht realisierbar.

Der Durchbruch wurde erst erreicht, als das analoge Sprachsignal über die PCM-Technik in ein digitales Sprachsignal gewandelt wurde und – durch die zwischenzeitlich verfügbaren hochintegrierten Bausteine wie Mikroprozessoren und Speicher – auch sicher weitervermittelbar wurde.

14.2 Fernsprechkanal

14.2.1 Grundsätzliches

Bei jeder einzelnen Fernsprechverbindung muß der *Informationsgehalt der gesprochenen Schallinformation* über ein Mikrofon in ein elektrisches Signal umgewandelt, über die durchverbundenen Übertragungsabschnitte übertragen und über einen Lautsprecher (Fernhörer) in eine hörbare Schallinformation zurückgewandelt werden.

Beim Fernsprechen wird in erster Linie Wert auf *Verständlichkeit* gelegt, die Klangfarbe und die Natürlichkeit spielen eine untergeordnete Rolle.

Die menschliche Sprache ist eine Kombination aus Tönen (Frequenzen) mit unterschiedlichen Lautstärken (Pegeln). Der Frequenzbereich der menschlichen Stimme umfaßt etwa den Bereich von 60 bis 12 000 Hz. Der Frequenzbereich des menschlichen Ohres reicht von etwa 20 bis 20 000 Hz, die obere, noch hörbare Frequenz nimmt jedoch mit zunehmendem Alter ab.

Die menschliche Sprache ist charakterisiert durch Silben, die zu Wörtern und diese dann wiederum zu Sätzen verbunden werden. Für eine ausreichende Verständlichkeit der menschlichen Sprache braucht aber nicht das gesamte Frequenzspektrum übertragen zu werden. Die Verständlichkeit kann gemessen werden, indem ein Sprecher genormte Silben (Logatome) spricht, die von Zuhörern registriert werden (Bild 14.1). Das Verhältnis von richtig verstandenen Silben zur Gesamtzahl gesprochener Silben ist die *Silbenverständlichkeit*.

Logatome[1]				
get	wis	men	schlib	bors
gresch	dong	zad	jel	klisch
stel	hef	schrun	suf	pleb
ran	nust	mol	frer	zwor
spig	left	kig	prar	dup

[1] Die Silben dürfen weder für sich noch in der gesprochenen Reihenfolge einen Sinn ergeben, um eine gedankliche Ergänzung oder Kombination bei unverständlicher Wiedergabe auszuschließen.

Bild 14.1
Logatome zur Messung der Silbenverständlichkeit (Auswahl aus einer von 300 Listen zu je 50 Silben)

Das menschliche Gehirn ist jedoch in der Lage, fehlende oder fehlerhafte, aber in einem logischen Satzzusammenhang stehende Wortsilben bzw. Wörter selbständig richtig zu ergänzen. Die *Satzverständlichkeit* als zweite Meßgröße für die Verständlichkeit ist aus diesem Grund immer größer als die Silbenverständlichkeit. Den durch umfangreiche Messungen nachgewiesenen Zusammenhang zwischen Silben- und Satzverständlichkeit zeigt Bild 14.2. Je größer der zu übertragende Frequenzbereich sein soll, desto aufwendiger und teurer werden die benötigten technischen Einrichtungen. Man hat sich daher international geeinigt, daß für die Fernsprechübertragung eine Silbenverständlichkeit von 90% und dadurch bedingt eine Satzverständlichkeit von 98% ausreichend hohe Qualität darstellt.

Der erforderliche Frequenzbereich für Fernsprechen wurde international durch den CCITT auf den Bereich von 300 bis 3400 Hz festgelegt. (CCITT = Comité Consultatif International Télégraphique et Téléphonique: Internationaler Beratender Ausschuß für den Telegraphen- und Fernsprechdienst)

Innerhalb dieses Frequenzbereiches befindet sich der eigentliche Informationsgehalt der Sprache. Die Frequenzanteile oberhalb dieses Bereiches wirken sich auf die Verständlichkeit bzw. den Informationsgehalt nahezu nicht mehr aus, sondern beeinflussen nur noch die Individualität der Stimme.

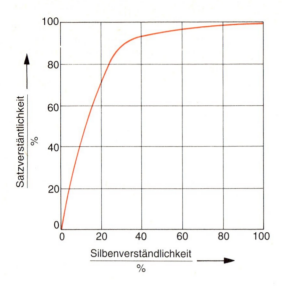

Bild 14.2
Beziehung zwischen Silben- und Satzverständlichkeit

14.2.2 Kenngrößen des analogen Fernsprechkanals

Das Mikrofon des Telefonapparates wird von einem Gleichstrom durchflossen. Durch die auftreffenden Schallwellen wird dieser Gleichstrom – z. B. über die vom Membrandruck verursachte Widerstandsänderung – frequenzidentisch in seiner Amplitude verändert (Bild 14.3), es entsteht der sogenannte *Sprechwechselstrom*.
Die hohen Frequenzanteile der Sprachinformation werden dabei durch den bauartbedingten Frequenzgang des Mikrofons stark bedämpft.
Im Verlauf der Übertragung dieses umgewandelten, niederfrequenten elektrischen Signals treten weitere, frequenzabhängige Dämpfungsverzerrungen auf. Sie werden insbesondere durch die Bauart und Länge der Leitungen beeinflußt. Da sich diese Dämpfungsverzerrungen auf den zahlreichen Leitungsabschnitten innerhalb einer Verbindung addieren, wurden international Grenzwerte für deren maximal zulässige Größe vereinbart (Bild 14.4).

> Innerhalb des Frequenzbereiches von 300 bis 3400 Hz darf bei keiner Frequenz der Dämpfungswert a um mehr als 8,7 dB vom meßbaren Dämpfungswert a_m bei 800 Hz abweichen.

Wenn im weiteren Verlauf der Übertragung durch Mehrfachausnutzung von Leitungen die Umsetzung des niederfrequenten Signals in einen anderen Frequenzbereich erforderlich wird, muß die Bandbreite des noch vorhandenen Frequenzspektrums zusätzlich begrenzt werden. Dazu setzt man sogenannte Kanalfilter ein. Das *Kanalraster* beträgt 4 kHz, die *Bandbreite des Fernsprechkanals* beträgt 3,1 kHz (Bild 14.5).

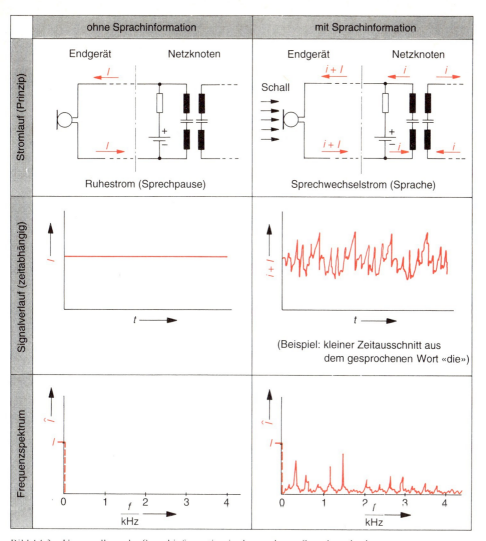

Bild 14.3 Umwandlung der Sprachinformation in den analogen Sprachwechselstrom

Bild 14.4
Zulässige Grenzwerte für
die Dämpfungsverzerrung
eines Fernsprechkanals
(Bezugsgröße: Dämpfung
bei 800 Hz)

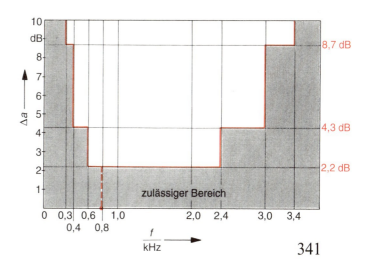

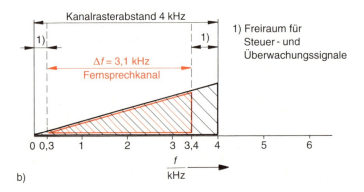

Bild 14.5
Der niederfrequente, analoge Fernsprechkanal
a) Frequenzspektrum
b) Symboldarstellung als Keil

14.2.3 Kenngrößen des digitalen Fernsprechkanals

Eingangs- bzw. Ausgangsgröße an der Schnittstelle zum Benutzer ist grundsätzlich – und das gilt auch für einen digitalen Fernsprechkanal – die über Mikrofon bzw. Lautsprecher in analoger Form gewandelte Sprachinformation.

Es muß also sowohl am Eingang als auch am Ausgang einer digitalen Fernsprechübertragung eine Wandlung von analogen in digitale Signale bzw. umgekehrt erfolgen.

Für diese *Analog-Digital-Umsetzung* benutzt man das *Pulscode-Modulationsverfahren (PCM)*, wie es bereits in Abschnitt 4.6 beschrieben ist.

14.2.3.1 Abtastfrequenz (f_A) und Abtastperiode (T_A)
Nach dem Abtasttheorem muß die *Abtastfrequenz* mindestens doppelt so groß sein wie die höchste Signalfrequenz. Beim analogen Fernsprechkanal beträgt die höchste Signalfrequenz 3400 Hz.
Rechnerisch würde somit eine Abtastfrequenz von 2 · 3400 Hz = 6800 Hz also ausreichen. Im Rahmen der internationalen Normung und unter Berücksichtigung einer ausreichenden Sicherheitsreserve wurde die Abtastfrequenz auf folgenden Wert festgelegt:

$$\text{Abtastfrequenz} \qquad f_A = 8000 \text{ Hz}$$

Der Abstand zwischen zwei aufeinanderfolgenden Abtastwerten des gleichen Fernsprechkanals, die sogenannte *Abtastperiode*, ergibt sich daraus zu:

$$\text{Abtastperiode} \qquad T_A = f_A^{-1} = 125 \text{ μs}$$

Wie in Bild 14.6 dargestellt, liegt das Ergebnis einer derartigen Abtastung, z. B. am Ausgang eines elektronischen Schalters, in Form von Amplitudenproben als *pulsamplitudenmoduliertes Signal (PAM)* vor.

14.2.3.2 Quantisierung
Die nach der Abtastung als PAM-Signal vorliegende Sprachinformation wird im Bereich der möglichen Signalwerte (Amplituden) in Intervalle unterteilt, denen ein bestimmter Wert zugeordnet wird. Alle Abtastwerte, die im selben Intervall liegen, werden durch den Mittelwert des Intervalls dargestellt.

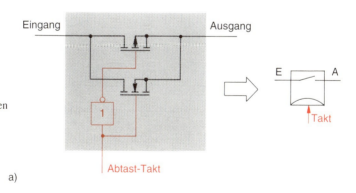

Bild 14.6
Elektronische Abtastung (Prinzipdarstellung)
a) prinzipieller Aufbau eines elektronischen Schalters
b) prinzipieller Signalverlauf am elektronischen Schalter

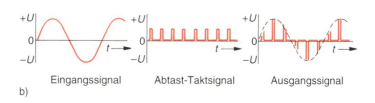

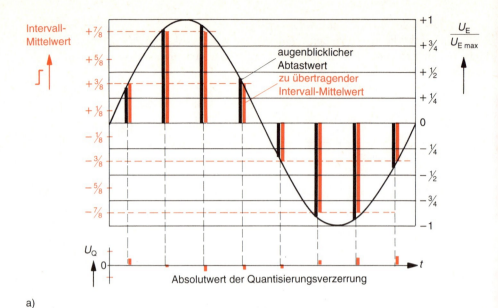

a)

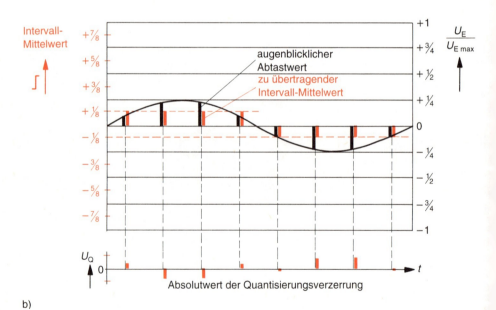

b)

Bild 14.7   Beispiel für lineare Amplitudenquantisierung und die auftretende Quantisierungsverzerrung
a) Beispiel für maximales Eingangssignal bei acht linearen Quantisierungsstufen
b) Beispiel für ein kleines Eingangssignal bei einem Gesamtbereich von acht linearen Quantisierungsstufen

Da auf der Empfangsseite das analoge Signal durch Integration der übertragenen Abtastwerte über einen Tiefpaß wieder rückgewonnen wird, erhält man somit nur den Mittelwert des Intervalls und nicht den genauen, ursprünglichen Abtastwert.

Die Differenz zwischen Ursprungswert und übertragenem Mittelwert wirkt sich im empfangenen Signal als Störung (Geräusch) aus. Man spricht hierbei von der *Quantisierungsverzerrung*.

Je größer der Intervallbereich ist, desto größer kann der augenblickliche Abtastwert vom Intervall-Mittelwert abweichen. Dies wirkt sich bei einer linearen Unterteilung der Quantisierungsintervalle über den gesamten Wertebereich sehr nachteilig aus, besonders dann, wenn die Eingangsamplitude klein ist. Bild 14.7 zeigt diesen Zusammenhang sehr deutlich.

Bei der Übertragung des digitalen Fernsprechkanals hat man sich daher für eine Quantisierung nach der nichtlinearen «*13-Segment-Kompanderkennlinie*» (CCITT-Empfehlung G 711) entschieden, wie sie in Bild 14.8 dargestellt ist.

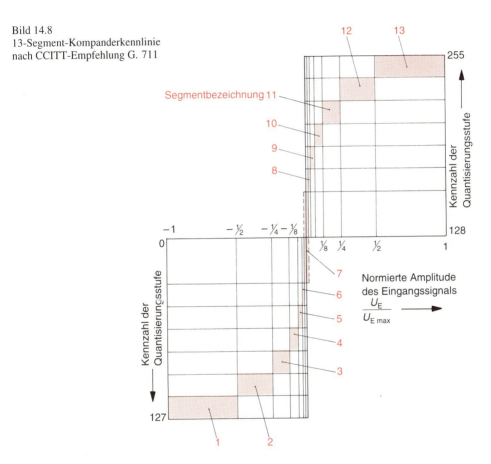

Bild 14.8
13-Segment-Kompanderkennlinie
nach CCITT-Empfehlung G. 711

Bei Anwendung dieser Quantisierungsvorschrift werden bei kleiner Amplitudenaussteuerung erheblich mehr *Quantisierungsstufen* eingesetzt als bei hoher Signalamplitude. Der Bereich positiver und negativer Signalamplituden ist dabei punktsymmetrisch angeordnet. Die dreizehn Segment-Intervalle sind in Bild 14.9 detailliert dargestellt. Die Quantisierungsverzerrungen werden durch diese Anwendung über den gesamten Aussteuerungsbereich gleichmäßiger und geringer.

In Verbindung mit der im nachfolgenden beschriebenen 8-Bit-Codierung entsteht bei dieser Kompandierung über einen Dynamikbereich von ca. 40 dB eine ausreichend kleine Quantisierungsverzerrung, d. h. ein ausreichend großer *Signal-/Geräuschabstand*, auch bei kleinen Signalamplituden. Ein Vergleich zur linearen Quantisierung ist in Bild 14.10 dargestellt.

Eingangssignal		Segment-Nr.	Quantisierungsstufen	
Größe	Vorzeichen		Anzahl	von ... bis
$\frac{1}{2} < \left|\frac{U_E}{U_{Emax}}\right| < 1$	+	⑬	16	240 ... 255
	−	①	16	112 ... 127
$\frac{1}{4} < \left|\frac{U_E}{U_{Emax}}\right| < \frac{1}{2}$	+	⑫	16	224 ... 239
	−	②	16	96 ... 111
$\frac{1}{8} < \left|\frac{U_E}{U_{Emax}}\right| < \frac{1}{4}$	+	⑪	16	208 ... 223
	−	③	16	80 ... 95
$\frac{1}{16} < \left|\frac{U_E}{U_{Emax}}\right| < \frac{1}{8}$	+	⑩	16	192 ... 207
	−	④	16	64 ... 79
$\frac{1}{32} < \left|\frac{U_E}{U_{Emax}}\right| < \frac{1}{16}$	+	⑨	16	176 ... 191
	−	⑤	16	48 ... 63
$\frac{1}{64} < \left|\frac{U_E}{U_{Emax}}\right| < \frac{1}{32}$	+	⑧	16	160 ... 175
	−	⑥	16	32 ... 47
$\left|\frac{U_E}{U_{Emax}}\right| < \frac{1}{64}$	+	⑦	32	128 ... 159
	−		32	0 ... 31

Bild 14.9 Quantisierungsstufen nach der 13-Segment-Kompanderkennlinie

14.2.3.3 Codierung

Wie aus den Bildern 14.8 bis 14.10 zu erkennen ist, wird der gesamte normierte Aussteuerbereich (Maximum = ±100%) in insgesamt 256 Quantisierungsstufen unterteilt. Jedes Segment enthält dabei 16 Quantisierungsstufen, mit Ausnahme des Segmentes 7, das im positiven und im negativen Bereich jeweils 32, insgesamt also 64 Quantisierungsstufen enthält. Im Bereich positiver wie auch im Bereich negativer Signalamplituden ergeben sich somit je 128 Quantisierungsstufen.

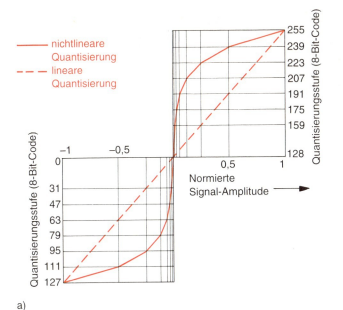

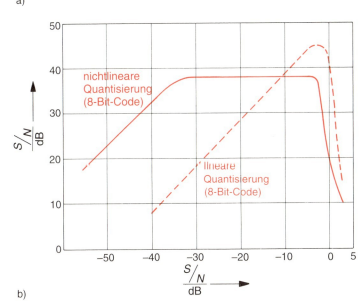

Bild 14.10
Vergleich der Quantisierungsverzerrung (Signal-/Geräuschabstand)
a) Vergleich der 8-Bit-codierten Quantisierungskennlinien
b) Vergleich des Signal-/Geräuschabstandes

Um insgesamt 256 Quantisierungsstufen über die Binärsignale 0 und 1 darstellen zu können, benötigt man 8-Bit-Codewörter ($2^8 = 256$). Jede Quantisierungsstufe, der ein eindeutiges Signalamplitudenintervall zugeordnet ist, wird durch ein eindeutiges 8-Bit-Codewort beschrieben. Die *Zuordnung der Codewörter* ist in den Bildern 14.11 und 14.12 dargestellt.

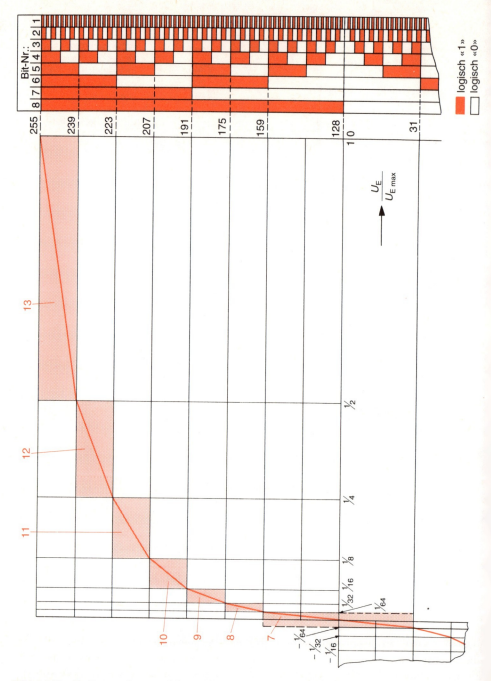

Bild 14.11 Codierung der quantisierten Signalamplituden (Ausschnitt der 13-Segment-Kennlinie), Zuordnung Code-Tabelle

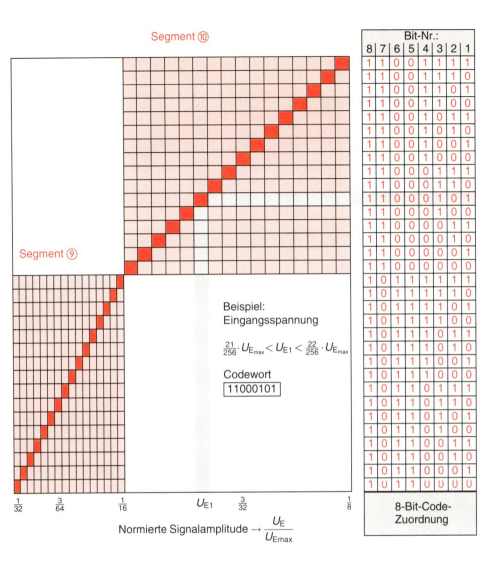

Bild 14.12 Code-Zuordnung am Beispiel der Segmente 9 und 10

Die acht Bits des Codewortes haben dabei folgende Bedeutung:

Bit 8: Eine 0 kennzeichnet eine negative Amplitude, eine 1 kennzeichnet eine positive Amplitude; dieses Bit wird als *Vorzeichenbit* bezeichnet.

Bits 7 bis 5: Der Dateninhalt kennzeichnet das jeweilige *Segment*, dem die Signalamplitude zugeordnet ist.

Bits 4 bis 1: Der Dateninhalt ordnet den Amplitudenwert einer ganz bestimmten *Quantisierungsstufe* im jeweiligen Segment zu.

14.2.3.4 Bitrate oder Übertragungsgeschwindigkeit

> Die Signalinformation, die in einem digitalen Fernsprechkanal enthalten ist, besteht also aus einer Beschreibung der in 125-µs-Abständen abgetasteten Amplitudenproben, die nach der 13-Segment-Kompanderkennlinie quantisiert und in 8-bit-Codewörtern codiert sind.

Die der Frequenzbandbreite des analogen Fernsprechkanals vergleichbare Kenngröße für den digitalen Fernsprechkanal wird als *Bitrate* oder *Übertragungsgeschwindigkeit* bezeichnet. Sie läßt sich aus der Anzahl der pro Abtastperiode zu übertragenden Bits ermitteln.

$$\text{Bitrate} \qquad R_K = \frac{8 \text{ Bit}}{125 \text{ µs}} = 64 \text{ kBits} \cdot \text{s}^{-1}$$

Der hier beschriebene digitale Fernsprechkanal findet seinen Einsatz in allen digitalen Telekommunikationsnetzen mit Ausnahme der digitalen Mobilfunknetze.

14.3 Lernziel-Test

1. Erklären Sie den Zusammenhang zwischen Silben- und Satzverständlichkeit!
2. Durch welche Kenngrößen ist der analoge Fernsprechkanal definiert?
3. Durch welche Kenngrößen ist der digitale Fernsprechkanal definiert?
4. Welchen Vorteil hat die nichtlineare Quantisierung gegenüber einer linearen Quantisierung?
5. Wie hoch ist die Übertragungsgeschwindigkeit eines digitalen Fernsprechkanals?

15 Übertragungstechnik im Bereich der Telekommunikation

15.1 Grundsätzliches

Die Übertragung eines Fernsprechkanals erfolgt zwischen den Endgeräten, also von der *Signalquelle* (Mikrofon) zur *Signalsenke* (Lautsprecher, Fernhörer), über einzelne *Übertragungsabschnitte* innerhalb eines Telekommunikationsnetzes. Die Gesamtheit aller aufeinanderfolgenden Übertragungsabschnitte stellt den *Übertragungsweg* dar (Bild 15.1).
Die Unterteilung des gesamten Übertragungsweges in Abschnitte ist einerseits durch die verschiedenen Hierarchiestufen innerhalb eines Telekommunikationsnetzes bedingt, andererseits kann aber auch innerhalb einer Netzhierarchiestufe durch den Einsatz verschiedener *Übertragungsmedien* oder *Übertragungsverfahren* eine weitere Unterteilung in zusätzliche Übertragungsabschnitte erfolgen.
In diesem Kapitel wird im nachfolgenden näher auf die Grundlagen der Übertragungsmedien und der Übertragungsverfahren eingegangen.

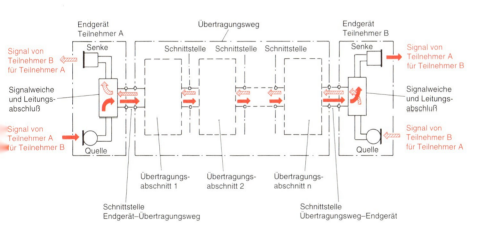

Bild 15.1 Prinzipdarstellung für den Übertragungsweg

15.2 Kabel als Übertragungsmedium

In der klassischen Nachrichtentechnik bildeten Kabel mit symmetrischen Leitern oder Koaxialleitern aus Kupfer das herausragende Übertragungsmedium. Daneben wird selbstverständlich für den gesamten Bereich der Nachrichtenübertragung per Funk der freie Raum zwischen Erdoberfläche bis in eine Höhe von ca. 36 000 km als weiteres Übertragungsmedium genutzt.

351

Mit Hilfe von Übertragungssystemen kann die Kapazität der kabelgebundenen Übertragung erheblich gesteigert werden. So lassen sich, ausgehend von der niederfrequenten Übertragung eines einzigen Fernsprechkanals über einen Hin- und Rückleiter, durch den Einsatz von analogen Trägerfrequenz-Übertragungssystemen bis zu 10 800 Fernsprechkanäle gleichzeitig über zwei Koaxialpaare übertragen.

Mit der Digitalisierung der Telekommunikationsnetze wird die Übertragung von Digitalsignalen über Kabel erforderlich. Man benutzt hierfür selbstverständlich die bereits vorhandenen Kabelanlagen mit Kupferleitern, den freien Raum für die Funkübertragung und − in zunehmendem Maße und besonders für neu einzurichtende Verbindungen − Kabel mit Lichtwellenleitern (Glasfaserkabel).

Die theoretischen Grundlagen der übertragungstechnischen Eigenschaften dieser Übertragungsmedien sind in Kapitel 5 ausführlich erläutert. Im nachfolgenden wird daher insbesondere auf den Aufbau von Kabeln und auf typische Kenndaten eingegangen.

15.2.1 Kabel mit symmetrischen Leitungen

In Kabeln mit symmetrischen Leitungen bezeichnet man den einzelnen elektrischen Leiter als Einzelader, zwei zusammengehörende Einzeladern (Hin- und Rückleiter) als *Adernpaar* oder *Doppelader*. Doppeladern können, je nach konstruktivem Aufbau des Kabels, zu *Vierern* zusammengefaßt sein.

Doppeladern oder Vierer können zunächst zu *Grundbündeln* (z. B. 5 Vierer bilden ein Grundbündel mit 10 Doppeladern), diese wiederum zu *Hauptbündeln* (z. B. aus 5 bzw. 10 Grundbündeln) zusammengefaßt sein.

Ein oder mehrere Grundbündel oder ein oder mehrere Hauptbündel stellen die *Kabelseele* dar. Die äußere Hülle des Kabels, die man als *Kabelmantel* bezeichnet, dient dem Schutz vor äußeren Einflüssen aller Art.

Jeder einzelne Leiter eines Kabels ist mit einer Isolationsschicht aus Kunststoff (früher aus Papier) versehen. Um die einzelnen Leiter in einem Kabel unterscheiden und zuordnen zu können, wird die Isolierung der zusammengehörenden Einzeladern von Doppeladern und Vierern durch Ringe besonders gekennzeichnet (Bild 15.2).

Zur Verringerung der kapazitiven Kopplungseinflüsse und der Nebensprechkopplung werden die Einzeladern miteinander verseilt (verdrallt). Je nach Kabelaufbau gibt es zwei Verseilarten:

− die *Sternvierer-Verseilung* und
− die *Dieselhorst-Martin-Verseilung*.

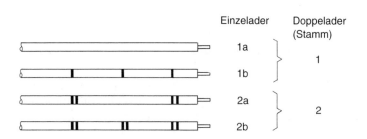

Bild 15.2
Ringkennzeichnung der Einzeladern

Bild 15.3 zeigt den prinzipiellen Unterschied zwischen den beiden Verseilarten.
Bei der Sternvierer-Verseilung werden vier Einzeladern zu einer Einheit verseilt. Dabei stehen die zusammengehörenden Einzeladern einer Doppelader (Stamm) senkrecht zueinander, wodurch sich ihr Abstand vergrößert und damit die Nebensprechkopplung vermindert.
Je nach Aufwand bei der Herstellung und der übertragungstechnischen Güte gibt es Klassifizierungen für Sternvierer-Verseilungen, z. B.
− St III: niedrigste Güte (eingesetzt bei Ortsanschlußleitungen),
− St I: höhere Güte (eingesetzt bei Ortsverbindungsleitungen).

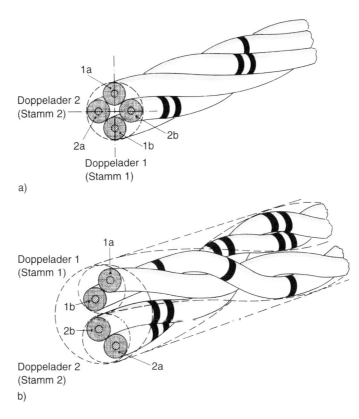

Bild 15.3
Verseilarten bei Vierern
a) Sternvierer-Verseilung
b) Dieselhorst-Martin-Verseilung

Bei der Dieselhorst-Martin-Verseilung werden zunächst zwei Einzeladern einer Doppelader miteinander verseilt. Zwei auf diese Art verseilte Doppeladern werden nun wiederum miteinander verseilt. Diese Verseilungsart bringt die geringste Nebensprechkopplung bei niederfrequentem Betrieb, und sie eignet sich ebenfalls gut für eine Mehrfachausnutzung durch Schaltungsmultiplex (Phantomschaltung, siehe Abschnitt 15.3.1). Allerdings benötigt diese Verseilart einen höheren Raumbedarf, was bei gleichem Leiterdurchmesser und gleicher Adernzahl den Außendurchmesser eines Kabels erheblich vergrößert.
Der Kabelmantel, die äußere Hülle um die Kabelseele, stellt eine Sperre gegen Feuchtigkeit, einen mechanischen Schutz und, je nach Ausführung, auch einen Schutz gegen Starkstromeinflüsse dar. In den meisten Fällen ist der Kabelmantel als Schichtenmantel ausgebildet, der zusätzlich eingelegte Metallbeschichtungen als Feuchtigkeitssperre besitzt.

① Einsatzzweck		② Leiterisolierung		④ Kabelmantel		⑥ Leitungskreise
A	Außenkabel	P	Papier	H	Halogenfreier Kunststoff	Zahlenwert = Anzahl der Leitungskreise (ohne Prüfleiter oder Vorratselemente) Kennziffer «×2×» bis «×5×» = Anzahl der Adern, aus denen jeweils der Leitungskreis besteht
AB	Außenkabel mit Blitzschutz	Y	Polyvinylchlorid (PVC)	LE2Y	Aluminium, Masseschicht und PE-Schutzhülle	
AJ	Außenkabel mit Induktionsschutz	2Y	Voll-Polyethylen (PE)	(L)2Y	Aluminiumband, mit PE-Schutzhülle verschweißt	
I	Innenkabel	2 Y0	PE-Scheiben, -Wendel	M	Blei	
S	Schaltkabel	02Y	Zell-Polyethylen (PE)	T2Y	Stahl-Tragseil und PE-Schutzhülle	
T	Aufteilungskabel	3Y	Polystyrol (Styroflex)	WE2Y	Stahlwellmantel mit PE-Schutzhülle	
		7Y	Ethylentetrafluorethylen (ETFE)	2Y	Polyethylen (PE)	
		9Y	Polypropylen (PP)			
		09Y	Zell-Polypropylen (PP)			

③ Weitere Merkmale zur Kabelseele		⑤ Weitere Merkmale zur Kabelseele		⑦ Leiterabmessungen in mm
A	Aluminiumdrähte (Induktionsschutz)	A	Aluminiumdrähte (Induktions-/Blitzschutz)	ein Zahlenwert ohne ( ) = Leiterdurchmesser der symmetrischen Verseilelemente
C	Schirm aus Kupferdrahtgeflecht	B	Bewehrung aus Stahldrähten oder -bändern	zwei Zahlenwerte durch / getrennt und in ( ) gesetzt = Leiterdurchmesser des unsymmetrischen Koaxialpaares
F	Füllung der Kabelseele mit Petrolat	D	Kupferdrähte (Induktions-/Blitzschutz)	zwei Zahlenwerte, durch / getrennt = Leiter-/Aderdurchmesser
K	Kupferband			
KD	Kupferband, gewellt			
(K)	Schirm aus Kupferband			
(St)	elektrostatischer Schirm (Metall)			
(mS)	magnetischer Schirm aus Eisenbändern			
Z	Zugfestes Stahlgeflecht			

⑧ Verseilart (übertragungstechn. Eig.)

DMBd	Dieselhorst-Martin-Vierer, bündelverseilt
DMLg	Dieselhorst-Martin-Vierer, lagenverseilt
KxLg	Koaxialpaare, lagenverseilt
PBd	Paar, bündelverseilt
PLg	Paar, lagenverseilt
PiMFlg	Paar in Metallfolie, lagenverseilt
St .. Bd	Stern-Vierer, bündelverseilt
St .. Lg	Stern-Vierer, lagenverseilt

Anmerkung zu St..: Bestimmte übertragungstechnische Anforderungen in

Gruppe	bei Frequenz(en)
V	bis 550 kHz
IV	bis 120 kHz
III	800 kHz
II	800 kHz höhere Anford. als Gruppe III
I	800 kHz höhere Anford. als Gruppe II

Anmerkung:
Eine vollständige Kabeltypenbezeichnung muß jeweils Typenzeichen aus den Feldern 1, 2, 4, 6, 7 und 8 enthalten; Typenzeichen aus den Feldern 3 bzw. 5 sind ergänzend möglich.

Bild 15.4   Wesentliche Kurzzeichen für Kabel-Typenbezeichnungen

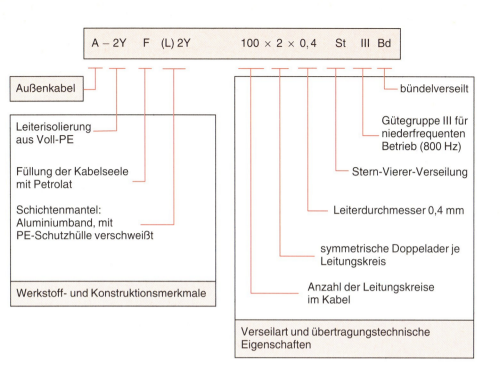

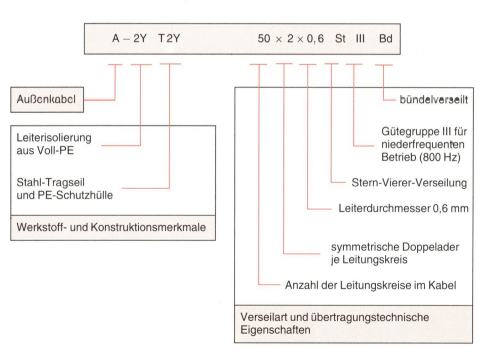

Bild 15.5   Beispiele für den Aufbau von Kabel-Typenbezeichnungen

Der konstruktive Aufbau von symmetrischen Kabeln ist an einigen Beispielen in Bild 15.6 dargestellt, einen Überblick über wesentliche Kenndaten von symmetrischen Kabeln gibt Bild 15.7.

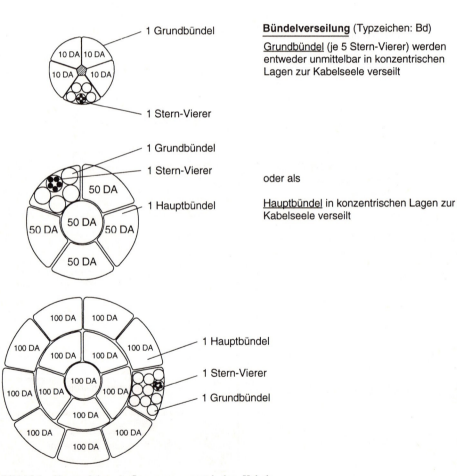

Lagenverseilung (Typzeichen: Lg)

Die Verseilelemente (Stern-Vierer) werden einzeln und unmittelbar in konzentrischen Lagen zur Kabelseele verseilt.

Bündelverseilung (Typzeichen: Bd)

Grundbündel (je 5 Stern-Vierer) werden entweder unmittelbar in konzentrischen Lagen zur Kabelseele verseilt

oder als

Hauptbündel in konzentrischen Lagen zur Kabelseele verseilt

Bild 15.6   Konstruktiver Aufbau von symmetrischen Kabeln

Typenbezeichnung	Aderdurch-messer [mm]	Leitungskennwerte $R' \left[\frac{\Omega}{km}\right]$	$C' \left[\frac{nF}{km}\right]$	$\alpha'_{800Hz} \left[\frac{dB}{km}\right]$
A-2Y (L) 2Y ... × 2 × 0,35 ST III Bd	0,35	370	42	2,7
A-2YF (L) 2Y ... × 2 × 0,35 ST III Bd	0,35	370	43	2,7
A-2Y (L) 2Y ... × 2 × 0,4 ST III Bd	0,4	270	34	1,5
A-02Y (L) 2Y ... × 2 × 0,5 ST III Bd	0,5	180	36	1,4
A-02Y (L) 2Y ... × 2 × 0,6 ST III Bd	0,6	119	37	0,9
A-02Y (L) 2Y ... × 2 × 0,8 ST III Bd	0,8	67	38	0,7

Bild 15.7 Wesentliche Kenndaten von symmetrischen Kabeln anhand einiger Beispiele

15.2.2 Koaxialkabel

Koaxialkabel können als Kabel mit einem oder mit mehreren Koaxialpaaren aufgebaut sein. Mit *Koaxialpaar* bezeichnet man ein Leiterpaar, dessen *Außenleiter* konzentrisch um den *Innenleiter* angeordnet ist, wobei der Außenleiter gegen den Innenleiter durch Isolierstoff in geeigneter Form abgestützt ist.

In den öffentlichen Telekommunikationsnetzen wurden Koaxialkabel mit mehreren Koaxialpaaren vorwiegend im Fernliniennetz für die Analogübertragung breiter Frequenzbänder und für die Digitalübertragung mit hohen Signal-Übertragungsraten eingesetzt. Der Einsatzbereich dieser Kabel wird, bedingt durch die vollkommen digitalisierte Vermittlung im Fernnetz, zwischenzeitlich durch den Ausbau mit Glasfaserkabeln ersetzt.

Koaxialkabel, die aus nur einem Koaxialpaar aufgebaut sind, finden ihren Einsatz vorwiegend in Netzen und Anlagen zur Übertragung von breitbandigen Rundfunk- und TV-Signalen. Dazu zählen die Breitbandverteilnetze (BK-Netze), aber auch die Innenverkabelung in Gebäuden oder innerhalb von Grundstücken.

Aufgrund der zukünftigen Bedeutung wird im nachfolgenden näher auf die einpaarigen Koaxialkabel eingegangen.

Die Signalübertragung auf Koaxialleitern erfolgt überwiegend durch die Ausbreitung einer elektromagnetischen Welle entlang dieses Leiters. Wichtige Kenngrößen der koaxialen Leitung sind daher der Wellenwiderstand und die frequenzabhängige Dämpfung.

Der *Wellenwiderstand* einer koaxialen Leitung wird hauptsächlich durch die geometrischen Abmessungen und das Isoliermaterial zwischen den Leitern bestimmt. Die technischen Ausführungen aller Koaxialkabel sind heute so beschaffen, daß der Wellenwiderstand 75 Ω beträgt. Dadurch werden einheitliche Anpassungs- und Abschlußbedingungen sichergestellt.

Den Aufbau einiger einpaariger Koaxialkabel zeigt Bild 15.8. Wichtige elektrische und mechanische Kenndaten für diese Kabel sind in Bild 15.9 aufgeführt.

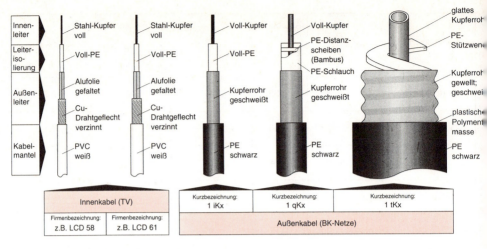

Bild 15.8 Kabelaufbau einpaariger Koaxialkabel

	Typenbezeichnung	Kurzbezeichnung	Außen-Innenleiter [mm]	Innen-Außenleiter [mm]	Außen-Mantel [mm]	Wellenwiderstand [Ω]	Dämpfungsbelag α [dB/100 m] bei f [MHz]					
							47	100	300	450	800	1750
Außenkabel	A – 2 YO KD2Y $1\times(11/39{,}7)\,K\times Lg$	1 tKx	11,0	39,7	54,5	75	0,4	0,6	1,2	1,5		
	A – 2 YO K2Y $1\text{-}\times(3{,}3/13{,}5)\,K\times Lg$	1 qKx	3,3	13,5	17,7	75	1,3	1,9	3,3	4,1		
	A – 2 Y K2Y $1\times(2{,}2/8{,}8)\,K\times Lg$	1 nKx	2,2	8,8	13,2	75	1,9	2,8	4,9	6,2		
	A – 2 YO K2Y $1\times(1{,}1/7{,}3)\,K\times Lg$	1 iKx	1,1	7,3	11,7	75	3,6	5,4	9,6	12,2		
Innenkabel	firmenspezifische Bezeichnung (Antennenkabel)	z. B.: LCD 61	0,75	4,75	6,8	75	7,0	9,0	15,0	19,0	26,0	41,0
	firmenspezifische Bezeichnung (Antennenkabel)	z. B.: LCD 58	0,4	2,6	4,1	75	10,0	15,0	26,0	32,0	42,0	64,0

Einsatzbereich nicht vorgesehen

Bild 15.9 Elektrische und mechanische Kenngrößen von einpaarigen Koaxialkabeln

15.2.3 Glasfaserkabel

Die übertragungstechnischen Eigenschaften von Lichtwellenleitern sind in Abschnitt 5.6 bereits ausführlich beschrieben.
Folgende Faserarten kommen bei Glasfaserkabeln im Bereich der Telekommunikationsnetze zum Einsatz:

– *Stufenindexprofilfasern*,
– *Gradientenindexprofilfasern* und *Einmodenfasern*.

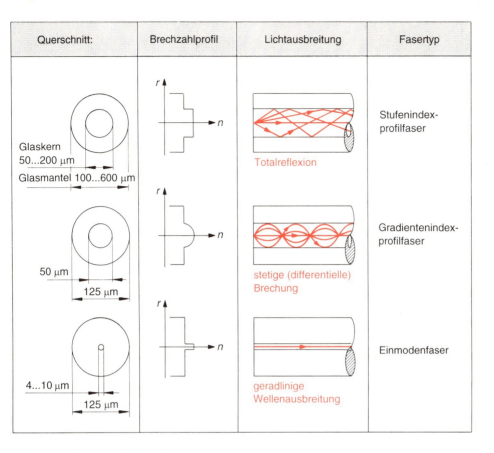

Bild 15.10 Fasertypen, Brechzahlprofile und Lichtausbreitung

Bild 15.10 zeigt noch einmal einen grundsätzlichen Überblick der wesentlichsten Unterscheidungsmerkmale. In modernen Telekommunikationsnetzen setzt sich der Einsatz der Einmodenfaser immer mehr durch.
Jede Glasfaser ist aus dem *Glaskern* und dem *Glasmantel* aufgebaut. Der Glaskern stellt das eigentliche Übertragungsmedium dar. Um den mechanischen Belastungen und den äußeren Einflüssen standhalten zu können, müssen die Glasfasern entsprechend geschützt werden.
Dazu wird die aus Kern und Mantel bestehende Glasfaser zunächst einmal mit einem Kunststoff aus Acrylharz beschichtet, dem sogenannten *Primärcoating*. Dieser Kunststoffüberzug verleiht der Glasfaser eine hohe Elastizität und dient ferner als Trägermaterial für die Kennzeichnung der Fasern (Bild 15.11).
Eine oder mehrere Fasern werden nun zu Adern zusammengefaßt. Je nach Einsatzgebiet und technologischem Fortschritt unterscheidet man dabei die Aderngebilde:

— *Hohlader* und
— *Hohlader-Faserbündel*.

Der Unterschied im Aufbau ist aus Bild 15.12 ersichtlich.

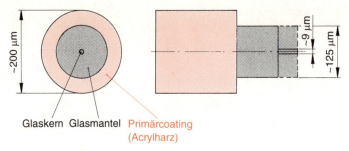

Bild 15.11　Glasfaseraufbau (Beispiel: Einmodenfaser)

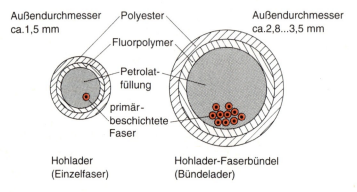

Bild 15.12　Aufbau der Ader-Grundelemente

Kabel, die mit diesen Aderngebilden aufgebaut sind, nennt man daher auch *Einzelfaserkabel* bzw. *Faserbündelkabel*. Einige Beispiele für Glasfaserkabel mit ausgewählten, typischen Kenndaten und Typenbezeichnungen zeigen die Bilder 15.13 bis 15.15.

Bei der Verbindung von Glasfaserkabeln sind folgende Punkte besonders zu beachten:

☐ Zugentlastung in den Verbindungsmuffen,
☐ reichlich Faservorrat in den Spleißstellen,
☐ Fasern sind genau im rechten Winkel zu brechen,
☐ genaue Justierung der zu verbindenden Fasern,
☐ exakte Verschweißung der Fasern mittels Lichtbogen,
☐ mechanische Sicherung der Schweißstelle (erhöhte Bruchgefahr).

Bild 15.16 zeigt schematisch den Einfluß einiger typischer *Spleißfehler* auf den Dämpfungsverlauf.

Bild 15.13
Aufbau eines 10faserigen Kabels

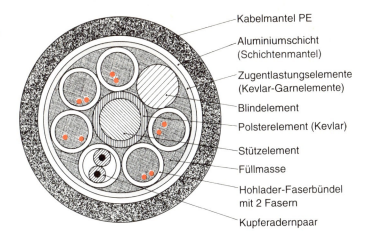

Anzahl der Fasern im Kabel	Hohlader-Faserbündel mit je		Anzahl der Blindelemente	Anzahl der Kupferadern	
	2 Fasern	10 Fasern		Doppelader	Vierer
2	1		5	1	
4	2		4	1	
6	3		3	1	
8	4		2	1	
10	5		1	1	
12	6		–	1	
16	8		–	1	
20		2	2		1
30		3	5		1
40		4			1
50		5			1
60		6			1
80		8			1
100		10			1

Bild 15.14   Verseiltabelle für Glasfaser-Ortskabel

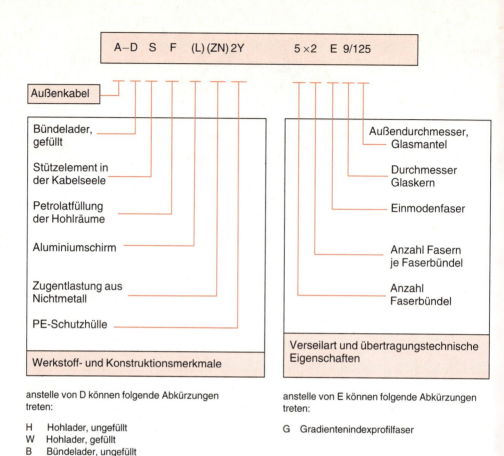

Bild 15.15   Kabel-Typenbezeichnung für Glasfaserkabel

15.3   Übertragungsverfahren

In Telekommunikationsnetzen kommen zwei grundsätzlich unterschiedliche Übertragungsverfahren zum Einsatz, wobei der Informationsgehalt im übertragenen Signal entweder in analoger oder in digitaler Form vorliegt.

> Bei den analogen Übertragungsverfahren ist die Information innerhalb einer bestimmten Bandbreite im Frequenzspektrum des übertragenen Signals enthalten.

> Bei den digitalen Übertragungsverfahren ist die Information in den verschlüsselten (codierten) Signalzuständen des übertragenen Signals enthalten.

Die Ablösung der analogen Übertragungsverfahren durch die digitalen Übertragungsverfahren geht mit der technologischen Entwicklung einher. Heute werden nur noch digitale

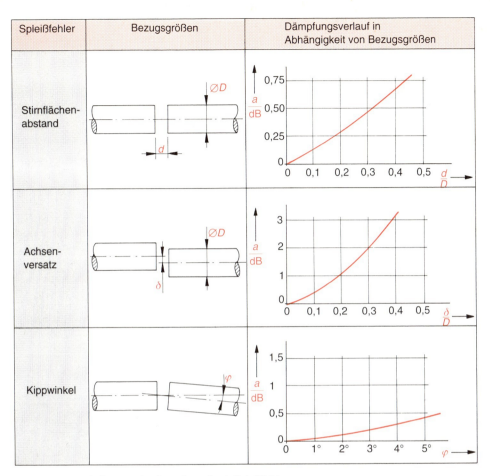

Bild 15.16 Beeinflussung der Dämpfung durch Spleißfehler

Systeme entwickelt und gebaut. Analog arbeitende Übertragungssysteme sind jedoch noch in Betrieb und werden es auch noch über einige Jahre bleiben. Daher sollen hier beide Übertragungsverfahren näher dargestellt werden, wobei wir uns jedoch auf die Darstellung der Übertragung von Sprachinformation beschränken.

15.3.1 Analoge Übertragungsverfahren

Das zu übertragende Ausgangssignal der analogen Fernsprechübertragung ist der nach CCITT normierte Fernsprechkanal, wie er in Abschnitt 14.2.2 beschrieben ist.
Die Information liegt im Frequenzspektrum des niederfrequenten, elektrischen Signals innerhalb einer Bandbreite von 4 kHz vor.

15.3.1.1 Niederfrequente Übertragung
Das niederfrequente Signal wird von der Signalquelle in Form eines Sprechwechselstromes erzeugt. Über die Anschlußleitung (im Regelfall Kupferadern mit 0,35 bis 0,6 mm

Durchmesser) wird dieses Signal zwischen Signalquelle und *Netzknoten* (frühere Bezeichnung: Vermittlungsstelle) und zwischen Netzknoten und Signalsenke übertragen. Für die Übertragung wird je Fernsprechkanal ein Adernpaar im Kabel benötigt.

Zur Mehrfachausnutzung von Leitungen bei niederfrequenter Übertragung hat man in der Vergangenheit zwischen den Netzknoten das sogenannte *Schaltungsmultiplex-Verfahren (Phantomschaltung)* eingesetzt.

> Prinzip der Phantomschaltung ist es, über zwei Adernpaare drei Fernsprechkanäle zu übertragen, wobei man schaltungstechnisch ein drittes, nicht vorhandenes Adernpaar (Phantom) erzeugt.

Diese Übertragungsart niederfrequenter Signale mittels Schaltungsmultiplex wird über spezielle *Übertrager mit Mittelanzapfung* erreicht (Bild 15.17).

Der niederfrequenten Übertragung sind jedoch durch die hohen ohmschen Dämpfungseinflüsse der Leitungen Reichweitengrenzen gesetzt.

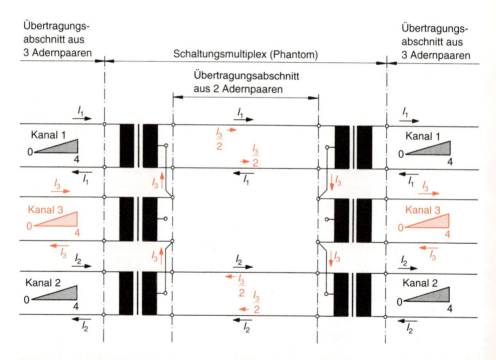

Bild 15.17   Mehrfachausnutzung von Leitungen durch Schaltungsmultiplex (Phantomschaltung)

Wird die Baulänge einer niederfrequenten Kabelverbindung zu groß, muß das Signal in bestimmten Abständen verstärkt werden. Verstärker sind jedoch Vierpole, die für das niederfrequente Signal nur in einer Richtung, nämlich der verstärkenden, durchlässig sind.

Über ein Adernpaar muß aber innerhalb einer Fernsprechverbindung eine wechselseitige Übertragung der Signale möglich sein.

Dies erreicht man durch Auftrennung des Adernpaares über zwei *Gabelschaltungen* und die Einfügung von zwei Verstärkern, einen für jede Übertragungsrichtung. Die Prinzipdarstellung eines derartigen *Zwischenverstärkers* zeigt Bild 15.18.

Trotz des relativ geringen übertragungstechnischen Aufwandes sind für die niederfrequente Übertragung aber eine Vielzahl von Adernpaaren erforderlich. Daher beschränkt sich der Einsatz dieser Verfahren nahezu ausschließlich auf den Bereich des *Zugangsnetzes*, also von der Endeinrichtung bis zum nächstgelegenen Netzknoten.

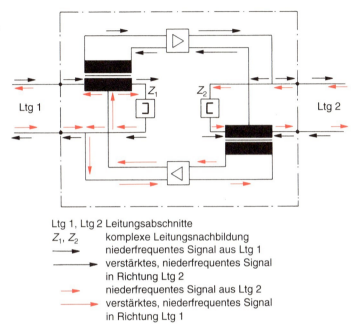

Bild 15.18
Niederfrequenz-Zwischen-
verstärker zwischen
Leitungsabschnitten

Ltg 1, Ltg 2 Leitungsabschnitte
Z_1, Z_2 komplexe Leitungsnachbildung
⟶ niederfrequentes Signal aus Ltg 1
⟶ verstärktes, niederfrequentes Signal
   in Richtung Ltg 2
⟶ niederfrequentes Signal aus Ltg 2
⟶ verstärktes, niederfrequentes Signal
   in Richtung Ltg 1

15.3.1.2 Trägerfrequente Übertragung

Der Grundgedanke der trägerfrequenten Übertragung ist die Mehrfachausnutzung von Leitungswegen durch Frequenzumsetzung der niederfrequenten Fernsprechkanäle.

Die im Netzknoten ankommenden, 4 kHz breiten Fernsprechkanäle werden in höhere Frequenzbereiche umgesetzt und zu *Vielkanalbändern* für gemeinsame Übertragungsrichtungen zusammengefaßt.

Diese Vielkanalbänder werden über Kabel, Richtfunkstrecken oder auch Satellitenverbindungen zu den jeweiligen Gegenstellen geleitet. Dort werden sie wieder aufgeteilt und in die ursprüngliche, niederfrequente Lage zurückgeführt.

> Eine Vielzahl von frequenzmäßig aneinandergereihten Fernsprechkanälen in einem höheren Frequenzbereich bezeichnet man als das Trägerfrequenz-Signal oder Trägerfrequenz-Übertragungsband.

Als wirtschaftliches Übertragungsverfahren hat sich das *Einseitenband-Modulationsverfahren mit unterdrücktem Träger* bewährt (siehe Kapitel 4).

Durch die Modulation von *Kanalgruppen* werden relativ wenige Trägerfrequenzen und eine geringere Anzahl von Bandfiltern benötigt. Außerdem können die Bandfilter — durch die größere Bandbreite der zu filternden Kanalgruppen — in geringerer Güte und somit auch erheblich wirtschaftlicher ausgeführt sein.

Bei der Gruppenbildung wird stufenweise vorgegangen. Als *Grund-Primärgruppe* bezeichnet man die über vier Vorgruppen erfolgte Zusammenfassung von 12 Fernsprechkanälen.

Das Prinzip der Kanalumsetzung für den Aufbau einer Grund-Primärgruppe ist als Frequenzplan in Bild 15.19 und als Übersichtsschaltbild der zugehörigen Baueinheit in Bild 15.20 dargestellt.

Aufbauend auf dieser Grund-Primärgruppe werden dann *Übertragungssysteme* mit 60, 120, 300, 900, 960, 2700 und 10 800 Fernsprechkanälen realisiert, wie sie an einigen Beispielen in der Frequenzplanübersicht nach Bild 15.21 gezeigt sind.

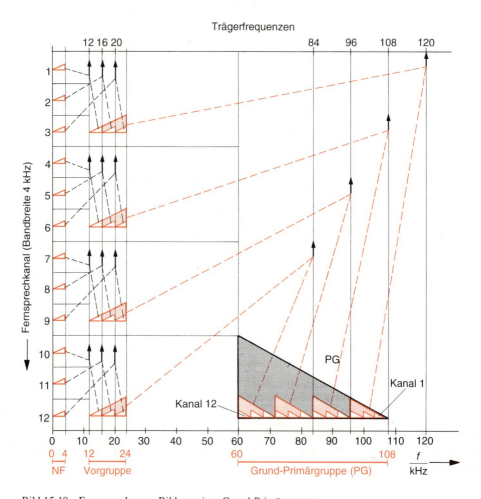

Bild 15.19 Frequenzplan zur Bildung einer Grund-Primärgruppe

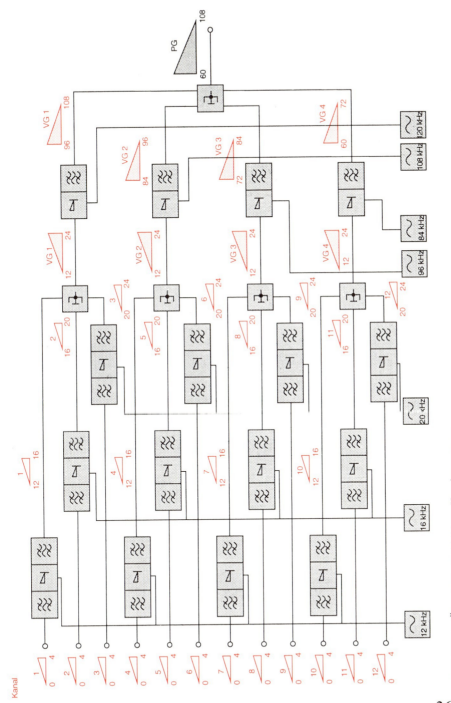

Bild 15.20 Übersichtsschaltbild zur Kanalumsetzung

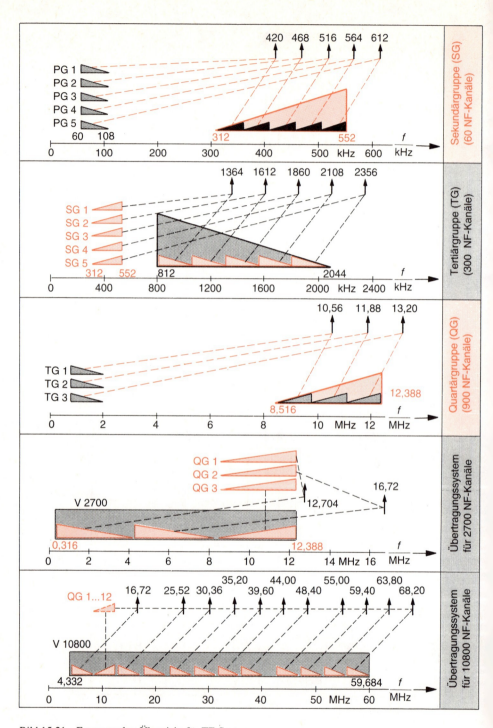

Bild 15.21 Frequenzplan-Übersicht für TF-Systeme

Bild 15.22
Vierdraht-Übertragungs-
abschnitt

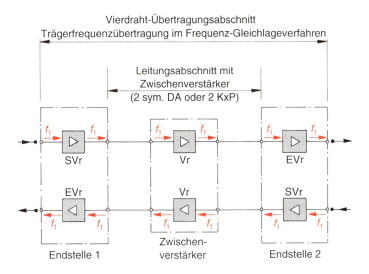

Systembe-zeichnung	Anzahl NF-Kanäle	Übertragungs-bandgrenzen (kHz)	übertrag. Gruppen	Übertragungsmedien	Verstärker-abstand (km)
V 60	60	12...252	1 SG	sym. DA, 1,2 mm	≤ 18
				Richtfunkstrecken	
V 120	120	12...552	2 SG	sym. DA, 1,3 mm	≤ 18
				Richtfunkstrecken	
V 300	300	60...1364	5 SG	KxP, 1,2/4,4 mm	≤ 8,2
				Richtfunkstrecken	
V 900	900	312...4188	1 QG	KxP, 1,2/4,4 mm	≤ 4,1
				Richtfunkstrecken	
V 960	960	60...4028	15 SG	KxP, 1,2/4,4 mm	≤ 4,1
				Richtfunkstrecken	
V 2700	2700	300...12435	3 QG	KxP, 1,2/4,4 mm	≤ 2,05
				KxP, 2,6/9,5 mm	≤ 4,65
				Richtfunkstrecken	
V 10800	10800	4322...59684	12 QG	KxP, 2,6/9,5 mm	≤ 1,55

Bild 15.23   Kenndaten von TF-Systemen

Die Übertragung des Trägerfrequenz-Signals erfolgt im sogenannten *Frequenz-Gleichlageverfahren*, für das insgesamt zwei Adernpaare benötigt werden.

> Beim Frequenz-Gleichlageverfahren wird das trägerfrequente Signal sowohl in Sende- als auch in Empfangsrichtung in der gleichen Frequenzlage, jedoch über getrennte Verstärker und getrennte Leitungsführungen übertragen.

Bild 15.22 zeigt einen derartigen, mit *Vierdrahtbetrieb* bezeichneten Übertragungsabschnitt. Einige wesentliche, übertragungstechnische Kenndaten von Trägerfrequenz-Systemen sind in Bild 15.23 zusammengestellt.

15.3.2 Digitale Übertragungsverfahren

Die Ausgangsinformation für digitale Übertragungsverfahren ist der digitale Fernsprechkanal nach der CCITT-Empfehlung G 711, wie er in Abschnitt 14.2.3 beschrieben ist.

Die zu übertragende Sprachinformation liegt in Form von 8-Bit-Codewörtern vor, die aus den Binärsignalen 0 und 1 – z.B. «keine Spannung» und «Spannungspuls» – aufgebaut sind.

Bedingt durch die übertragungstechnischen Eigenschaften der eingesetzten Übertragungsmedien, wie zum Beispiel dem frequenzabhängigen Dämpfungsverlauf der Leitung oder der erforderlichen Gleichstromfreiheit wegen der eingesetzten Übertrager, werden die Binärsignale bei langen Übertragungswegen stark beeinflußt.

Außerdem wird mit steigender Bit-Übertragungsrate eine immer größere Übertragungsbandbreite benötigt.

Man ist daher bei allen digitalen Übertragungsverfahren bestrebt, die Signalinformation so an den Übertragungsweg anzupassen, daß eine möglichst geringe Übertragungsbandbreite benötigt wird und trotzdem eine *eindeutige Signalerkennung* und *Signalregeneration* gewährleistet bleibt.

Dies erreicht man, indem die ursprüngliche Sprachinformation aus 8-Bit-Codewörtern über einen dem Übertragungsmedium und dem Übertragungssystem angepaßten *Übertragungscode* umgewandelt wird.

15.3.2.1 Übertragungscodes

Alternated Mark Inversion Code (AMI-Code)
Bei diesem Code wird die logische Eins eines Bitstromes abwechselnd als positiver und negativer Signalzustand dargestellt. Die logische Null bleibt als Signalzustand Null bestehen. Der AMI-Code wird auch als *pseudoternärer Code* bezeichnet. Bild 15.24 verdeutlicht die Codierungsregel nach dem AMI-Code.

Codierungsregel

Binärzeichen	AMI-Code
0	0
1	+/− alternierend

Bild 15.24   AMI-Code

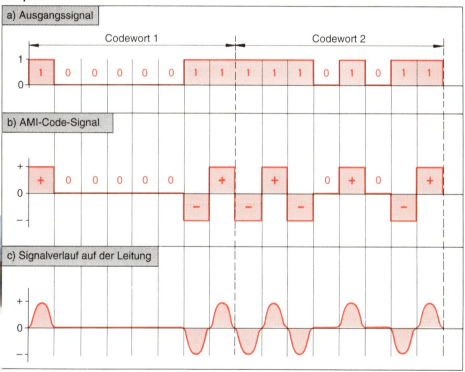

Modified AMI Code (MAMI-Code)
Beim modifizierten AMI-Code wird die logische Eins eines Bitstromes zum Signalzustand Null, die logische Null wird abwechselnd als positiver und negativer Signalzustand dargestellt. Auch dieser Code ist ein *pseudoternärer Code*, dessen Codierungsregel in Bild 15.25 dargestellt ist.

Codierungsregel

Binärzeichen	MAMI-Code
0	+/− alternierend
1	0

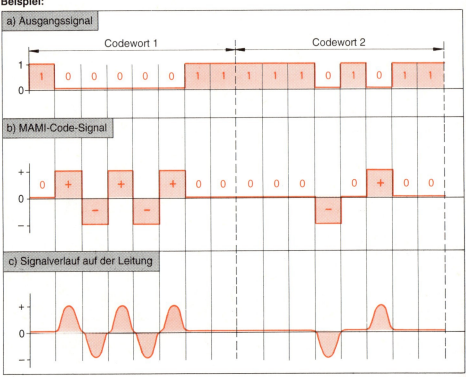

Bild 15.25
Modifizierter AMI-Code

Modified Monitoring State Code (MMS43-Code)

Dieser Code wird auch als *4Bit3Ternär-Code (4B3T-Code)* bezeichnet. Jeweils vier Bits binär codierten Ausgangssignals werden in ein drei Schritte langes, ternäres Signal umgewandelt. Dieses *ternäre Signal* kann aus den Zuständen Positiv, Negativ und Null aufgebaut sein.

Der MMS43-Code enthält vier Alphabete, die mit Status 1 bis 4 bezeichnet sind. Als erstes wird immer der Status 1 codiert. Abhängig vom ternären Wert des codierten 4-bit-Wortes wird für das nachfolgende Binärwort ein anderes *Status-Alphabet* verwendet. In der Codetabelle nach Bild 15.27 ist diese Statuszuordnung in den Spalten «Folgestatus» festgelegt.

Durch Verwendung des MMS43- bzw. 4B3T-Codes kann die Übertragungsgeschwindigkeit (Schrittgeschwindigkeit) um 25% gesenkt werden. Da es sich bei diesen ternären Signalen nicht mehr um binäre Signale handelt, wird die Übertragungsgeschwindigkeit manchmal auch in *Baud (Zeichen pro Sekunde)* anstelle von bit/s angegeben.

Bei einer Übertragungsrate von ca. 160 kBit/s, entsprechend 120 kBaud, liegt bei Anwendung des 4B3T-Codes die obere Grenzfrequenz der Übertragungsbandbreite nur noch bei ca. 60 kHz, die Schwerpunktfrequenz bei ca. 40 kHz.

Codetabelle

4-Bit-Wortteil	Ternärwort je Alphabet und Folgestatus (FS)							
	Status S1	FS	Status S2	FS	Status S3	FS	Satus S4	FS
0001	0 − +	1	0 − +	2	0 − +	3	0 − +	4
0111	− 0 +	1	− 0 +	2	− 0 +	3	− 0 +	4
0100	− + 0	1	− + 0	2	− + 0	3	− + 0	4
0010	+ − 0	1	+ − 0	2	+ − 0	3	+ − 0	4
1011	+ 0 −	1	+ 0 −	2	+ 0 −	3	+ 0 −	4
1110	0 + −	1	0 + −	2	0 + −	3	0 + −	4
1001	+ − +	2	+ − +	3	+ − +	4	− − −	1
0011	0 0 +	2	0 0 +	3	0 0 +	4	− − 0	2
1101	0 + 0	2	0 + 0	3	0 + 0	4	− 0 −	2
1000	+ 0 0	2	+ 0 0	3	+ 0 0	4	0 − −	2
0110	− + +	2	− + +	3	− − +	2	− − +	3
1010	+ + −	2	+ + −	3	+ − −	2	+ − −	3
1111	+ + 0	3	0 0 −	1	0 0 −	2	0 0 −	3
0000	+ 0 +	3	0 − 0	1	0 − 0	2	0 − 0	3
0101	0 + +	3	− 0 0	1	− 0 0	2	− 0 0	3
1100	+ + +	4	− + −	1	− + −	2	− + −	3
	Ein empfangenes 3T-Wort 000 wird in das 4-Bit-Wort 0000 decodiert!							

Bild 15.27
MMS43-Code
(4B3T-Code)

Beispiel:

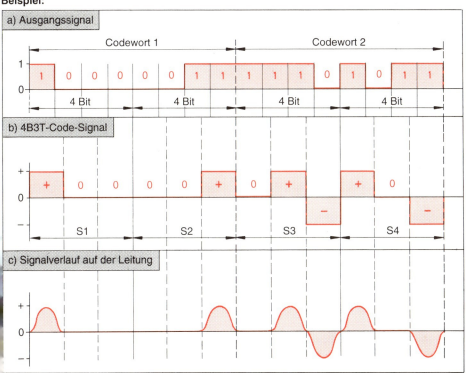

High Density Bipolar Grad n Code (HDBn-Code)
Beim HDBn-Code handelt es sich um einen abgewandelten AMI-Code, bei dem nach *n* Nullen in Folge die nächstfolgende Null in eine Eins verfälscht wird. Zur Erkennung erhält diese falsche Eins eine dem Bildungsgesetz zu abwechselnder Polarität widersprechende Polarität. Der Grund für den Einsatz dieses Codes ist die gute Takterkennungsmöglichkeit im Signal selbst, die ansonsten bei sehr langen Folgen eines unveränderten Binärzustands nicht mehr gegeben ist.

Einer der heute vorwiegend eingesetzten Codes ist der *HDB3-Code*, der diesen widersprüchlichen Polaritätswechsel nach drei aufeinanderfolgenden Nullen für die vierte, unmittelbar folgende Null vornimmt (Bild 15.26).

Codierungsregel

Binärzeichen	HDB3-Code
0	0*
1	+/− alternierend

* In einer ununterbrochenen Folge von mehr als 3 Nullen wird die 4., 8., ... Null zur logischen Eins mit widersprüchlicher Polarität

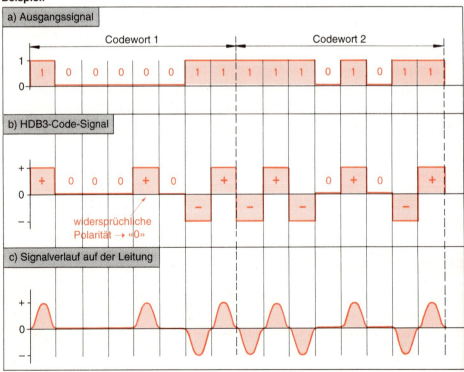

Bild 15.26   HDB3-Code

Beispiel:

Modified Codes Mark Inversion (MCMI-Code)

Dieser Code wird auch als *1Ternär2Bit-Code (1T2B-Code)* bezeichnet. Er wird insbesondere bei der *Signalübertragung über Glasfaser* eingesetzt, da es bei der Übertragung mittels Licht keine ternären (drei) Zustände gibt, sondern nur «Licht» oder «kein Licht». Die Codierungsregel ist in Bild 15.28 aufgezeigt.

Codierungsregel

HDB3-Signal	1T2B-Codierung
+	11
−	00
0	01
	~~10~~ verboten

Bild 15.28
MCMI-Code (1T2B-Code)

Beispiel:

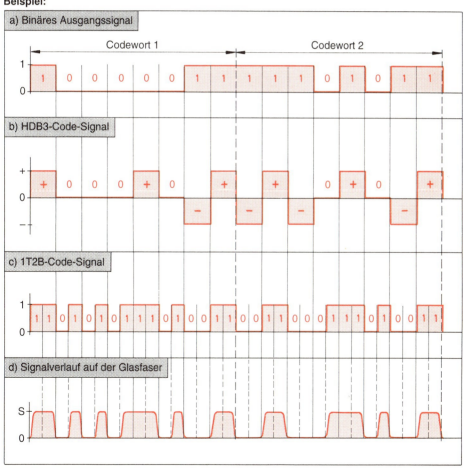

15.3.2.2 Prinzip der Zeitmultiplex-Übertragung

Die Übertragung digitaler Fernsprechsignale mittels Zeitmultiplex-Verfahren dient der Mehrfachausnutzung von Leitungen. Mehrere Fernsprechkanäle werden dabei durch zeitliche Aneinanderreihung über eine einzige Leitung übertragen.

Das Grundprinzip des *Zeitmultiplexverfahrens* ist in Bild 15.29 dargestellt. Die digitale Signalinformation in Form von 8-Bit-Codewörtern liegt im *Abtastzyklus* von 125 µs für n Fernsprechkanäle gleichzeitig auf n Leitungen vor.

Zunächst werden die 8-Bit-Signale aller zu übertragenden Kanäle in getrennte Speicher eingelesen und zwischengespeichert.

Wenn die Anzahl von n Kanälen im gleichen Zeitrahmen von 125 µs aneinandergereiht übertragen werden sollen, müssen die Impulsbreiten der einzelnen Signale so verkürzt werden, daß sie nur noch dem n-ten Teil der ursprünglichen Impulsbreite entsprechen.

Man erreicht dies, indem man die zwischengespeicherten 8-Bit-Codewörter mit dem n-fachen Takt aus diesen Speichern wieder ausliest. Die Auslesung erfolgt je Speicher (d. h. je Kanal) mit genau dem Zeitversatz, der eine vollständige Aneinanderreihung aller n 8-Bit-Codewörter innerhalb des Zeitrahmens von 125 µs erlaubt.

Da die Übertragungsrate für einen Fernsprechkanal 64 kBit/s beträgt, erhöht sich somit die Übertragungsrate auf der Multiplexleitung auf das n-fache von 64 kBit/s.

Selbstverständlich muß auf der Empfangsseite die Auftrennung der Kanäle durch eine entsprechende Demultiplexeinrichtung gewährleistet werden.

Damit Multiplexer und Demultiplexer synchron zusammenarbeiten können, muß die *Taktsynchronisierung* aus den übertragenen Signalen gewonnen werden können.

Digitale Übertragung mittels Zeitmultiplex kann auch für Fernsprechkanäle, die in analoger Form vorliegen, durchgeführt werden. Dazu werden die analogen Fernsprechkanäle am Ein- und Ausgang des digitalen Übertragungsabschnittes über sogenannte *Kennzeichenumsetzer (KZU)* in den genormten digitalen Fernsprechkanal gewandelt.

15.3.2.3 Übertragungssysteme auf der Basis des PCM30-Systems

Das Grundsystem aller digitalen Übertragungssysteme ist das PCM30-System, das 30 Fernsprechkanäle über eine Leitung übertragen kann. In einem Übertragungszeitrahmen von 125 µs werden 256 Bit übertragen, was einer Übertragungsrate von 2,048 MBit/s entspricht. Dieser *Übertragungsrahmen* ist dabei in 32 *Zeitschlitze* mit je 8 Bit (1 Oktett) unterteilt. Von diesen 32 Zeitschlitzen werden 30 Zeitschlitze (1 bis 15 und 17 bis 31) für die Übertragung von Fernsprechkanälen (Nutzkanälen) benutzt. Die beiden Zeitschlitze 0 und 16 dienen der Übertragungssynchronisierung und der sprachbandbegleitenden Übertragung vermittlungstechnischer Kennzeichen.

Die Rahmenstruktur des PCM30-Systems zeigt Bild 15.30. Jeweils 16 aufeinanderfolgende Übertragungsrahmen werden durch eine *Synchronisierungs- und Fehlererkennungs-Prozedur* im Zeitschlitz 0 (*CRC4-Prozedur; Cyclic Redundancy Check, vierstellig*) überwacht. Jeweils 16 aufeinanderfolgende Übertragungsrahmen bezeichnet man dazu als *Mehrfachrahmen*.

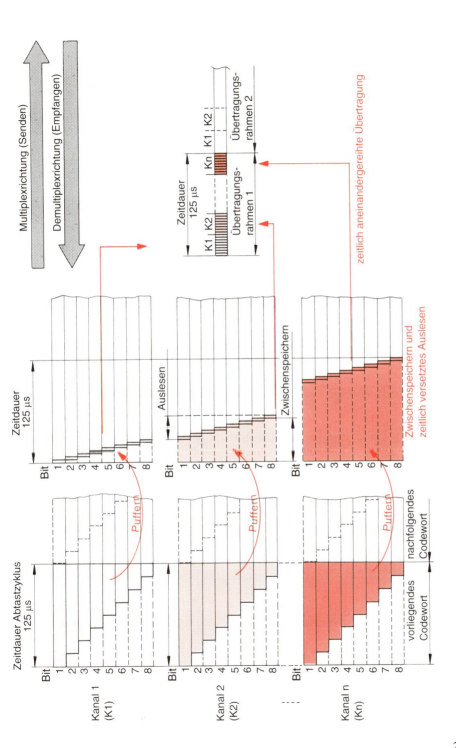

Bild 15.29 Grundprinzip des Zeitmultiplexverfahrens

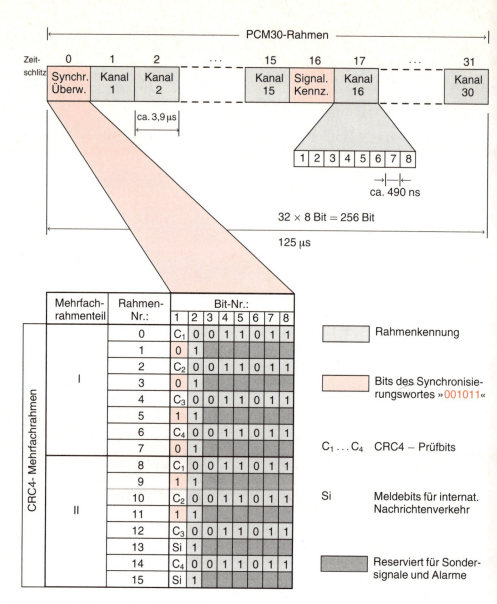

Bild 15.30   Rahmenstruktur des PCM30-Systems

Aufbauend auf der PCM30-Struktur werden nun Übertragungssysteme höherer Kapazität eingesetzt. Die Hierarchie dieser Systeme, ihre Kanalkapazität, die Übertragungsrate sowie die je System eingesetzten Übertragungscodes sind in Bild 15.31 dargestellt.

Die Rahmenstruktur für die Multiplexer der digitalen Übertragungssysteme höherer Kapazität ergeben die jeweiligen Rahmendauern, die Rahmenfrequenz und die Anzahl Bits je Rahmen, wie sie in Bild 15.32 angeführt sind.

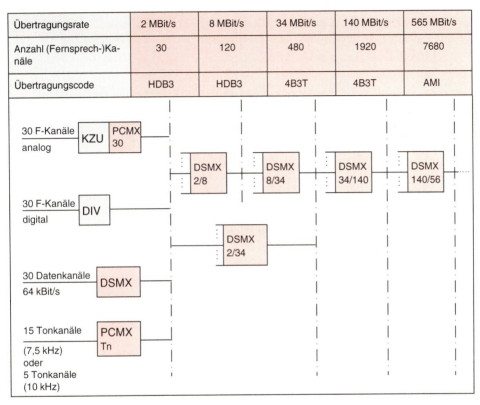

KZU	Kennzeichen-Umsetzer (analog/digital nach CCITT G 711)	DSMX	Digitalsignal-Multiplexer
PCMX	Pulscode-Modulationsmultiplexer	DIV	Digitaler Vermittlungsnetzknoten

Bild 15.31 Hierarchie digitaler Übertragungssysteme

Multiplex-System	2/8 MBit/s	8/34 MBit/s	34/140 MBit/s	140/565 MBit/s
Rahmendauer	100,38 µs	44,693 µs	21,024 µs	4,758 µs
Rahmenfrequenz	9,962 kHz	22,375 kHz	47,564 kHz	210,19 kHz
Bits je Rahmen	848	1536	2928	2688

Bild 15.32 Daten für die Rahmenstruktur von Multiplexern für Systeme höherer Ordnung

15.3.3 Übertragungsverfahren im ISDN

Im *diensteintegrierenden digitalen Netz (ISDN, Integrated Services Digital Network)* werden die zu übertragenden Signale, egal ob Sprache, Ton, Bild oder Daten, nach einheitlichen, international genormten Übertragungsverfahren übertragen.
Auf die Übertragungsabschnitte zwischen der Endeinrichtung des ISDN-Teilnehmers bis zum nächstgelegenen Netzknoten wird in diesem Abschnitt näher eingegangen.

15.3.3.1 Struktur des ISDN zwischen Teilnehmer und Netzknoten
Im ISDN gibt es zwei unterschiedliche Anschlußarten für einen Teilnehmer:

- den *ISDN-Basisanschluß* und
- den *ISDN-Primärmultiplexanschluß*.

> Beim ISDN-Basisanschluß stehen dem Teilnehmer auf einer Kupferanschlußleitung (1 Doppelader) zwei voneinander unabhängige, digitale Nutzkanäle mit je 64 kBit/s zur Verfügung.

> Beim ISDN-Primärmultiplexanschluß stehen dem Teilnehmer auf zwei Kupferanschlußleitungen (2 Doppeladern) oder auf zwei Glasfasern dreißig voneinander unabhängige, digitale Nutzkanäle mit je 64 kBit/s zur Verfügung.

Je nach Anschlußart werden die *Schnittstellen* am *Netzabschluß (NT, Network Terminal)* in Richtung *Teilnehmerendeinrichtung (EE, Endeinrichtung)* und in Richtung *Netzknoten (LT, Line Terminal)* unterschiedlich bezeichnet (Bild 15.33).
Die übertragungstechnischen Bedingungen sind für diese Schnittstellen international genormt.
Die *Nutzkanäle* werden mit B_1 bis B_n bezeichnet, der diensteinterne *Steuerkanal* mit D.

15.3.3.2 Übertragungsverfahren auf der S_0-Schnittstelle
Bei der gleichzeitigen Übertragung von digitalen Sende- und Empfangssignalen auf einer *Busleitung* muß die Senderichtung von der Empfangsrichtung durch ein besonderes Echokompensationsverfahren getrennt werden. Diese sehr komplexe Echokompensation wird in einem vollintegrierten Baustein realisiert, auf den im Rahmen dieses Buches nicht näher eingegangen werden kann.
Die Struktur des Übertragungsrahmens an der S_0-Schnittstelle (Bild 15.34) umfaßt 48 Bit in 250 µs, was einer Übertragungsrate von 192 kBit/s entspricht. Die «Netto-Bitrate» für die beiden B-Kanäle (2 · 64 kBit/s) und den D-Kanal (16 kBit/s) beträgt dabei lediglich 144 kBit/s. Die restliche Übertragungskapazität wird für zusätzliche Steuerungs- und Synchronisationsaufgaben auf dem S_0-Bus benötigt.
Bei mehreren Geräten am S_0-Bus dürfen nicht mehrere Geräte gleichzeitig auf einen B-Nutzkanal zugreifen. Die Überwachung der *Zugriffssteuerung* erfolgt über einen eigenen, *businternen Echokanal E*. Mit Beginn jedes Endgerätezugriffs auf den Bus wird ein vom Endgerät ausgesendetes D-Bit (EE in Richtung NT) wenige Mikrosekunden später mit dem vom NT über den E-Kanal reflektierten E-Bit (NT in Richtung EE) verglichen. Bei Ungleichheit führt dies sofort zum Abbruch des Sendezugriffes, noch vor Aussendung des nächsten D-Bits. Damit wird verhindert, daß gleichzeitig mehrere Endgeräte auf einen B-Nutzkanal zugreifen können.

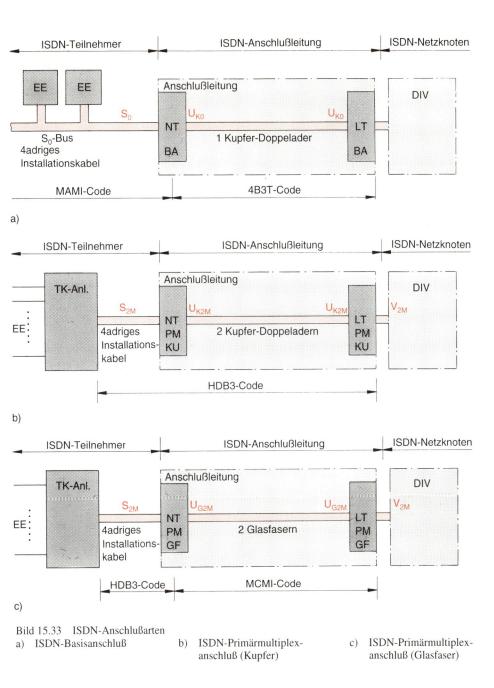

Bild 15.33 ISDN-Anschlußarten
a) ISDN-Basisanschluß
b) ISDN-Primärmultiplex- anschluß (Kupfer)
c) ISDN-Primärmultiplex- anschluß (Glasfaser)

Der auf dem S_0-Bus eingesetzte Übertragungscode ist der modifizierte AMI-Code (MAMI-Code). Die Toleranzgrenzen für die gesendete *Pulsform der Signale* ist in Bild 15.35 dargestellt, wobei nur die Angaben für den positiven Puls aufgeführt sind. Die Werte für den negativen Puls sind spiegelbildlich anzusetzen.

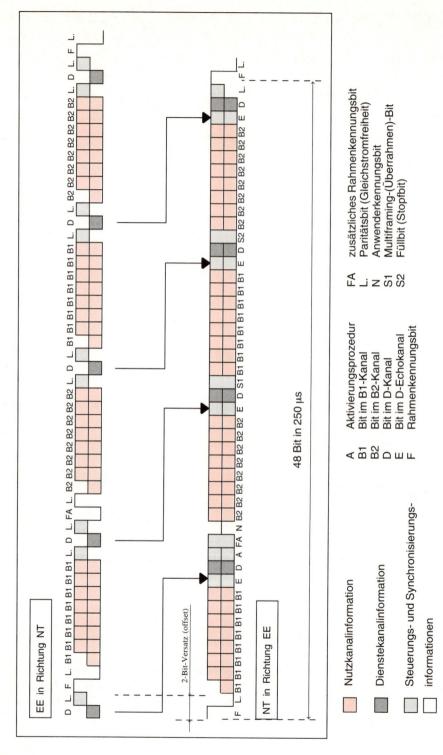

Bild 15.34 Rahmenstruktur an der S_0-Schnittstelle

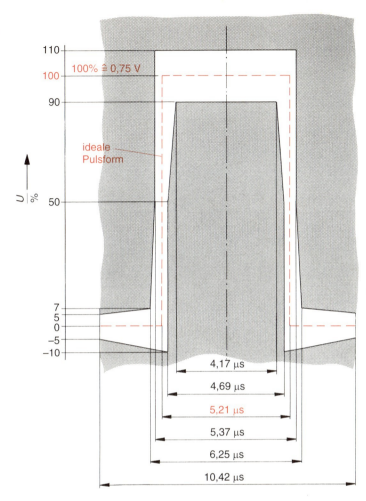

Bild 15.35
Toleranzbereich für den Sendepuls auf dem S_0-Bus

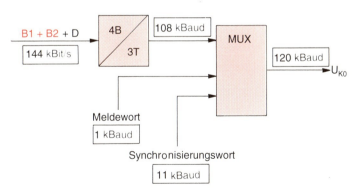

Bild 15.36
Prinzipdarstellung der Rahmenbildung für die U_{K0}-Schnittstelle (sendeseitig)

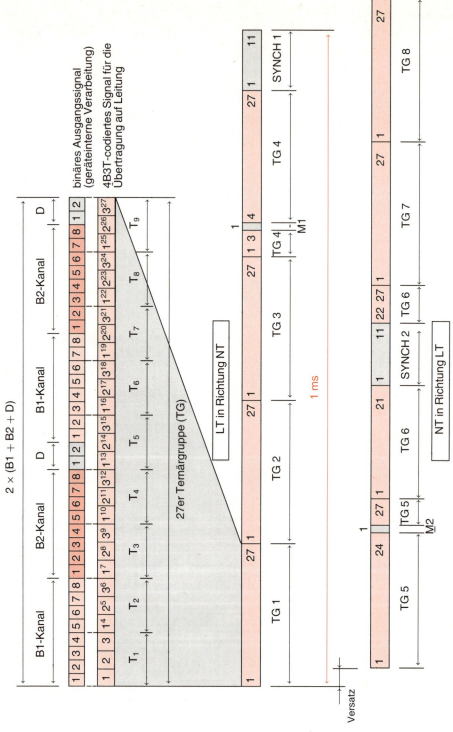

Bild 15.37 Rahmenstruktur des Signals an der U_{K0}-Schnittstelle

15.3.3.3 Übertragungsverfahren auf der U_{K0}-Schnittstelle

Auf dem Übertragungsabschnitt zwischen NT und LT im Netzknoten ist keine Zugriffssteuerung mehr erforderlich. Daher kann sich die Übertragung hier ausschließlich auf die beiden B-Kanäle und den D-Kanal beschränken.
Die zu übertragende Bitrate entspricht der Netto-Bitrate von 144 kBit/s. Zur *Reduzierung der Übertragungsbandbreite* wird auf diesem Abschnitt der 4B3T-Code eingesetzt. Da die übertragenen Zeichen bei diesem Code keine «Bits» darstellen, gibt man die Übertragungsrate hier in «Baud» an (Bild 15.36).
In einem Übertragungsrahmen von 1 ms werden die Nutzkanäle und der Dienstekanal wie in Bild 15.37 dargestellt auf der Anschlußleitung übertragen.

15.3.3.4 Übertragungsverfahren bei Primärmultiplexanschlüssen

Bei Primärmultiplexanschlüssen besteht durchgängig vom Netzknoten bis zum Endgerät eine Vierdrahtverbindung (oder zwei getrennte Glasfasern), bei der Sende- und Empfangsrichtung physikalisch getrennt geführt sind.
Die Übertragungskapazität von 30 Nutzkanälen mit je 64 kBit/s und einem Steuerungskanal von ebenfalls 64 kBit/s wird in einem Übertragungsrahmen von 125 µs realisiert. Die Übertragungsrate beträgt dabei 2,048 MBit/s. Der Übertragungsrahmen ist vergleichbar dem des PCM30-Systems aufgebaut. Dabei wird innerhalb eines aus 16 aufeinanderfolgenden Übertragungsrahmen gebildeten Mehrfachrahmens über den Zeitschlitz 0 mittels CRC4-Prozedur die Übertragung synchronisiert und überwacht. Der Zeitschlitz 16 wird für die Übertragung des D-Kanals benutzt.
Den prinzipiellen Aufbau eines *Netzterminals für Primärmultiplex auf Kupferanschlußleitungen (NTPMKU)* zeigt Bild 15.38.
Aufgabe der S_{2M}-Schnittstellenschaltung ist das *Anpassen der geräteinternen, binären Signalverarbeitung an die Schnittstelle der Endeinrichtung* (z. B. eine TK-Anlage). Am Ausgang der Sendeschaltung werden ternäre, HDB3-codierte und annähernd rechteckförmige Signale mit einer maximalen Sendeamplitude von ±3 V gesendet. An die Empfangsschaltung werden vergleichbare Signale zugeführt, die um 0 bis 6 dB gedämpft sein können.
Aufgabe der U_{K2M}-Schnittstellenschaltung ist die *Anpassung der geräteinternen Signalverarbeitung an die Anschlußleitung*. Am Ausgang der Sendeschaltung werden ternäre, HDB3-codierte Signale mit annähernder Sinushalbwellenform an die Leitung abgegeben. Der Maximalwert der Sendeimpulse liegt bei etwa 2,36 V (±10%). Der Empfangsschaltung werden vergleichbare Signale zugeführt, die über die ankommende Leitung um 5 bis 40 dB gedämpft sein können.

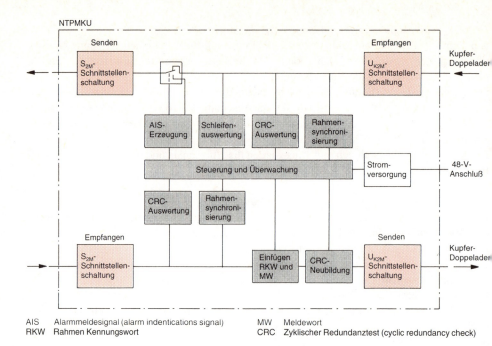

| AIS | Alarmmeldesignal (alarm indentications signal) | MW | Meldewort |
| RKW | Rahmen Kennungswort | CRC | Zyklischer Redundanztest (cyclic redundancy check) |

Bild 15.38 Funktionsblöcke des Netzterminals für den ISDN-Primärmultiplexanschluß

15.4 Lernziel-Test

1. Beschreiben Sie den Unterschied im Kabelaufbau zwischen der Sternvierer- und der Dieselhorst-Martin-Verseilung!
2. Welcher Unterschied besteht zwischen Lagen- und Bündelverseilung bei symmetrischen Kabeln?
3. Welche Arten von Leiterisolierung sind bei einpaarigen Koaxialkabeln üblich?
4. Was ist bei der Verbindung von Glasfaserkabeln besonders zu beachten?
5. Wie funktioniert eine Phantomschaltung?
6. Wie wird bei trägerfrequenter Übertragung die Grundprimärgruppe gebildet?
7. Welche Übertragungscodes kommen bei digitalen Übertragungsverfahren zum Einsatz?
8. Beschreiben Sie den Aufbau des PCM30-Rahmens!
9. Worin besteht der Unterschied zwischen den beiden ISDN-Anschlußarten?
10. Welcher Übertragungscode wird an der S_0-Schnittstelle eingesetzt?
11. Warum wird die Übertragungsrate an der U_{K0}-Schnittstelle in «Baud» angegeben?
12. Welche Aufgabe hat die S_{2M}-Schnittstellenschaltung im Netzterminal eines Primärmultiplexanschlusses?

16 Vermittlungssysteme in Telekommunikationsnetzen

16.1 Allgemeines

Seit den Anfängen der Fernsprechtechnik sind in der Vergangenheit mit dem Übergang von der handvermittelten Verbindungsherstellung zur automatischen Wählvermittlung mehrere Telekommunikationsnetze entstanden.

Diese nebeneinander existierenden Netze werden, jedes für sich, von der zu übertragenden und zu vermittelnden Informationsart — dem jeweiligen Telekommunikationsdienst — geprägt.

Beispiele für *Telekommunikationsnetze* sind unter anderen:

— das öffentliche *Telefonnetz*,
— das *;Telexnetz*,
— das *Datex-L-Netz*,
— das *Datex-P-Netz*,
— die *Mobilfunknetze*.

Derjenige, der verschiedene Telekommunikationsdienste nutzen will, muß unter Umständen in jedem der dienstespezifischen Netze als separater, eigenständiger Teilnehmer angeschlossen sein.

Seitdem es der technische Fortschritt ermöglicht, sind sowohl Dienstenutzer als auch Netzbetreiber bestrebt, möglichst alle unterschiedlichen Dienste in einem Netz zusammengefaßt zu vermitteln und zu übertragen.

> Dieses zukunftsorientierte Telekommunikationsnetz ist das *diensteintegrierende, digitale Netz* (*ISDN*, integrated services digital network).

Die Ablösung der in der Vergangenheit entstandenen, unterschiedlichen Netze durch das neue, universelle Netz kann jedoch nicht schlagartig und übergangslos erfolgen. Der Übergang wird sich stufenweise über einen Zeitraum von mehreren Jahren erstrecken.

Die unterschiedlichen Netze werden daher sicher noch für einige Jahre bis zur vollständigen Integration parallel betrieben.

Wir wollen uns in diesem Kapitel jedoch auf die Darstellung des öffentlichen Telefonnetzes und auf Teile des ISDN beschränken.

16.2 Geografische Zuordnung der Teilnehmer zu einer Vermittlungseinheit

Die Standorte der Fernsprechteilnehmer sind einerseits durch die geografische Verteilung der Privathaushalte und andererseits durch die geografische Verteilung der Arbeitsstätten festgelegt.

Jeder Abschlußpunkt des Netzes beim Teilnehmer muß über die *Anschlußleitung* an die *Vermittlungseinheit* (Vermittlungsstelle; Netzknoten) herangeführt werden.

Da in der Vergangenheit der Ausbau dieses umfangreichen Anschlußleitungsnetzes den erheblichsten Kostenfaktor darstellte, wurde die Vermittlungsstelle möglichst an dem Standort errichtet, an dem die Summe aller Anschlußleitungslängen den geringsten Wert aufwies, dem sogenannten *Netzschwerpunkt*.

Geprägt durch die elektromechanischen Vermittlungssysteme und die zwischenzeitlich gewachsene Netzstruktur des Anschlußleitungsnetzes, wurde jede durch den Zuwachs an Fernsprechteilnehmern bedingte Neueinrichtung von Vermittlungsstellen im wesentlichen durch zwei Faktoren bestimmt:

☐ *die übertragungstechnischen Bedingungen* für die Funktionsfähigkeit der elektromechanischen Systeme in Abhängigkeit von der Länge der Anschlußleitung (maximaler Schleifenwiderstand 1200 Ω – maximale Leitungslänge ca. 6 bis 8 km);
☐ eine technisch und wirtschaftlich vertretbare *Raumkapazität* für die elektromechanische Vermittlungsstelle (maximal ca. 10 000 Teilnehmer).

Die nach diesen Gesichtspunkten in Jahrzehnten gewachsene Infrastruktur des analogen Telefonnetzes ist auch heute zunächst noch für die Zuordnung eines Teilnehmers zu seinem vermittlungstechnischen Netzknoten ausschlaggebend.

In den Ursprüngen wurde beim Aufbau des Netzes ebenfalls versucht, Städte, Stadtteile oder Gemeinden ganzheitlich innerhalb des Anschlußbereiches einer Vermittlungseinheit zu integrieren. Diesem Grundsatz konnte nach den zwischenzeitlich erfolgten verwaltungsorientierten Gemeindereformen wegen des bestehenden, in der Erde vergrabenen und auf den Netzschwerpunkt ausgerichteten Anschlußleitungsnetzes nicht mehr in allen Fällen entsprochen werden.

Das Gebiet der Bundesrepublik Deutschland ist lückenlos und überschneidungsfrei in sogenannte *Ortsnetzbereiche (ONB)* eingeteilt. Einem Ortsnetzbereich ist mindestens eine Vermittlungseinheit zugeordnet. In vielen Fällen, z.B. bei größeren Städten, sind es aber mehrere Vermittlungseinheiten mit jeweils eigenen, *geografisch abgegrenzten Anschlußbereichen*, die zu einer Einheit, dem Ortsnetzbereich, zusammengefaßt sind.

16.3 Identifikation der Teilnehmer

Innerhalb eines Ortsnetzbereiches muß jeder Fernsprechteilnehmer eindeutig identifizierbar sein. Dazu wird ihm seine *Rufnummer (RNr)* zugeteilt. Diese RNr ist eine beliebige Ziffernfolge, die theoretisch zunächst einmal nur von der Gesamtzahl der an der Vermittlungseinheit anschließbaren, maximalen Teilnehmerzahl abhängt. Beispielsweise könnte die RNr bei einer Vermittlungseinheit mit maximal 10 000 Teilnehmern theoretisch im Bereich von 0000 bis 9999 liegen.

Zusätzlich muß hier jedoch noch unterschieden werden, ob es sich

- um einen *Einzelanschluß* (analoger Telefonanschluß oder ISDN-Basisanschluß mit gleichberechtigten Endgeräten am S_0-Bus),
- um einen *Mehrgeräteanschluß im nationalen ISDN* (Basisanschluß mit Endgeräteauswahlkennziffer; EAZ),
- um einen *Mehrgeräteanschluß im Euro-ISDN* (Basisanschluß mit Mehrfachrufnummer; MSN, Multiple Subscriber Number) oder
- um einen *Anlagenanschluß* (Telefonanlagenanschluß mit Durchwahlnummer) handelt.

Die Rufnummernkonfiguration für diese vier unterschiedlichen Anschlußarten ist in den Bildern 16.1 bis 16.4 dargestellt.

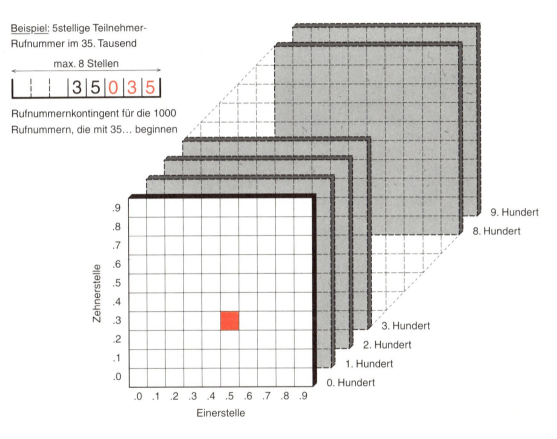

Beispiel:
Im 35. Tausend ist die Rufnummer ..035 für den Teilnehmer belegt, die 999 weiteren Rufnummern stehen für andere Teilnehmer zur Verfügung.
Anmerkung:
Im vermittelnden Netzknoten wird die Verbindung erst dann auf die Teilnehmeranschlußleitung geschaltet, wenn alle Ziffern der Rufnummer 35035 ausgewertet wurden.

Bild 16.1   Rufnummernkonfiguration bei einem Einzelanschluß

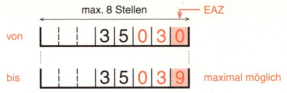

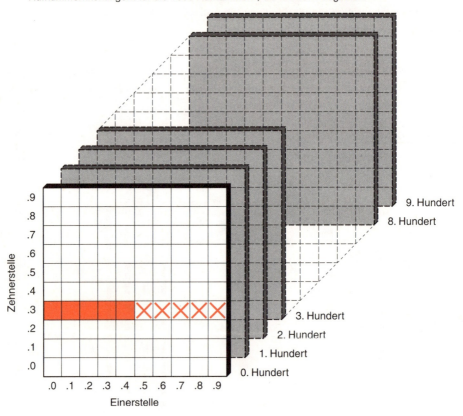

Beispiel:
Im 35. Tausend sind die Rufnummern ..030 bis ..034 für 5 Endgeräte beim Teilnehmer belegt, die Rufnummern ..035 bis ..039 stehen für eine Erweiterung zur Verfügung, können aber nicht mehr für andere Teilnehmer vorgesehen werden. 990 weitere Rufnummern stehen für andere Teilnehmer zur Verfügung.

Anmerkung:
Im vermittelnden Netzknoten wird die Verbindung bereits dann auf die Teilnehmeranschlußleitung geschaltet, wenn die Ziffernfolge 3503 der Rufnummer ausgewertet wurde. Die Auswahl des Endgerätes .0 bis .9 erfolgt durch die Endgeräteprogrammierung am S_0-Bus beim Teilnehmer.

Bild 16.2   Rufnummernkonfiguration bei einem Mehrgeräteanschluß mit EAZ

Beispiel: 5stellige Teilnehmer-Rufnummer im 35. Tausend

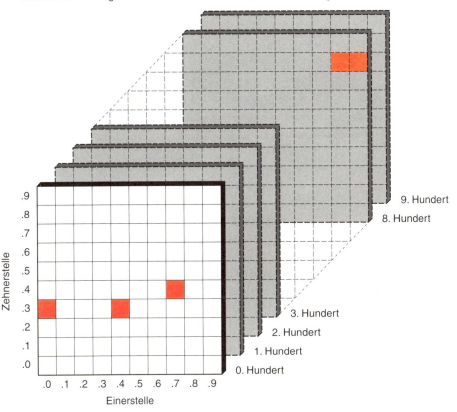

Beispiel:
Im 35. Tausend sind die Rufnummern ..030, ..034, ..047, ..888 und ..889 für 5 Endgeräte beim Teilnehmer belegt, alle weiteren 995 Rufnummern stehen für andere Teilnehmer zur Verfügung.
Anmerkung:
Im vermittelnden Netzknoten wird die Verbindung erst dann auf die Teilnehmeranschlußleitung geschaltet, wenn die gesamte Ziffernfolge der Rufnummern ausgewertet wurden. Die Auswahl des Endgerätes erfolgt aufgrund der unterschiedlichen Rufnummer beim Teilnehmer.

Bild 16.3   Rufnummernkonfiguration bei einem Mehrgeräteanschluß mit MSN

Beispiel: 5stellige Teilnehmer-Rufnummer im 35. Tausend

Rufnummernkontingent für die 1000 Rufnummern, die mit 35... beginnen

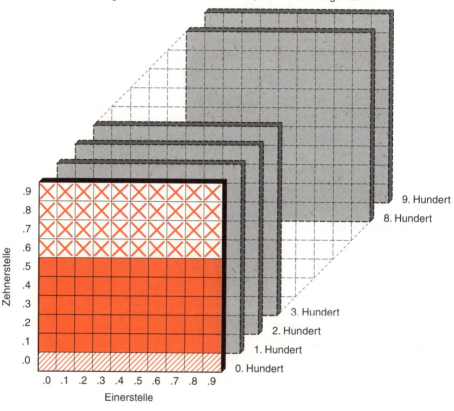

Beispiel:
Im 35. Tausend sind die Rufnummern des 0. Hunderts komplett belegt. Die Anlagen-RNr des Teilnehmers ist die 350 .., wobei häufig eine nachfolgende 0 die zentrale Vermittlung der Anlage erreicht. Dadurch wird wie hier die 0. Dekade jedoch für die Belegung mit Nebenstellen-RNr blockiert. Für die 50 Nebenstellen des Beispiels sind die RNr 35010 bis 35059 belegt. Die restlichen 40 RNr des 0. Hunderts sind für eventuelle Anlagenerweiterungen verfügbar, stehen jedoch zur Verwendung für andere Teilnehmer nicht mehr bereit.
Anmerkung:
Im vermittelnden Netzknoten wird die Verbindung bereits dann auf die Teilnehmeranschlußleitung(en) geschaltet, wenn die Ziffernfolge 350.. der Rufnummer ausgewertet wurde. Die Auswahl der Nebenstelle erfolgt aufgrund der Zehner- und/oder Einerstelle in der Anlage beim Teilnehmer.

Bild 16.4   Rufnummernkonfiguration bei einem Anlagenanschluß mit Durchwahl

Innerhalb eines Ortsnetzbereiches darf je Telefonanschluß eine für diesen Anschluß zugeteilte Rufnummer nicht mehr anderweitig vergeben werden. In anderen Ortsnetzen kann jedoch die gleiche Ziffernfolge als Rufnummer erneut vergeben sein.
Zur Unterscheidung, um welchen Teilnehmer welches Ortsnetzbereiches es sich im Einzelfall handelt, erhalten die Ortsnetzbereiche ebenfalls eine Kennung. Diese Kennung der Ortsnetzbereiche – eine zwei- bis vierstellige Ziffernfolge – nennt man *Ortsnetzkennzahl (ONKZ)*.
Die *nationale Rufnummer* eines Telefonanschlusses entsteht durch Zusammenfügen der ONKZ und der RNr. Somit ist jeder Fernsprechteilnehmer im nationalen, öffentlichen Telefonnetz in Deutschland, abhängig von seiner geografischen Anbindung an eine Vermittlungseinheit, durch seine nationale Rufnummer eindeutig identifizierbar (Bild 16.5).
Für Verbindungswünsche aus dem Ausland muß der gewünschte Teilnehmer noch durch die *internationale Kennzahl* für Deutschland identifizierbar gemacht werden. Zur Gewährleistung

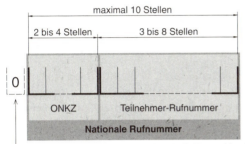

└─ Verkehrsausscheidungsziffer (innerhalb Deutschlands die Ziffer 0): Sie bewirkt, daß die anschließende Ziffernfolge nicht als Teilnehmer-Rufnummer des eigenen Ortsnetzes, sondern als «nationale Rufnummer» interpretiert wird.

a) Aufbaustruktur der «nationalen Rufnummer»

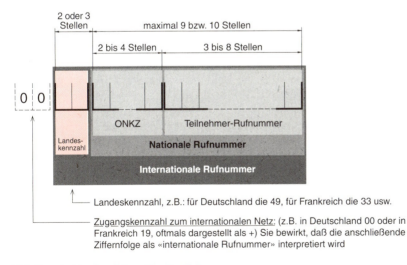

└─ Landeskennzahl, z.B.: für Deutschland die 49, für Frankreich die 33 usw.

└─ Zugangskennzahl zum internationalen Netz: (z.B. in Deutschland 00 oder in Frankreich 19, oftmals dargestellt als +) Sie bewirkt, daß die anschließende Ziffernfolge als «internationale Rufnummer» interpretiert wird

b) Aufbaustruktur der «internationalen Rufnummer»

Bild 16.5 Rufnummernstruktur

einer einwandfreien Funktion der internationalen Vermittlung – trotz unterschiedlichster weltweit eingesetzter Vermittlungssysteme – wurde vereinbart (CCITT-Norm), daß die *internationale Rufnummer* eines Fernsprechteilnehmers, bestehend aus internationaler Kennzahl plus nationaler Rufnummer, maximal 12stellig sein darf.

Je nach Länge der internationalen Kennzahl, die 2- oder 3stellig sein kann, darf die nationale Rufnummer somit höchstens 9- bzw. 10stellig sein.

Durch die weltweite Vernetzung aller nationalen Telefonnetze ist somit jeder Fernsprechteilnehmer (Telefonanschluß) über seine internationale Rufnummer geografisch zugeordnet und eindeutig identifizierbar (Bild 16.5).

16.4 Prinzip der Konzentration, Richtungsauswahl und Expansion

Der Aufbau einer Verbindung zwischen zwei Teilnehmern im öffentlichen Telefonnetz läßt sich in drei wesentliche Abschnitte zerlegen:

1. der Abschnitt vom Endgerät des rufenden Teilnehmers bis zur Abschlußeinrichtung seiner Vermittlungseinheit;
   dieser Verbindungsabschnitt ist die Anschlußleitung, in der Regel aus einer Kupfer-Doppelader bestehend. Er ist galvanisch durchverbunden und permanent vorhanden.
2. der Abschnitt vom Endgerät des gerufenen Teilnehmers bis zur Abschlußeinrichtung in dessen Vermittlungseinheit;
   auch dieser Verbindungsabschnitt ist permanent vorhanden. Es ist die Anschlußleitung, über die der gerufene Teilnehmer an seine Vermittlungseinheit angeschlossen ist.
3. Zwischen diesen beiden Abschlußeinrichtungen der jeweiligen Anschlußleitungen, die sich in der gleichen oder in unterschiedlichen Vermittlungseinheiten befinden können, muß nun für die Dauer des Telefongespräches eine Verbindung hergestellt werden.

Die Herstellung dieses 3. Verbindungsabschnittes ist Aufgabe der Vermittlungseinheiten (vermittelnde Netzknoten, VNK) im Telefonnetz.

Bei der Dimensionierung von VNK muß man das Verhalten der Telefonteilnehmer berücksichtigen.

Es ist absolut unwahrscheinlich, daß z.B. die Hälfte aller an einen VNK angeschlossenen Teilnehmer gleichzeitig mit der anderen Hälfte der daran angeschlossenen Teilnehmer telefonieren möchte.

Umfangreiche Untersuchungen im analogen Netz haben gezeigt, daß von 100 angeschlossenen Teilnehmern zur Hauptverkehrszeit im Durchschnitt nur ca. 8 bis 10 Teilnehmer gleichzeitig telefonieren.

Es war daher technisch und wirtschaftlich sinnvoll, die zur *Richtungsauswahl* und zur Verbindungsherstellung erforderlichen Einrichtungen auf dieses Teilnehmerverhalten auszurichten (Bild 16.6).

Auf der Eingangsseite einer Vermittlungseinheit kann daher eine *Konzentration* aller angeschlossenen Teilnehmerleitungen auf eine reduzierte Anzahl richtungsauswählender Einheiten erfolgen.

An der Ausgangsseite einer Vermittlungseinheit wird ebenfalls, von den richtungsauswählenden Einheiten kommend, eine *Expansion* auf alle angeschlossenen Teilnehmerleitungen erfolgen.

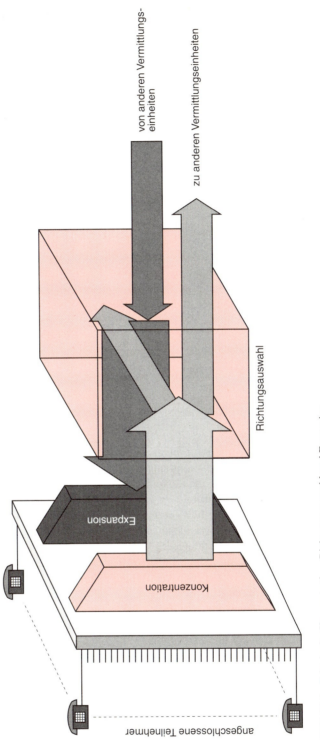

Bild 16.6 Prinzip der Konzentration, Richtungsauswahl und Expansion

Die Anordnungen, die in einer Vermittlungseinheit die Konzentration, die Richtungsauswahl oder die Expansion durchführen, bezeichnet man als *Koppelanordnungen* bzw. *Koppelnetz*.
Aufgabe eines Koppelnetzes ist es, Eingänge mit Ausgängen zu verbinden. Es gibt Vermittlungseinheiten mit *Durchgangskoppelnetzen* und/oder mit *Umkehrkoppelnetzen*.
Bei elektromechanischen Vermittlungssystemen müssen die Eingänge mit den Ausgängen über eine galvanische Verbindung miteinander verbunden werden. Die über diese Sprechwegedurchschaltung übertragene Information in Form des analogen Sprechwechselstromes wird von den Vermittlungseinrichtungen nicht beeinflußt.
Bei digitalen Vermittlungssystemen muß die in Form digital codierter Signale an den Eingängen ankommende Information in gleicher Form an den Ausgängen wieder zur Verfügung stehen. Auf dem Weg von Eingang zu Ausgang können diese Digitalsignale jedoch Veränderungen, wie z. B. Zwischenspeicherung, Zeitverschiebungen oder anderen Umformungen, unterzogen sein.

16.5 Prinzip der Steuerung des Verbindungsaufbaus

Mit Steuerung bezeichnet man alle Tätigkeiten eines Vermittlungssystems, die dieses zum Aufbau, zum Überwachen und zum Abbauen von Verbindungen ausführt.

> Man unterscheidet zwischen zwei grundsätzlich unterschiedlichen Arten von Steuerung:
> — der *direkten Steuerung* und
> — der *indirekten Steuerung*.

Direkte Steuerung
Die direkte Steuerung wird *hauptsächlich bei elektromechanischen Vermittlungssystemen*, insbesondere in der Ortsvermittlungstechnik, eingesetzt. Die Schaltglieder in den Koppelanordnungen sind Wähler und Relais.
Die Einstellung der Schaltglieder erfolgt direkt durch die vom Teilnehmerendgerät ausgesendeten Wählimpulse. Beim stufenweisen Einstellvorgang der Schaltglieder ist nicht bekannt, ob der Verbindungsaufbau auch erfolgreich abgeschlossen werden kann (Bild 16.7).
Jedem Schaltglied ist ein eigenes Steuerteil zugeordnet, das die Steuerinformation erfaßt, auswertet und die Einstellung veranlaßt. *Der gesamte Einstellvorgang ist relativ langsam.*

Indirekte Steuerung
Die indirekte Steuerung wird *hauptsächlich in digitalen Vermittlungssystemen* eingesetzt. Die prozessorgesteuerte Koppelanordnung besteht aus verschachtelten, digitalen Koppelnetzen mit mehreren Raum-Zeit-Stufen.
Die Einstellung der Koppelnetze erfolgt durch Koordinationsprozessoren, nachdem die Wahlinformation des rufenden Teilnehmers ausgewertet wurde. Der Einstellvorgang wird nur dann ausgeführt, wenn der gewünschte Ausgang des Koppelnetzes frei ist (Bild 16.8).
Wenige zentrale Prozessoren mit unterschiedlichen Aufgaben übernehmen die Erfassung und Auswertung der Steuerinformation und die entsprechende Koppelnetzeinstellung für eine große Zahl von zu vermittelnden Verbindungen. *Der gesamte Einstellvorgang ist relativ schnell.*

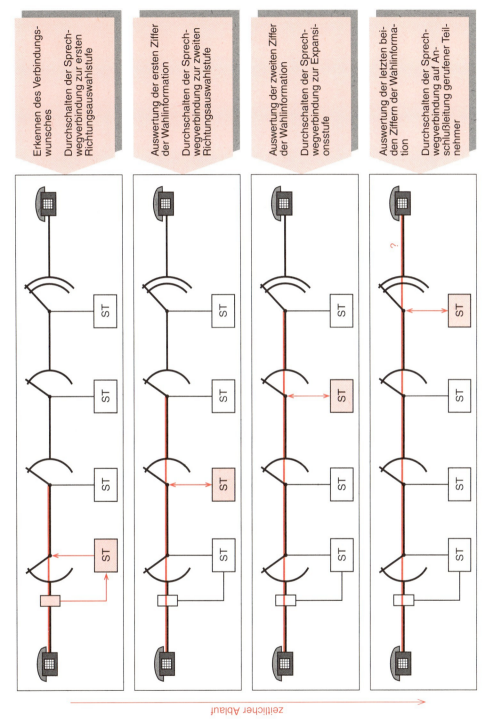

Bild 16.7 Prinzip der direkten Steuerung beim Verbindungsaufbau

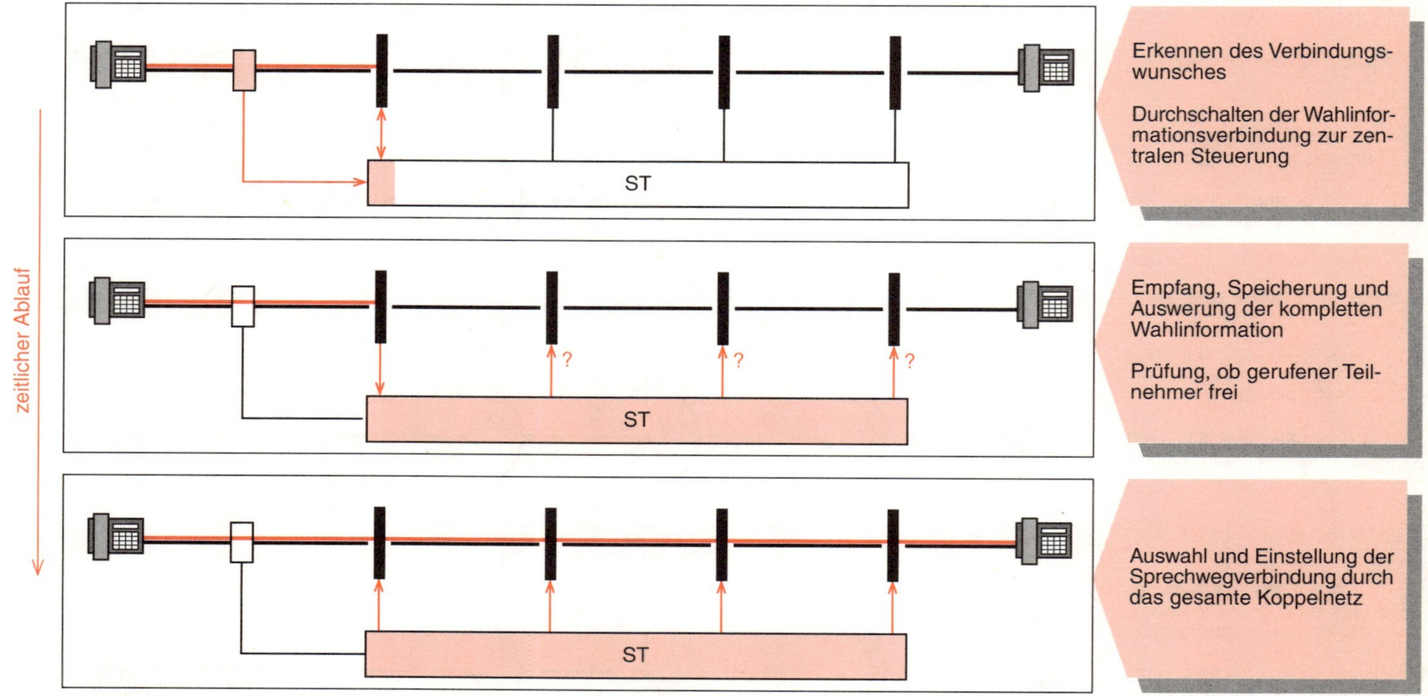

Bild 16.8 Prinzip der indirekten Steuerung beim Verbindungsaufbau

Erkennen des Verbindungswunsches

Durchschalten der Wahlinformationsverbindung zur zentralen Steuerung

Empfang, Speicherung und Auswertung der kompletten Wahlinformation

Prüfung, ob gerufener Teilnehmer frei

Auswahl und Einstellung der Sprechwegverbindung durch das gesamte Koppelnetz

zeitlicher Ablauf

16.6 Wahlverfahren

> Je nach Steuerungsverfahren der eingesetzten Vermittlungssysteme kommen zwei unterschiedliche Wahlverfahren zur Anwendung:
> - das *Impulswahlverfahren (IWV)* und
> - das *Mehrfrequenzwahlverfahren (MFV)*.

Moderne Telefonapparate sind für beide Wahlverfahren geeignet und mit einfachen Mitteln auf das jeweils anzuwendende Wahlverfahren einstellbar (programmierbar).

Impulswahlverfahren (IWV)
Das Impulswahlverfahren wird zur *Steuerung elektromechanischer Vermittlungssysteme* benötigt. Die Wahlinformation besteht aus einer der gewählten Ziffer entsprechenden Anzahl von *impulsförmigen Schleifenstromunterbrechungen*.

Z. B.: Ziffer 1   eine Schleifenstromunterbrechung
        Ziffer 2   zwei Schleifenstromunterbrechungen
        .
        .
        .
        Ziffer 0   zehn Schleifenstromunterbrechungen.

Das Zeitraster für die Schleifenstromunterbrechungen ist international genormt. Der Zeitrahmen für einen Unterbrechungsimpuls und eine Unterbrechungspause beträgt zusammen 100 ms, wobei das Verhältnis Impuls : Pause im Mittel 1,6 : 1,0 betragen soll (Bild 16.9). Die zulässigen Toleranzgrenzen liegen bei 1,3 : 1,0 und bei 1,9 : 1,0. Darüber hinausgehende Abweichungen führen zu «Falschwahl».

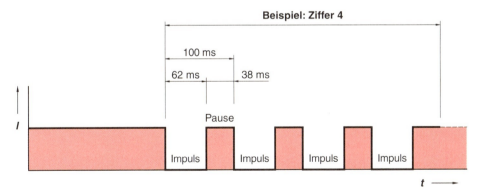

Schleifenstromverlauf bei der Übertragung der Wahlinformation
(da der Normalzustand nach Abheben des Handapparates der konstante Schleifenstrom ist, wird die Unterbrechung als Impuls gewertet!)

Bild 16.9   Impulswahlverfahren (IWV)

Mehrfrequenzwahlverfahren (MFV)

Das Mehrfrequenzwahlverfahren wird zur *Steuerung digitaler Vermittlungssysteme* eingesetzt.

Die Wahlinformation besteht aus einer der gewählten Ziffer (bzw. Tastfunktion) entsprechenden *Überlagerung zweier Frequenzen*. Die Frequenzkombinationen sind international genormt und liegen alle im Frequenzbereich des Fernsprechkanals (300...3400 Hz).

Durch den festgelegten Code ergeben sich 16 verschiedene Frequenzkombinationen. Für Steuerungszwecke in öffentlichen Telefonnetzen werden jedoch nur 12 Kombinationen (Ziffern 1...0, Sonderfunktion * und #) benötigt, die anderen Kombinationen stehen für geräteinterne oder teilnehmerspezifische Zwecke zur Verfügung (Bild 16.10).

Die vom Teilnehmerendgerät erzeugte Wahlinformation wird in der Vermittlungseinheit empfangen und an einen Steuerungsrechner übergeben. Erst wenn die Wahlinformation komplett vorliegt (Zwischenspeicherung), wird die Einstellung des Koppelnetzes veranlaßt.

Die Übertragungszeit einer gewählten Ziffer ist dabei unabhängig vom «Wert» und im Gegensatz zum IWV nur an die Dauer des Tastendrucks gebunden.

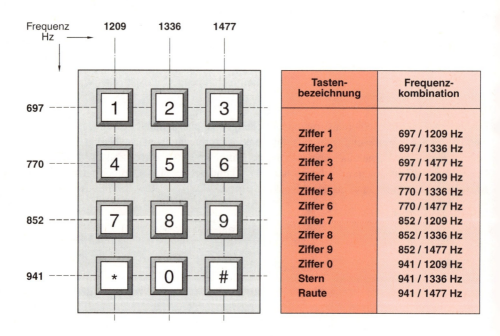

Bild 16.10 Mehrfrequenzwahlverfahren (MFV)

16.7 Elektromechanische Vermittlungssysteme

Elektromechanische Vermittlungssysteme sind *ausschließlich* auf die *Vermittlung von Verbindungen mit analoger Informationsübertragung* ausgerichtet. Die Durchschaltung der Sprechkreise erfolgt über die galvanische Schaltverbindung von Kupferleitungen. Die Koppelelemente sind Wähler, deren schaltende Kontakte edelmetallbeschichtet (Paladium-Silber) sind.

Die drehbaren Schaltarme der Wähler stellen je nach Einsatzbereich entweder die Eingänge oder die Ausgänge des Koppelelementes dar. Die halbkreisförmig angeordnete Kontaktbank des Wählers ist in 112 getrennte Koppelpunkte mit je 4 Schaltkontakten unterteilt. Durch Parallelschaltung dieser 112 Koppelpunkte über mehrere Wähler, z. B. mit einem *Wählervielfach* für 8 Wähler, entsteht ein Koppelvielfach mit einem Ein-/Ausgangs-Verhältnis von z. B. 112/8. Von den 112 Koppelpunkten eines Wählers werden in der Regel jedoch nur 100 (10 Dekaden) für zu vermittelnde Verbindungen genutzt. Die restlichen 12 Koppelpunkte, zwischen den Dekaden und am Beginn und Ende angeordnet, dienen speziellen Anschluß- und Steuerungszwecken.

In Bild 16.11 ist ein elektromechanisches Wählsystem im Übersichtsplan dargestellt. Die Anordnung der *Teilnehmerschaltungen (TS)* und der *Anrufsucher (AS)* stellt die Konzentrationsstufe dar. Die Verbindung wird hier rückwärts aufgebaut. Bei den nachfolgenden Wahlstufen der *Gruppenwähler (GW)*, die die Richtungsauswahl übernehmen, wird die Verbindung vorwärts aufgebaut. An der letzten Wahlstufe im vorwärts erfolgenden Verbindungsaufbau, dem *Leitungswähler (LW)*, findet die Expansion statt.

Alle dargestellten Wähler haben nur eine Bewegungsrichtung (Drehbewegung). Die Edelmetallkontakte für die Sprechadern sorgen für geringe Übergangswiderstände und für geringe Kontaktgeräusche. Jeder Wähler hat sein eigenes Steuerteil, das aus einer umfangreichen Relaissteuerung besteht. Vermittlungssysteme mit Wählern sind daher direkt gesteuerte Wählsysteme, die in ihrer Verarbeitungsgeschwindigkeit (Einstellgeschwindigkeit) – nach modernen Maßstäben gemessen – relativ langsam sind.

Gruppenwähler und Leitungswähler haben Nullstellungen, in die sie nach Auflösen einer Verbindung zurückkehren. Anrufsucher haben im Gegensatz dazu keine definierte Nullstellung. Sie starten ihre suchende Drehbewegung von der Stelle aus, an der sie bei der vorangegangenen Verbindung stehengeblieben sind.

Während je Gruppenwähler nur jeweils eine Ziffer der Wahlinformation verarbeitet wird, erfolgt an den Leitungswählern die Einstellung über die letzten beiden Ziffern der Teilnehmerrufnummer.

Die Ausgänge der 1. GW und der OGW sind parallelgeschaltet. *Über den 1. GW erfolgt die Richtungsauswahl zu anderen Ortsnetzbereichen*, über den OGW werden die aus anderen Bereichen des nationalen oder internationalen Netzes ankommenden Verbindungen eingeschleust.

Die Ausgänge der Leitungswähler sind über die Teilnehmerschaltungen auf die Anschlußleitung geschaltet, da beide Einrichtungen auf die nur einmal vorhandene Anschlußleitung jedes angeschlossenen Teilnehmers zugreifen müssen.

16.8 Digitale Vermittlungssysteme

Im öffentlichen Telefonnetz in Deutschland werden zur Zeit zwei digitale Vermittlungssysteme eingesetzt, die als «*elektronisches Wählsystem Digital (EWSD)*» bzw. als «*System 12 (S12)*» bezeichnet werden.

In diesem Abschnitt werden wir jedoch nur auf allgemeine Grundprinzipien digitaler Vermittlungssysteme eingehen. Einen grundsätzlichen Überblick zeigt Bild 16.12.

Je nach Art der Durchschaltung kann zwischen zwei Verfahren unterschieden werden, der Durchschaltevermittlung und der Speichervermittlung.

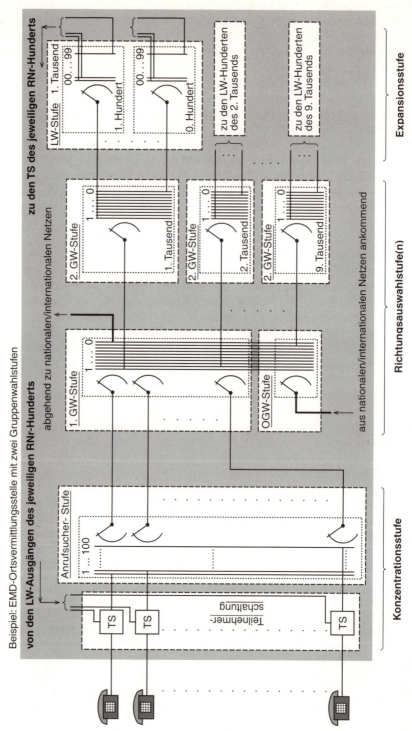

Bild 16.11 Übersichtsplan einer elektromechanischen Vermittlungseinheit

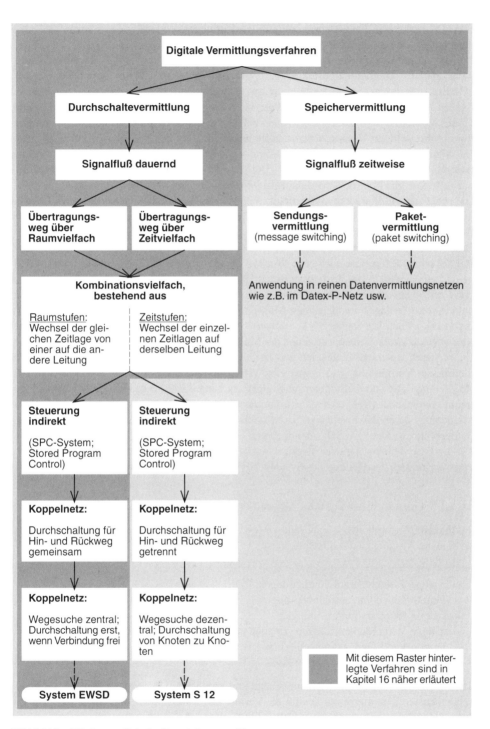

Bild 16.12 Gliederung digitaler Vermittlungsverfahren

Die *Durchschaltevermittlung* kennzeichnet die digitalen Vermittlungssysteme des öffentlichen Telefonnetzes, die *Speichervermittlung* findet in den Vermittlungssystemen der Datennetze, wie z. B. dem Datex-P-Netz, seine Anwendung.

Bei der Durchschaltevermittlung besteht für die gesamte Dauer der Nachrichtenübertragung eine aus Abschnitten zusammengeschaltete Verbindung. Bei der Speichervermittlung besteht keine durchgehende Verbindung zwischen Eingang und Ausgang. Die Nachrichten werden hier so lange zwischengespeichert, bis erneut ein Weg in die Zielrichtung frei wird. Dieses Verfahren wird insbesondere dann eingesetzt, wenn es nicht auf den sofortigen Dialog (wechselseitigen Nachrichtenaustausch) ankommt.

Der Signalfluß zwischen den Teilnehmerendgeräten besteht bei der Durchschaltevermittlung dauernd, die Nachricht bleibt ungeteilt. Bei der Speichervermittlung besteht der Signalfluß nur zeitweise, die Nachricht wird dabei in *Informationsblöcke (Pakete)* zerlegt.

Die nachfolgende Betrachtung beschränkt sich auf die Durchschaltevermittlung des Telefonnetzes. Entscheidend ist, wie die Verbindungsherstellung des Übertragungsweges in den Koppelnetzen ausgeführt wird.

Bei beiden Systemen besteht das Koppelnetz aus Kombinationen von Raum- und Zeitstufen. Bei der reinen Raumstufe wird ohne Wechsel der Kanalposition (Zeitlage) ein Kanal von einer auf eine andere Multiplexleitung (Raumlage) umgeschaltet. Bei der reinen Zeitstufe wird ein Wechsel des zu schaltenden Kanals von einer Kanalposition (Zeitlage) in eine andere Kanalposition (Zeitlage) auf derselben Multiplexleitung vorgenommen. Zeitstufen werden in der Praxis jedoch fast immer als kombinierte Raum-Zeit-Stufen eingesetzt, wobei gleichzeitig ein Wechsel der Kanalposition und der Multiplexleitung vorgenommen werden kann.

Ein weiteres Unterscheidungsmerkmal ist die Art der Durchschaltung im Koppelnetz. Für die digitale Vermittlung wird immer eine Vierdrahtverbindung benötigt, eine Hin- und eine Rückleitung. Die Durchschaltung im Koppelnetz kann dabei für den Hin- und Rückweg getrennt voneinander (S12) oder gemeinsam (EWSD) vorgenommen werden. Die Wegesuche (Steuerung) durch das Koppelnetz kann zentral und gemeinsam für den Hin- und Rückweg durchgeführt werden (EWSD) oder dezentral und für Hin- und Rückweg getrennt (S12).

Für die Beschreibung digitaler Vermittlungstechnik werden wir uns in diesem Abschnitt auf eine vereinfachte Darstellung des Systems EWSD beschränken.

16.8.1 Grundprinzip digitaler Vermittlung

An digitale Vermittlungssysteme müssen folgende *Eingangsgrößen* anschließbar sein (Auswahl, ohne Anspruch auf Vollständigkeit):

– analoge Teilnehmeranschlußleitungen,
– digitale Teilnehmeranschlußleitungen,
– digitale Primärmultiplexleitungen,
– analoge Verbindungsleitungen (zu anderen VNK führend),
– digitale Verbindungsleitungen (zu anderen VNK o. zu peripheren Einheiten führend).

Die auf diesen Leitungsarten ankommenden und abgehenden Informationssignale der unterschiedlichsten Signalform müssen für die Vermittlung im digitalen Koppelnetz zunächst alle in eine einheitliche Form umgewandelt werden, ohne dabei ihren Informationsinhalt zu verlieren.

Als einheitliche Grundform für die digitale Vermittlung wird die *PCM30-Rahmenstruktur* eingesetzt, wie sie in Kapitel 15 beschrieben ist. Ein PCM30-Rahmen umfaßt 32 Kanäle bei einer Rahmendauer von 125 µs und einer Übertragungsrate von 2,048 MBit/s. Bei diesen 32 Kanälen werden auf 2 Kanälen die Synchronisierungs- und vermittlungstechnischen Steuerungsinformationen für die 30 Nutzkanäle übertragen. Eine Multiplexleitung, auf der ein PCM30-Rahmen übertragen wird, nennt man wegen der systembedingten Bitrate auch *2 MBit-Leitung*.

> Am Eingang eines digitalen Vermittlungssystems müssen daher alle ankommenden Verbindungen, egal welcher Ursprungssignalform, in einen PCM30-Rahmen auf eine 2-MBit-Leitung überführt werden.

Jeweils vier derartige 2 MBit-Leitungen werden zusammengefaßt zu einer *8-MBit-Leitung*, die bei gleicher Rahmendauer von 125 µs insgesamt 128 Kanäle enthält.

> Im zentralen, digitalen Koppelnetz wird ausschließlich mit internen 8-MBit-Leitungen gearbeitet.

Bezogen auf das Beispiel einer Telefonverbindung zwischen zwei an der gleichen Vermittlungseinheit angeschlossenen Teilnehmern, bedeutet dies:

☐ Der rufende Teilnehmer wird über die Belegung eines freien Kanals (Zeitschlitz innerhalb eines PCM30-Rahmens) auf einer ganz bestimmten Eingangs-Multiplexleitung in das Vermittlungssystem eingekoppelt.
☐ Die Verbindung zum gerufenen Teilnehmer wird durch die Belegung eines freien Kanals (Zeitschlitz innerhalb eines PCM30-Rahmens) über eine zu ihm führende Ausgangs-Multiplexleitung eingestellt.
☐ Über eine mehrstufige Koppelanordnung im digitalen Koppelnetz wird die im ankommenden Kanal enthaltene Information von der Eingangs-Multiplexleitung in einen für diese Verbindung zu belegenden Kanal auf die Ausgangs-Multiplexleitung übertragen.

> Digitales Vermitteln bedeutet – vereinfacht ausgedrückt – das räumliche Umsetzen (auf andere Multiplexleitungen) und das zeitliche Umsetzen (in andere Kanalpositionen) von Kanälen innerhalb einer Übertragung auf der Basis der PCM30-Struktur.

16.8.2 Funktionsprinzip einer digitalen Raumstufe

Die in Bild 16.13 dargestellte *Raumstufe (SSM, Space Stage Module)* beschränkt sich auf die Funktionsbeschreibung für je drei Eingangs- und Ausgangs-Multiplexleitungen statt der üblichen 8, 15 bzw. 16 Multiplexleitungen je Raumstufe. Außerdem sind für jede Multiplexleitung nur vier Kanäle eingezeichnet statt der üblichen 128 (4 · 32) Kanäle.
Aus Gründen der Übersichtlichkeit ist ferner für jeden Koppelpunkt vereinfachend die Durchschaltung der 8-Bit-Information eines Kanals in nur einer Übertragungsrichtung und nur über je ein UND- bzw. ODER-Glied dargestellt.
Die Haltespeicher (RAM-Bausteine) enthalten die notwendigen Angaben, wann welches UND-Glied gesperrt und wann es durchlässig wird.

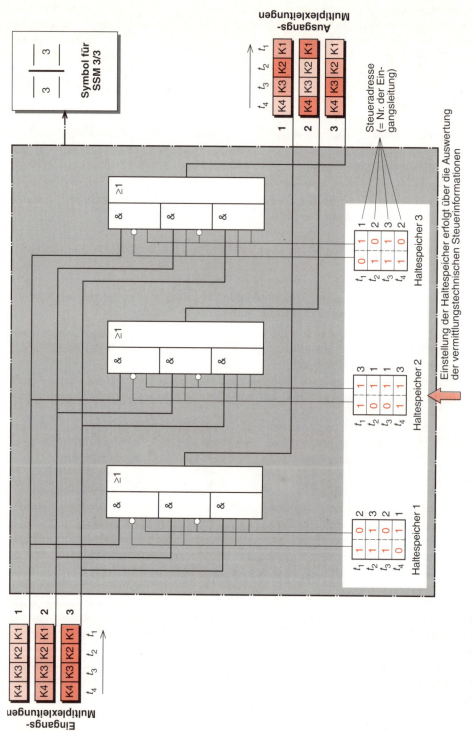

Die in die *Haltespeicher* eingeschriebenen Informationen (Steueradressen) werden aus den vermittlungstechnischen Daten über die Zentralprozessoreinheiten ermittelt. Alle Speicherplätze der Haltespeicher werden innerhalb einer 125-μs-Periode (PCM30-Rahmenstruktur) einmal zyklisch gelesen. Für die Dauer einer Verbindung bleibt die zu dieser Verbindung gehörende Speicheradresse im Haltespeicher unverändert.
Jeder Haltespeicher ist für eine Ausgangs-Multiplexleitung zuständig. Die eingelesenen Adressen geben die Eingangs-Multiplexleitung an.
Eine Raumstufe verändert nicht die Kanalposition. Ein Kanal, der sich auf einer Eingangs-Multiplexleitung in der Position x befindet, erscheint auch auf der Ausgangs-Multiplexleitung wieder in der Position x.
Bild 16.14 verdeutlicht die zusammenwirkende Anordnung mehrerer Raumstufen als Bestandteil einer größeren Raumstufeneinheit im Koppelnetz.

> *Merkmale der Raumstufe:*
> – ankommende Kanäle behalten auch abgehend ihre Kanalposition bei;
> – ankommende Kanäle können einer beliebigen Ausgangsleitung zugeordnet werden (volle Erreichbarkeit);
> – durch den Vermittlungsvorgang entsteht keine Zeitverzögerung (interne Bauelement-Schaltzeiten ausgenommen);
> – bei gleich vielen Eingangs- wie Ausgangsleitungen arbeitet eine Raumstufe blockierungsfrei

16.8.3 Funktionsprinzip einer digitalen Zeitstufe

Die in den Bildern 16.15 und 16.16 dargestellten *Zeitstufen (TSM, Time Stage Module)* beschränken sich in der Funktionsbeschreibung auf 4 Kanäle je Eingangs- bzw. Ausgangs-Multiplexleitung statt der üblichen 128 (4 · 32) Kanäle. Außerdem sind in Bild 16.16 nur 2 Eingangs- bzw. Ausgangs-Multiplexleitungen eingezeichnet statt der üblichen 4 bzw. 8 Leitungen.
Aus Gründen der Übersichtlichkeit ist ferner für jedes Bauelement vereinfachend die Durchschaltung der 8-Bit-Information eines Kanals in nur einer Übertragungsrichtung und nur über je ein Bauelement-Symbol dargestellt.
Über eine Zeitstufe ist es möglich, einen zu seiner Eingangs-Zeitlage t_E auf der Zubringerleitung sich an einer bestimmten Position x befindlichen Fernsprechkanal zu einer späteren Ausgangs-Zeitlage t_A in eine andere Kanalposition y auf der Abnehmerleitung zu vermitteln.
Auf der Eingangsseite der einfachen Zeitstufe werden die ankommenden Kanäle zyklisch in einen *Sprachspeicher* eingelesen. Die Speicherpositionen des Sprachspeichers entsprechen den Kanalpositionen der ankommenden PCM30-Struktur.
Jeder Zeitstufe ist ein Haltespeicher zugeordnet, in den die über die Zentralprozessoreinheiten ermittelten Steueradressen eingeschrieben werden. Für die Dauer einer Verindung bleibt die zu dieser Verbindung gehörende Steueradresse im Haltespeicher unverändert.
Die Steueradressen im Haltespeicher geben an, zu welcher Ausgangs-Zeitlage (das entspricht der Kanalposition auf der Ausgangsleitung) welcher Speicherinhalt des Sprachspeichers auszulesen ist. Innerhalb einer 125-μs-Periode (PCM30-Rahmenstruktur) wird der Haltespeicher einmal komplett abgefragt und somit der Sprachspeicher vollständig ausgelesen.
Durch den Wechsel der Kanäle in unterschiedliche Zeitlagen – was nur über eine *Zwischenspeicherung des Nutzsignals* im Sprachspeicher möglich wird – treten hierbei unterschiedliche Zeitverzögerungen für die einzelnen Kanäle auf.

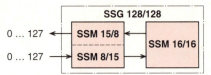
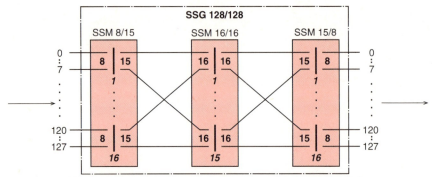
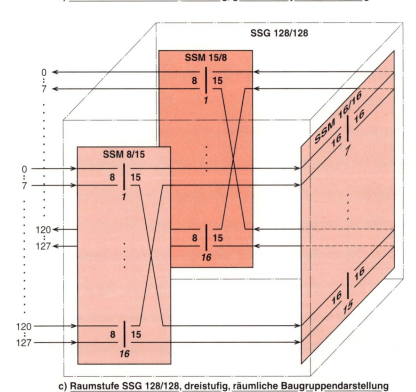

Bild 16.14 Darstellung einer Raumstufe im Koppelnetz

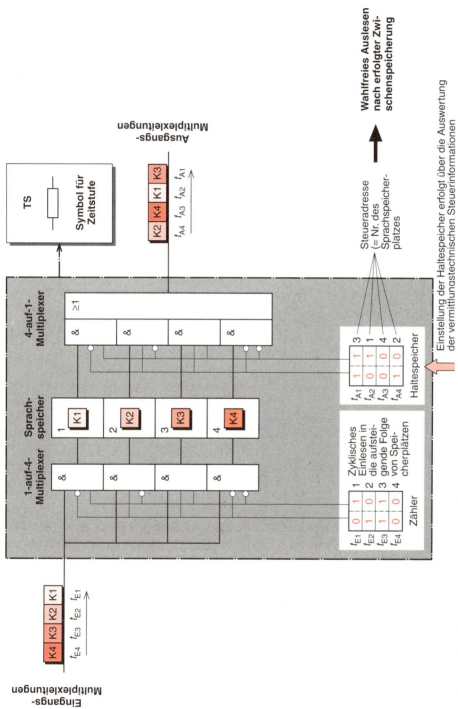

Bild 16.15 Funktionsprinzip einer digitalen Zeitstufe (stark vereinfachte Darstellung)

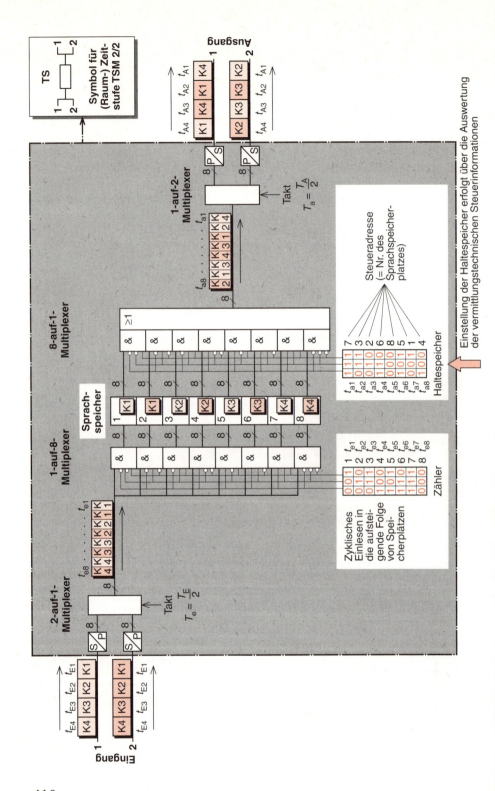

Über eine *kombinierte Raum-Zeit-Stufe*, wie sie Bild 16.16 zeigt, ist es möglich, die Fernsprechkanäle mehrerer ankommender Multiplexleitungen in jede beliebige Zeitlage (Kanalposition) auf mehrere abgehende Multiplexleitungen zu vermitteln.
Am Eingang wird zunächst an jeder Leitung eine Seriell-Parallel-Wandlung für die eintreffenden Kanal-Nutzsignale vorgenommen und diese über einen Multiplexer auf eine Leitung zusammengeführt. Die durch die Seriell-Parallel-Wandlung auftretende Zeitverzögerung ist dabei für alle Kanäle auf den Eingangsleitungen gleich.
Die 125-µs-Periode wird beibehalten. Die Präsenzdauer des Kanal-Nutzsignals nach dem Eingangsmultiplexer ist in diesem Beispiel dann nur noch die Hälfte der ursprünglichen Zeitschlitzdauer. Dafür liegt die 8-Bit-Information jedoch parallel vor statt wie ursprünglich seriell.
Durch zyklisches Einlesen in den Sprachspeicher werden die ankommenden Kanäle aufsteigend, entsprechend ihrer Kanalposition, in die Sprachspeicherplätze eingeschrieben.
Das Prinzip des Auslesens verläuft − gesteuert über die in den Haltespeicher eingeschriebenen Steueradressen − wie bei der vorhergehend beschriebenen, reinen Zeitstufe.
Der Ausgangsmultiplexer verteilt die aus dem Sprachspeicher ausgelesenen Kanäle auf die Ausgangs-Multiplexleitungen. Durch die nachgeschaltete Parallel-Seriell-Wandlung wird die ursprüngliche Bitrate der Kanäle wiederhergestellt.
Bild 16.17 zeigt in schematisierter Form am realen Beispiel einer TSM 4/4, daß *zur blockierungsfreien Funktion* einer Raum-Zeit-Stufe im Sprachspeicher *eine doppelt so große Anzahl an Speicherplätzen* vorhanden seinmuß, *wie Kanäle* zu vermitteln sind.

Merkmale der Raum-Zeit-Stufe:
− Jeder auf einer beliebigen Zubringerleitung ankommende Fernsprechkanal kann in jede beliebige Zeitlage auf jede beliebige, abgehende Abnehmerleitung vermittelt werden (volle Erreichbarkeit);
− alle ankommenden Kanäle können blockierungsfrei vermittelt werden, wenn die Gesamtzahl der abgehenden Kanäle gleich der Gesamtzahl ankommender Kanäle bei mindestens doppelter Anzahl an Sprachspeicherplätzen ist;
− die Fernsprechkanäle erfahren bei der Vermittlung in einer (Raum-)Zeitstufe unterschiedliche Verzögerungen.

16.8.4 Funktionsprinzip einer digitalen Vermittlungseinheit

Digitale Vermittlungssysteme sind in *vermittelnden Netzknoten* mit analoger und digitaler Umgebung einsetzbar.

Einsatzmöglichkeiten sind z. B.:
− Teilnehmervermittlungseinheiten (Ortsvermittlungsstellen),
− nationale Transitvermittlungseinheiten (Fernvermittlungsstellen),
− internationale Transitvermittlungseinheiten (Auslandskopfvermittlungsstellen),
− kombinierte Teilnehmer-/Transitvermittlungseinheiten,
− Containervermittlungseinheiten (mobiler Einsatz),
− digitale Konzentratoren für abgesetzte, periphere Einheiten.

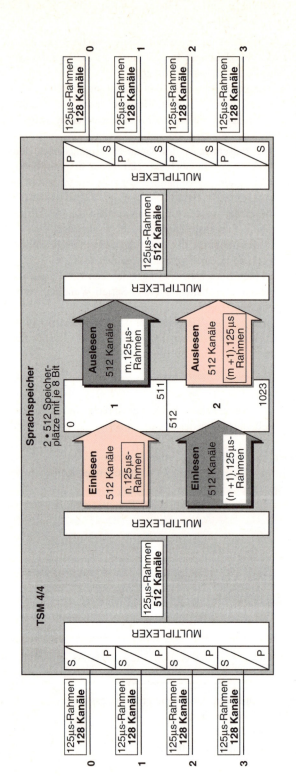

Bild 16.17 Schema für ein blockierungsfreies Vermitteln (Zeitstufe TSM 4/4)

Die Programmsteuerung des Vermittlungssystems (SPC, Stored Program Control) gestattet universellen Betrieb, Bedienung und Störungsbeseitigung.
Wir werden uns in diesem Abschnitt auf eine vereinfachte Beschreibung einer *Teilnehmervermittlungseinheit* beschränken. Der grundsätzliche Aufbau (Hardwarestruktur) einer Teilnehmervermittlungseinheit ist in Bild 16.18 dargestellt.

Die wichtigsten Funktionsblöcke sind:
- digitale Teilnehmerleitungseinheiten (DLU),
- Leitungsanschlußgruppen (LTG),
- Koppelnetz (SN),
- zentrale Zeichengabenetz-Steuerung,
- Koordinationsprozessor.

Jeder dieser Funktionsblöcke und die darin enthaltenen Systemgruppen haben eigene Mikroprozessorsteuerungen, deren Zusammenwirken über den Koordinationsprozessor ausgelöst und gesteuert wird.

Digitale Teilnehmer-Leitungseinheit (DLU)
An die digitalen Teilnehmer-Leitungseinheiten sind die zum Teilnehmer führenden Anschlußleitungen angeschaltet. Je nach Anschlußart des Teilnehmers – analoger oder digitaler Art – müssen zwei unterschiedliche DLU zur Verfügung stehen (Bilder 16.19 und 16.20).
Die *Schnittstellenbaugruppen zu den Anschlußleitungen* werden als *SLMA* bzw. *SLMD (Subscriber Line Module Analog/Digital)* bezeichnet.

Wesentliche Aufgaben einer SLMA sind:
- Erkennen der Schleifenzustände auf der Anschlußleitung zum Teilnehmer,
- Speisung des Teilnehmeranschlusses (-60 V),
- Rufeinspeisung und Rufabschaltung,
- Aufnahme und Weiterleitung der Impuls- oder Tastenwahl,
- Analog-Digital- und Digital-Analog-Umsetzung der Sprachinformation,
- Zeichenvorbereitung für den internen Prozessor DLUC,
- Überspannungsschutz.

Wesentliche Aufgaben einer SLMD sind:
- Schnittstellenanpassung zur Anschlußleitung einschließlich Überspannungsschutz,
- Speisung des Teilnehmeranschlusses (-60 V bzw. -93 V),
- Fernspeisung des Netzabschlusses (NT, Network Terminator) und eines digitalen Endgerätes bei Ausfall des lokalen Netzes beim Teilnehmer,
- Umwandlung der 4B/3T-codierten, vom Endgerät empfangenen Signale in einen Binärcode mit Pegelanpassung,
- Umwandlung der aus der Vermittlungseinheit empfangenen, binärcodierten Signale in eine 4B/3T-Code mit Pegelanpassung für die zum Endgerät gesandten Daten,
- Signalübertragung entsprechend dem D-Kanal-Protokoll.

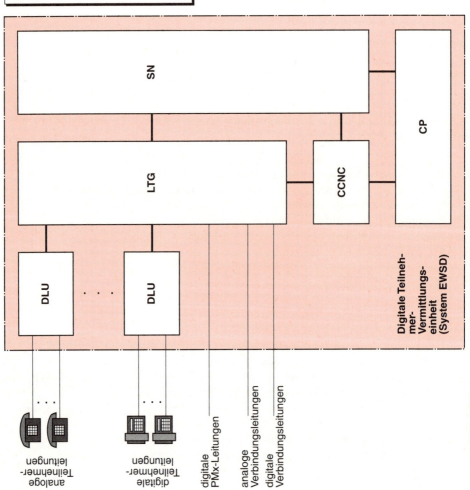

Bild 16.18
Hardwarestruktur einer digitalen Vermittlungseinheit

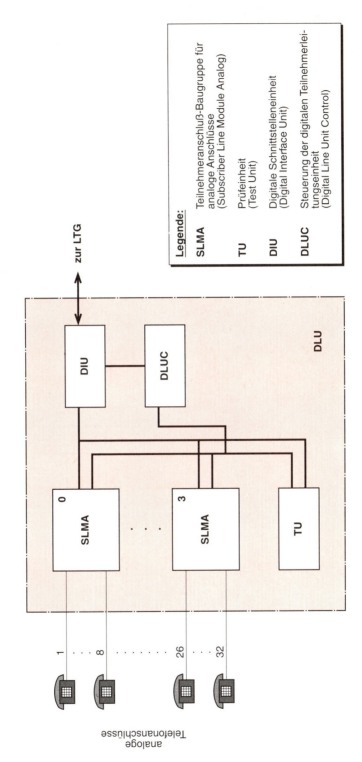

Bild 16.19 Digitale Teilnehmerleitungseinheit für analoge Anschlüsse

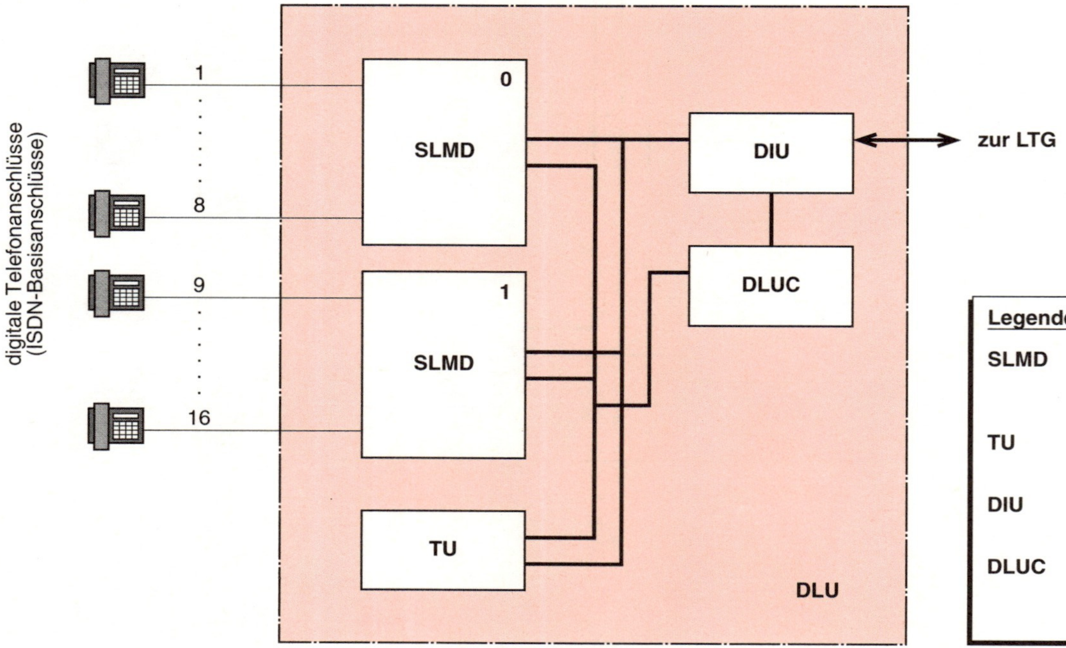

Legende:

SLMD	Teilnehmeranschluß-Baugruppe für digitale Anschlüsse (Subscriber Line Module Digital)
TU	Prüfeinheit (Test Unit)
DIU	Digitale Schnittstelleneinheit (Digital Interface Unit)
DLUC	Steuerung der digitalen Teilnehmer-Leitungseinheit (Digital Line Unit Control)

digitale Telefonanschlüsse (ISDN-Basisanschlüsse)

Bild 16.20 Digitale Teilnehmerleitungseinheit für digitale Anschlüsse

Bild 16.21
Prinzip einer peripheren, digitalen Teilnehmerleitungseinheit

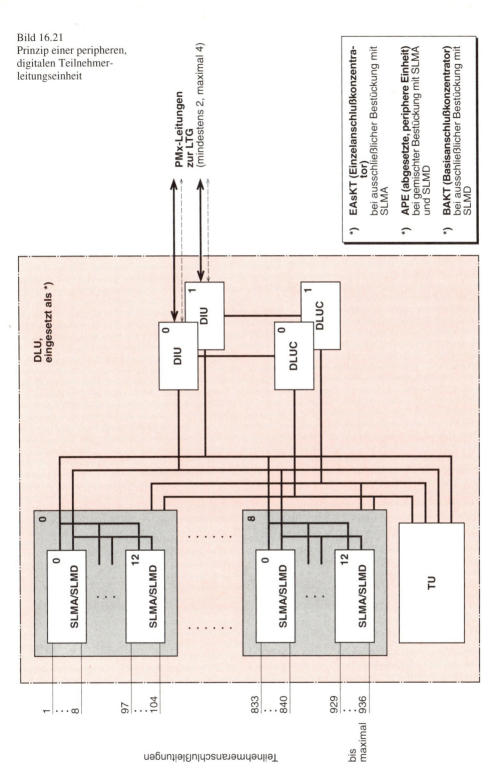

Neben den erwähnten Funktionsgruppen SLMA und SLMD enthält jede DLU eine *Prüfeinheit TU*, die sowohl interne Test- und Prüfvorgänge ermöglicht als auch Überprüfungen der Funktionsfähigkeit der Teilnehmeranschlußleitung gestattet.

Die Schnittstelle zum nachfolgenden Funktionsblock stellt die **digitale Schnittstelleneinheit DIU** dar. Sie führt den Informationsaustausch mit den Leitungsanschlußgruppen durch, sammelt die von der Peripherie kommenden Sprachinformationen ein und teilt die zur Peripherie abgehende Sprachinformation auf. Die Kommunikation zwischen der DIU und den SLM-Gruppen erfolgt über ein 4-MBit/s-Bussystem.

Die interne Steuerung der gesamten DLU-Funktionen wird über die *Baugruppensteuerung*, die *DLUC*, vorgenommen.

Periphere Einheiten

Digitale Teilnehmerleitungseinheiten können auch in der Peripherie, z. B. kilometerweit entfernt von der eigentlichen Teilnehmervermittlungseinheit, eingesetzt werden. Je nach Beschaltung mit analogen oder/und digitalen Anschlußleitungen werden diese vorgelagerten Einheiten als

- *Einzelanschlußkonzentrator (EAsKT)*,
- *Basisanschlußkonzentrator (BAKT)* oder
- *abgesetzte, periphere Einheit (APE)*

bezeichnet.

Die Anbindung dieser peripheren Einheiten an die sogenannte *Mutter-VST* erfolgt über mindestens zwei, maximal vier Primärmultiplex-Leitungen.

Die *Konzentration bzw. Expansion*, die hierüber vorgenommen wird, beträgt bei Anschluß der maximalen Teilnehmerzahl ca. **7 : 1 bzw. 1 : 7**.

Leitungsanschlußgruppen (LTG)

Die Leitungsanschlußgruppen stellen die Schnittstelle zwischen der analogen/digitalen Umgebung einer Vermittlungseinheit und dem digitalen Koppelnetz dar.

Für den Aufbau von Verbindungen stehen jeder Anschlußgruppe als *Zugang zum Koppelnetz* 127 der 128 Zeitlagen einer *8-MBit/s-Multiplexleitung* zur Verfügung.

Jede Leitungsanschlußgruppe kann für sich als vollkommen eigenständige Einheit betrachtet werden. Durch stufenweise Erweiterung mit LTG, abgestimmt auf das jeweilige Koppelnetz, kann eine Teilnehmervermittlungseinheit in ihrem Fassungsvermögen modular erweitert werden (Bild 16.22).

Eine Leitungsanschlußgruppe besteht aus folgenden Funktionseinheiten (siehe auch Bild 16.23):
- der Leitungseinheit (LTU, Line/Trunk Unit),
- dem Gruppenkoppler (GS, Group Switch),
- der Signaleinheit (SU, Signal Unit) mit dem Tongenerator (TOG, Tone Generator) und dem Codeempfänger (CR, Code Receiver),
- der Schnittstelleneinheit zum Koppelnetz (LIU, Link Interface Unit) und
- dem Gruppenprozessor (GP, Group Processor).

Funktionseinheit	Anzahl je LTU	Anzahl LTU je LTG
Teilnehmersätze	32	8
Leitungssätze	16(12)	8
PMx-Schnittstelle	1	4

a) Anzahl der Funktionseinheiten je LTG

	Typ Vermittlungseinheit (Koppelnetz)				
	SN DE 3	SN DE 4	SN DE 5.1	SN DE 5.2	SN DE 5.4
Anschließbare LTG	15	63	126	252	504
Anschließbare Verbindungsleitungen	1800	7500	15000	30000	60000
Anschließbare Teilnehmer (Konzentration 2 : 1 berücksichtigt)	7500	30000	60000	125000	250000
Struktur des Koppelnetzes T = Zeitstufe S = Raumstufe	TST	TST	TSSST	TSSST	TSSST

b) Anzahl der Funktionseinheiten und Teilnehmeranschlüsse je VE

Bild 16.22 Fassungsvermögen digitaler Vermittlungseinheiten

Der *Gruppenkoppler (GS)* ist als *Zeitstufe* mit insgesamt 512 Zeitlagen aufgebaut, um eine blockierungsfreie Vermittlung von 256 Teilnehmeranschlüssen zugewährleisten. Durch die zum Koppelnetz weiterführende Anzahl von 128 Zeitlagen über die interne 8-MBit/s-Leitung stellt jeder GS eine *Konzentration bzw. Expansion von 2 : 1 bzw. 1 : 2* dar.

Die wesentlichen Aufgaben einer LTG sind zu unterscheiden nach folgenden drei Gesichtspunkten:
– vermittlungstechnische,
– sicherheitstechnische oder
– betriebstechnische Aufgaben.

Vermittlungstechnische Aufgaben einer LTG:
– Empfangen und Auswerten von Leitungs- und Steuerzeichen der Verbindungsleitungen sowie der Wahlinformation,
– Senden von Leitungs- und Steuerzeichen,
– Senden von Hörtönen und Anlegen von Rufspannung,
– Senden von Meldungen bzw. Empfangen von Befehlen zum bzw. vom Koordinationsprozessor,
– Senden bzw. Empfangen von Meldungen zu bzw. von anderen Gruppenprozessoren,
– Umwandeln von analogen Sprachsignalen in digitale Form und umgekehrt für die direkt angeschlossenen, analogen Verbindungsleitungen.

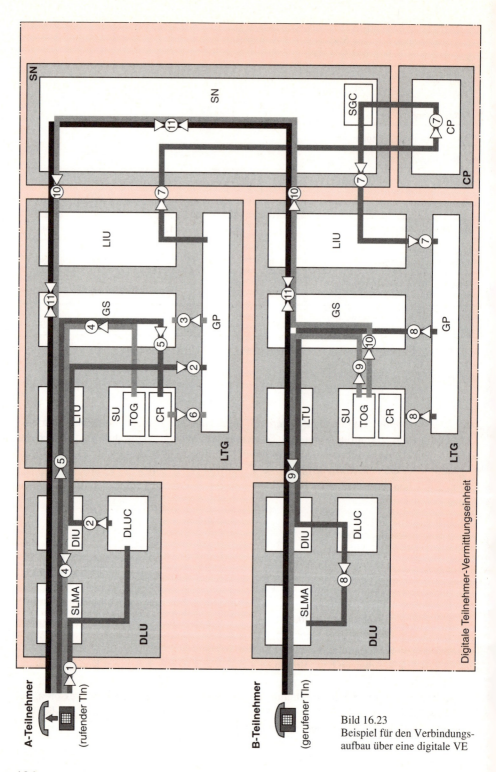

Bild 16.23
Beispiel für den Verbindungsaufbau über eine digitale VE

Sicherungstechnische Aufgaben einer LTG:
– Erkennen von Fehlern innerhalb der LTG,
– Erkennen von Fehlern innerhalb der Vermittlungseinheit,
– Melden von Fehlern an den Koordinationsprozessor,
– Bewerten von Fehlern,
– Einleiten von Maßnahmen (Sperren einzelner Kanäle, Sperren ganzer Funktionseinheiten usw.).

Betriebstechnische Aufgaben einer LTG:
– Anzeigen von Betriebszuständen,
– Senden von Meldungen an den Koordinationsprozessor für Verkehrsmessungen und Verkehrsbeobachtungen,
– Schalten von Prüfverbindungen,
– Prüfen von Teilnehmerleitungen.

Verbindungsaufbau über eine digitale Vermittlungseinheit
Der Verbindungsaufbau über eine digitale Teilnehmer-Vermittlunseinheit ist in Bild 16.23 schematisch dargestellt. Die im nachfolgenden Text in Klammern gesetzten Zahlen beziehen sich auf diese Verbindungsaufbau-Darstellung.
Eine Telefonverbindung zwischen zwei Teilnehmern wird dadurch eingeleitet, daß der rufende Teilnehmer (A-Tln) den Handapparat seines Telefons abnimmt bzw. die diesem Vorgang zugeordnete Taste an seinem Endgerät betätigt. Dadurch wird der *Schleifenschluß* über die Anschlußleitung zur Teilnehmerleitungseinheit (DLU) gebildet und in der Steuerungseinheit (DLUC) ausgewertet (1).
Dieser Zustand wird von der Steuerungseinheit (DLUC) über die Schnittstelleneinheit (DIU) an den Gruppenprozessor (GP) weitergemeldet (2), der daraufhin dem Gruppenkoppler (GS) die notwendigen Einstellbefehle sendet (3).
Über den Gruppenkoppler (GS) wird die Verbindung von der Signaleinheit (SU) zur Leistungseinheit (LTU), von dort zur Schnittstelleneinheit (DIU) und weiter über das Anschlußleitungsmodell (SLMA) auf die Anschlußleitung hergestellt. Der Tongenerator (TOG) sendet den *Wählton* (4), und den Codeempfänger (CR) ist bereit, die Wahlinformation des Teilnehmers aufzunehmen (5).
Die empfangene *Wahlinformation* wird vom Codeempfänger (CR) an den Gruppenprozessor (GP) weitergeleitet (6). Vom Gruppenprozessor wird der Wahlinformation eine *Ursprungskennung* hinzugefügt, und beide Informationen werden an den Koordinations-prozessor (CP) weitergegeben (7). Für diesen Datenfluß wird bereits eine Verbindung durch das Koppelnetz (SN) genutzt. Der Koordinationsprozessor wertet die Wahlinformation aus. Er veranlaßt den für den gerufenen Teilnehmer (B-Tln) zuständigen Gruppenprozessor (GP) zu prüfen (8), ob der gewünschte Anschluß frei ist (*COC, Cross Office Check*).
Ist das Ergebnis der Prüfung erfolgreich, veranlaßt der Koordinationsprozessor (CP) die *Sprechwegedurchschaltung* durch das Koppelnetz (SN). Über diesen durchgeschalteten Weg erhält der Gruppenprozessor (GP) des B-Tln vom Gruppenprozessor (GP) des A-Tln den Befehl, über den Tongenerator (TOG) und die Teilnehmereinheit (DLU) das *Anlegen der*

Rufspannung zu veranlassen (9). Ferner wird über die im Koppelnetz (SN) durchgeschaltete Verbindung vom Tongenerator (TOG) des B-Tln der *Freiton* zu A-Tln gesendet (10).
Meldet sich der gerufene Teilnehmer (Schleifenschluß durch Abheben des Handapparates), werden Töne und Rufspannung abgeschaltet, und die Sprechverbindung zwischen beiden Teilnehmern ist hergestellt (11).
Der hiermit beschriebene Verbindungsaufbau ist stark vereinfacht dargestellt, ebenso wie die Beschreibung der Aufgaben der einzelnen Funktionsblöcke. Im realen System sind zusätzlich sehr viele dieser *Funktionsblöcke aus Sicherheitsgründen gedoppelt* vorhanden und in den Verbindungsaufbau einbezogen. Beim Ausfall einzelner Funktionseinheiten kann so die Verbindung über die Ersatzeinheit unterbrechungsfrei aufrechterhalten bleiben.

16.9 Aufbaustruktur nationaler Vermittlungstechnik (Fernvermittlung)

Der Teil des öffentlichen Telefonnetzes und des ISDN, der für die Verbindungsherstellung zwischen den Ortsnetzen zuständig ist, heißt *Fernvermittlungstechnik*.
Die Kennzeichnung der Ortsnetze erfolgte über die Ortsnetzkennzahl (ONKZ) und hatte ihren Ursprung in der heute nicht mehr betriebenen, elektromechanischen Fernvermittlungstechnik. Zum Verständnis des Aufbaus nationaler Vermittlungstechnik wird hier jedoch trotzdem ein Kurzüberblick über das Kennzahlensystem und die daraus erwachsenen Strukturen gegeben. Bei der sehr großen Zahl von Ortsnetzen in Deutschland war es nicht möglich, jedes Ortsnetz mit jedem anderen Ortsnetz mittels einer ausreichenden Anzahl direkter Verbindungsleitungen zu verknüpfen.
Man ordnete daher eine bestimmte Anzahl geografisch angrenzender Ortsnetze (je Ortsnetz eine *Endvermittlungsstelle, EVSt*) einer übergeordneten Fernvermittlungsstelle, der *Knotenvermittlungsstelle (KVSt)*, zu. Den darüber abgedeckten Bereich bezeichnete man als *KVSt-Bereich* (Bild 16.24). Die *sternförmig* von den EVSt herangeführten Verbindungsleitungen sind die *Endvermittlungsleitungen (El)*.

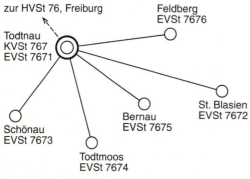

Bild 16.24 Beispiel für einen KVSt-Bereich

In der nächsthöheren Hierarchiestufe wurden wiederum eine bestimmte Anzahl geografisch angrenzender KVSt-Bereiche einer sogenannten *Hauptvermittlungsstelle (HVSt)* zugeordnet (Bild 16.25). Innerhalb des *HVSt-Bereiches* sind die einzelnen KVSt *sternförmig* über die sogenannten *Knotenvermittlungsleitungen (Kl)* an die HVSt angebunden.
Die höchste nationale Hierarchiestufe stellten die *Zentralvermittlungsstellen (ZVSt)* dar. An insgesamt 8 derartige ZVSt wurden *sternförmig* sämtliche HVSt-Bereiche über die *Hauptvermittlungsleitungen (Hl)* angeschlossen. Die acht ZVSt waren untereinander über die *Zentralvermittlungsleitungen (Zl)* innerhalb eines *Maschennetzes* verbunden (Bild 16.26).

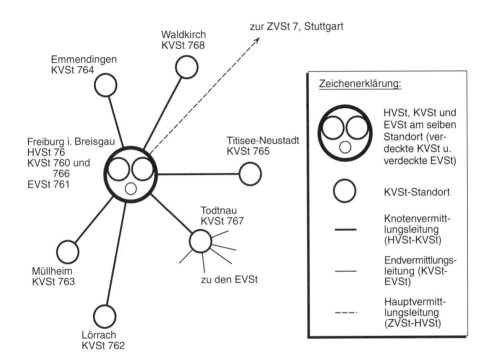

Bild 16.25 Beispiel für einen HVSt-Bereich

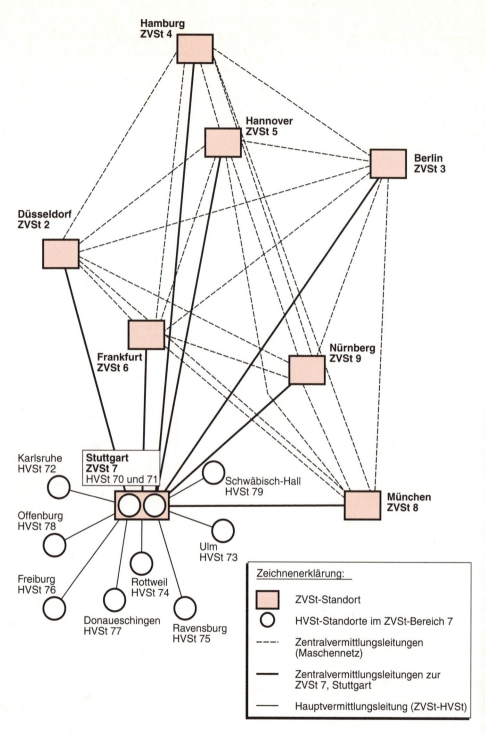

Bild 16.26 Beispiel für den ZVSt-Bereich 7, Stuttgart

Im Laufe der Jahre wurden vermehrt – in Abhängigkeit von der Entwicklung des Verkehrsaufkommens – zusätzliche, über den eigenen Bereich hinausgehende, direkte Verbindungsleitungen zu anderen ZVSt-, HVSt- oder KVSt-Bereichen eingerichtet. Diese Leitungen bezeichnete man als *Querwege (Quervermittlungsleitung, Ql)*.
Beim Verbindungsaufbau wurde dabei immer versucht, das Verkehrsaufkommen möglichst immer erst über vorhandene Querwege zum Ziel zu leiten, bevor man als sogenannten *Letztweg (Kennzahlweg)* die Verbindung über die komplette Netzhierarchie aufbauen mußte (Bild 16.27).
Diese durch die elektromechanische Technik bestimmte, sehr starre Struktur des Verbindungsaufbaus und der Netzhierarchie spiegelt sich auch in der ONKZ wider.

Zum Beispiel:
ONKZ	7676	Feldberg	(Schwarzwald)	
	7 . . .	1. Stelle	ZVSt-Kennziffer,	7 für Stuttgart
	. 6 . .	2. Stelle	HVSt-Kennziffer,	76 für Freiburg
	. . 7 .	3. Stelle	KVSt-Kennziffer,	767 für Todtnau
	. . . 6	4. Stelle	EVSt-Kennziffer,	7676 Ortsnetz Feldberg

Da alle Schaltpunkte (Koppelpunkte) in der elektromechanischen Fernvermittlungstechnik aus Wählern bestanden, konnte der *Verbindungsaufbau* auch hier nur *schrittweise, von Wahlstufe zu Wahlstufe*, erfolgen.

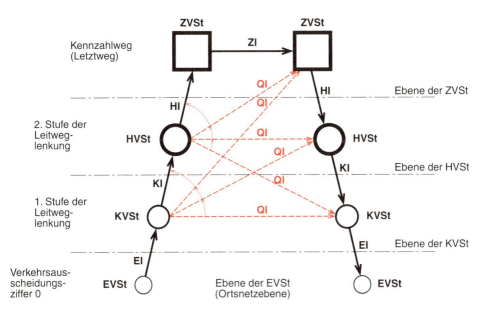

Bild 16.27   Hierarchie des Kennzahlweges

Beim Verbindungswunsch eines Teilnehmers für ein «Ferngespräch», ausgedrückt durch die Verkehrsausscheidungsziffer 0, wurde sofort aus der Ortsvermittlungsstelle heraus eine Verbindung bis zur KVSt hergestellt.

In der KVSt wurden die dort eintreffenden, nachfolgenden Ziffern der Wahlinformation empfangen, in Relaisschaltungen zwischengespeichert und ausgewertet. In Abhängigkeit von eventuell vorhandenen Querwegen bis zur Ziel-KVSt wurde dann die Verbindung über die verschiedenen Wahlstufen, von Hierarchiestufe zu Hierarchiestufe, aufgebaut. Alle einzelnen Verbindungsabschnitte wurden belegt, ohne vorher prüfen zu können, ob der gerufene Anschluß überhaupt frei ist.

Auch mit der Ablösung der elektromechanischen Fernvermittlungstechnik durch die digitalen Systeme haben sich für den Teilnehmer im Telefonnetz die ONKZ und seine Zugehörigkeit zu einem ganz bestimmten Ortsnetz nicht verändert.

Geändert haben sich jedoch grundsätzlich die Hierarchie und die Art des Verbindungsaufbaus in der digitalen Fernvermittlungstechnik.

Nicht jedes Ortsnetz besitzt eine digitale Teilnehmervermittlungseinheit (TVE), viele Ortsnetze werden auch in Zukunft nie damit ausgerüstet werden. Besonders kleine Ortsnetze werden über abgesetzte, periphere Einheiten an eine andere Teilnehmervermittlungseinheit (Mutter-VSt) angeschlossen (Bild 16.28).

Die *digitalen Vermittlungseinheiten der Fernebene* können Funktionen einer ursprünglichen KVSt oder HVSt, aber auch die Funktionen von *«Netzübergängen»*, z.B. in die Mobilfunknetze, übernehmen und dabei wesentlich größere Bereiche als bei früherer Technik bedienen.

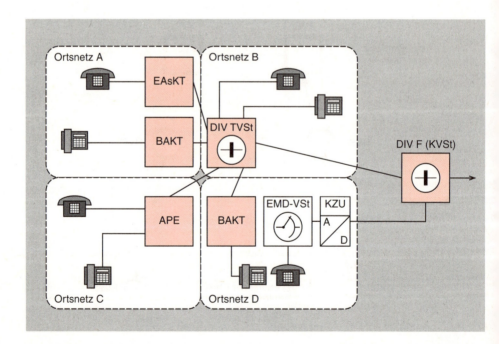

Bild 16.28 Alte Ortsnetzstruktur in neuer, digitaler Umgebung

Die geografische Einteilung der ehemaligen 8 ZVSt-Bereiche ist entfallen. Die Fläche Deutschlands wurde vermittlungstechnisch neu definiert und in *16 Numerierungsbereiche* eingeteilt (Bild 16.29). Besonders auch durch die Eingliederung der «Neuen Bundesländer» kann dieser Numerierungsplan nicht mehr auf eine geografische, unmittelbar benachbarte Zusammenfassung aufbauen.

Numerierungsplan des ZGS-Nr.7-Netzes in Deutschland

Numerierungsbereich		HVSt-Teilcode (Name HVSt-Bereich mit alter Kennzahl)							
Code	Name	0	1	2	3	4	5	6	7
00	Düsseldorf	Düsseldorf 21	Düsseldorf 21	Düsseldorf 21	Essen 20	Essen 20	Wesel 28		
01	Köln	Köln 22	Köln 22	Aachen 24		Koblenz 26		Siegen 27	
02	Dortmund	Dortmund 23	Dortmund 23	Dortmund 23	Münster 25	Münster 25	Meschede 29		
03	Berlin	Berlin 30	Berlin 30	Berlin 30	Berlin 30	Leipzig 34	Leipzig 34	Rostock 38	Rostock 38
04	Hamburg	Hamburg 40	Hamburg 40	Hamburg 40	Kiel 43	Kiel 43	Lübeck 45	Flensburg 46	Heide 48
05	Bremen	Bremen 42	Bremen 42	Oldenburg 44		Bremerhav. 47	Leer 49	Chemnitz 37	
06	Hannover	Hannover 51	Hannover 51	Hannover 51	Braunschw. 53	Braunschw. 53	Göttingen 55	Uelzen 58	
07	Bielefeld	Bielefeld 52	Bielefeld 52	Osnabrück 54	Osnabrück 54	Kassel 56	Kassel 56	Minden 57	Lingen 59
08	Frankfurt	Frankfurt 69	Frankfurt 69	Frankfurt 69	Frankfurt 69	Gießen 64	Gießen 64	Fulda 66	
09	Mannheim	Mannheim 62	Mannheim 62	Kaisersl. 63	Kaisersl. 63	Trier 65	B.Kreuzn. 67	Saarbrück. 68	Saarbrück. 68
10	Stuttgart	Stuttgart 71	Stuttgart 71	Stuttgart 71	Stuttgart 71	Ulm 73	Ulm 73	Ravensburg 75	Schw.-Hall 79
11	Karlsruhe	Karlsruhe 72	Karlsruhe 72	Rottweil 74	Freiburg 76	Donauesch. 77	Offenburg 78	Neubrand. 395	
12	München	München 89	München 89	München 89	Passau 85	Traunstein 86	Landshut 87	Erfurt 36	Erfurt 36
13	Augsburg	Augsburg 82	Kempten 83	Ingolstadt 84	Weilheim 88			Dresden 35	Dresden 35
14	Nürnberg	Nürnberg 91	Nürnberg 91	Donauwörth 90	Regensburg 94	Weiden 96	Ansbach 98	Deggendorf 99	
15	Würzburg	Würzburg 93	Würzburg 93	Bayreuth 92	Bayreuth 92	Bamberg 95	B. Kissingen 97	Magdeburg 391	Magdeburg 391

Bild 16.29 Numerierungsbereiche im ZGS-Nr. 7-Netz

Jeder digitalen Vermittlungseinheit ist eine neue Kennzahl, der sogenannte *Signalling Point Code (SPC)*, zugeteilt. Übernimmt eine digitale Vermittlungseinheit mehrere Funktionen gleichzeitig, z. B. Teilnehmer-VE und Transit-VE, so erhält sie für jede dieser Funktionen einen unterschiedlichen SPC. Das Schema der SPC-Struktur ist in Bild 16.30 dargestellt.

Die Netzstruktur der Verbindungsleitungen zwischen und innerhalb der Hierarchieebenen wurde wie folgt ergänzt:
- Alle digitalen Fern-VE mit HVSt-Funktion innerhalb eines ursprünglichen ZVSt-Bereiches sind vermascht; jede digitale Fern-VE mit HVSt-Funktion hat Verbindungsleitungen zu allen Fern-VE mit ZVSt-Funktion.
- jede digitale Fern-VE mit HVSt-Funktion hat Verbindungsleitungen zu allen Fern-VE mit ZVSt-Funktion.

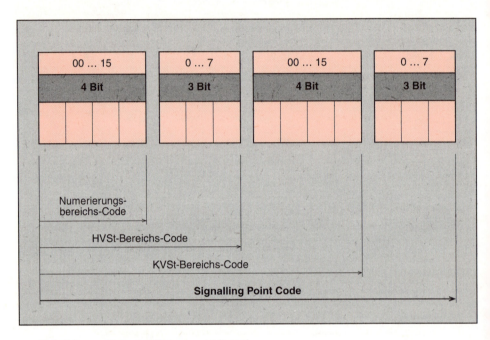

Bild 16.30 Signalling Point Code für digitale Vermittlungseinheiten

Der Verbindungsaufbau wird über die vom Teilnehmer abgesandte Wahlinformation, ergänzt um den *Code der Ursprungs-VE (OPC, Origination Point Code)* und um den *Code der Ziel-VE (DPC, Destination Point Code)* über ein separates Netz, das *Zeichengabesystem-Nr. 7-Netz (ZGS-Nr. 7-Netz)*, gesteuert.
Über dieses *von der Sprechwegeführung unabhängige Netz* tauschen die digitalen VE die für den Verbindungsaufbau notwendigen Daten aus (Bild 16.31).
Für den Aufbau einer Telefonverbindung wird — ausgehend von der komplett vorliegenden Wahlinformation — über das ZGS-Nr. 7-Netz ermittelt, ob der gewünschte Anschluß frei ist und über welchen Verbindungsweg die Sprechwegedurchschaltung in den Koppelnetzen erfolgen kann. Erst nach erfolgreichem Prüfergebnis wird die Sprechverbindung durchgeschaltet.

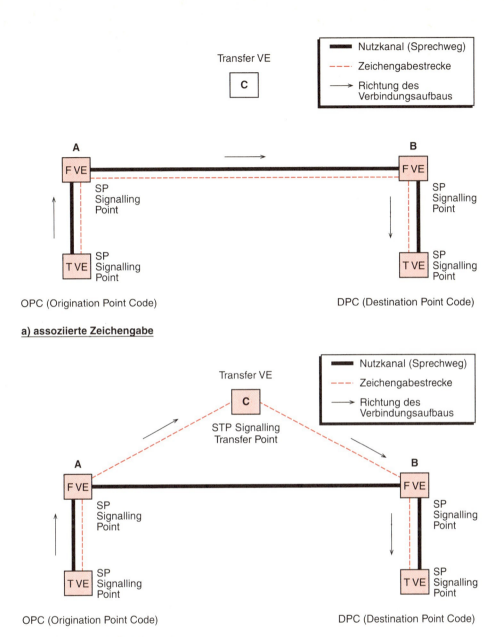

Bild 16.31 Verbindungsaufbau im ZGS-Nr. 7-Netz

Die Steuerung der ZGS-Nr.7-Netz-Verbindungen wird über die *zentrale Zeichengabesteuerung (CCNC)* in den digitalen VE übernommen (siehe Bild 16.18).

> Die Zeichengabeverbindung zwischen der Ursprungs-VE und der Ziel-VE kann dabei auf anderen Wege erfolgen als die durchgeschaltete Sprechwegeverbindung.

So könnte es zum Beispiel bei einer Telefonverbindung zwischen Freiburg und Würzburg ohne weiteres möglich sein, daß die Übermittlung der Wahlinformation über den Weg
     Freiburg−Nürnberg−Würzburg,
die Sprachinformation aber über den Weg
     Freiburg−Frankfurt−Würzburg
vermittelt und übertragen wird.

16.10 Lernziel-Test

1. Welcher Unterschied besteht in der Rufnummernkonfiguration bei den vier verschiedenen Anschlußarten?
2. Wie ist die «internationale Rufnummer» aufgebaut?
3. Was versteht man unter dem Vermittlungsprinzip «Konzentration-Richtungsauswahl-Expansion»?
4. Welche wesentlichen Unterschiede bestehen zwischen direkter und indirekter Steuerung des Verbindungsaufbaus?
5. Wie funktioniert das Mehrfrequenzwahlverfahren?
6. Welches sind die besonderen Merkmale einer digitalen Raumstufe?
7. Welches sind die besonderen Merkmale einer digitalen Zeitstufe?
8. Warum werden Zeitstufen immer als kombinierte Raum-Zeit-Stufen eingerichtet?
9. Beschreiben Sie die wichtigsten Funktionsblöcke einer digitalen Vermittlungseinheit (System EWSD).
10. Welche «periphere Einheiten» kommen bei digitalen Vermittlungssystemen zum Einsatz und worin besteht ihr Unterschied?
11. Beschreiben Sie die wesentlichen Vorgänge beim Verbindungsaufbau über eine digitale Vermittlungseinheit (System EWSD).
12. Was versteht man unter Hierarchie des Kennzahlweges?
13. Warum wurde die Fläche Deutschlands mit einem neuen Numerierungsplan versehen?
14. Wie ist der «Signalling-Point-Code» aufgebaut?
15. Worin besteht der Unterschied zwischen assoziierter und quasiassoziierter Zeichengabe?

17 Lösungen von Aufgaben der Lernziel-Tests

Es werden die Lösungen der Zeichenaufgaben und der Berechnungen angegeben. Die Antworten auf die Verständnisfragen können im allgemeinen leicht dem Buchtext entnommen werden. Sie werden hier nur formuliert, wenn die Entnahme aus dem Buchtext schwierig ist.

Kapitel 1
1., 2. siehe Buchtext
3. Signalfunktionen werden als Zeitfunktionen, Spektrum oder Zeiger dargestellt.
4. bis 15. siehe Buchtext

Kapitel 2
2. Bei $R = \dfrac{1}{\omega C}$ ist nach Gl. 2.1 $Z = \sqrt{2} \cdot R$. Damit erhält man die zugehörige Frequenz zu $\omega = \dfrac{1}{RC} = 10^6 \cdot \text{s}^{-1}$ bzw. $f = 159$ kHz. Bild 17.1 zeigt den Verlauf.

Bild 17.1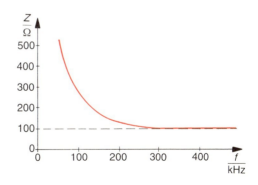

3. $f_0 = 1$ MHz; $Q = 5{,}02$.
5. $f_g = 1{,}59$ kHz.
6. $f_0 = 459$ kHz; $B = 5{,}1$ kHz; $S_T = 4{,}04$.
7. $ü = 3{,}16$.
8. $f_P - f_S = 514$ Hz.
9. Quarzfilter beruhen auf Volumenschwingungen des Materials, bei Oberflächenwellenfilter nutzt man nur Oberflächenwellen aus.
10. ca. 0,75 mm.
11. Größer als 100 kHz.
12. Die Grenzfrequenz erfordert $R = 1{,}77$ MΩ; damit wird nach Gl. 2.49 $T_A = 53$ µs.
15. Man schaltet je ein LC-Hoch- und -Tiefpaß mit der Grenzfrequenz $f_g = 35$ MHz zusammen.

Kapitel 3

2. Am Ausgang wird u_{cm} relativ um 80 dB = 10 000 gegenüber u_D gesenkt. Es macht sich u_{cm} mit 1% von u_D bemerkbar.

3.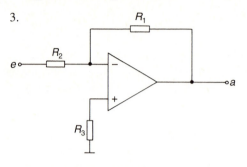

Bild 17.2

$R_2 = 1\,\text{k}\Omega;\ R_3 = 910\,\Omega$.
4. $f_{go} = 100$ kHz.
5. $P_\sim = 5$ W; $P_{..} = 20$ W.
6. Durch ihre Bandbreite.
8. $f_1; f_2; f_2 \pm f_1 = 60$ und 40 kHz.
9. $f_{Osz} = 331$ kHz.
10. $f = 144$ Hz.

Kapitel 4

4. $B_{AM} = 6{,}8$ kHz.

5.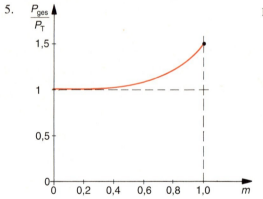

Bild 17.3

7.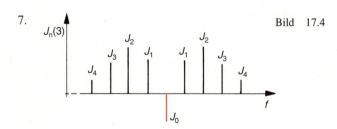

Bild 17.4

432

8. $B_{FM} = 180$ kHz; $\eta = 5$.
9. $C_K \gg C_D$, also vernachlässigt; $C_{ges} = 110 \ldots 112$ pF; $\Delta f_T = 13{,}6$ kHz.
11. Höchstens 10, aber zur besseren Trennung nur 9.
12. $R > 80$ Mbit/s.

Kapitel 5
2. $Z_0 = 72{,}2 \, \Omega$.
3. $a = \alpha_1 = 24 = 13{,}8$ dB.
4. $m = 0{,}2$; $r = 0{,}67$.
5. 22.
6. $Z_0 = 122{,}5 \, \Omega$; $l_{elek} = 0{,}25$ m.
7. $f_{min} = 7{,}5$ GHz.
8. $l = 62{,}5$ km.

Kapitel 6
1. Reflexion, Brechung, Beugung; siehe Buchtext
2. Siehe Buchtext
3. Siehe Buchtext und Bild 6.8
4. Sendeleistung, Bodenleitfähigkeit, Wellenlänge; siehe Buchtext
5. Siehe Bild 6.14
6. Siehe Buchtext sowie Bilder 6.10, 6.12 und 6.14
7. Siehe Buchtext und Bild 6.13
8. Siehe Buchtext
9. Siehe Buchtext sowie Bilder 6.16 und 6.19
10. Siehe Buchtext sowie Bilder 6.29 und 6.30
11. Prasselschutz; siehe Buchtext
12. Verbesserte Nebenkeulendämpfung im Frontbereich, Erregersystem nicht im Strahlengang, Reduktion störender Witterungseinflüsse.
13. Siehe Buchtext

Kapitel 7
1. Der hörbare Frequenzbereich liegt ungefähr zwischen 16 Hz und 16 kHz. Er ist von Mensch zu Mensch etwas verschieden. Mit zunehmendem Alter wird der Frequenzbereich nach oben eingeschränkt.
2. Ultraschall $f > 16$ kHz, Infraschall $f < 16$ kHz.
3. Newton pro Quadratmeter = Pascal; Mikrobar.
$$1 \frac{N}{m^2} = 1 \, \text{Pa} = 10 \, \mu b$$
4. Die Schallintensität ist das Verhältnis von akustischer Leistung P_a zur Durchströmungsfläche A.
$$J = \frac{P_a}{A} \qquad [J] = \frac{W}{m^2}$$
5. Hörschwelle: 20 Mikropascal (20 µPa), Schmerzgrenze: 60 Pascal (60 Pa).
6., 7., 8. und 9. Siehe Buchtext
10. Es sind zwei unterschiedliche Signale von der Aufnahme bis zur Wiedergabe erforderlich, ein sogenanntes Links-Signal und ein sogenanntes Rechts-Signal.

11. Siehe Buchtext

12. $\eta = \dfrac{P_a}{P_{el}} = \dfrac{3{,}5\,\text{W}}{20\,\text{W}} = 0{,}175 \mathrel{\hat=} 17{,}5\,\%$

13. $L = 20 \cdot \lg \dfrac{p}{p_o} \Rightarrow \dfrac{L}{20} = \lg \dfrac{p}{p_o} \quad 10^{\frac{L}{20}} = \dfrac{p}{p_o};$

    $p = 10^{\frac{L}{20}} \cdot p_o = 10^{\frac{46}{20}} \cdot 20\,\mu\text{Pa}$

    $\underline{p = 3991\,\mu\text{Pa};}$

14. $B_{EO} = 4\,\dfrac{\text{mV}}{\text{Pa}} \qquad L = 20 \cdot \lg \dfrac{p}{p_o}$

    $p = 10^{\frac{L}{20}} \cdot p_o = 10^{\frac{52}{20}} \cdot 20\,\mu\text{Pa}$

    $p = 7962\,\mu\text{Pa}$ (Schalldruckpegel 52 dB)

    $U = p \cdot B_{EO} = 7962\,\mu\text{Pa} \cdot 4\,\dfrac{\text{mV}}{\text{Pa}}$

    $\underline{U = 31{,}85\,\mu\text{V}}$

Kapitel 8
1. Bei der Seitenschrift werden Schneidnadel und Abtastnadel seitwärts ausgelenkt (Kurvenvahrt). Bei der Tiefenschrift erfolgt die Auslenkung mehr oder weniger stark in die Tiefe (Berg- und Talfahrt).
2. Siehe Buchtext
3. Eine Schallplatte, die nach dem Füllschriftverfahren geschnitten wurde, hat eine wesentlich längere Spieldauer (Langspielplatte).
4. Siehe Buchtext
5. Elliptisch geschliffene Abtastnadel verursachen weniger nichtlineare Verzerrungen und tasten zusammengehörige Augenblickswerte an den Rillenflanken gleichzeitig ab
6. und 7. Siehe Buchtext
8. Je kleiner die Auflagekraft, desto geringer ist der Plattenverschleiß.
9. und 10. Siehe Buchtext
11. Es entstehen Tonhöhenschwankungen (Jaulen).
12. Rumpelstörungen entstehen durch Lagerreibungen im Plattentellerantrieb und durch Erschütterungen, die vom Laufwerk auf das Abtastsystem übertragen werden.

Kapitel 9
1. Analoge Größen sind Werte der Analogiegröße (z. B. der Spannung), die innerhalb eines zulässigen Bereichs jeden beliebigen Wert annehmen dürfen. Digitale Größen bestehen aus abzählbaren Elementen, z. B. aus Spannungsimpulsen. Den digitalen Größen sind die Werte 0 und 1 zugeordnet.
2. und 3. Siehe Buchtext.

4. Es sind 65 536 Zahlenwerte darstellbar.
5. Mit 8 Bit lassen sich 256 Zahlenwerte darstellen. Spannungswert einer Treppenstufe:

$$U_{Treppe} = \frac{u_{ss}}{2^8 - 1} = \frac{8V}{255} = \underline{31,37 \text{ mV}}$$

6. Abtastfrequenz: 44,1 kHz, Quantisierung: 16 Bit.
7. Siehe Buchtext
8. Die Datenwörter müssen zusätzliche Informationen enthalten, sogenannte Redundanz.
9. Parity-Bits stellen eine zusätzliche Information dar. Sie ermöglichen die Fehlererkennung.
10. und 11. Siehe Buchtext.
12. Die Daten sind seriell gespeichert.
13. Die Spur verläuft von innen nach außen.
14. Es werden 4,3218 Megabit pro Sekunde gelesen.
15. Die Abtastgeschwindigkeiten sind 1,2 m/s und 1,4 m/s.
16., 17. und 18. Siehe Buchtext
19. Die Abtastfrequenz wird verdoppelt (88,2 kHz) oder vervierfacht (176,4 kHz). Eine weitere Vervielfachung ist möglich. Weiteres siehe Buchtext.
20., 21. und 22. Siehe Buchtext
23. Disk-Servo-Regelkreis, Fokussier-Regelkreis, Regelkreis zur Spurnachführung, Regelkreis zur Schlittensteuerung.
24. Siehe Buchtext

Kapitel 10
1. und 2. Siehe Buchtext
3. Zum aufzuzeichnenden Signal wird eine Hochfrequenz-Spannung gegeben. Dadurch wird der nichtlineare Bereich der Aufnahme-Kennlinie nicht verwendet (siehe Bild 10.6).
4. Die Löschung erfolgt durch hochfrequente Magnetfelder, deren Intensität langsam abklingt (siehe Buchtext).
5. Die größtmögliche Aufzeichnungsfrequenz hängt von der Spaltbreite des Aufnahmekopfes und von der Güte der Bandbeschichtung ab.
6. 38,1 cm/s (Studio), 19,05 cm/s, 9,5 cm/s und 4,76 cm/s.
7. 4,76 cm/s.
8. Siehe Buchtext
9. Vollspur, Halbspur-Mono, Halbspur-Stereo, Vierspur-Stereo und Vierspur-Quadro.
10. und 11. Siehe Buchtext
12. Gamma-Hämatit, Gamma-Hämatit mit Cobalt dotiert, Chromdioxid, Zweischichtband mit Gamma-Hämatit und Chromdioxid, Reineisen.
13. Nach Laufzeit: Dreifachband (C 60), Vierfachband (C 90) und Sechsfachband (C 120). Die Zahlen in den Klammern geben die Gesamtlaufzeit an. Eine C 60-Kassette läuft 2 × 30 Minuten.
Nach Magnetwerkstoffen: Typ 1, Typ 2, Typ 3 und Typ 4.
14. Der HF-Vormagnetisierungsstrom bestimmt den Arbeitsbereich auf der Aufnahme-Kennlinie. Für jeden Magnetwerkstoff gibt es eine günstigste Größe des HF-Vormagnetisierungs-Stromes.

15. $$l = \frac{4{,}76 \text{ cm}}{15\,000 \, \frac{1}{\text{s}}} = \frac{47\,600\,\mu\text{m}}{15\,000} = \underline{3{,}17\,\mu\text{m}}$$

Es steht eine Bandlänge von 3,17 μm für die Aufzeichnung einer Periode des 15-kHz-Tones zur Verfügung.

16. Übliche Spaltbreiten für Wiedergabeköpfe: 1 μm bis 3 μm.

Kapitel 11
1. Langwellen, Mittelwellen, Kurzwellen, Ultrakurzwellen.
2. Siehe Buchtext und Bild 11.1
3. und 4. Siehe Buchtext
5. Höhere Sender-Trennschärfe und höhere Empfindlichkeit der Empfangsgeräte.
6. und 7. Siehe Buchtext.

8. $f_E = 560$ kHz $f_Z = 460$ kHz

    $f_O = f_E + f_Z = 560$ kHz $+ 460$ kHz $= \underline{1020 \text{ kHz}}$

    Der Oszillator muß mit einer Frequenz von 1020 kHz schwingen.
    Ein Sender mit der Frequenz 1480 kHz kann zusammen mit der Oszillatorfrequenz 1020 kHz ebenfalls eine Zwischenfrequenz von 460 kHz erzeugen. Dieser Sender stört dann als Spiegelfrequenzsender.

    $f_S - f_O = f_Z$
    1480 kHz $-$ 1020 kHz $= \underline{460 \text{ kHz}}$

9. Siehe Buchtext
10. Das Stereo-Rundfunksystem muß zum Mono-Rundfunksystem kompatibel sein, d. h., ein Mono-Empfänger muß aus dem Stereosignal ein einwandfreies Monosignal gewinnen können. Die Kanal-Bandbreite des Stereosenders darf nicht größer sein als die des Monosenders.
11., 12. und 13. Siehe Buchtext
14. Kompatibilität heißt Verträglichkeit. Genau meint man damit eine Systemverträglichkeit. Das Stereo-Rundfunksystem muß einwandfreie Monosignale liefern. Ein Farbfernsehsystem muß einwandfreie Schwarzweiß-Bilder liefern.
15. Siehe Buchtext

Kapitel 12
1. Je größer die Zeilenzahl, um so feiner ist das Bild strukturiert. Bei größerer Zeilenzahl sind mehr kleine Bildeinzelheiten zu erkennen als bei geringerer Zeilenzahl.
2. Siehe Buchtext.
3. 625 Zeilen.
4. Es werden 25 Vollbilder pro Sekunde übertragen bzw. 50 Halbbilder pro Sekunde.
5. Die Bandbreite des Fernseh-Bildsignals ist 0 Hz bis 5 MHz mit Amplituden-Abfall bis 5,5 MHz.
6. Für das Fernseh-Bildsignal wird AM-Negativ-Modulation verwendet.
7. Das Tonsignal wird frequenzmoduliert übertragen.

8. Der Abstand Bildträger--Tonträger ist auf 5,5 MHz festgelegt (CCIR-Norm).
9. Siehe Buchtext
10. Zeilenzahl: 1250, 25 Vollbilder pro Sekunde, Bildschirmverhältnis 4 : 3

    Es ergeben sich n Bildpunkte: $\quad n = 1250 \cdot 1250 \cdot \dfrac{4}{3} \cdot 25 = 52\,083\,333$

    Zwei Bildpunkte bilden eine Periode. $\quad f_{max} = \dfrac{n}{2} = 26{,}04$ MHz

    Bandbreite 0 bis 26,04 MHz
11. Durch das Senden von 50 Halbbildern, die jeweils eine Zeile gegeneinander versetzt sind, wird das Flimmern des Bildes erheblich vermindert.
12. Die Zeilenwechsel-Impulse werden vom Sender zum Empfänger mit übertragen (siehe Buchtext).
13. Siehe Bild 12.10
14. Siehe Buchtext
15. Das BAS-Signal besteht aus dem Bildsignal (B), dem Austast-Signal (A) und dem Synchron-Signal (S).
16. siehe Buchtext
17. siehe Bild 12.18 und Buchtext
18. siehe Bild 12.20
19. siehe Bild 12.21 und Buchtext
20. Die Impuls-Abtrennstufe ist ein C-Verstärker. Sie beginnt mit der Verstärkung erst, wenn der Schwarzpegel überschritten ist, und trennt so die im Ultraschwarzbereich liegenden Impulse ab.
21. Es werden die Farben Rot (R), Grün (G) und Blau (B) verwendet.
22. Siehe Buchtext
23. Eine Farbfernseh-Kamera liefert die Signale Rot, Grün und Blau sowie die Synchron- und Austastsignale.
24. Aus den Signalen R, G, B wird das Y-Signal gewonnen. Dieses wird von SW-Fernsehempfängern zur Erzeugung eines guten SW-Bildes verwendet. Das zusätzlich übertragene Farbart-Signal kann der SW-Fernsehempfänger nicht nutzen.
25. Übertragen werden das Y-Signal und die Farbdifferenz-Signale R-Y und B-Y sowie die Austast- und Synchron-Signale.
26. und 27. siehe Buchtext
28. Man verwendet Quadratur-Modulation (Doppel-AM).
29. Das FBAS-Signal besteht aus dem Farbart-Signal (F) mit Burst, dem Y-Signal und den Austast- und Synchron-Signalen.
30., 31. und 32. Siehe Buchtext
33. Beim NTSC-Farbfernseh-System wird keine Umschaltung des (R-Y)-Signals vorgenommen. Es ist daher gegenüber Phasenfehlern, die zu Farbverfälschungen führen, anfälliger. Beim PAL-Farbfernseh-System wird jede zweite Zeile das (R-Y)-Signal um 180 Grad in der Phase umgeschaltet.
34. Das SECAM-Farbfernseh-System verwendet auch einen eingekämmten Farbhilfsträger. Dieser wird in einer Zeile mit dem Signal R-Y frequenzmoduliert, in den folgenden Zeilen mit dem (B-Y)-Signal. Der Fernsehempfänger speichert das jeweils vorhergehende Farbdifferenz-Signal und vereint es mit dem gerade übertragenen. Aus den beiden Farbdifferenz-Signalen R-Y und B-Y und dem Y-Signal werden die Signale R, G und B wiedergewonnen.
35. und 36. Siehe Buchtext

37. Der Burst wird zur Wiederherstellung des Farbhilfsträgers am Empfangsort benötigt. Ohne Burst wäre eine phasenrichtige Wiederherstellung nicht möglich.
38. Siehe Buchtext

Kapitel 13
1. Bei der Schrägspur-Aufzeichnung werden auf dem Magnetband schräg verlaufende Aufzeichnungs-Spuren nebeneinander gelegt. Man erreicht so hohe Aufzeichnungsgeschwindigkeiten bei verhältnismäßig niedriger Bandgeschwindigkeit. Die hohen Aufzeichnungsgeschwindigkeiten erlauben die Aufzeichnung hoher Frequenzen.
2. Siehe Buchtext und Bild 13.4
3. VHS, S-VHS, VHS-C, S-VHS-C, Video-8, HI 8. Vor Jahren gab es noch die Systeme Video 2000 und Betamax. Das Betamax-System wird noch in der professionellen Technik verwendet.
4. Die üblichen Aufzeichnungsgeschwindigkeiten liegen zwischen 3 m/s und etwas 5 m/s.
5. Das Y-Signal wird frequenzmoduliert aufgezeichnet.
6. Das Farbart-Signal ist in Quadratur-Modulation einem Träger von 627 kHz aufmoduliert (siehe Bild 13.8).
7. Siehe Buchtext und Bild 13.8
8. Der Normalton wird auf zwei schmalen Spuren am Rand des Videobandes aufgezeichnet (siehe Bild 13.9).
9. Die Bandgeschwindigkeit ist bei VHS 2,34 cm/s.
10. und 11. Siehe Buchtext.
12. Beim S-VHS-System werden Videobänder verwendet, die die Aufzeichnung von Frequenzen bis zu etwa 9 MHz zulassen. Für die Aufzeichnung des Y-Signals können daher höhere Frequenzen und ein größerer Hub verwendet werden. Der Ultraschwarz-Pegel liegt bei 5,4 MHz, der Weiß-Pegel bei 7,0 MHz. Es ergibt sich ein Hub von 1,6 MHz gegenüber einem Hub von nur 1 MHz bei VHS. Bei S-VHS können Video-Signalfrequenzen bis etwa 5 MHz aufgezeichnet werden.
13. Siehe Buchtext
14. Ein Camcorder vereinigt Kamera und Videorecorder in einem Gerät.
15. Siehe Buchtext
16. Siehe Bild 13.18
17. Die Video-8-Schrägspuren werden in 6 Kanäle aufgeteilt. Jedem Kanal wird ein PCM-Signal zugeordnet (siehe Bild 13.20 und Buchtext). Bei Multi-PCM arbeitet der Videorecorder als hochwertiges Tonaufnahme- und Tonwiedergabe-Gerät.
18. Siehe Buchtext
19. Videobänder werden wie alle Magnetbänder durch hochfrequente Magnetfelder gelöscht. Diese erzeugt ein Löschkopf.
20. Ein rotierender Löschkopf erlaubt es, einzelne Magnetspuren sauber zu löschen. Man kann verschiedene Bildszenen störungsfrei aneinanderreihen und an beliebigen Stellen Bildszenen einfügen. Dies bereitet bei Systemen mit feststehendem Löschkopf Schwierigkeiten.
21. und 22. Siehe Buchtext

Kapitel 14
1. Siehe Buchtext und Bild 14.2
2. Siehe Buchtext und Bild 14.5

3. Siehe Buchtext
4. Siehe Buchtext sowie Bilder 14.7 und 14.10
5. 64 kBit/s.

Kapitel 15
1. Siehe Buchtext und Bild 15.3
2. Siehe Bild 15.6
3. Siehe Bild 15.8
4. Siehe Buchtext
5. Siehe Buchtext und Bild 15.17
6. Siehe Buchtext und Bild 15.19
7. Siehe Buchtext und Bilder 15.24 bis 15.28
8. Siehe Buchtext und Bild 15.30
9. Siehe Buchtext und Bild 15.33
10. Modifizierter AMI-Code (MAMI).
11. Siehe Buchtext und Bild 15.36
12. Siehe Buchtext und Bild 15.38

Kapitel 16
1. Siehe Buchtext und Bilder 16.1 bis 16.4
2. Siehe Buchtext und Bild 16.5
3. Siehe Buchtext und Bild 16.6
4. Siehe Buchtext sowie Bilder 16.7 und 16.8
5. Siehe Buchtext und Bild 16.10
6. Siehe Buchtext
7. Siehe Buchtext
8. Siehe Buchtext sowie Bilder 16.16 und 16.17
9. Siehe Buchtext und Bild 16.18
10. EAsKT, APE, BAKT; siehe Buchtext und Bild 16.21
11. Siehe Buchtext und Bild 16.22
12. Siehe Buchtext und Bild 16.27
13. Siehe Buchtext
14. Siehe Buchtext und Bild 16.30
15. Siehe Buchtext und Bild 16.31

Stichwortverzeichnis

(B-Y)-Signal 287, 291
(G-Y)-Signal 297
(R-Y)-Signal 287, 291
13-Segment-Kompanderkennlinie 345
1Ternär 2Bit-Code (1T2B-Code) 375
2-MBit-Leitung 405
4Bit 3Ternär-Code (4B3T-Code) 372
8-MBit-Leitung 405

A
A-Betrieb 69
AB-Betrieb 71
abgesetzte, periphere Einheit (APE) 418
Ablaufsteuerung 325, 329
Abschattung 132
Abschnürungsbereich 136
absolute Pegel 25
Absorption 132, 179
Absorptionsfläche 150
Absorptionsgrade 179
Abstimmstufe 251
Abtasteinheit 224
Abtasten 29
Abtastfilter 55
Abtastfrequenz 209, 229, 343
Abtastgeschwindigkeit 217, 218
Abtastintervall 30
Abtastnadeln 202
Abtastperiode 343
Abtastschaltung 30
Abtasttheorem 30
Abtastzyklus 376
Achtcharakteristik 185
additive Frequenzmischung 81
aktive Filter 79
aktive Stabantenne 169
aktive Systeme 23, 61
akustische Kurzschluß 195
Alternated Mark Inversion Code
 (AMI-Code) 371
AM-Spektrum 94
Amplitudenbegrenzung 83
Amplitudenkonstanz 87
Amplitudenmodulation 93, 249
–, negative 270
Amplitudenspektrum 18
Amplitudentastung 92
Anhall 180
Anlagenanschluß 389
Anpassungsfaktor 120

Anpassungsübertrager 151
Anrufsucher (AS) 401
Anschlußleitung 388
Antennenfläche, wirksame 150, 162
Antennengewinn 157
Antialiasing-Filter 30
Antriebsmotoren 325
Antriebstechnik 325
aperiodische Antennen 162
Arbeitspunktschwankungen 63
Assemble-Schnitt 314, 323
ATF-Frequenzen 320
Audioköpfe 313
Audiosignale, digitale 209
Auflagekraft 202
Aufnahmekopf 231
Aufnahmevorgang, Baugruppen 331
Aufsprechautomatik 246
Aufzeichnungsgeschwindigkeit 306
Aufzeichnungsvorgang 232
Ausbreitungsgeschwindigkeit 119, 131
Ausbreitungskoeffizient 117
Ausgangs-Multiplexleitung 407
Ausgleichsimpulse 273
Aussteuerbereich 61, 64
Austastsignal 272
Außenleiter 357
äußere Ohr 174
Autoantennen 163
Automatic Track Finding 319
AV-Eingang 333
Azimut-Winkel 311

B
B-Betrieb 70
B-Kanäle 380
Bandantrieb 308
Bandaustausch 328
Bandbreite 44, 50, 77
– des Fernsprechkanals 340
Bändchenmikrofon 188
Bandflußkurven 242
Bandflußnormen 242, 243
Bandlaufschema für Tonbandgerät 244
Bandtransport 329
Bandvorschubgeschwindigkeit 326
Bandzug-Regelung 329
BAS-Signal 272
Basisanschlußkonzentrator (BAKT) 418
Basisband 31

441

Basismodulator 95
Baud 372, 385
Baugruppen
– für den Aufnahmevorgang 331
– für den Wiedergabevorgang 333
Bedienerführung 330
Begrenzer 79
Bel 24
Bereichskennung 263
Besselfunktionen 100
Betacam-System 309
Betamax 309
Betriebs-Übertragungsfaktor 184
Betriebsdämpfung 46
Betriebsgüte 49
Betriebsparameter 41
Beugung 132
Bewertungsfilter 177
Bewertungskurven 177
Biegeschwinger 193
Bildauflösung 268
Bildaufzeichnung 305
Bilddemodulator 279
Bilder verschiedener Zeilenzahl 267
Bildoszillator 283
Bildsignal 272
Bildsynchronisation 283
Bildsynchronisierimpulse 270, 274
Bildübertragung 265
Bildwechsel-Impulsreihe 273
Bildwechselimpuls 283, 327
Bitrate 350
Blausignal 285
Blindwiderstand 122
blockierungsfreie Funktion 411
Bodenwelle 146
Bodenwellenausbreitung 140, 141
Brechung 132, 144
Brechzahl 125, 126
Bündelfehler 216
Bündelverseilung 356
Burst 289
Butterworth-Filter 51

C

Camcorder 309
Capstan-Motor 325
Capstan-Servokreis 326
Cassegrain-Antenne 166
Cassegrain-Prinzip 167
Cauer-Filter 51
CCIR-Norm 267, 272
CD-Platte 210, 217
CD-System 211
CD-Wiedergabegerät 225
CIRC-Codierung 220
Code-Spreizstufe 220

Code-Spreizung 216
Codemodulation 92
Codierung 31
Color-Under-Verfahren 319
Colpitts-Oszillator 84
Compact-Disk-Technik 209
Compliance 206
CRC4-Prozedur 376
Crominanz-Signal 310
Cross Office Check (COC) 421
Cross-interleave-reed-Salomoncode
 (CIRC) 216
CTL-Signal 326, 327

D

D-Kanal 380
D-Schicht 142, 146
D/A-Umsetzer 229
Dämpfungsfaktor 25
Dämpfungskonstante 118
Dämpfungsmaß 46
Dämpfungstoleranzschema 46
Dämpfungsverlauf 127
Dämpfungsverzerrungen 26
Datenrate 218, 220
Datenspur 217
Datenverarbeitung 16
De-Emphasis 103
De-Interleaving 227
Deltamodulation 113
Demodulation 96, 104
Demodulationsstufe 252
Destination Point Code (DPC) 428
Dezibel 24
Dielektrizitätskonstante 131
diensteintegrierende, digitale Netz 387
Dieselhorst-Martin-Verseilung 352
Differenzdiskriminator 104
Differenzverstärker 62
Digital-Analog-Umsetzung 228
digitale Audiosignale 209
– Schnittstelleneinheit DIU 418
– Teilnehmer-Leitungseinheit (DLU) 413
digitales Vermitteln 405
Digitalfilter 56, 57
Dimensionierung einer OV-Schaltung 64
Diodendemodulator 96
Dipolantennen 147
Dipolfelder 157
Dirac-Impuls 21
Direktor 154
Direktschall 180
Disk-Servo-Regelkreis 225
Dispersion 128
DNL-Schaltung 246
Dolby-Verfahren 246
Doppel-Amplitudenmodulation 289

Doppelader 352
Doppelspaltköpfe 238
Doppelsuper 257
Dreieckgenerator 89
Dreipole 35
Dreipunktschaltungen 84
Dreistrahl-Verfahren 225
Drop-out-Kompensation 333
Druckkammersystem 194
Durchgangskoppelnetze 396
Durchlaßbereich 43
Durchlaßkurve eines ZF-Verstärkers 278
Durchsagekennung 261
Durchschaltevermittlung 404
Dynamik 28, 179, 187, 245
Dynamikkompression 112
Dynamikpressung 245
dynamisches Mikrofon 188

E
E-Schicht 142, 146
Echokanal E 381
EFM-Code (eight to fourteenmodulation) 221
EFM-Demodulation 226
EFM-Frame 221
EFM-Signal 226
Eigenresonanz 185
Eigenschaften von Tonbändern 240
Eigentonfalle 278
Eindringtiefe 141
Eingangs-Multiplexleitung 407
Eingangsdifferenzverstärker 63
Eingangsoffsetstrom 64
Einmodenfasern 358
Einseitenbandmodulation 97
Einzelanschluß 389
Einzelanschlußkonzentrator (EAsKT) 418
Einzelfaserkabel 360
Elastizitätsmodul 171
Elektretmikrofon 189
elektrisch wirksame Höhe 161
elektrisch wirksame Länge 148
elektroakustische Wandler 172, 184
elektromagnetische Wellen 131
elektromagnetisches Mikrofon 187
elektronisches Wählsystem Digital (EWSD) 401
Empfangsleistung 151
Endvermittlungsleitungen (El) 422
Endvermittlungsstelle (EVSt) 422
Entmagnetisierung 232
Entstehung der Signale 285
Equalizer 181
Ersatzschaltung einer Leitung 116
Ersatzzweipole 38
Expansion 394

F
F-Schichten 146
F-Signal 292, 310
F_1-Schicht 142
F_2-Schicht 142
Fädelmotor 325
Fading 144
Fahrzeugantennen 163, 170
Falschwahl 399
Fangreflektor 167
Farbartsignal 292
Farbbildröhren 299
Farbdifferenz-Signale 286, 295
Farbfernsehkamera 285
Farbfernsehsystem 284, 289
Farbhilfsträger-Verfahren 287
Farbhilfsträgerschwingung 289
Farbmischung 284
Farbphosphore 299
Farbsättigung 294
Faserbündelkabel 360
FBAS-Signal 291
Fehlanpassung 121
Fehlererkennung 212
Fehlerkorrektur 212, 227
Fehlerverdeckung 216
Fehlerverdeckungsschaltung 228
Feldvektoren 139
Fernfeld 139
Fernschwund 146
Fernsehbildröhre 266
Fernsehgeräte-Tuner 277
Fernsehkamera 265
Fernsehnormen 267, 272
Fernsehsender 276
Fernsehtechnik SW 265
Fernsprechkanal
–, analoge 340
–, Bandbreite 340
–, digitale 342
Fernvermittlungstechnik 422
Ferritstabantenne 168
Festfrequenzempfänger 252
Festwertspeicher 329
Filter 43
–, aktive 79
–, keramische 53
–, mechanische 51
Filterarten 44
Flankensteilheit 44
Flüssigkeitsschall 171
FM-Spektrum 100
FM-Tonverfahren 324
Fokussier-Regelkreis 225
Fokussierpunkt 223
Fokussierung 224
Fortpflanzungskonstante 117

443

FOURIER 19
Fourierdarstellung 20
Fourierkomponenten 20
Frame 220
Freiton 422
Frequenz-Gleichlageverfahren 370
Frequenz-Umsetzerstufe 331
Frequenzband des Bildsignals 268
Frequenzgang 184, 192
Frequenzgangentzerrung 236
Frequenzgangkompensation 68
Frequenzhub 99, 102
Frequenzmischung 80, 93
–, additive 81
Frequenzmodulation 98, 249
Frequenzmodulator 101
Frequenzmultiplex 31
Frequenzschema eines Verkehrsfunksenders 262
Frequenzstabilität 86
Frequenzumtastung 92
Frequenzverkämmung 288
Frequenzvervielfachung 102, 250
Frequenzweiche 58
Füllschrift 201
Füllschriftverfahren 202
Funktionsgeneratoren 87
Fußpunktwiderstand 161

G
Gabelschaltungen 58, 365
Ganzwellendipol 152
Gegenkopplung 73
Gegenkopplungsfaktor 77
Gegenkopplungsschaltungen, Arten der 74
Gegentaktmodulator 97
Gegentaktschaltungen 70
Geradeaus-Prinzip 251
geradlinige Ausbreitung 132
Geradzahligkeitsprüfer 215
Geräte-Einbauantenne 169
Geräusch 178
Geräuschabstand 346
Glasfaserkabel 358
Glaskern 359
Glasmantel 359
Gleichlaufschwankungen 205
Gleichtakteingangswiderstand 76
Gleichtaktunterdrückung 65
Gleichtaktverstärkung 65
Goubou-Leitung 124
Gradientenindexprofilfasern 358
Gradientenprofil-Multimodefaser 126
Grenzbelastbarkeit 192
Grenzfrequenzen 44, 65
Groundplane-Antennen 164
Grün-Farbdifferenzsignal 297
Grund-Primärgruppe 366

Grundbündel 352, 356
Grünsignal 285
Gruppenkoppler (GS) 419
Gruppenlaufzeit 47, 118
Gruppenwähler (GW) 401

H
Halbleiter-Laser 222
Halbspur 239
Halbwellen-Faltdipol 153
Halbwellendipol 152
Halteschaltung 30
Haltespeicher 407
Hamming-Codes 213
Hamming-Distanz 216
Hartley-Oszillator 84
Hauptbündel 352, 356
Hauptkeule 158
Hauptvermittlungsleitungen (Hl) 423
Hauptvermittlungsstelle (HVSt) 423
HDB3-Code 374
Helligkeitssignal 310
HF-Bildsignal 276
HF-Tonsignal 276
HF-Vormagnetisierung 246
Hi8-Frequenzschema 323
Hi8-System 323
HiFi-Tonverfahren 312
High Density Bipolar Grad n Code (HDBn-Code) 374
High-8 (Hi8) 309
Hochfrequenz-Vormagnetisierungsverfahren 233
Hohlader 359
Hohlader-Faserbündel 359
Hohlleiter 123
Hohlleitung 123
Hörfläche 175
Hörkopf 237
Hornparabolantenne 165
Hornstrahler 166, 167
Hörschall 171
Hörschwelle 175
HVSt-Bereich 423

I
Impulsabtrennstufe 281
Impulswahlverfahren (IWV) 399
Index-Bildröhre 301
Induktivitätsbelag 116
Informatik 16
Informationsbits 213
Informationsverarbeitung 16
Infraschall 171
Inline-Farbbildröhre 299
Innenleiter 357
Innenwiderstand 187

innere Ohr 174
Insert-Schnitt 314
Insert-Verfahren 323
Intensitätsmodulation 125
Intercarrier-Brumm 280
Intercarrier-Verfahren 280
Interdigitalwandler 54
Interferenzen 144, 222
Interleaving 216, 220
Intermodulation 81
internationale Kennzahl 393
– Rufnummer 394
Ionogramm 143
Ionosphäre 142
ISDN (Integrated Services Digital Network) 380, 387
ISDN-Basisanschluß 380
ISDN-Primärmultiplexanschluß 380

J
Justierung der Tonköpfe 247

K
Kabelmantel 352
Kabelseele 352
Kanalantenne 156
Kanalgruppen 366
Kanalposition 407
Kanalraster 340
Kanalumsetzung 366
Kapazitätsbelag 116
Kassettenfach-Motor 325
Kenngrößen von Schallstrahlern 191
Kennzahl, internationale 393
Kennzahlweg 425
Kennzeichenumsetzer (KZU) 376
keramische Filter 53
keramische H-Filter 54
Kettenschaltung 41
Keulencharakteristik 185
Klang 178
Kleinsignalersatzschaltung eines OV 64
Klirrfaktor 27, 77, 187, 192, 246
Knotenvermittlungsleitungen (Kl) 423
Knotenvermittlungsstelle (KVSt) 422
Koaxialkabel 357
Koaxialleitung 116
Koaxialpaar 357
Kohlemikrofon 187
Koinzidenzdemodulator 106
Kollektormodulator 95
Kombikopf 238
Kommutierungskurve 233
Kompatibel 257
Kondensatormikrofon 189
Kontrollbit 213
Kontrollgruppe 214

Konzentration 394
Kopfhörer 190, 197
Kopftrommel 308
– mit Videoköpfen 307
– Motor 325, 327
– Regelschaltung 327
Koppelanordnungen 396
Koppelnetz 396
Kopplungen 50
Körperschall 171
Kristallmikrofon 188
kritischer Radius 136
Kugelcharakteristik 185
Kunstkopf-Stereophonie 183
Kurzschluß, akustische 195
Kurzwellen 143, 146
Kurzwellenverbindung 145
KVSt-Bereich 422

L
Ladungsbild 265
Ladungstransfer-Filter 56
Lagengeber 327
Lagenverseilung 356
Lambda/4-Leitung 121
Langspiel-Möglichkeit 311
Längsspurverfahren 306
Längstwellen 141
Langwellen 141, 146
Laserlicht 222
Laserstrahl 223
lative Pegel 25
Laufzeit 180
Laufzeiteffekt 55
Lautsprecher 190
Lautsprecherboxen 196
Lautsprecherkombinationen 197
Lautstärkewerte 177
LC-Filter 48
LC-Tiefpaß 48
Leerlauf-Übertragungsfaktor 184
Leerlaufverstärkung 65
Leistungs-Übertragungsfaktor 184, 191
Leistungsverstärker 68
Leitungsanschlußgruppen (LTG) 418
Leitungseigenschaften 117
Leitungsgleichungen 117
Leitungstheorie 115
Leitungstransformator 121
Leitungswähler (LW) 401
Leitwertsbelag 116
Leuchtdichte-Signal 286
Lichtstrahlenverlauf 126
Lichtwellenausbreitung 126
Lichtwellenleiter 124
Logarithmierer 80
Longplay 311

445

Löschfrequenzen 232
Löschkopf 231, 237
–, rotierender 322, 323
Löschverfahren 322
Löschvorgang 232, 314
LT (Line Terminal) 380
Luftschall 171
Luminanz-Signal 310

M

magnetische Antennen 167
– Aufzeichnung 231
Magnetisierungstiefe 313
Magnetton 231
Magnetwerkstoffe 240, 241
Marconi-Antenne 160
Massenträgheit 185
Mechanische Filter 51
Mehrbereichsantenne 156
Mehrfachköpfe 238
Mehrfachrahmen 376
Mehrfrequenzwahlverfahren (MFV) 400
Mehrgeräteanschluß im Euro-ISDN 389
– im nationalen ISDN 389
Mehrtor 35
Meißner-Oszillator 85
Metallresonatorfilter 53
MII-System 309
Mikrobar 172
Mikrofone 184
–, dynamische 188
–, elektromagnetische 187
Mikroprozessor 329
Mischstufe 252
Mitkopplung 78, 82
Mittelwellen 143, 146
Modendispersion 127
Modified AMI Code (MAMI-Code) 371
Modified Codes Mark Inversion
 (MCMI-Code) 375
Modified Monitoring State Code
 (MMS43-Code) 372
Modulation 31
–, digitale 107
–, multiplikative 96
Modulationsfaktor 92, 99
Modulationsgrad 92
Modulationsindex 99
Modulationssignal 92
Modulationsverfahren 91
Monaurale Übertragung 183
monolithische Quarzfilter 53
Monomodefaser 126
moving coil 203
moving magnet 203
Multi-PCM-Ton 321
multiplikative Mischung 81

– Modulation 96
Muschelantenne 165
Mutter-VST 418

N

Nachbarbildfalle 278
Nachbartonfalle 278
Nachhall 180
Nachricht 15
Nachrichtenübertragung 15
Nachrichtenverarbeitung 16
Nachvertonung 314
Nadelton 199
Nahfeld 136
Nahfeld-Cassegrain-Antenne 166
Nahschwund 146
nationale Rufnummer 393
Nebenkeule 159
Nebensprechkopplung 353
Nennbelastbarkeit 192
Nennscheinwiderstand 192
Neper 24
Netzabschluß 380
Netzknoten 388, 411
Netzschwerpunkt 388
Netzwerke 35
Newton 172
nichtlineare Systeme 24
– Verzerrungen 26
niederfrequente Übertragung 363
Nierencharakteristik 185
NT (Network Terminal) 380
NTSC-System 289
NTSC-Zeilen 294
Numerierungsbereiche 427
Nutzkanal 380
Nyquist-Flanke 278

O

Oberflächenwellen-Filter 54
Oberwellen 77
Öffnungswinkel 158
Offset-Parabolantenne 165
Offsetgrößen 67
Offsetkompensationsschaltung 67
Offsetstrom 64
Omega-Frequenzgang 236
Operationsverstärker 62
–, Kennwerte 66
Origination Point Code (OPC) 428
Ortsnetzbereiche (ONB) 388
Ortsnetzkennzahl (ONKZ) 393
Oszillator 82
Oszillatoreigenschaften 86
Oszillatorschaltungen 83
OV-Grundschaltungen 67
Oversampling-Verfahren 229

P
PAL-Farbcoder 291
PAL-Kennung 296
PAL-Schalter 296
PAL-System 290
PAL-Zeilen 294
PAM-Signal 228
Parabolantennen 164
Parabolspiegel 164
Parallelgegenkopplung 76
Parallelresonanzkreis 37
Parallelton-Verfahren 280
Parity-Bit 212
Pascal 172
passive Systeme 23
PCM-Code 228
PCM-System 112, 113
PCM-Ton 320
PCM-Tonaufzeichnung 321
PCM30-Rahmenstruktur 405
PCM30-System 376
Pegel 24
–, absolute 25
–, lative 25
periphere Einheiten 418
Phantomschaltung 364
Phasen-Jitter 226
Phasendiskriminator 105
Phasenempfindlichkeit 86
Phasenhub 99
Phasenkonstante 118
Phasenlaufzeit 47, 118
Phasenmaß 47, 118
Phasenmodulation 98, 101, 103
Phasenmodulator 103
Phasenschieber-Oszillator 84
Phasenvergleichsstufe 283, 295
Phon 176
Phon-Kurven 176
Piezokeramiksystem 204
Pilotton 259
Pitlänge 221
Pits 217
Pitstruktur 218, 222
Plasmafrequenz 143
Plattenabspielgeräte 205
PLL-Diskriminator 106
Polarisationsart 139, 140
Prasselschutz 163
Preemphasis 324
Primärcoating 359
Primärfarben 284
Prüfeinheit TU 418
Pseudostereophonie 183
pseudoternärer Code 371
Pulsamplitudenmodulation 109
pulsamplitudenmoduliertes Signal (PAM) 343

Pulscode-Modulationsverfahren (PCM) 320, 342
Pulscodemodulation 111
Pulsdauermodulation 111
Pulsmodulation 108
Pulsspektrum 109
Pulswinkelmodulation 110

Q
Quadratur-Modulation 289
Quadrophonie 184
Quantisierung 29, 209, 320
Quantisierungsrauschen 57
Quantisierungsstufen 345
Quantisierungsverzerrung 345
Quarz-Abzweigfilter 52
Quarzfilter 52
Quasioptische Funkwellenausbreitung 145
Querspurverfahren 307
Quervermittlungsleitung (Ql) 425

R
Radius, kritischer 136
Rahmenantenne 168
Ratiodetektor 105
Raum-Zeit-Stufe, kombinierte 411
Raumakustik 179
Raumstufe, digitale 405
Raumwellenausbreitung 141
Rauschen 22
RC-Filter 47
RC-Oszillator 85
RC-Tiefpaß 48
Reaktanzoszillator 282
Reaktanzschaltungen 102
Rechteckschwingung 19
Redundanz 212
Redundanz-Symbole 220
Reflektor 154
Reflektorantenne 154
Reflexion 132, 144, 179
Reflexionsfaktor 119, 120
Regelspannung (AVR) 253
Reichweite 141
Relativgeschwindigkeit 306
Repeatern 128
Resonanzkreise 37
Resonanzverkürzung 151
Resonatoren 55, 122
Restmagnetismus 232
Restseitenbandfilter 276
Restseitenbandmodulation 98
Restseitenbandverfahren 268
Richtcharakteristik 185, 192
Richtdiagramm 153, 157
Richtungsauswahl 394
Ringmodulator 97

Rotationsparabolantenne 164
Rotsignal 285
Rückkopplung 72
Rufnummer (RNr) 388
–, internationale 394
–, nationale 393
Rufspannung 422
Rumpelstörungen 206
Rundfunkempfänger 250
Rundfunksender 249
Rundfunkwellenbereiche 249

S

S-VHS (Super-Video-Home-System) 314
S-VHS-C 316
S-VHS-Magnetbandkassetten 315
S_0-Bus 380
S_0-Schnittstelle 380
S_{2M}-Schnittstellenschaltung 385
Sattelschwinger 193
Satzverständlichkeit 339
SCART-Buchse 333
Schallaufnehmer 184
Schallaufzeichnung 199
Schalldruck 173
Schalldruckpegel 176
Schalleistung 173
Schallempfindung 174
Schallenergieübertragung 173
Schallführung 194
Schallgeschwindigkeit 171
Schallintensität 172, 173
Schallplatten 200
Schallschnelle 172
Schallstrahler 190
–, Kenngrößen 191
Schallübertragung 181
Schallwand 195
Schallwellen 171, 175
Schalter-Decoder 260
Schaltungsmultiplex-Verfahren 364
Schaltungstechnik 331
Scherspalt 237
Schlankheitsgrad 148, 160
Schleifenschluß 421
Schleifenverstärkung 73
Schlitzmaskenschirm 299
Schmerzgrenze 175
Schmitt-Trigger 89
Schneiden 200
Schneidkennlinie 205
Schrägspur 327
Schrägspuraufzeichnung 306
Schrägspurverfahren 307
Schwingbedingung 83
Schwingkreis 37
Schwingungserzeugung 61, 82

Schwund 144
SECAM-System 290
Seitenbänder 94
Seitenschrift 200
Selbstentmagnetisierung 236
Selbsterregung 82
Selektivität 45, 50, 254
Senderkennung 261
Sendeverstärker 72
Shannon 210
Siebschaltungen 43
Signal, ternäre 372
Signalabstand 346
Signalabtastung 222
Signalaufspaltungsschaltung 294
Signale 15
–, zeitdiskrete 28
Signalfunktionen 17
Signalling Point Code (SPC) 427
Signalparameter 16
Signalquelle 351
Signalsenke 351
Signalübertragung über Glasfaser 375
Signalverarbeitung 227
Silbenverständlichkeit 339
Skatingeffekt 206
Slew rate 66
SM-Signal 259
Space Stage Module (SSM) 405
Spaltbreite 234, 305
Spalteffekt 234, 235
SPC-Struktur 427
Speichervermittlung 404
Spektrum des Lichtes 284
– des Rauschens 22
Sperrbereich 43
Spiegelfrequenzempfang 255
Spiegelfrequenzstörungen 255
Spleißfehler 360
Sprachspeicher 407
Sprechkopf 237
Sprechwechselstrom 340
Sprechwegedurchschaltung 421
Spurfindungssystem 329
Spurlage bei VHS-C 317
– Kassettengeräten 239
– Tonbandgeräten 239
Spurschema Video-8 318
Standbild-Funktion 314
Status-Alphabet 372
stehende Welle 120
Stereo-Coder 259
Stereo-Decoder 259
Stereo-Matrix-Decoder 260
Stereo-Multiplex-Verfahren 257
Stereo-Multiplexsignal 258
Stereo-Rundfunk 257

Stereophone Übertragung   183
Stereoschrift   200
Sternvierer-Verseilung   352
Steuerkanal   380
Steuerung, direkte   396
–, indirekte   396
Störabstand   25
Stored Program Control (SPC)   413
Störsignale   16
Störspannung   187
Störspannungsabstände   245
Strahlengang   164
Strahlerzeugungs-System   299
Strahlungsdichte   150
Strahlungsleistung   150, 161
Strahlungswiderstand   149, 161
Streifenleiter   124
Stufenindexprofilfasern   358
Stufenprofil-Multimodefaser   126
Subscriber Line Module Analog (SLMA)   413
Subscriber Line Module Digital (SLMD)   413
Summierstufe   298
Super-VHS (S-VHS)   309
Superhet-Prinzip   252, 253
Superposition   19
Synchron-Demodulatoren   296
Synchrondemodulator   96
Synchronisiersignal   281
Synchronisierungsimpulse   267
Synchronsignal   272
Synchronspur   308, 311, 326
System   12 (S12)   401
System-Kennwerte von Hi8   324
Systeme, aktive   23, 61
–, nichtlineare   24
–, passive   23
Systemparameter einer Lichtwellenleiter-
 verbindung   127
Systemtheorie   16

T
T-Schaltung   40
Tachogenerator   326
Taktfrequenz   226
Taktsynchronisierung   376
Tastmodulation   107
Tastverfahren   108
Teilnehmerschaltungen (TS)   401
Teilnehmervermittlungseinheit   413
Telekommunikationsnetze   387
Temperaturstabilität   52
ternäre Signal   372
Tiefenschrift   200
Tiefenschrift-Verfahren   312
Time Stage Module (TSM)   407
Ton   178
Ton-Rundfunktechnik   249

Tonabnehmersysteme   201, 203
Tonbänder, Eigenschaften   240
Tonbandgeräte   243
Tonköpfe   237
Tonspur   308
Tonträger   202
Tonwelle   243
Topfkreise   123
Track-Finder   329
Tracking-Regelkreis   225
Trafokopplung   49
Trägerfolie   240
trägerfrequente Übertragung   365
Trägerfrequenz   93
Trägerfrequenz-Signal   365
Trägerfrequenz-Übertragungsband   365
Transistor-Multivibrator   88
Transistorverstärker   61
Transitfrequenz   66
Trennschärfe   45, 251
Trichterstrahler   167
Triple-Transit-Signal   55
Trommelfell   174
Troposphäre   145
Tschebyscheff-Filter   51
Tuner   276

U
U-Matic-System   309
Überlagerungsempfänger   253
Überlagerungsprinzip   252
Übersetzungsverhältnis   49
Übersprechdämpfung   206, 246
Übertragung, niederfrequente   363
–, trägerfrequente   365
Übertragungsabschnitte   351
Übertragungscode   370
Übertragungsfaktor   22
Übertragungsfunktion   22, 42, 45
Übertragungsgeschwindigkeit   350
Übertragungskanal   15, 125, 221
Übertragungskennlinie eines OV   63
Übertragungsmedien   351
Übertragungsrahmen   376
Übertragungsrate, Fernsprechkanal   376
Übertragungssysteme   183, 366
Übertragungsverfahren   351
–, analoge   363
–, digitale   370
Übertragungsweg   351
U_{K2M}-Schnittstellenschaltung   385
Ultrakurzwellen   146
Ultraschall   171
Ultraschwarzbereich   273
Ultraschwarzpegel   310, 323
Umkehrkoppelnetze   396
Umlenkreflektor   167

Umschlingungswinkel 308
Ursprungskennung 421
UV-Fotomultipler 301

V
VCO 106
Verhältnisdiskriminator 105
Verkehrsfunk 257
Verkehrsfunk-System 261
Verkürzungsfaktor 121
Vermittlungseinheit 388
Vermittlungssysteme, digitale 401
–, elektromechanische 400
Verstärker, selektive 251
Verstärkung 61
Verstärkungs-Bandbreite-Produkt 66
Verstärkungsregelung 79
Verstärkungsstabilität 76
Vertikal-Synchronimpuls 327
Vertikaloszillator 283
Verzerrungen 26
VHS (Video-Home-System) 309, 310
VHS-C 309, 316
Video 2000 309
Video-8 309
Video-8-Frequenzschema 319
Video-8-Kassetten 318
Video-8-Schrägspur 321
Video-8-System 317
Video-Demodulator 279
Video-Programm-System 330
Video-Signalfrequenzen 315
Videokopf, Aufbau 312
Videoköpfe 308, 313
Videorecorder 305
Videosysteme 309
–, Kenngrößen der 324
Vielkanalbänder 365
Vierdrahtbetrieb 370
Vierpole 35, 39
Vierpolersatzdarstellungen 39
Vierpolersatzparameter 42
Vierpolparameter 39
Vierspur 239
Vollspur 239
Vortrabanten 273
Vorwärts-Rückwärts-Verhältnis 159
Vorzeichenbit 349
VPS-Label 330

W
Wählervielfach 401
Wahlinformation 421
Wählton 421
Weißpegel 310, 323

Wellen, elektromagnetische 131
Wellenausbreitung, troposphärische 145
Welleneigenschaften 132
Wellenlänge 131, 172
Wellenleiter 123
Wellentypen 126
Wellenwiderstand 117, 147, 160, 357
– des freien Raumes 150
Wickelteller 243
Widerstandsbelag 116
Wiedergabeentzerrung 205
Wiedergabekopf 231
Wiedergabevorgang 234
–, Baugruppen 333
Wien-Robinson-Brücken-Oszillator 85
Winkelmodulation 98
Wirkungsgrad 70, 71

X
X-Y-Stereophonie 183

Y
Y-Signal 286, 310, 319
Yagi-Antenne 154

Z
Zeichengabesystem-Nr. 7 Netz
 (ZGS-Nr. 7-Netz) 428
Zeichenvorrat 29
Zeigerdarstellung 18
Zeilensprungverfahren 267
Zeilensynchronisation 274, 282
Zeilensynchronisierimpulse 270
zeitdiskrete Signale 28
Zeitmultiplex 32
Zeitmultiplex-Verfahren 376
Zeitschaltuhr 329
Zeitschlitze 376
Zeitstufe, digitale 407
zentrale Zeichengabesteuerung (CCNC) 430
Zentralvermittlungsleitungen (Zl) 423
Zentralvermittlungsstellen (ZVSt) 423
ZF-Bildsignal 277
ZF-Tonsignal 277, 279
ZF-Verstärker 278
Zirkulator 59
Zugriffssteuerung 381
Zweidrahtleitung 116
Zweikanalton 331
Zweipole 35, 36
Zweiseitenbandmodulation 95
– mit unterdrücktem Träger 96
Zwischenfrequenzen 253, 254
Zwischenträger-Verfahren 280
Zwischenverstärker 365